"十四五"普通高等教育本科规划教材

供基础、临床、护理、预防、口腔、中医、药学、医学技术类等专业用

基础化学

Basic Chemistry

(第2版)

主　编　杨晓达　王美玲

副主编　王英骥　李　森　陈填烽　姚惠琴

编　委　（按姓名汉语拼音排序）

陈填烽（暨南大学化学与材料学院）　　　王　斌（山西医科大学基础医学院）
程　艳（牡丹江医学院药学院）　　　　　王美玲（内蒙古医科大学药学院）
胡密霞（内蒙古医科大学药学院）　　　　王英骥（哈尔滨医科大学药学院）
李　森（哈尔滨医科大学大庆校区药学院）　杨宝华（首都医科大学燕京医学院）
刘会雪（北京大学药学院）　　　　　　　杨晓达（北京大学药学院）
马冬冬（广西科技大学医学部）　　　　　姚惠琴（宁夏医科大学基础医学院）
申　蕊（天津中医药大学中药学院）　　　余邦良（海南医学院药学院）
孙　革（齐齐哈尔医学院药学院）

北京大学医学出版社

JICHU HUAXUE

图书在版编目（CIP）数据

基础化学/杨晓达，王美玲主编. —2版. —北京：北京大学医学出版社，2023.8
ISBN 978-7-5659-2919-9

Ⅰ. ①基… Ⅱ. ①杨…②王… Ⅲ. ①化学-医学院校-教材 Ⅳ. ①O6

中国国家版本馆CIP数据核字（2023）第102069号

基础化学（第2版）

主　　编：杨晓达　王美玲
出版发行：北京大学医学出版社
地　　址：（100191）北京市海淀区学院路38号 北京大学医学部院内
电　　话：发行部 010-82802230；图书邮购 010-82802495
网　　址：http://www.pumpress.com.cn
E-mail：booksale@bjmu.edu.cn
印　　刷：北京瑞达方舟印务有限公司
经　　销：新华书店
责任编辑：赵　欣　　责任校对：靳新强　　责任印制：李　啸
开　　本：850 mm×1168 mm　1/16　印张：21　插页：1　字数：613千字
版　　次：2013年12月第1版　2023年8月第2版　2023年8月第1次印刷
书　　号：ISBN 978-7-5659-2919-9
定　　价：49.00元
版权所有，违者必究
（凡属质量问题请与本社发行部联系退换）

第 5 轮修订说明

国务院办公厅印发的《关于加快医学教育创新发展的指导意见》提出以新理念谋划医学发展、以新定位推进医学教育发展、以新内涵强化医学生培养、以新医科统领医学教育创新；要求全力提升院校医学人才培养质量，培养仁心仁术的医学人才，发挥课程思政作用，着力培养医学生救死扶伤精神。《教育部关于深化本科教育教学改革全面提高人才培养质量的意见》要求严格教学管理，把思想政治教育贯穿人才培养全过程，全面提高课程建设质量，推动高水平教材编写使用，推动教材体系向教学体系转化。《普通高等学校教材管理办法》要求全面加强党的领导，落实国家事权，加强普通高等学校教材管理，打造精品教材。以上这些重要文件都对医学人才培养及教材建设提出了更高的要求，因此新时代本科临床医学教材建设面临更大的挑战。

北京大学医学出版社出版的本科临床医学专业教材，从 2001 年第 1 轮建设起始，历经 4 轮修订，各轮次教材都高比例入选了教育部"十五""十一五""十二五"普通高等教育国家级规划教材。本套教材因骨干建设院校覆盖广，编委队伍水平高，教材体系种类完备，教材内容实用、衔接合理，编写体例符合人才培养需求，实现了由纸质教材向"纸质＋数字"的新形态教材转变，得到了广大院校师生的好评，为我国高等医学教育人才培养做出了积极贡献。

为深入贯彻党的二十大精神，落实立德树人根本任务，更好地支持新时代高等医学教育事业发展、服务于我国本科临床医学专业人才培养，北京大学医学出版社有选择性地组织各地院校申报，通过广泛调研、综合论证，于 2022 年 8 月启动了第 5 轮教材建设，共计 53 种教材。

第 5 轮教材建设继续延续研究型与教学型院校相结合的特点，注重不同地区的院校代表性，调整优化编写队伍；遴选教学经验丰富的学院教师及临床教师参编，为教材的实用性、权威性、院校普适性奠定了基础。第 5 轮教材主要做了如下修订：

1. 更新知识体系

继续以"符合人才培养需求、体现教育改革成果、教材形式新颖创新"为指导思想，坚持"三基、五性、三特定"原则，对照教育部本科临床医学类专业教学质量国家标准，密切结合国家执业医师资格考试、全国硕士研究生入学考试大纲，结合各地院校教学实际更新教材知识体系，更新已有定论的理论及临床实践知识，力求使教材既符合多数院校教学现状，又适度引领教学改革。

2. 创新编写特色

以深化岗位胜任力培养为导向，坚持引入"案例"，使教材贴近情境式学习、基于案例的学习、问题导向学习，促进学生的临床评判性思维能力培养；部分医学基础课教材设置"临床联系"模块，临床专业课教材设置"基础回顾"模块，探索知识整合，体现学科交叉；启发创新思维，促进"新医科"人才培养。适当加入知识拓展，引导学生自学，探索学习目标设计。

3. 融入课程思政

将思政元素、党的二十大精神潜移默化地融入教材中，着力培养学生"敬佑生命、救死扶伤、甘于奉献、大爱无疆"的医者精神，引导学生始终把人民群众生命安全和身体健康放在首位。

4. 优化数字内容

在第4轮教材与二维码技术结合，实现融媒体新形态教材建设的基础上，改进二维码技术，优化激活及使用形式。按章（或节）设置一个数字资源二维码，融拓展知识、案例解析、微课、视频等于一体。

为便于教师教学、学生自学，编写了与教材配套的PPT课件。PPT课件统一制作成压缩包，用微信"扫一扫"扫描教材封底激活码，即可激活教材正文二维码，导出PPT课件。

第5轮教材主要供本科临床医学类专业使用，也可供基础、护理、预防、口腔、中医、药学、医学技术类等开设相同课程的专业使用，临床专业课教材同时可作为住院医师规范化培训辅导教材使用。希望广大师生多提宝贵意见，反馈使用信息，以便我们逐步完善教材内容，提高教材质量。

序

医学关乎人类生命的存在与繁衍，医学卫生事业的发展涉及国家安全、经济发展、社会文明和人民福祉，是一个既古老又现代的学科。医者德为先，能为重，技为精。医学教育应既科学、严谨、规范，又充满温情与关怀。"健康中国"的美好愿景与目标，激励着医务工作者为之而奋斗。医学教育要坚守为国育才、立德树人的根本任务，落实《关于深化新时代学校思想政治理论课改革创新的若干意见》《高等学校课程思政建设指导纲要》《教育部关于深化本科教育教学改革全面提高人才培养质量的意见》《关于深化医教协同进一步推进医学教育改革与发展的意见》《关于加快医学教育创新发展的指导意见》，以适应我国"大医学、大卫生、大健康"的发展需求，为"健康中国"筑牢人才基础。

近年来，高等院校探索新医科，推进现代医学教育教学新模式，坚持以人和健康为中心，建立健全覆盖生命全周期和健康全过程、"促防诊控治康"一体化的人才培养体系，高度重视身心、社会、环境等要素，融通医工理文学科，提升新时代医学生的整体素养；运用现代数字信息技术，增强情境化教学，加强临床实践教学，有效地提高了学生专业胜任力。同时，高等院校深化落实党和国家关于加强大学生思想政治教育的指示精神，将思想政治教育贯穿于人才培养体系和课程教学，使新时代中国特色社会主义思想进课堂、入头脑，培养人民群众满意的、医术精湛的社会主义卫生健康事业接班人。

北京大学是经历过百年洗礼的老校，为我国建设和发展做出了杰出贡献，与全国医学教育界的同道们共同努力，在医学教育教学研究、教师培养、教材建设、实践教学规范等多方面不断改革创新。北京大学医学出版社秉承医学教育宗旨，落实党和国家对教材建设的要求和任务，立足北大医学、服务全国高等医学教育，打造精品教材，为高质量完成课程教学活动的"最后一公里"，与各院校教师一起不懈努力。本套本科临床医学专业教材是在教育及卫生健康部门领导的关心指导下，由医学教育专家顶层设计，北京大学医学部携手全国各兄弟院校群策群力、共同建设的成果。本套教材多年来与高等医学教育改革相伴而行、与时俱进，历经多轮修订，体系日趋完善，符合专业要求，编写队伍与院校构成合理，编写体例不断优化创新，实现了纸质教材与数字教学资源结合的精品新形态教材建设。实践证明，这套教材满足本科医学教育的专业标准要求，在适应多数院校的教学能力与资源的情况下，能很好地引导、深化专业教学，已成为本科医学人才培养的精品教材，为我国高等医学教育事业发展做出了突出贡献。

第5轮教材建设坚持以习近平新时代中国特色社会主义思想为指引，积极探索思政元素融入教材，落实立德树人根本任务，坚持现代医学教育理念，体现生命全周期、健康全覆盖的整体要求，与相关学科恰当融合，全面更新了医学知识和能力体系，体现了"中国本科医学教育标准—临床医学专业（2022）"的要求，配合教学模式与方法的改革，吸收

"金课程"建设经验，优化教材体例，融入医学文化，重视中华医学文明，强调适用、实用，行稳致远、开创新局，锤炼精品。

在第 5 轮教材陆续出版、付梓之际，欣为之序。相信第 5 轮教材的高质量建设一定会为我国新时代高等医学教育人才培养、为健康中国事业做出更大贡献。

前 言

化学教育是医学教育的重要基础。如何给医学生讲好化学课，让医学生领会到化学学习不仅是一种科学的基本训练，更重要的是化学思维是医学的一种内在思维方式，化学是医学研究的基本工具，这一直是在医学院校从事化学基础教育的教师的努力目标。但这非常困难，正如 Godwin 教授（美国西北大学）的感言："Many of us have tried to incorporate biological examples into our introductory chemistry courses, but these often end up feeling like a Band-Aid that has been applied to a problem requiring major surgery"（*Nature Chemical Biology*，2005，1：176-179）。尽管如此，大家仍然不断努力去实现完美的医学化学教学。

2022 年，北京大学医学出版社启动了高等医学院校本科临床医学专业规划教材（第 5 轮）的修订和编写工作。本次编写坚持"三基、五性、三特定"的编写原则，以培养临床思维能力、整合思维能力为重点，注重"生命全周期、健康全过程"，将数字化信息技术真正服务于学生自主学习和知识有效构建，符合人才培养要求，将"思政"潜移默化地融入教材。我们根据上一版《基础化学》进行了修订，主要内容更新如下：

1．将数字教学资源与纸质教材融合，增加了更多、更广泛的"知识拓展"等自学资料，作为网络资源并持续更新，通过简单的扫码即可阅读。既为同学们开阔眼界提供了丰富的资源，又为纸质教材节省了空间。

2．进一步认识到在 IT 特别是 AI 下教育模式的变化，注重逻辑和原理的讲解，力图将化学知识融入医学实践的应用当中。

3．根据 10 年来的教学反馈，调整了部分教学内容。按更合理的教学逻辑将结构化学原理置于相关化学反应讲解之前，并特意增加了"第九章 生命元素与金属药物"，帮助同学从健康维护和预防医学的角度，从基本的物理化学原理去分析和理解生命必需元素的生理和病理意义。

本书是多所学校具有丰富基础化学教学经验的教师集体创作的结晶，全书由杨晓达和王美玲教授完成统稿和审订。此外，还有许多老师和同学对本书的编写也提供了帮助，限于篇幅，编委在这里一并致谢！

对于本书的使用者，建议全书分成 45 学时讲授，各章内容分配建议为：绪论，0～1 学时；溶液，3 学时；酸碱和缓冲溶液，5 学时；滴定分析法，3 学时；化学反应的热力学原理，4 学时；化学动力学，4 学时；氧化还原反应，4 学时；原子结构和元素周期律，3 学时；生命元素与金属药物，2 学时；分子结构和分子间作用力，6 学时；溶胶、凝胶和纳米药物，2 学时；沉淀-溶解平衡，2 学时；配位化合物，4 学时；化学显色和仪器分析，2～3 学时。当然，也建议使用者根据实际的教学要求和学生的情况，因材施教，组织具有特色的教学。

由于编者能力有限，书中不免存在不足和疏漏，欢迎各位老师和同学批评指正。

编者

目 录

第一章 绪论 1
一、化学是继续学习的理学基础之一 1
二、化学是中医现代化的必需 4
三、如何学习基础化学 4

第二章 溶液 9
第一节 分散系统 9
第二节 溶液的组成标度 10
一、质量分数、体积分数与质量浓度 10
二、物质的量、物质的量浓度与质量摩尔浓度 11
三、摩尔分数 13
第三节 电解质溶液 13
一、电解质和解离度 14
二、强电解质溶液 15
三、弱电解质溶液 17
第四节 稀溶液的依数性 17
一、稀溶液的蒸气压下降 18
二、稀溶液的沸点升高 19
三、稀溶液的凝固点降低 20
四、稀溶液蒸气压、沸点/凝固点变化的应用 21
五、稀溶液的渗透压 21

第三章 酸碱和缓冲溶液 27
第一节 酸碱质子理论 27
一、酸碱的定义 27
二、酸碱反应 28
第二节 水的解离平衡和溶液的酸度 29
一、水的解离平衡 29
二、溶液的酸度 29
第三节 弱酸和弱碱的解离平衡 30
一、一元弱酸和一元弱碱的解离平衡 30
二、多元弱酸和多元弱碱的解离平衡 34
第四节 缓冲溶液 40
一、缓冲溶液的概念 40
二、缓冲溶液的组成及作用机制 40
三、缓冲溶液的参数 42
四、缓冲溶液的选择与配制 47
五、标准缓冲溶液 50
六、人体酸碱内稳态的维持机制 51

第四章 滴定分析法 54
第一节 滴定分析法概述 54
一、滴定分析法的特点和术语 54
二、滴定分析法对化学反应的要求 55
三、滴定分析法的分类 55
四、标准溶液的配制和标定 56
五、滴定分析中的有关计算 57

第二节 酸碱滴定法 …………… 58
　一、酸碱指示剂 ………………… 58
　二、酸碱滴定曲线与指示剂的选择
　　　………………………………… 60
　三、酸碱滴定的应用举例 ………… 66
第三节 化学实验的结果评价 ……… 68
　一、化学实验的误差 ……………… 68
　二、实验数据的准确度和精密度
　　　………………………………… 69

第五章　化学反应的热力学原理
………………………………… **74**

第一节 热力学第一定律 …………… 74
　一、热力学的基本概念 …………… 74
　二、热力学第一定律与反应热 …… 77
　三、化学反应热与焓 ……………… 78
　四、热化学 ………………………… 78
　五、盖斯定律 ……………………… 80
　六、化学反应摩尔焓变的计算 …… 81
第二节 热力学第二定律 …………… 81
　一、化学反应的方向性 …………… 82
　二、吉布斯自由能与化学反应方向
　　　和限度 ………………………… 84
第三节 化学反应进行的限度与化学
　　　平衡 …………………………… 87
　一、$\Delta_r G_m$ 与化学平衡 …………… 87
　二、标准平衡常数 ………………… 88
　三、标准平衡常数的计算及应用
　　　………………………………… 89
　四、化学平衡的移动 ……………… 92

第六章　化学动力学 ……………… **97**

第一节 动力学基本概念 …………… 98
　一、化学反应速率 ………………… 98
　二、化学反应机制 ………………… 99
　三、化学反应的速率方程 ………… 100

第二节 简单级数的反应 …………… 102
　一、一级反应 ……………………… 102
　二、二级反应 ……………………… 104
　三、零级反应 ……………………… 106
　四、简单级数的反应的速率方程
　　　小结 …………………………… 107
第三节 影响反应速率的因素及控制
　　　反应速率的策略 ……………… 107
　一、影响反应速率的因素 ………… 107
　二、催化剂 ………………………… 110
　三、控制反应速率的策略 ………… 113

第七章　氧化还原反应 …………… **116**

第一节 氧化还原反应的基本概念
　　　………………………………… 116
　一、氧化数 ………………………… 116
　二、氧化还原反应 ………………… 117
　三、氧化还原电对 ………………… 117
　四、氧化还原反应方程式的配平
　　　………………………………… 118
第二节 原电池 ……………………… 119
　一、原电池的组成 ………………… 119
　二、电池符号 ……………………… 120
　三、电极类型 ……………………… 121
第三节 电极电势 …………………… 122
　一、电极电势的产生 ……………… 122
　二、标准电极电势及测定 ………… 122
　三、非标准状态下的电极电势和
　　　Nernst 方程 …………………… 124
第四节 电极电势的应用 …………… 126
　一、比较氧化剂和还原剂的相对
　　　强弱 …………………………… 126
　二、判断氧化还原反应的方向 …… 127
　三、判断氧化还原反应进行的程度
　　　………………………………… 127
　四、计算原电池的电池电动势 …… 129
第五节 电势法测定溶液的 pH …… 129

一、参比电极 ……………………… 130
二、指示电极 ……………………… 130
三、溶液 pH 的测定 ……………… 131

第八章　原子结构和元素周期律 …………………… 134

第一节　氢原子光谱与原子结构的量子力学模型 ……… 134
　一、原子核的结构和性质 ………… 134
　二、电子的微观粒子特性 ………… 135
　三、氢原子的光谱观察 …………… 139
　四、从枣糕模型到原子（电子）结构的量子力学模型的建立 ……… 139
第二节　氢原子的电子结构 ………… 142
　一、氢原子的波函数 ……………… 142
　二、三个量子数描述一个原子轨道 ………………………………… 143
　三、原子轨道与电子云的形状 …… 145
第三节　多电子原子结构 …………… 149
　一、电子间相互作用对原子核-电子作用的干扰——屏蔽作用和钻穿效应 ………………… 149
　二、鲍林近似能级图 ……………… 150
　三、原子的核外电子排布原则和基态原子的电子组态 …………… 151
第四节　元素周期表 ………………… 152
　一、能级组与周期 ………………… 153
　二、价层电子组态与族 …………… 153
　三、元素分区 ……………………… 153
第五节　元素性质的周期性 ………… 154
　一、有效核电荷 …………………… 154
　二、原子半径 ……………………… 155
　三、元素的电离能 ………………… 156
　四、元素的电子亲和能 …………… 156
　五、元素的电负性 ………………… 156

第九章　生命元素与金属药物 … 159

第一节　生命元素与健康 …………… 159
　一、生命元素的重要性及其生物学功能 ………………………… 159
　二、微量元素的生物转化与代谢 … 162
　三、微量元素的平衡与重金属解毒 ………………………………… 165
第二节　人体必需微量元素简介 …… 166
第三节　金属元素药物 ……………… 172
　一、铂类抗癌药物 ………………… 172
　二、其他金属药物 ………………… 174

第十章　分子结构和分子间作用力 …………………… 177

第一节　离子键和晶体结构 ………… 177
　一、离子键的形成 ………………… 177
　二、离子键的本质和特点 ………… 178
　三、晶体结构 ……………………… 178
第二节　共价键的本质 ……………… 181
　一、经典 Lewis 价键理论 ………… 181
　二、共价键的量子力学理论 ……… 182
第三节　杂化轨道理论 ……………… 187
　一、态叠加原理和杂化轨道理论要点 …………………………… 187
　二、轨道杂化类型及其几何构型 ………………………………… 188
第四节　分子几何形状的快速推测方法——价层电子对互斥理论 …………………………… 192
第五节　分子轨道理论简介 ………… 193
　一、分子轨道理论要点 …………… 193
　二、简单分子的分子轨道结构 …… 195
　三、O_2 分子结构和活性氧 ……… 197
第六节　分子间作用力 ……………… 198
　一、分子的极性与分子的极化 …… 198

二、分子间引力与斥力 …………… 199
三、氢键 …………………………… 201
四、其他主要分子间作用力 ……… 204

第十一章　溶胶、凝胶和纳米药物 …………………… 207

第一节　溶胶 ………………………… 207
　一、胶体分散系的分类 …………… 207
　二、溶胶的性质和结构 …………… 207
　三、溶胶的结构 …………………… 211
　四、溶胶的稳定性 ………………… 212
第二节　其他常见溶胶体系 ………… 215
　一、缔合溶胶和脂质体 …………… 215
　二、高分子溶液 …………………… 216
第三节　凝胶 ………………………… 219
　一、凝胶的结构及分类 …………… 219
　二、凝胶的性质及应用 …………… 219
　三、凝胶色谱和凝胶电泳 ………… 220
第四节　纳米药物 …………………… 221
　一、纳米药物分类和基本表征 …… 221
　二、微量元素纳米药物 …………… 222

第十二章　沉淀 - 溶解平衡 …… 225

第一节　沉淀 - 溶解平衡和溶度积常数
　………………………………………… 225
　一、溶度积常数的概念 …………… 225
　二、溶度积常数与溶解度的关系
　………………………………………… 226
第二节　沉淀 - 溶解平衡的移动 …… 227
　一、溶度积规则 …………………… 227
　二、沉淀的生成和分步沉淀 ……… 228
　三、沉淀的溶解和转化 …………… 229
　四、同离子效应和盐效应 ………… 232
第三节　沉淀的形态和形成过程 …… 233
　一、沉淀的形态 …………………… 233
　二、沉淀的形成过程 ……………… 233

第四节　生物矿物的沉淀 - 溶解平衡
　………………………………………… 235
　一、羟基磷灰石 …………………… 235
　二、草酸钙的形成与尿结石 ……… 237

第十三章　配位化合物 ………… 241

第一节　配位化学发展简史和配合物的
　　　　　基本概念 ………………… 241
　一、配位化学发展简史 …………… 241
　二、配合物的组成 ………………… 243
　三、配合物的命名 ………………… 248
　四、配合物的异构现象 …………… 249
第二节　配合物的化学键理论 ……… 250
　一、配合物的价键理论 …………… 251
　二、配合物的晶体场理论 ………… 256
第三节　配位平衡 …………………… 263
　一、配位平衡常数 ………………… 263
　二、影响配合物稳定性的因素 …… 266
　三、配位平衡的移动 ……………… 269

第十四章　化学显色和仪器分析 …………………… 280

第一节　紫外 - 可见分光光度法 …… 281
　一、物质的颜色和吸收光谱 ……… 281
　二、光吸收的测量以及与物质量的
　　　关系 …………………………… 282
　三、紫外 - 可见分光光度法的应用
　………………………………………… 283
第二节　其他重要的光谱分析方法 … 289
　一、红外光谱法 …………………… 289
　二、荧光 / 发光分析法 …………… 289
　三、原子吸收分光光度法 ………… 290
　四、核磁共振波谱法 ……………… 290
　五、电子自旋共振波谱分析法 …… 290
第三节　重要物理化学分析法 ……… 290
　一、电化学分析法 ………………… 290

二、质谱分析法 ……………… 291
三、X射线晶体衍射法 ………… 291
第四节 重要的分离、分析方法 …… 292
一、色谱分析法 ……………… 292
二、电泳分析法 ……………… 293
三、流式细胞术 ……………… 294
第五节 显微分析技术 ……………… 295
一、光学显微镜 ……………… 295
二、电子显微镜 ……………… 295
三、原子力显微镜 …………… 296
四、激光扫描共聚焦显微镜 …… 296

附录 …………………………… **299**

附录一 有关计量单位 …………… 299
附录二 一些基本物理常数 ……… 301
附录三 一些物质的基本热力学
　　　　数据（298.15 K）………… 301
附录四 酸碱解离常数和缓冲溶液
　　　　……………………………… 304
附录五 一些难溶化合物的溶度积
　　　　常数（298.15 K）………… 307
附录六 标准电极电势表（298.15 K、
　　　　101.325 kPa）……………… 309
附录七 金属配合物的累积稳定常数
　　　　……………………………… 311

中英文专业词汇索引 ………… **315**

主要参考文献 ………………… **320**

第一章 绪 论

第一章数字资源

《基础化学》是医学生的入门课之一。当新生入学，一个很自然的问题是：医学生为什么要学习化学原理呢？化学原理对医学生是必需的吗？我学习中医也需要学习化学原理吗？那么，就让我们在第一节用一点时间讨论一下这个问题。

一、化学是继续学习的理学基础之一

"医学生"的未来是成为"医生"。"医生"和"医学生"相比在字面上少了一个"学"字，这并不是说成为医生后再不需要"学"了。事实上，医生是需要终身学习的特殊职业。我国卫生部门规定，医生、护士以及医技人员每年均需要通过自学、参加培训和从事科研等方法完成一定的"继续教育学分"，继续医学教育合格作为聘任、晋升和执业再注册的必备条件之一。自学和以问题为中心的学习（problem-based learning，PBL）是医学继续教育学习的基本方式，而这种学习方式需要全面和扎实的学科基础。

1. 好的医生要具有多学科知识和人文底蕴，化学是必需的理学基础之一 医生，中国传统上称为"大夫"。"大夫"本质上是个"官"。《国语·晋语》载曰："上医医国，其次疾人。固医，官也"。医圣孙思邈则在其《千金要方》中说："古之善为医者，上医医国，中医医人，下医医病"。在这里，"上医医国"并不是说让医生去治理国家、除患祛弊，而是强调一个好医生不仅仅是一个处理病患的技师，更能够指导人们通过改善社会环境和调节生活方式而预防疾病发生。所以说，"大夫"这个称呼体现了医生的作用和社会地位，绝不仅仅依靠掌握一些实用的医学技术和医学知识就能达到，而是要具有多学科的开阔眼界及深厚的哲学和人文底蕴。

在西方，医生被称为"doctor"，即博士。Doctor 来自古法语 docere（teach），这也就是说医生是一个接受了多年的全面教育并有能力指导别人的人。著名医学教材《西氏内科学》（*The Cecil-Loeb Textbook of Medicine*）的主编之一麦克德莫特（Walsh McDermott）在论述医学时说：Medicine itself is deeply rooted in a number of sciences. 这表明了医学生必须具备扎实的理学基础。化学是其中一个必需的基础。

2. 化学向生物医学提供了理解生命过程的基本思想、基本原理和重要方法 化学作为一门中心科学，向生物医学提供了理解生命过程的基本思想、基本原理和重要方法。从西方医学史可以看到化学的作用。

西方医学的源头是古希腊和罗马医学。17 世纪之前，西方医生基本不知使用药物，无论对什么病，治疗方法都是灌肠剂、放血和导泻。真正的突破来自帕拉塞萨斯（Paracelsus，1493—1541）（图 1-1），他提出新陈代谢的概念，他认为人体的表现形式是遵循化学规则的。帕拉塞萨斯告诉学生：书籍是死东西，自然却是真实和有吸引力的，实验才是一副灵丹妙药。

图 1-1 帕拉塞萨斯

帕拉塞萨斯将化学药物引用到医学中,其中最著名的是他使用汞制剂治疗梅毒。化学药物在锑制剂(治疗寄生虫病)和奎宁(治疗疟疾)后,逐渐发展和获得普遍使用。1935 年,杜马克(Gerhard Domagk)发明了偶氮磺胺,标志着现代化学疗法的开端。迄今,一些老药物仍然发挥重要作用,如酒石酸锑钾仍是目前治疗黑热病(leishmania)的特效药物。在中国,酒石酸锑钾被加入到复方甘草合剂中作为祛痰剂,直到 2004 年才被更安全的樟脑和八角茴香油取代。合成的阿司匹林自 1899 年被德国人引入医学中后,一直用于止痛、退热和治疗风湿病等,近来也用于预防流产和心血管病,仅美国一年就消耗 10 吨以上。

17 世纪中期物理医学和化学医学的建立标志着从西方医学古代教条到实验医学思想的转变基本完成。化学医学学派由法国人西尔维厄斯(Franciscus Sylvius)建立,认为所有生理现象都可以用化学方式来解释,这一观点仍是现代分子医学的基石。拉瓦西(Antoine Lavoisier,1743—1794)既是现代化学之父,也是一位著名的生理学家。拉瓦西在发现了氧元素的基础上,发现氧气在肺部由血液携带到全身,氧气利用后生成二氧化碳,因此呼吸是像燃烧一样的氧化过程,揭示了呼吸作用的真正机理。1910 年,居里夫人(Marie Curie)成功分离出了放射性金属元素镭,开启了放射化学和同位素化学研究,同时也开启了一门新医学——放射治疗学(图 1-2)。镭和各种放射性同位素可以被注入人体内恶性病变组织中,用于治疗如子宫癌、膀胱癌和舌部肿瘤,也可作为示踪元素来确定生物分子或药物分子在体内的代谢途径。放射医学在当今的临床诊断和治疗中都发挥了巨大的作用。

A

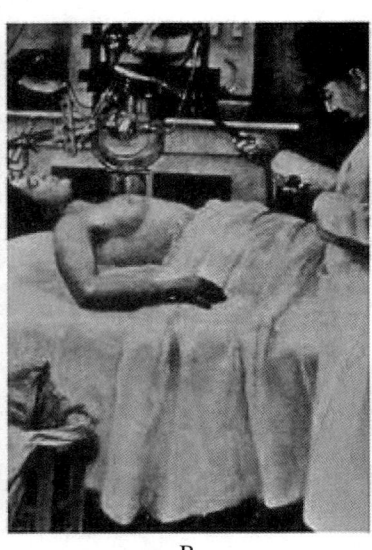
B

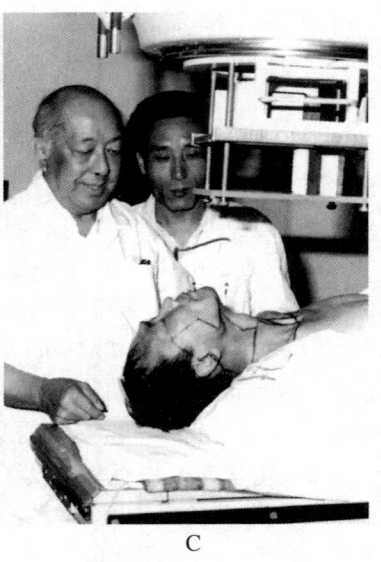
C

图 1-2 A. 居里夫人和女儿在实验室。B. 居里夫人发现放射性元素后,开启了放射治疗医学,图中是早期放射治疗乳腺癌。C. 我国早期的肿瘤放疗

20 世纪,分子生物医学诞生——这是真正意义上的现代医学。分子生物医学的基石是分子生物学。1953 年,沃森(James Watson)和克里克(Francis Crick)成功解析了 DNA 的双

螺旋分子结构。在 1965 年，生物化学家尼伦伯格（Marshall Nirenberg）完成了对遗传代码的解码工作。随即，克里克在 1971 年提出了遗传的中心法则（图 1-3）。分子生物学是 20 世纪重要的学术进展，它带动了分子生物医学的进步及人类基因组和蛋白组研究计划的启动和实施，使 21 世纪成为生命科学的世纪。

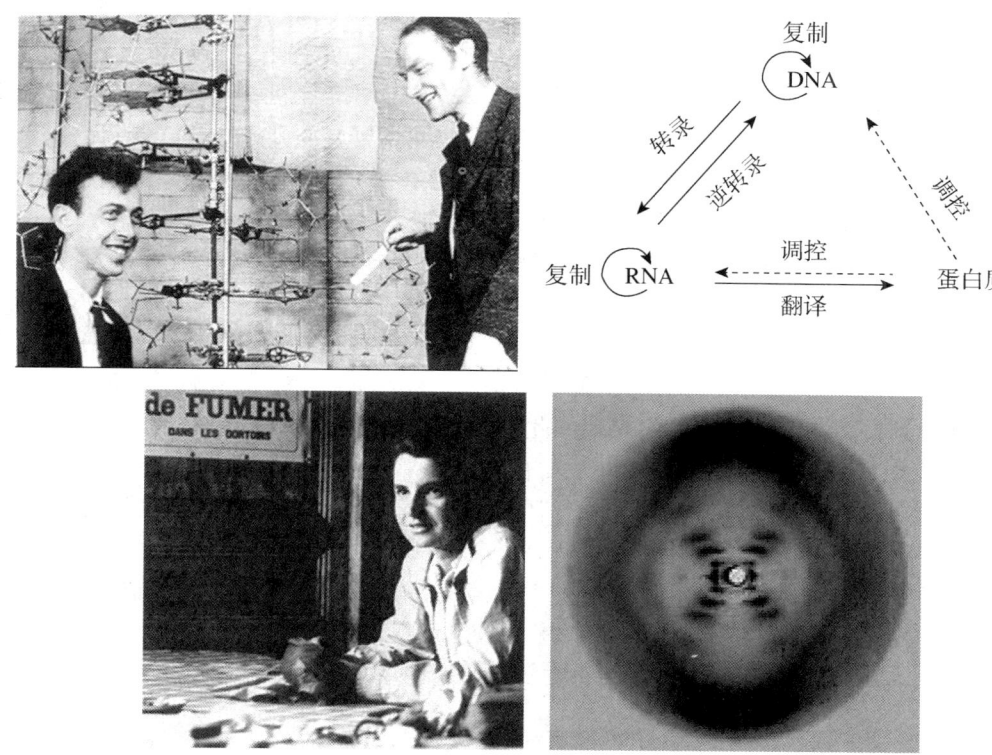

图 1-3　克里克和沃森与他们的 DNA 分子模型

克里克和沃森在富兰克林（Rosalind Franklin）及其 DNA 晶体衍射研究（下图）的基础上提出了 DNA 双螺旋结构，奠定了分子生物学中心法则的基础。富兰克林是位才华横溢的女科学家，遗憾的是年仅 38 岁就被卵巢癌夺走了生命

3．化学为医学提供了基本的方法和手段　化学不仅为医学提供了发展的思想和基础，也为医学提供了基本的方法和手段。各种微生物化学染色方法的发明，使所有微生物成为可观察对象，极大地促进了微生物学的迅速发展。例如，1884 年丹麦医生革兰（Chriatian Gram）创立的革兰氏染色法，利用细菌细胞壁上的主要成分不同，可将细菌分成两大类，至今仍是微生物学研究中最常用的方法之一。实际上，无论是用光学还是电子显微镜方法观察细菌或病毒结构，化学染色都是一个必不可少的步骤。化学检验从化学医学流派开始，发展至今已经成为现代医学诊断中的基础方法。而在未来医学中，化学检验的作用将进一步得到加强，除了化学药物和化学检验外，化学还为医学提供了多种多样的试剂和医学材料。可以说，化学是医学和生命科学最重要的工具箱。

综上可见，化学基础之于医学生来说，不是知识拓展的外在要求（external demand），而是内在需要（intrinsic need），是成为好医生的基础，因此，必须学好化学。

二、化学是中医现代化的必需

中西医结合发展民族医学，需要具有深厚自然科学素养的新中医学者，学好化学是未来中医的必需。

也许有人会争辩，我是学中医的，熟记了中医经典，掌握了望闻问切，精通了《本草纲目》就可以了；古来中医名家都是不懂化学的。其实这点似是而非。世界上各民族几乎都有自己的传统草药和医疗方法，中医能称为真正的医"学"，其原因是中医有一套完备的理论系统。而中医理论的核心，正如中医经典《龟书》和《九真要》的开篇所说："有无一圆，万物一运"，即人体生命存在着各种各样的循环过程，在能量（中医术语"阳气"）的推动下运动和转化。这和化学中物质相互作用和转化的原理非常相似。事实上，生物化学就揭示了生理过程中许多分子循环过程，例如在线粒体中发生的糖酵解和三羧酸循环。学好化学原理可以帮助我们更好地理解中医的逻辑和更好地使用药物。此外，面对日新月异的科技发展，中医可以停滞不前吗？如所有生命体一样，随着时间的进步，要么进化发展，要么孤立灭绝。何况中国的传统哲学更推崇变化和更新。《易经》曰：易，穷则变，变则通。《尚书》曰：惟新厥德。《大学》曰：苟日新，日日新，又日新。古人尚知如此，今天的医学生又如何能够继续抱残守缺呢？

中医现代化（图1-4），不仅是中医学发展的需要，也是文化和民族发展的要求。中国革命的伟大领袖毛泽东早在延安时期就提出"中西医合作，开展群众卫生运动"的思想。1956年，应对当时废除中医的思潮，毛泽东主席正式提出"中西医结合"，也从此确立了中国政府长期以来支持中医发展的政策基础。著名科学家和思想家、中国导弹之父钱学森先生曾指出："中医理论不是现代意义上的科学，因此，**中医必须走现代化之路。中医现代化，是中医的未来化，如果把西方的科学同中医所总结的理论以及临床实践结合起来，那将是不得了的**"。

图1-4　毛泽东和钱学森在一起

他们生前都提倡中医现代化和中西医结合，钱学森指出"医学的方向是中医的现代化"。右图是毛泽东关于中西医结合的题词，确立了中国政府长期以来支持中医发展的政策基础

三、如何学习基础化学

基础化学讲解与医学相关的最基本但具有化学科学完整性和系统性的基础原理和基础知识。这需要我们了解所学的内容，按照科学的规律去理解和掌握，并用规范的方式表述。

（一）基础化学的内容

化学科学是研究物质的组成、性质和物质间转化规律的科学。基础化学将要介绍物质结构原理、化学反应的热力学和动力学原理，并用这些原理去分析溶液的基本性质和简单无机化学反应的过程，在此基础上掌握所有元素及其化合物的性质和转化过程。

物质结构是一切性质、功能和变化的基础。物质最基本组成单元是原子；原子通过化学键形成具有各种功能的分子。分子通过分子间作用力和自组装作用形成大千世界的万物。万物的相互转化通过各种化学反应的过程进行，基本的化学反应包括酸碱反应、沉淀反应、氧化还原反应和配位反应四种。化学反应是一种物质的运动过程，因此也遵循物理世界中能量的流动和转化规则，即化学热力学和动力学原理。此外，在生命体系中，绝大多数的化学反应都在溶液中进行，基础化学将主要针对溶液中物质的性质和化学反应进行讲解。掌握了这些原理及其哲学思想，就完成了基本的化学素养训练，这些化学知识和化学素养必将使医学生在未来的学习、发展乃至生活中受用终生。

（二）按照科学的规律去掌握化学原理

在西方语言中，"science"是理解宇宙规律的一种"途径"，关键包括两点：一是思路，二是方法。中国传统的"三个治学"要点也正好描述了系统掌握科学理论的三个方面：

1．"象"（observation） 对现象的观察、归纳和表述是科学研究的起点。在《福尔摩斯探案集》中，福尔摩斯有句名言：别人在浏览（watch），而他是在观察（observe）。

2．"理"（logic） 是现象和过程背后存在的因果联系和逻辑关系，即所谓"理"或"本质"或"规律"。对现象的逻辑演绎分析，是发现物理化学原理和规律的途径。

3．"数"（math） 数学推算是科学演绎分析的精髓所在。牛顿把论述万有引力理论的书命名为《自然哲学的数学原理》。任何科学理论只有数学化后，才能真正被人们利用来预测事物发展，才能根据物理原理制作实用的工具。古人云：君子性非异也，善假于物也。现代科学的重要成就正是为我们的工作生活提供了各种应用工具。

只有完整掌握了"象""理""数"三个方面，才是真正掌握了一门科学。数学推演能力是目前中国学生的薄弱环节，需要加强培养。

（三）应该掌握正确的大学学习方法

21世纪是信息技术（IT）的时代。当今，互联网以及人工智能（AI）给予了无限开放和延伸的知识空间，多媒体、虚拟现实和多维远程教育正在改变人们的教育和学习方式。当今时代，"博闻强记"的知识教育已经过时。除了教科书和教学参考书，讲座和科技文献都是学习的课本，而教师、图书馆、网络、实验室都是学生可利用的学习"资源"。在当今大学学习中，同学们将通过和各种"资源"之间的交流，获取新知识，实现自我的更新和能力的提高。也就是说，交流和更新是大学学习的方式。因此，主动的学习、融洽的交流、清晰的表达、理性的方案、有条理的行动、独立的思考和创新的思维是同学应注重的自我能力培养的方向，也是学好基础化学这门课的有效方法。

（四）化学实验的数据和表述的基本规范

经常容易混淆意义的两个词是"实验"和"试验"。实验（experiment）先设定某种科学假设，然后通过实际的设计操作，对该科学假设进行证实或证伪。实验的关键是按设定程序的实操（experience），俗语所谓"是骡子是马，拉出来溜溜"。试验（test）则是已知事物的某种定性或定量检验和测试，以确定某事的结果或某物的性能。正如毛泽东在《实践论》中

所说:"你要知道梨子的滋味,你就得变革梨子,亲口吃一吃"。可见试验的关键就是"验"(examine),所以旧时试验也可指考试(examination)

化学实验(chemical experiment)是在有控制的条件下进行某些化学反应,从而验证某种理论或假设,或者发现新的现象并阐明这个现象背后的机理,或者对某种样品的化学性质进行评价。对样品的化学组成和结构进行评价和解析的化学实验,通常称为化学分析(chemical analysis)或化学检验(chemical test)。

如何观察一个化学反应的结果呢?一个化学反应必然包含两个方面的变化。

1. 反应体系所包含的物种的变化 例如在硫酸铜溶液中加入锌粒,将发生下列置换反应:

$$CuSO_4 + Zn \rightarrow ZnSO_4 + Cu$$

溶液中的物种由蓝色的 $CuSO_4$ 转变为无色的 $ZnSO_4$,而固体中灰色的 Zn 变为棕黄色的 Cu。在物种变化中伴随了特定的重量、颜色和物质形态等的改变,可以通过观察颜色或重量等变化,来推测反应中物种之间的转变。

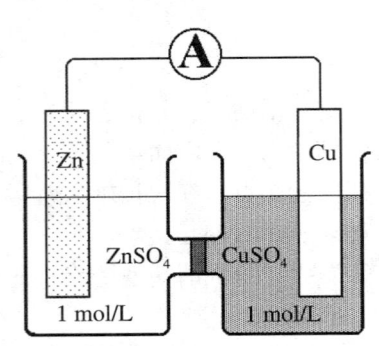

图1-5 原电池

2. 化学反应过程中能量的变化 包括能量的吸收与释放。例如在上述反应中,溶液的温度会不断升高(热的释放),而如果将上述反应在原电池(图1-5,详见第七章)中进行,还能测量到电能的释放。反应过程中能量的变化对应着化学反应进行的程度。

总之,观察一个化学反应时要对反应过程中**物种的变化**和**能量的变化**进行观测。化学实验所获得的结果都可以称为数据(data),包括对实验现象的描述(description)、实验过程的图像(images and photos)和声音记录(sound)及定量测量的数据结果等。正确规范地记录和表述定量测量结果的数据有两个要点:数据误差和有效数字。

任何实验测量获得的数据必然在单次测量的结果之间、平均结果与真实数值之间或多或少地存在误差(error)。根据误差的来源和性质,可将误差分为系统误差、偶然误差和过失误差三大类。统计学探讨误差及其处理的方法,将在以后的生物统计学课程中详细介绍。由于误差的存在,测量得到的数据以及后续用数学公式处理后的结果,都存在着在某些数位后的数字不再可靠的问题。因此,正确的实验数据的表述必须使用有效数字。

有效数字(significant figure)是指实际测量到的具有准确意义的数字。其具体数字表明了数值的大小,位数反映了测量所能够达到的精确度。读取有效数字时,应记录所有的准确数字和第一位不准确数字。例如,用万分之一的分析天平(测量误差 ±0.0001 g)称得某物质的质量为 0.4358 g,其中 0.435 是准确的,而最后一位数字"8"是不准确的,它可能是"7",也可能是"9",即实际质量是在 0.4357~0.4359 g 范围内的某一数字。包括三位准确数字和一位可疑数字,0.4358 共有四位有效数字。又如,从滴定管读出某溶液消耗的体积为 24.23 ml,前三位 24.2 是准确的,而最后一位数"0.03"是根据滴定管的刻度估计出来的,因而是不准确的,它可能有 ±0.02 ml 的误差,溶液的实际体积应为 24.23±0.02 ml 范围内的某一数字。同样,24.23 也是四位有效数字。

在计算某个数据的有效数字位数时,1~9 九个数字直接计算在位数内,而"0"作为数位的定位时不能计算在内。例如某物质的重量为 0.02050 g,2 之前的"0.0"只起定位作用,所以不是有效数字;因此 0.02050 包含四位有效数字。也就是说,在第一个数字(1~9)前的"0"均为非有效数字,在数字(1~9)中间和数字末尾的"0"均为有效数字,如 $0.02000\ mol \cdot L^{-1}$ 中的数字部分含有四位有效数字。

为了准确地记录，这时通常使用数据的科学计数法（scientific notation）。科学计数法用含一位整数的小数与 10 的若干幂次的乘积来表示有效数字。例如数字 1000，这种写法无法判断是几位有效数字，数字中的 3 个 0 都可能是有效数字，也都可能仅仅起定位作用而不是有效数字，这时用科学计数法书写为 1×10^3，表明该有效数字的位数是一位；1.00×10^3，三位有效数字；1.000×10^3，四位有效数字。

在化学中常见的 pH、pK、吸光度 A 和 lg 等对数数值，其有效数字的位数仅取决于小数部分数字的位数，因整数部分只起定位作用。如 pH = 10.30 这个数的有效数字是两位而不是四位，因为它由 $[H^+] = 10^{-pH} = 5.0 \times 10^{-11}$ 计算得来。通常 pH 计的测量误差为 ±0.02，故 pH 的有效数字一般为两位。

【**例 1-1**】请说明下列数据的有效数字位数：pH = 10.3，0.02390，0.12，2.31，3.7×10^{-6}，$10^{-4.76}$。

解：上述六个数字有效数字位数分别为 1、4、2、3、2、2。

对有效数字进行计算处理时，各测量值的误差会传递到计算结果中去。为了避免运算结果的准确度发生改变，要采取正确的运算规则进行计算，将误差小的测量值的多余数字舍去，这个过程称为有效数字的修约。有效数字计算和修约规则包括：

1．计算结果最后的修约规则是"四舍六入五成双" 即当第一位不准确数字后面那一位数字 ≤ 4 时，舍去；当第一位不准确数字后面的那一位数字 ≥ 6 时，进位；而当第一位不准确数字后面那一位数字等于 5 时，如果 5 后面有非"0"的数字时，则一律进位；否则，如果第一位不准确数字是偶数，则将 5 舍去；如果是奇数，则将 5 进位，使这一位不准确数字为双数。

【**例 1-2**】将 0.58764、0.79266、12.345、18.735 和 15.0951 几个数字均修约为四位有效数字。

解：分别为 0.5876、0.7927、12.34、18.74、和 15.10。

2．禁止分次修约 只能对测量值第一位可疑数字后面的第一位数字按规则做一次修约，不能连续分次修约。例如，将数据 8.1457 修约为两位有效数字，应为 8.1，而不能从尾数开始连续修约，即 8.1457 → 8.146 → 8.15，最后结果为 8.2，这显然是错误的。

3．加减法中的误差传递是各测量值绝对误差的传递 因此计算结果的有效数字的位数由绝对误差最大的数字决定。数据相加减时，以参加运算的数字中小数点后位数最少的数为依据对结果进行修约，或先对其他数字进行修约后再做加减法。例如：

$$
\begin{array}{r}
51.0\ (\pm 0.1) \\
1.45\ (\pm 0.01) \\
+)\ \ 0.5812\ (\pm 0.0001) \\
\hline
52.13\cancel{12}
\end{array}
\qquad 或 \qquad
\begin{array}{r}
51.0 \\
1.4 \\
+)\ \ 0.6 \\
\hline
52.1
\end{array}
$$

4．乘除法中的误差传递是各测量值相对误差的传递，所以计算结果的有效数字的位数由相对误差最大的数字决定。几个数据相乘除时，以参加运算的数字中有效数字位数最少的数为依据，对其他数字进行修约后再做乘除法。例如，0.0312、29.35 和 1.56488 三个数相乘，应先将各数字修约为三位有效数字后再相乘。即 $0.0312 \times 29.4 \times 1.56 = 1.43$，最后结果仍保留三位有效数字。

5．自然数和物理化学常数不受有效数字位数的限制，不论它们的位数是几位，其计算结果的有效数位也不受影响，由其他数据的有效数字位数决定。

【**例 1-3**】已知 $R = 8.31$ kPa·L·K^{-1}·mol^{-1}，标准压力 $p^⦵ = 100$ kPa。计算在 298.15 K、外压为 $p^⦵$ 时，1 mol 和 1.00 mol 的理想气体的体积。

解：两次计算的气体量的精度不一样，其他都是常数，所以有效数字取决于物质的量的精度。

根据理想气体公式 $pV=nRT$：

$$V = nRT/p$$

1 mol 理想气体的体积

$$V = 1 \times 8.31 \times 298.15/100 = 2 \times 10^1 \text{ L}$$

1.00 mol 的理想气体的体积

$$V = nRT/p = 1.00 \times 8.31 \times 298.15/100 = 24.8 \text{ L}$$

6. 计算时，可以将绝对误差最大的那个数字的有效数字作为标准，将其他数字再多保留一位进行计算，最后将结果修约到应有的位数即可。

思考题

1．化学对医学的意义是什么？
2．如何完整掌握一门科学？
3．基础化学学习的方法是什么？
4．下列各数据分别有几位有效数字？
（1）$m = 0.1538$ g　　　　　　　　　（2）$V = 25.00$ ml
（3）pH = 7.40　　　　　　　　　　　（4）$K_a = 1.78 \times 10^{-5}$
（5）$[H^+] = 2.36 \times 10^{-8}$ mol/L　　　　（6）$\lg \gamma_\pm = 0.896$
（7）$\varphi^\ominus_{Cu^{2+}/Cu} = 0.340$ V
5．运用有效数字运算规则对下列各组数据进行计算：
（1）3.4 + 5.451 + 6.76　　　　　　　（2）3.73 × 8.15 × 110.5 × 2.8
（3）（9.19 × 10³）/（298 × 196.6）　　（4）$\lg (1.43 \times 10^{-6})$

（杨晓达）

第二章 溶液

先来看一个实例：渗透性利尿药（osmotic diuretic）多为低分子非电解质，如甘露醇、山梨醇等，其药理作用主要取决于药物分子在溶液中对渗透压的调节。甘露醇经静脉注射后产生组织脱水和利尿作用，可迅速降低颅内压，是治疗和抢救脑水肿的首选药，也可降低青光眼患者的房水量及眼内压，不良反应以水和电解质代谢紊乱最为常见。那么甘露醇静脉给药为什么可以降低颅内压和眼内压？甘露醇产生利尿作用为什么会有不良反应？

用溶液的理论和知识，我们可以轻松地回答上述问题。甘露醇的细胞膜渗透性很小，不能通过细胞膜，也不能穿越血脑屏障和血眼屏障。经静脉注射后，甘露醇存在于血浆中，导致血浆渗透压高于脑组织和眼组织液，使脑、眼组织液向血浆转移而产生组织脱水作用。同时，当甘露醇通过肾时，由于不能被重吸收，导致尿液的渗透压较高，原尿的水重吸收减少，排水增加（即渗透性利尿作用）。但快速的脱水作用，可能使血容积减少和电解质离子浓度明显升高，出现水和电解质代谢紊乱。因此，合理的药物用量和给药方案可以有效降低药物的不良反应。

第二章数字资源

第一节 分散系统

一种（或几种）物质分散到另一种物质里所形成的系统称为分散系（disperse system）。在分散系中，被分散的物质称为分散相（disperse phase），分散相存在的形式可以是分子、离子或分子聚集体；承载分散相的物质称为分散介质（disperse medium），分散介质可以是气体、固体和液体。如临床上使用的生理盐水和葡萄糖注射液，分散相分别是氯化钠和葡萄糖，分散介质是水。分散系统根据其形成的相态可以分为均相系统和多相系统；根据分散相粒子直径的大小可以分为分子（或离子）分散系（粒子直径小于 1 nm）、胶体分散系（粒子直径在 1～100 nm 之间）和粗分散系（粒子直径大于 100 nm），如表 2-1 所示。

表 2-1 分散系的分类和特征

分散系统类型		分散相粒子大小	分散相组成	一般性质	实例
分子分散系		< 1 nm	小分子或离子	均相、热力学稳定系统；扩散快，能透过滤纸和半透膜	葡萄糖注射液
胶体分散系	高分子溶液	1～100 nm	生物大分子或化学高分子	均相、热力学稳定系统；扩散慢，能透过滤纸，不能透过半透膜	透明质酸钠滴眼液
	溶胶		固体小颗粒	非均相、热力学不稳定系统；扩散慢，能透过滤纸，不能透过半透膜	羟乙基淀粉注射液
	缔合胶体		分子聚集体	均相、热力学稳定系统；扩散慢，能透过滤纸，不能透过半透膜	脂质体
粗分散系	乳状液	> 100 nm	液滴	非均相、热力学不稳定系统；不能透过滤纸和半透膜	依托咪酯注射乳剂
	悬浮液	> 500 nm	固体粗颗粒		布洛芬混悬液

第二节 溶液的组成标度

溶液是将一种或一种以上物质溶解到液体（如水）中形成的均相、热力学稳定的分散系统。生命需要一个基本的液体介质——水；各种生物分子都存在于水中，形成溶液。人体内的血液、细胞内液以及其他体液都是溶液，营养物质的消化、吸收等均与溶液有关；体内的许多化学反应也均在溶液中进行，因此溶液与人类的生命活动息息相关，与医学也有着密切联系。

溶质（solute）分散到溶剂（solvent）中形成溶液的过程称为溶解（dissolution）。例如生理盐水是 NaCl（溶质）溶解在水（溶剂）中形成的溶液；医用酒精是水（溶质）溶解在乙醇（溶剂）中形成的溶液。溶液的浓度用溶液的组成标度来表示。对生物系统来说，各种不同浓度的体液对维持正常生理功能尤为重要。因此，认识溶液组成标度的各种表示方法十分必要。

一、质量分数、体积分数与质量浓度

（一）质量分数

B 的质量分数（mass fraction）定义为 B 的质量 m_B 与溶液的质量 m 之比，用符号 ω_B 表示，即

$$\omega_B = \frac{m_B}{m} \tag{2-1}$$

ω_B 是量纲为 1 的量，其单位为 1。

【例 2-1】 室温下将 5.6 g 乳酸钠（$NaC_3H_5O_3$）溶于 50 ml 纯水中配制成溶液，计算该溶液中乳酸钠的质量分数。

解： 水在室温下的密度约为 1.0 g/ml

$$\omega_{NaC_3H_5O_3} = \frac{m_{NaC_3H_5O_3}}{m_{NaC_3H_5O_3} + m_{H_2O}} = \frac{5.6 \text{ g}}{5.6 \text{ g} + 1.0 \text{ g/ml} \times 50 \text{ ml}} = 0.101 = 10.1\%$$

（二）体积分数

B 的体积分数（volume fraction）定义为在相同温度和压强下，B 的体积 V_B 与溶液中各组分的体积和 $\sum V_i$ 之比，用符号 φ_B 表示，即

$$\varphi_B = \frac{V_B}{\sum V_i} \tag{2-2}$$

φ_B 是量纲为 1 的量，其单位为 1。

【例 2-2】 20 ℃时，将 70 ml 乙醇与 30 ml 水混合，得到 96.8 ml 乙醇溶液，计算该乙醇溶液中乙醇的体积分数。

解： $\varphi_{C_2H_5OH} = \dfrac{V_{C_2H_5OH}}{V_{C_2H_5OH} + V_{H_2O}} = \dfrac{70 \text{ ml}}{70 \text{ ml} + 30 \text{ ml}} = 0.7 = 70\%$

（三）质量浓度

B 的质量浓度（mass concentration）定义为 B 的质量 m_B 与溶液的体积 V 之比，用符号 ρ_B 表示，即

$$\rho_B = \frac{m_B}{V} \tag{2-3}$$

ρ_B 的 SI 单位为 kg/m^3，医学上常用的单位为 g/L、mg/L、μg/L。

【例 2-3】 将 30 g 葡萄糖（$C_6H_{12}O_6$）溶于水配成 600 ml 葡萄糖溶液，计算该溶液的质量浓度。

解：$\rho_{C_6H_{12}O_6} = \dfrac{m_{(C_6H_{12}O_6)}}{V} = \dfrac{30 \text{ g}}{600 \text{ ml} \times 10^{-3}} = 50.0 \text{ g/L}$

二、物质的量、物质的量浓度与质量摩尔浓度

（一）物质的量

物质的量（amount of substance，摩尔数）是表示物质数量的基本物理量。物质 B 的物质的量用符号 n_B 表示，单位是摩尔（mole），单位符号为 mol。1 摩尔物质的量对应于系统中包含的基本单元（分子、原子、离子、电子、其他粒子或这些粒子的特定组合）数目与 0.012 kg 的 ^{12}C 的原子数目相等。0.012 kg 的 ^{12}C 含有的原子数目大约为 6.022×10^{23} 个，该数值称为阿伏伽德罗常数（Avogadro's constant），它将随着测量技术的日臻完善愈加准确。1 mol 物质 B 的质量称为 B 的摩尔质量（molar mass），用符号 M_B 表示，即

$$M_B = \frac{m_B}{n_B} \tag{2-4}$$

M_B 的常用单位是 g/mol。某原子的摩尔质量在数值上等于该原子的相对原子质量；某分子的摩尔质量在数值上等于该分子的相对分子质量。

【例 2-4】 计算水分子（H_2O）和由于氢键形成的水分子团 [$(H_2O)_{400}$] 的摩尔质量。

解：O 的相对原子质量为 16.0，H 的相对原子质量为 1.0，因此 H_2O 的摩尔质量为

$$M_{H_2O} = 16.0 + 2 \times 1.0 = 18.0 \text{ g/mol}$$

由 400 个水分子构成的分子团 $(H_2O)_{400}$ 的摩尔质量为

$$M_{(H_2O)_{400}} = 400 \times 18.0 = 7.2 \times 10^3 \text{ g/mol}$$

书写物质的摩尔质量时，必须标明该物质的化学式，即该物质的计数方法，如上例中的 M_{H_2O} 和 $M_{(H_2O)_{400}}$。一些没有明确分子定义的化学物质，需要特别指明该物质的基本计数单元。例如氯化钾（KCl）是离子晶体，当 KCl 溶解在水中后会发生解离，其形式是 K^+ 和 Cl^-；而当 KCl 溶解在苯中，其形式则是一些离子团 [$(KCl)_n$]。因此需要明确标明：

1. 如果写成 KCl，表示计数的单位是 1 个 K^+ 和 1 个 Cl^- 的离子对，则其摩尔质量为 74.6 g/mol。

2. 如果写成 2KCl，表示计数的单位是 2 个 KCl 对，则其摩尔质量为 149.2 g/mol。

3. 如果写成 $\dfrac{1}{2}$KCl，表示计数的单位是半个 KCl 对，则其摩尔质量为 37.3 g/mol；当然，

半个 KCl 对没有什么物理意义，仅仅强调基本计数单元对物质的量，特别是对摩尔质量的影响。

（二）物质的量浓度

物质的量浓度（amount of substance concentration）又称体积摩尔浓度或浓度。B 的物质的量浓度定义为 B 的物质的量 n_B 与溶液的体积 V 之比，用符号 c_B 表示，即

$$c_B = \frac{n_B}{V} \tag{2-5}$$

c_B 的 SI 单位是 mol/m^3，医学上常用的单位为 mol/L 和 mmol/L。

c_B 在国际通行的科学文献中，常常简写为 M。使用 c_B 很容易实现溶液体积混合操作的计算。在化学、生物及医学研究和实际应用中，液体的体积操作是非常方便和精密的，人们可以量取大到几 L、小到几 nl（10^{-9} L）的溶液。因此，c_B 是应用最广泛的溶液组成标度。在使用 c_B 时，需要注明物质的基本计数单元，如 $c_{\frac{1}{2}HCl} = 1$ mol/L，$c_{Ca^{2+}} = 3$ mol/L。

由式（2-3）和式（2-5）可知，物质 B 的质量浓度 ρ_B 与物质的量浓度 c_B 之间的关系为

$$\rho_B = \frac{m_B}{V} = \frac{n_B \cdot M_B}{V} = c_B \cdot M_B \tag{2-6}$$

【例 2-5】 每 100 ml 正常人血浆中含 326 mg Na^+、10 mg Ca^{2+}、164.7 mg HCO_3^-，分别计算各微粒物质的量浓度。

解： 由 $c_B = \frac{n_B}{V} = \frac{m_B}{M_B V}$ 可得

$$c_{Na^+} = \frac{326 \text{ mg} \times 10^{-3}}{23.0 \text{ g/mol} \times 100 \text{ ml} \times 10^{-3}} = 1.42 \times 10^{-1} \text{ mol/L}$$

$$c_{Ca^{2+}} = \frac{10 \text{ mg} \times 10^{-3}}{40 \text{ g/mol} \times 100 \text{ ml} \times 10^{-3}} = 2.5 \times 10^{-3} \text{ mol/L}$$

$$c_{HCO_3^-} = \frac{164.7 \text{ mg} \times 10^{-3}}{61.0 \text{ g/mol} \times 100 \text{ ml} \times 10^{-3}} = 2.7 \times 10^{-2} \text{ mol/L}$$

【例 2-6】 200 ml 生理盐水中含 1.8 g NaCl，计算生理盐水的质量浓度和物质的量浓度。

解： 生理盐水的质量浓度为

$$\rho_{NaCl} = \frac{m_{NaCl}}{V} = \frac{1.8 \text{ g}}{200 \text{ ml} \times 10^3} = 9 \text{ g/L}$$

NaCl 的摩尔质量为 58.5 g/mol，生理盐水的物质的量浓度为

$$c_{NaCl} = \frac{\rho_{NaCl}}{M_{NaCl}} = \frac{9 \text{ g/L}}{58.5 \text{ g/mol}} = 0.15 \text{ mol/L}$$

（三）质量摩尔浓度

B 的质量摩尔浓度（molality）定义为 B 的物质的量 n_B 与溶剂的质量 m_A 之比。用符号 b_B 表示，即

$$b_B = \frac{n_B}{m_A} \tag{2-7}$$

b_B 的 SI 单位是 mol/kg。在用称量法配制溶液时，b_B 显得非常方便，且不受温度影响。许多物理化学常数都是用这种方式测定的。

【例 2-7】 室温下在 200 ml 水中溶解 0.54 g KCl，计算该溶液中 KCl 的质量摩尔浓度。

解：稀水溶液的密度与纯水近似，纯水在室温下的密度约为 1.0 g/ml；KCl 的摩尔质量为 74.5 g/mol

$$b_{KCl} = \frac{n_{KCl}}{m_{H_2O}} = \frac{0.54 \text{ g} \div 74.5 \text{ g/mol}}{1 \text{ g/ml} \times 200 \text{ ml} \times 10^{-3}} = 0.036 \text{ mol/kg}$$

三、摩尔分数

摩尔分数（mole fraction）又称为物质的量分数或物质的量比。B 的摩尔分数定义为 B 的物质的量 n_B 与溶液的物质的量 $\sum n$ 之比，用符号 x_B 表示，即

$$x_B = \frac{n_B}{\sum n} \tag{2-8}$$

x_B 是量纲为 1 的量，其单位为 1。如果溶液中只有溶质 B 和溶剂 A，则

$$x_B = \frac{n_B}{n_B + n_A} \qquad x_A = \frac{n_A}{n_B + n_A}$$

$$x_A + x_B = 1 \qquad x_A = 1 - x_B$$

【例 2-8】 将 12.5 g $NaHCO_3$ 溶于 1 L 纯水中配制成溶液，计算该溶液中 $NaHCO_3$ 和水的摩尔分数。

解：由 $n_B = \frac{m_B}{M_B}$ 和 $x_B = \frac{n_B}{n_B + n_A}$ 可得

$$n_{NaHCO_3} = \frac{m_{NaHCO_3}}{M_{NaHCO_3}} = \frac{12.5 \text{ g}}{84 \text{ g/mol}} = 0.149 \text{ mol}$$

$$n_{H_2O} = \frac{m_{H_2O}}{M_{H_2O}} = \frac{1 \text{ g/ml} \times (1 \text{ L} \times 10^3)}{18 \text{ g/mol}} = 55.55 \text{ mol}$$

$$x_{NaHCO_3} = \frac{n_{NaHCO_3}}{n_{NaHCO_3} + n_{H_2O}} = \frac{0.149 \text{ mol}}{0.149 \text{ mol} + 55.55 \text{ mol}} = 0.0027$$

$$x_{H_2O} = 1 - x_{NaHCO_3} = 1 - 0.0027 = 0.9973$$

对于稀的水溶液，数值上 1 kg 水 ≈ 1 L 溶液，因此摩尔浓度 c_B、质量摩尔浓度 b_B 和摩尔分数 x_B 三种浓度的转换关系为：

$$b_B = \frac{n_B}{m_A} = \frac{n_B}{\rho_A \cdot V_A} \approx \frac{n_B}{1 \times V_A} \approx \frac{n_B}{V} = c_B$$

$$x_B = \frac{n_B}{n_B + n_A} \approx \frac{n_B}{n_A} = \frac{n_B}{\frac{m_A}{M_A}} = M_A \cdot \frac{n_B}{m_A} = M_A \cdot b_B$$

第三节 电解质溶液

生物体的大部分生命活动是在体液中进行的，体液主要是由水和电解质等组成。体液中电解质的含量对维持细胞内、外液的渗透压、体液的酸碱平衡以及神经肌肉兴奋性等具有重要作用。

一、电解质和解离度

电解质（electrolyte）是指在水溶液中或熔融状态下能够导电的化合物。阿仑尼乌斯（Arrhenius）电离理论指出，电解质在溶液中自动解离成正、负离子。由于水分子是极性分子，与电解质解离后的正、负离子会产生离子-偶极（ion-dipole）相互作用，即正离子与水分子的负电荷中心相互吸引，负离子与水分子的正电荷中心相互吸引。这种离子与水分子之间的相互作用称为水合作用（hydration）。水合作用使每个离子周围形成一个水合膜。所以电解质溶液中的正、负离子并非是"裸露"的自由离子，而是被水分子紧密包围的水合离子，如图2-1所示。由于水的介电常数较高，水合离子之间的相互吸引或排斥作用被大大减弱，在极稀的溶液中可以忽略不计，因此水合离子可以看作独立存在于水中的游离离子。由于参加水合的水分子数目不固定，所以书写时以简单离子的符号表示，如 H^+、OH^-、Na^+、Cl^- 离子等。

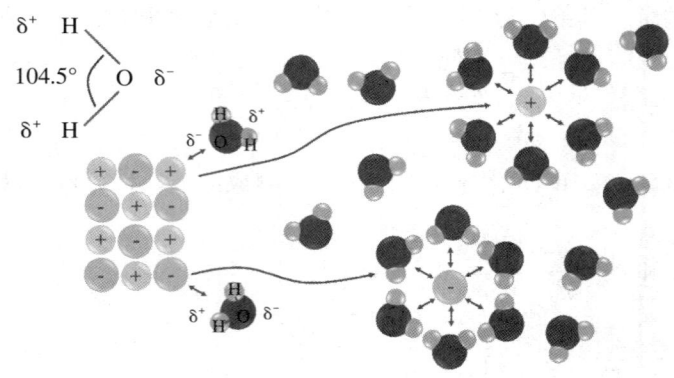

图 2-1　离子的水合作用示意图

根据在水溶液中解离程度的不同，电解质可以分为强电解质和弱电解质两类。强电解质在水溶液中完全解离，以水合离子形式存在，导电能力强，例如强酸、强碱及大部分盐类，其解离过程用"→"表示，如 NaCl 的解离：NaCl → Na^+ + Cl^-。弱电解质在水溶液中仅部分解离，导电能力弱。如弱酸、弱碱和某些盐类（如 $Pb(Ac)_2$、$HgCl_2$），其解离过程是可逆的，用"$\rightleftharpoons$"表示，如 HAc 的解离：HAc $\rightleftharpoons$ H^+ + Ac^-。

在一定温度下，如果电解质解离达到平衡，已解离的分子数和原有分子总数之比称为解离度（degree of dissociation），用符号 α 表示，其单位为1，也可以百分率表示。通常在 0.1 mol/kg 的溶液中，强电解质的 α 大于 30%，弱电解质的 α 小于 5%，中强电解质的 α 为 5%~30%。

$$\alpha = \frac{已解离分子数}{原有分子总数} \tag{2-9}$$

因为电解质在溶解过程中首先解离成正、负离子，然后再与溶剂分子形成溶剂合离子，所以，电解质解离程度的强弱既与电解质本身性质有关，也与溶剂的性质有关。例如，HAc 在水中为弱电解质，而在液 NH_3 中则全部解离为强电解质。

二、强电解质溶液

(一)强电解质溶液理论简介

根据近代物质结构理论,强电解质在水溶液中是完全解离的,即解离度为100%。在极稀的理想溶液中,强电解质溶液中的正、负离子以独立的水合离子形式存在。但是溶液导电性的实验数据表明,强电解质水溶液中的实际解离度均小于100%,如表2-2所示。这是因为强电解质在水溶液中开始溶解时是完全解离的,当离子浓度增大到一定程度时,正、负离子间的相互作用增强,使每个离子不能完全自由地发挥出它作为溶质粒子的作用,即表观离子浓度比实际浓度要小一些。

表 2-2 几种强电解质的表观解离度(298.15 K、0.10 mol/L)

电解质	KCl	HCl	HNO_3	H_2SO_4	NaOH	$Ba(OH)_2$	$ZnSO_4$
表观解离度(%)	86	92	92	61	91	81	40

1923 年,德拜(Debye P.)和休克尔(Hückle E.)提出了强电解质离子相互作用理论(ion interaction theory)。该理论认为在强电解质水溶液中,离子间通过静电引力相互作用(电荷相同的离子间相互排斥,电荷相反的离子间相互吸引),每一个离子都被周围电荷相反的离子包围,形成了"离子氛"(ionic atmosphere)。被包围的离子成为中心离子,同时它又参与形成另一个中心离子的离子氛,如图2-2所示。整个溶液可以看成由许多中心离子及其离子氛所组成的系统。

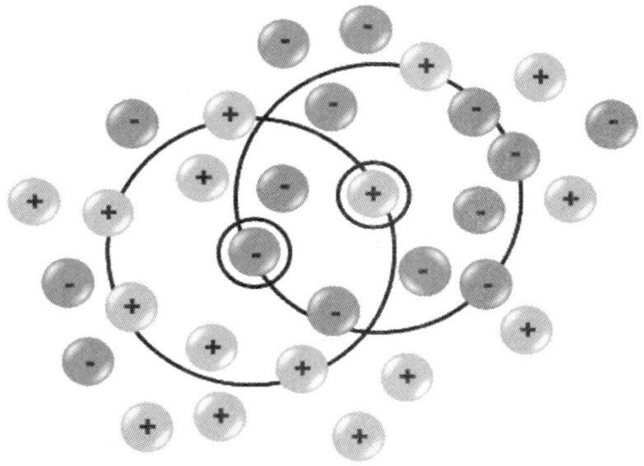

图 2-2 离子氛示意图

由于离子在溶液中不断运动,所以离子氛随时拆散,又随时形成。在离子氛的影响下,离子在溶液中活动的自由度降低,不能100%地发挥离子应有的效能。从离子的表观性质来看,离子的有效性降低了,即在单位体积溶液中含有的离子数目比完全解离的数目要少。在强电解质溶液中,不仅存在离子氛,带相反电荷的离子还可以缔合成"离子对"并作为一个独立单位运动。离子对的存在也使自由离子的浓度下降。所以实验测得的强电解质表观解离度均小于100%,这也是强电解质水溶液离子活度一般小于理论浓度的原因。此外,电荷正好抵消的中性的离子对没有导电能力,这是导致溶液导电能力下降的原因。离子氛和离子对的形成与溶液的浓度和离子所带电荷有关。溶液愈浓,离子所带的电荷愈多,上述效应愈显著。

严格地说,强电解质溶液的计算需要考虑解离度和离子活度等。离子活度系数可以根据溶液的离子强度估算(本书不做要求)。但是强电解质的解离度意义和弱电解质不同,弱电解质的解离度能真实地反映出其解离程度,而强电解质的解离度只是反映离子间相互牵制作用的强弱。因此,强电解质的解离度称为表观解离度(apparent dissociation degree)。

(二)强电解质溶液的性质

1. 强电解质溶液的导电性

电解质溶液依靠正、负离子的定向移动而导电。溶液的导电能力取决于其中所含离子的数目、离子的电荷数和离子的移动能力。当溶液中的电荷总数相同时,强电解质溶液的导电能力主要取决于溶液中各种离子的移动能力。电化学中离子的移动能力用离子迁移率(ionic mobility)来衡量,用符号 u_B 表示。在一定浓度和温度的条件下,u_B 等于离子的运动速率 v_B 与电场强度 E 之比。

$$u_B = \frac{v_B}{E} \tag{2-10}$$

表 2-3 列出了一些离子在无限稀释水溶液中的极限迁移率。从表中可以看到,离子在水溶液中的离子迁移率在 0.0005 ~ 0.001 cm²/(s·V) 之间,远小于电子在金属汞中的迁移率 3 cm²/(s·V)。因此,溶液的导电能力比金属要小得多。此外,还应注意以下三个方面:

表 2-3 298.15 K 时水溶液中离子的极限迁移率 [cm²/(s·V)]

离子	极限迁移率	离子	极限迁移率	离子	极限迁移率
H^+	0.00362	OH^-	0.00206	$\frac{1}{2}Cu^{2+}$	0.00059
Li^+	0.00040	Cl^-	0.00079	$\frac{1}{2}Zn^{2+}$	0.00055
Na^+	0.00052	Br^-	0.00081	$\frac{1}{2}Ba^{2+}$	0.00066
K^+	0.00076	I^-	0.00080	$\frac{1}{2}CO_3^{2-}$	0.00072
NH_4^+	0.00076	NO_3^-	0.00074	$\frac{1}{2}SO_4^{2-}$	0.00083
Ag^+	0.00064	Ac^-	0.00042		

(1)在 Li^+、Na^+、K^+ 三种碱金属离子中,Li^+ 的半径最小,但迁移率也最小。这是因为离子在水溶液中是以水合离子形式存在的。Li^+ 的半径最小,离子势(即离子电荷数 z 与离子半径 r 之比)最大,吸引水分子的数目较多,形成的水合离子半径较大,所以迁移率小;而 K^+ 的半径最大,离子势最小,形成的水合离子半径较小,所以迁移率大。

(2)H^+ 和 OH^- 的离子迁移率明显高于其他离子。这是因为在水溶液中,H_3O^+ 和 OH^- 离子与水分子形成氢键网,它们在氢键网中的移动是通过水分子传递进行的,所以移动能力比其他离子大得多。

(3)K^+、NH_4^+、Cl^- 和 NO_3^- 的离子迁移率接近,因此常用 KCl、KNO_3 或 NH_4NO_3 的饱和溶液制作盐桥,减小因离子迁移率差异过大而造成的液接电位。

2. 强电解质在生物体中的作用

(1)维持体液的渗透平衡:电解质是调节细胞内外水平衡的主要驱动力。正常情况下,细胞内、外液的渗透处于平衡状态。当细胞内、外液中的离子含量发生改变时,渗透压随之发生改变,导致水的跨膜移动,从而影响体液在细胞内、外的分布。细胞外液中 Na^+ 含量较高,在维持细胞外液的渗透压及体液容量方面起着决定性的作用,而细胞内液的渗透压主要依靠 K^+ 来维持。

人体必须饮用淡水止渴,是因为水的吸收是通过渗透作用进行的。肾每天会产生几百升的原尿,而最后形成的尿液每天不足 2 L,大部分的水分在肾小管中被重新吸收了。在肾小管上皮细胞膜上有很多离子载体,可以从原尿中吸收 Na^+ 和 Cl^- 离子,从而带动作为溶剂的水发生移动,从原尿中重新回到血液。当人体电解质平衡不正常时,就会发生体液代谢障碍,如水肿等。

（2）参与细胞膜电位的形成和维持：Na^+ 和 K^+ 在体内的分布不是随机的，而是高度有序的。由于 Na^+、K^+ 的细胞转运由专一的通道和载体进行，使得 Na^+ 主要集中于细胞外，而 K^+ 主要集中于细胞内。在浓度梯度的驱动下，Na^+ 有自膜外流向膜内的倾向，而 K^+ 有自膜内流向膜外的倾向。当细胞未受刺激时，细胞膜的"钾通道"开启，K^+ 经过离子通道外流，致使膜外带正电荷，膜内带负电荷，且膜内的电位低于膜外。该电位在安静状态下始终保持不变，因此称为静息电位（resting potential）。当可兴奋细胞受到刺激时，细胞膜的"钠通道"开启，Na^+ 经过离子通道内流，导致膜外带负电荷，膜内带正电荷，且膜内的电位高于膜外。这一电位变化过程称为动作电位（action potential）。这种膜电位的变化形成神经传递信号，支配多种生理活动。

（3）酶的激活剂：一些酶在金属离子存在时才能被激活，发挥其催化作用，这些酶称为金属激活酶。例如 ATP 酶需要 Mg^{2+} 激活，磷脂酶 A 需要 Ca^{2+} 激活，甘氨酰甘氨酸肽酶需要 Mn^{2+} 及 Co^{2+} 激活，碳酸酐酶需要 Zn^{2+} 激活等。除金属离子以外，H^+、Cl^-、Br^- 等离子也可作为酶的激活剂，如动物唾液中的 α-淀粉酶需 Cl^- 激活。

（4）"信使"作用：生物体需要不断地协调机体内各种生化过程，这就要求有各种传递信息的系统。通过化学信使传递信息就是其中的一种方式。人体中最重要的化学信使是 Ca^{2+}，其主要受体是广泛分布于生物界的钙调蛋白。每个钙调蛋白分子最多可结合 4 个 Ca^{2+}，钙调蛋白与 Ca^{2+} 结合而被活化，进而调节其他多种酶的活力。Ca^{2+} 还有很多其他的生物功能，如参与骨骼和牙齿的构成，参与血液凝结、激素释放、乳汁分泌、神经传导、肌肉收缩等极其重要的生理过程。关于细胞膜与膜电势，请扫描本章二维码阅读详情。

三、弱电解质溶液

弱电解质在水溶液中一部分以分子的形式存在，另一部分解离成离子。一些离子又互相吸引，重新结合成分子，未解离的分子与解离生成的离子之间存在着动态的解离平衡。解离度可以定量地表示电解质在水溶液中解离程度的大小。实验表明，弱电解质的解离度不仅与其本性有关，还与溶液的浓度、温度等因素有关。弱电解质的相对强弱常用解离度大小来衡量，解离度越小，电解质越弱。弱电解质在生命体系中是非常重要的，有关弱酸与弱碱的解离平衡、标准解离常数和解离度等将在第三章第三节中进行讨论。

第四节 稀溶液的依数性

物质的溶解是物理化学过程，溶液的性质与纯溶剂和纯溶质都不相同。溶液的性质可分为三类：第一类性质与溶质的种类（本性）有关，如溶液的颜色、导电性、黏度和密度等。第二类性质既与溶质的种类（本性）有关，也与溶质的数目有关。第三类性质仅与溶质的数目有关，而与溶质的本性无关。对于难挥发性非电解质的稀溶液，溶液一些性质的变化只与溶质粒子的数量有关，而与溶质本身性质（如分子大小、电荷等）无关。这些性质称为稀溶液的依数性（colligative properties），包括溶液的蒸气压下降、沸点升高、凝固点降低和溶液渗透压。稀溶液的依数性是溶液的一个最简单而基本的性质。其中，溶液渗透压在生物医学领域具有非常重要的意义。

一、稀溶液的蒸气压下降

（一）纯液体的蒸气压

把纯液体置于密闭的真空体系中，液面上动能较大的分子克服液体分子间的引力从表面逸出，扩散到液面上部的空间形成蒸气分子，这个过程称为蒸发（evaporation）。液面上的蒸气分子不断运动，在相互碰撞中成为液体分子，这个过程称为凝结（condensation）。当液体蒸发的速度和蒸气凝结的速度相等时，蒸发和凝结达到动态平衡（dynamic equilibrium），液体上方空间的蒸气压力将保持恒定，此时蒸气具有的压力称为该温度下液体的饱和蒸气压，简称蒸气压（vapor pressure），通常用 p^* 表示，单位是 Pa 或 kPa。

蒸气压与液体的本性有关，并随温度变化（图 2-3）。温度越高，同一物质的蒸气压越大。如当温度为 20 ℃时，水的蒸气压为 2.34 kPa，当温度为 100 ℃时，水的蒸气压则升高为 101.32 kPa（表 2-4），接近于气体标准压力（$p^\ominus$ =100 kPa）的大小。不同物质在相同温度下的蒸气压不同，如 20 ℃时，水的蒸气压为 2.34 kPa，乙醇的蒸气压为 5.67 kPa，丙酮的蒸气压为 24.64 kPa，而乙醚的蒸气压却高达 57.6 kPa。蒸气压大的称为易挥发性物质。固体也具有一定的蒸气压。

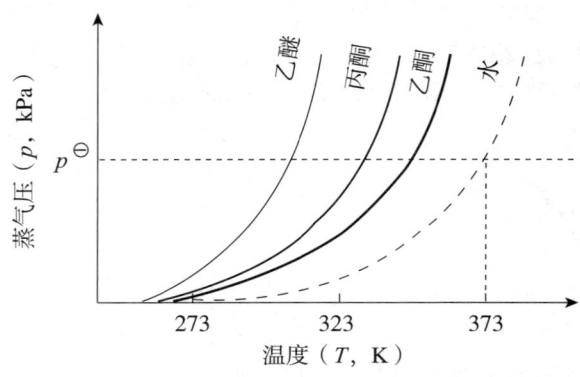

图 2-3　不同物质的蒸气压曲线

表 2-4　不同温度下水的饱和蒸气压

T（K）	273.15	293.15	313.15	333.15	353.15	373.15
p（kPa）	0.6101	2.3385	7.3754	19.9183	47.3426	101.3247

（二）稀溶液的蒸气压下降——Raoult 定律

难挥发性非电解质稀溶液中溶剂的蒸气压 p_A 低于相同温度下纯溶剂的饱和蒸气压 p_A^*，这一现象称为蒸气压下降（vapor pressure depression）。这是因为在溶液中，难挥发性的溶质分子占据了部分液面，使单位时间内逸出液面的溶剂分子数比相同温度下的纯溶剂少，从而造成溶液中溶剂的蒸气压低于纯溶剂的蒸气压。

法国物理学家拉乌尔（F. M. Raoult）根据大量实验归纳出经验规律：在一定温度下，难挥发性非电解质稀溶液中溶剂 A 的蒸气压 p_A 等于纯溶剂的饱和蒸气压 p_A^* 与 A 在溶液中的摩尔分数 x_A 的乘积，即

$$p_A = p_A^* x_A \tag{2-11}$$

式（2-11）称为 Raoult 定律，它不仅适用于两种物质组成的溶液，也适用于多种物质组成的溶液。溶剂蒸气压的下降值为：

$$\Delta p_A = p_A^* - p_A = p_A^* - p_A^* x_A = p_A^*(1 - x_A) \tag{2-12}$$

对于两种物质组成的溶液，如果溶质 B 所占的摩尔分数为 x_B，则 $x_B = 1 - x_A$，式（2-12）可以推导为：

$$\Delta p_A = p_A^*(1 - x_A) = p_A^* x_B \tag{2-13}$$

式（2-13）表明，在一定温度下，难挥发性非电解质稀溶液中溶剂蒸气压的下降值 Δp 与溶液中溶质的摩尔分数 x_B 成正比，而与溶质的种类（本性）无关。对于稀溶液，$x_B = M_A b_B$，则

$$\Delta p_A = p_A^* - p_A = p_A^* x_B = p_A^* \cdot M_A \cdot b_B = K b_B \tag{2-14}$$

Raoult 定律的适用范围可扩展到难挥发性电解质的稀溶液。由于电解质在溶液中解离成若干个溶质粒子，需要对其浓度进行校正。例如 NaCl 溶液中，NaCl 解离出 Na^+ 和 Cl^- 两种独立溶质粒子，因此校正后 NaCl 溶液的所有独立溶质粒子的浓度 b_B 和蒸气压下降的公式分别为：

$$b_B' = 2b_B$$
$$\Delta p_A = K \cdot b_B' = 2K \cdot b_B$$

即对于电解质溶液：

$$\Delta p_A = K \cdot b_B' = i \cdot K \cdot b_B \tag{2-15}$$

式中，i 为校正因子（又称 Van't Hoff 系数）。AB 型电解质（NaCl、$CaSO_4$ 等）的 i 值等于 2，AB_2 或 A_2B 型电解质（$MgCl_2$、K_2SO_4）的 i 值等于 3。

二、稀溶液的沸点升高

沸点（boiling point）是指液体的饱和蒸气压力与外界压力相等时的温度。液体的沸点与外压力有关——外压力越大，沸点越高。在含有难挥发性溶质的稀溶液中，溶液的蒸气压低于纯溶剂的蒸气压。所以，当外界压力为 p° 时，纯溶剂的沸点为 T_b^*，而溶液的沸点为 T_b，显然 $T_b > T_b^*$（图 2-4）。这种现象称为溶液的沸点升高（boiling point elevation），溶液的沸点升高值为 $\Delta T = T_b - T_b^*$。

对于难挥发性溶质的稀溶液来说，其沸点较纯溶剂的升高值与溶液中溶质粒子的浓度成正比：

$$\Delta T_b = T_b - T_b^* = K_b \cdot b_B \tag{2-16}$$

式中，K_b 称为溶剂的沸点升高常数，其单位为 K·kg/mol。K_b 仅与溶剂的性质有关，表 2-5 为一些常见溶剂的 K_b 和 T_b^* 值。

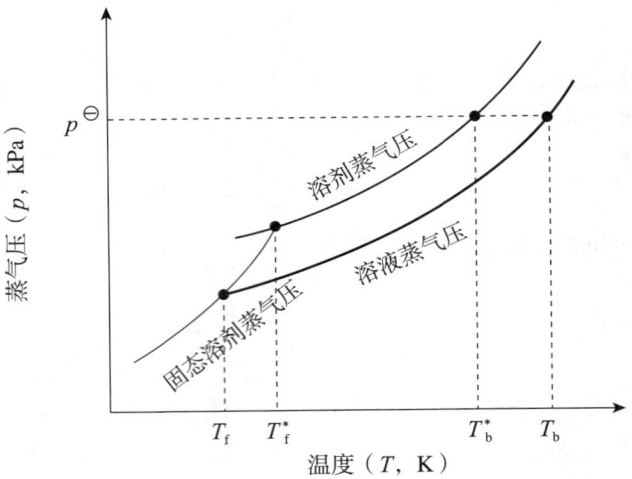

图 2-4 稀溶液的沸点升高和凝固点降低

表 2-5 常见溶剂的沸点（T_b^*）、沸点升高常数（K_b）、凝固点（T_f^*）和凝固点降低常数（K_f）

溶剂	T_b^*（℃）	K_b（K·kg/mol）	T_f^*（℃）	K_f（K·kg/mol）
水	100	0.512	0.0	1.86
乙酸	118	3.07	17.0	3.90
苯	80	2.53	278.65	5.10
四氯化碳	76.7	4.95	-22.9	32.0
乙醚	34.7	2.02	-116.2	1.8
萘	218	5.80	80.0	6.9

三、稀溶液的凝固点降低

凝固点（freezing point）是指在一定压力下某一物质的液相与固相平衡时的温度。当液态纯溶剂蒸气压与固态纯溶剂蒸气压相等时，对应的温度为纯溶剂的凝固点 T_f^*。当溶液蒸气压与固态纯溶剂蒸气压相等时，对应的温度为溶液的凝固点 T_f，显然 $T_f < T_f^*$（图 2-4）。这种现象称为溶液的凝固点降低（freezing point depression），溶液的凝固点降低值为 $\Delta T_f = T_f^* - T_f$。

与沸点升高一样，对于难挥发性溶质的稀溶液来说，其凝固点较纯溶剂的降低值与溶液中溶质粒子的浓度成正比：

$$\Delta T_f = T_f^* - T_f = K_f \cdot b_B \tag{2-17}$$

式中，K_f 称为溶剂的凝固点降低常数，其单位为 K·kg/mol。K_f 也仅与溶剂的性质有关，表 2-5 为一些常见溶剂的 K_f 和 T_f^* 值。溶液的凝固点变化实际上是持续的。因为当溶剂从溶液中结晶出来后，溶剂的量减少，溶液浓度会增加，这样随着溶剂不断结晶，溶液浓度不断增加，溶液的凝固点也就不断降低。

四、稀溶液蒸气压、沸点／凝固点变化的应用

（一）溶质相对分子质量的测定

利用溶液的沸点升高和凝固点降低来测定溶质分子的相对分子质量（摩尔质量），测定过程中需要注意两点：①沸点升高和凝固点降低适合测定小分子溶质的摩尔质量，对于摩尔质量较大的物质如血色素等生物大分子适合用渗透压法测定；②溶液的质量摩尔浓度是指溶液中的溶质粒子的浓度，如果溶质发生解离或缔合，溶质粒子浓度需要校正。

【例 2-9】 从某种植物中分离出一种结构未知的有抗菌作用的生物碱，为了测定其摩尔质量，将 4.5 g 该物质溶入 100 g 水中，测得溶液的凝固点降低了 0.22 K，计算该生物碱的摩尔质量。已知水的 K_f = 1.86 K·kg/mol。

解：由 $\Delta T_f = T_f^* - T_f = K_f \cdot b_B = K_f \cdot \dfrac{n_B}{m_A} = K_f \cdot \dfrac{m_B}{M_B m_A}$，可知

$$M_B = \frac{K_f \cdot m_B}{m_A \cdot \Delta T_f} = \frac{1.86 \text{ K} \cdot \text{kg/mol} \times 4.5 \text{ g}}{100 \text{ g} \times 10^{-3} \times 0.22 \text{ K}} = 3.8 \times 10^2 \text{ g/mol}$$

凝固点降低法具有灵敏度高、实验误差小、重复测定溶液浓度不变等优点，在医学与生物学等中应用更为广泛。

（二）干燥剂和冷冻剂

根据蒸气压下降原理，工业上或实验室中常采用某些易潮解的固态物质，如氯化钙、五氧化二磷等作为干燥剂。因为这些物质可以吸收空气中的水分并在其表面形成饱和溶液，该溶液的蒸气压较空气中水蒸气的压力小，所以空气中水蒸气可不断凝结进入溶液，即这些物质能不断地吸收水蒸气。若在密闭容器内，直到空气中水蒸气的分压等于这些干燥剂饱和溶液的蒸气压为止。

根据凝固点降低原理，可以使用冰-盐混合物作为冷冻剂。冰的表面上有少量水，当盐与冰混合时，盐溶解在这些水里成为溶液。由于溶液中水的蒸气压低于冰的蒸气压，冰开始融化。冰融化时要吸收熔化热，使周围的温度降低。例如，氯化钠和冰的混合物可以获得 -22 ℃ 的低温；氯化钙和冰的混合物可以获得 -55 ℃ 的低温；$CaCl_2$、冰和丙酮的混合物可以获得 -70 ℃ 以下的低温。在严寒的冬天，为防止汽车水箱冻裂，常在水箱中加入甘油或乙二醇以降低水的凝固点，这样可以防止水箱中的水因结冰而体积膨大，胀裂水箱。

五、稀溶液的渗透压

（一）渗透现象和渗透压

在两个烧杯中装入浓度不同的溶液并用一个玻璃罩密封起来。由于高浓度溶液的蒸气压低，低浓度溶液中的溶剂会不断通过蒸发和凝集过程，逐渐转移到高浓度溶液中，直至两个烧杯中溶液上方的蒸气压相等，即溶液的浓度相等（图 2-5）。

类似的溶剂转移过程也可以这样进行：一定温度下，在一个 U 形的容器中，用半透膜将纯溶剂与溶液隔开，半透膜只允许溶剂分子透过。放置一段时间后，溶剂通过半透膜进入溶液中，溶液液面上升，并且上升到一定的高度达到平衡才停止，这种现象称为渗透（osmosis），

图 2-5　溶剂转移过程示意图

如图 2-6 所示。渗透平衡时，两侧液面的水平压力差称为渗透压（osmotic pressure），用希腊字母 Π 表示，单位为 Pa 或 kPa。渗透现象不仅存在于溶剂与溶液之间，在不同浓度的溶液之间同样存在，这是由于膜两侧存在渗透浓度差，渗透的方向总是溶剂分子从稀溶液侧向浓溶液侧迁移，从而缩小溶液的渗透浓度差，直至两溶液渗透浓度相等（即渗透压力相等）为止。

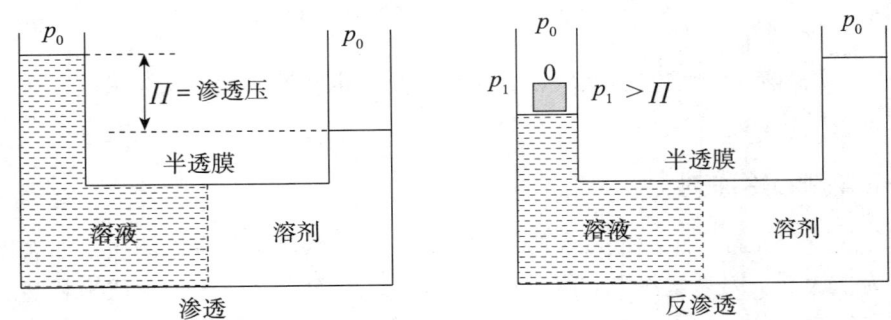

图 2-6　渗透和反渗透示意图

半透膜的存在和膜两侧存在渗透浓度差是产生渗透现象的两个必要条件。当在浓溶液一侧外加一个与渗透压 Π 相等的压力时，可以阻止渗透进行；如果外加压力超过渗透压 Π，会使溶剂向稀溶液（或纯溶剂）的方向流动，这种过程称为反渗透（reverse osmosis）。可以利用反渗透技术进行水的净化或从海水中快速提取淡水等。由于渗透压通常很高，反渗透装置需要高强度的半透膜。

半透膜对不同物质的透过具有选择性。一般半透膜（人工制备的火棉胶膜、玻璃纸及羊皮纸等）只允许小分子或离子透过，而大分子不能自由透过。一些半透膜（透析袋和超滤膜等）可以控制允许透过分子的大小。生物膜（萝卜皮、肠衣、膀胱内皮、血管壁和细胞膜等）的透过性更为特殊和复杂。如组织液和细胞液之间分隔的细胞膜，只允许氧分子、二氧化碳、甘油、尿素和水分子等透过，而对无机离子具有选择性的透过作用，所以细胞内外离子分布差别很大。细胞外液的阳离子以 Na^+ 为主，阴离子以 Cl^- 为主；细胞内液阳离子以 K^+ 为主，阴离子以磷酸根 HPO_4^{2-} 为主。这种细胞内/外液中 Na^+、K^+ 浓度的明显差异主要依赖细胞膜上的钠泵（Na^+, K^+-ATPase）维持，而细胞内外的渗透压平衡则靠水分子的跨膜自由移动来维持。一个医学应用是连续肾脏替代疗法，请扫描本章二维码阅读详情。

（二）Van't Hoff 渗透压公式

荷兰物理化学家范特霍夫（Van't Hoff）研究发现，稀溶液的渗透压 Π 与溶液的浓度 c_B 和温度 T 的定量关系式是：

$$\Pi = c_B RT \tag{2-18}$$

式中，R 是热力学常数 $[R = 8.314 \text{ J/(mol·K)}]$，$T$ 是绝对温度，c_B 的单位为 mol/L，Π 的单位为 kPa，该公式称为 Van't Hoff 稀溶液渗透压公式。该式说明，在恒温下溶液的渗透压仅与溶液中溶质粒子的浓度有关，而与溶质的本性无关。

对于非电解质稀水溶液，其物质的量浓度与质量摩尔浓度近似相等，即 $c_B \approx b_B$，因此式 (2-18) 可改写为：

$$\Pi = c_B RT \approx b_B RT \tag{2-19}$$

当 Van't Hoff 公式应用于电解质溶液时，应注意进行溶质粒子浓度的校正，即用下列公式计算渗透压力：

$$\Pi = i b_B RT \tag{2-20}$$

【例 2-10】 1.0 g 血红素溶于 100 ml 溶液中，在 20 ℃时测得溶液的渗透压为 366 Pa，计算血红素的摩尔质量和溶液的凝固点降低值。已知水的 $K_f = 1.86$ K·kg/mol。

解：$c_B = \dfrac{\Pi}{RT} = \dfrac{366 \times 10^{-3} \text{ kPa}}{8.314 \text{ J/(mol·K)} \times (20+273) \text{ K}} = 1.5 \times 10^{-4}$ mol/L

由 $c_B = \dfrac{n_B}{V} = \dfrac{m_B}{M_B V}$ 可得：

$$M_B = \dfrac{m_B}{c_B V} = \dfrac{1.0 \text{ g}}{1.5 \times 10^{-4} \text{ mol/L} \times 100 \text{ ml} \times 10^{-3}} = 6.7 \times 10^4 \text{ g/mol}$$

对于稀水溶液，$c_B \approx b_B$

$$\Delta T_f = K_f \cdot b_B = 1.86 \text{ K·kg/mol} \times 1.5 \times 10^{-4} \text{ mol/kg} = 2.8 \times 10^{-4} \text{ K}$$

上例中，血红素的摩尔质量很大，所以其饱和溶液的浓度很稀，凝固点降低值仅为 2.8×10^{-4} K，很难准确测定。但此溶液的渗透压为 0.366 kPa，比较大，完全可以准确测定。因此，大分子的摩尔质量通常用渗透压法来测定。

（三）渗透压在医学上的意义

1. 渗透浓度 溶液中产生渗透效应的所有溶质粒子（分子、离子等）可以统称为渗透活性物质。溶液中所有渗透活性物质的浓度之和称为渗透浓度（osmotic concentration），用符号 c_{os} 表示，单位为 mol/L 和 mmol/L。医学上常用渗透浓度来衡量渗透压的大小。表 2-6 列出了正常人血浆、组织液和细胞内液中各种渗透活性物质的渗透浓度。

表 2-6 正常人血浆、组织液和细胞内液中各种渗透活性物质的渗透浓度

渗透活性物质	浓度（mmol/L）			渗透活性物质	浓度（mmol/L）		
	血浆中	组织液	细胞内液		血浆中	组织液	细胞内液
Na^+	144	137	10	肌肽			14
K^+	5	4.7	141	氨基酸	2	2	8
Ca^{2+}	2.5	2.4		肌酸	0.2	0.2	9
Mg^{2+}	1.5	1.4	31	乳酸盐	1.2	1.2	1.5

续表

渗透活性物质	浓度（mmol/L）			渗透活性物质	浓度（mmol/L）		
	血浆中	组织液	细胞内液		血浆中	组织液	细胞内液
Cl^-	107	112.7	4	腺苷三磷酸			5
HCO_3^-	27	28.3	10	一磷酸己糖			3.7
$HPO_4^{2-}/H_2PO_4^-$	2	2	11	葡萄糖	5.6	5.6	
SO_4^{2-}	0.5	0.5	1	蛋白质	1.2	0.2	4
磷酸肌酸			45	尿素	4	4	4
总浓度	303.7	302.2	302.2				

【例 2-11】 计算生理盐水（0.9 % NaCl 溶液）的渗透浓度和在 37 ℃时的渗透压力。

解：0.9 % NaCl 溶液的质量浓度为 9 g/L；NaCl 的摩尔质量为 58.5 g/mol。因为 NaCl 分子在溶液中解离产生 Na^+ 和 Cl^-，所以

$$c_{os} = c_B \times 2 = \frac{m_{NaCl}}{M_{NaCl}V} \times 2 = \frac{\rho_{NaCl}}{M_{NaCl}} \times 2 = \frac{9 \text{ g/L}}{58.5 \text{ g/mol}} \times 2 = 0.308 \text{ mol/L}$$

$$\Pi = c_B RT = 0.308 \text{ mol/L} \times 8.314 \text{ J/(mol·K)} \times 310 \text{ K} = 792 \text{ kPa}$$

【例 2-12】 将 2 g 蔗糖（$C_{12}H_{22}O_{11}$）溶于水配成 50 ml 溶液，计算溶液的渗透浓度和在 37 ℃时的渗透压力。

解：$C_{12}H_{22}O_{11}$ 的摩尔质量为 342 g/mol，因为蔗糖分子不发生解离或缔合，所以

$$c_{os} = c_B = \frac{n_{C_{12}H_{22}O_{11}}}{V} = \frac{2 \text{ g}}{342 \text{ g/mol} \times 50 \text{ ml} \times 10^{-3}} = 0.117 \text{ mol/L}$$

$$\Pi = c_B RT = 0.117 \text{ mol/L} \times 10^3 \times 8.314 \text{ J/(mol·K)} \times 310 \text{ K} = 301.5 \text{ kPa}$$

以上计算表明，当温度为 37 ℃时，0.117 mol/L 的蔗糖溶液产生的渗透压力为 301.5 kPa，相当于 30.8 m 水柱的压力，表明渗透压力是一种强大的推动力。

2. 等渗溶液、高渗溶液和低渗溶液 具有相等渗透压力的溶液彼此称为等渗溶液（isotonic solution）。对于渗透压力不相等的两种溶液，渗透压力相对较高的称为高渗溶液（hypertonic solution），渗透压力相对较低的称为低渗溶液（hypotonic solution）。医学上等渗、高渗和低渗溶液则是由血浆的渗透浓度为标准确定的。正常人血浆的渗透浓度为 304 mmol/L。临床上规定渗透浓度在 280～320 mmol/L 的溶液为生理等渗溶液，如 0.9%的生理盐水（308 mmol/L）、50.0 g/L 的葡萄糖溶液（280 mmol/L）、12.5 g/L 的碳酸氢钠溶液（298 mmol/L）等。渗透浓度大于 320 mmol/L 的溶液称为高渗溶液，渗透浓度小于 280 mmol/L 的溶液称为低渗溶液。

细胞外液与细胞内液保持接近乃至相同的渗透压力对于维持细胞形状和功能是至关重要的。以红细胞为例，正常情况下，其膜内的细胞液与膜外的血浆等渗，因此输入生理等渗溶液时，细胞内外仍处于渗透平衡状态，红细胞保持正常形态。若大量输入高渗溶液，血浆渗透浓度将高于细胞内液渗透浓度，红细胞内水分子向血浆渗透，结果使红细胞萎缩。若大量输入低渗溶液，血浆渗透浓度将低于细胞内液渗透浓度，血浆中水分子向红细胞内渗透，使细胞内液逐渐增多，细胞破裂，释放出血红蛋白，产生溶血（hemolysis）现象（图 2-7）。

因此，临床上大量补液时必须考虑溶液的渗透浓度，尽量使用生理等渗溶液，避免血细胞特别是红细胞遭到破坏。临床治疗也有使用高渗 NaCl 溶液的，NaCl 浓度高达 10%，主要针对各种原因所致的水中毒及严重的低钠血症，高渗 NaCl 溶液可使细胞内液的水分子移向细胞

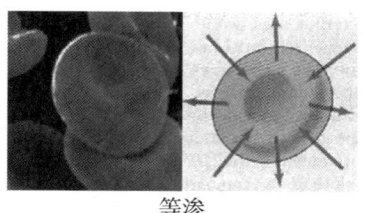 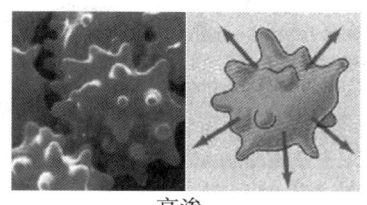 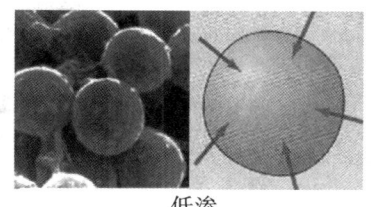

等渗　　　　　　　　　高渗　　　　　　　　　低渗

图 2-7　不同渗透强度下的红细胞状态
箭头表示溶剂水的迁移方向

外，在增加细胞外液容量的同时，提高细胞内液的渗透压力。

3. 晶体渗透压和胶体渗透压　渗透压在生物体内极为重要，是调节细胞内外水分和组织间体液平衡的主要机制。体液包括血浆、细胞内液和组织液，它们都是由小分子晶体物质（如 NaCl、KCl、NaHCO$_3$、葡萄糖、尿素、氨基酸等）和高分子物质（蛋白质、糖类、脂质等）溶解于水而形成的复杂体系。由于生物膜的通透性存在显著差异，因此体内存在不同分子类型和分子大小的渗透物质来调节不同部位的渗透压平衡，如表 2-6 所示。在医学上，将血浆中由高分子物质形成的渗透压称为胶体渗透压，为 2.93～4.0 kPa；主要作用是调节血管内外水分和小分子物质的分布，对组织液回流进入毛细血管产生压力，维持血浆容量与组织液容量之间的相对平衡。由血浆中的小分子晶体物质形成的渗透压称为晶体渗透压，约为 705.6 kPa；主要作用是维持细胞内外水、电解质平衡，保持细胞正常形态和细胞膜的完整性。

毛细血管内的血液与组织液之间存在 1.33～3.33 kPa 的血压差，这是血液在组织内流动所必需的压差，但这种压差会引起血管内的液体流向组织，在组织间潴留，形成水肿。毛细血管壁通透性较好，允许小分子物质通过，但阻止大分子物质如血清蛋白通过，使毛细血管壁两侧存在着胶体渗透压差，这种压差驱动水分子向血管内流动，因而可以抵消毛细血管内的血液与组织液之间压差的影响，防止组织水肿。关于体液渗透压的形成，请扫描本章二维码阅读详情。

思考题

1. 什么是分散系？分散系是如何分类的？
2. 什么是渗透现象？产生渗透现象的条件是什么？
3. 在一个密闭容器内，放有半杯纯水和半杯糖水，长时间放置会出现什么现象？为什么？
4. 为什么多数海水鱼不能生活在淡水中？
5. 为什么施肥过多植物会枯死？
6. 把一小块冰放在 0 ℃的纯水中，另一小块冰放在 0 ℃的盐水中，各有什么现象发生？为什么？
7. 取相同质量的果糖（C$_6$H$_{12}$O$_6$）和蔗糖（C$_{12}$H$_{22}$O$_{11}$）分别溶于等体积的水中形成溶液。两种溶液的凝固点都在 0 ℃以下，但是果糖溶液的凝固点较蔗糖溶液低。为什么？

习　题

1. 已知质量分数为 3.0% 的 Na$_2$CO$_3$ 溶液的密度为 1.03 g/ml，计算配制 500 ml、3.00% 的 Na$_2$CO$_3$ 溶液，需称取固体 Na$_2$CO$_3$ 的质量；计算该溶液的质量浓度和物质的量浓度。

2. 某患者需补充 0.05 mol Na^+，计算应该补充多少克 NaCl。若用生理盐水溶液补充，则需要多少毫升？

3. 在 90 g 质量分数为 0.15 的 NaCl 溶液里加入 10 g 水或 10 g NaCl，分别计算用这两种方法配制的 NaCl 溶液中 NaCl 的质量分数。

4. 25 ℃时，将 50 ml 水与 150 ml 乙醇混合，所得乙醇溶液的体积为 193 ml。计算此溶液中乙醇的体积分数。

5. 正常人血浆中 Ca^{2+} 和 HCO_3^- 的浓度分别是 2.5 mmol/L 和 27 mmol/L，化验测得某患者血浆中 Ca^{2+} 和 HCO_3^- 的质量浓度分别是 300 mg/L 和 1 mg/L。试通过计算判断该患者血浆中这两种离子的浓度是否正常。

6. 25 ℃时水的蒸气压为 133.3 Pa，某甘油-水溶液中甘油的质量分数为 0.1，该溶液的蒸气压为多少？

7. 测得葡萄糖注射液凝固点降低值为 0.534 ℃。如果血液的温度是 37 ℃，血液的渗透压是多少？

8. 将 2.0 g 白蛋白溶于水，制备成 100 ml 溶液，在 25 ℃测得该溶液的渗透压力为 0.717 kPa，计算 25 ℃时白蛋白的相对分子质量。

9. 蛙肌细胞内液的渗透浓度为 240 mmol/L，若把蛙肌细胞置于质量浓度分别为 10 g/L、7 g/L 和 3 g/L 的 NaCl 溶液中，将各呈什么状态？

10. 将 100 ml、9 g/L 生理盐水和 100 ml、50 g/L 葡萄糖溶液混合，与血浆相比较，此混合溶液是高渗溶液、等渗溶液还是低渗溶液？

11. 树身内部树汁的上升是由渗透压造成的。若树汁渗透浓度为 0.20 mol/L，树汁小管外部水溶液的渗透浓度为 0.01 mol/L，已知 10.2 cm 水柱产生的压力为 1 kPa，试估算 25 ℃时树汁上升的高度。

12. 糖尿病患者和健康人的血浆中葡萄糖的质量浓度分别为 1.80 g/L 和 0.85 g/L。假定糖尿病患者和健康人血浆的渗透压力的差异仅仅是由于糖尿病患者血浆中含有较高浓度的葡萄糖，计算在 37 ℃时此渗透压的差值。

（申　蕊）

第三章 酸碱和缓冲溶液

第三章数字资源

酸和碱是两类特别重要的电解质。酸碱平衡在医学上具有非常重要的实际意义，它对于维持体液的正常功能，尤其正常 pH 等都是必不可少的，从而保证了人体的正常生理活动。人的体液都具有一定的 pH，如血液的 pH 7.35～7.45、唾液的 pH 6.0～7.5 等。如果体液的 pH 偏离正常范围，就有可能导致疾病，甚至死亡。

第一节 酸碱质子理论

人们通过对酸碱的性质与组成、结构关系的研究，提出了一系列的酸碱理论。电离理论是 1887 年由瑞典化学家阿伦尼乌斯（Arrhenius）提出的。该理论认为：在水溶液中电离出的阳离子全部是 H^+ 的化合物是酸；电离出的阴离子全部是 OH^- 的化合物是碱。酸碱反应的实质就是 H^+ 与 OH^- 作用生成 H_2O。酸碱电离理论将酸碱仅限于水溶液中。而生命的溶液体系并非是均相的，质子（即 H^+）不仅在水相，也可在非水相中存在并发挥重要作用。因此我们需要一个能够更加普遍性描述质子存在形式的理论。1923 年，布朗斯特（Bronsted）和劳瑞（Lowry）各自提出了酸碱质子理论（proton theory of acid and base），正符合了我们的需要。

一、酸碱的定义

酸碱质子理论认为：凡能给出质子的物质都是酸；凡能接受质子的物质都是碱。例如，HAc、NH_4^+、HSO_4^- 等都能给出质子，它们都是酸；NH_3、PO_4^{3-}、CO_3^{2-} 等都能接受质子，它们都是碱。酸和碱既可以是中性分子，也可以是阳离子或阴离子。当酸给出一个质子后则变成了碱，碱得到一个质子后则变成了酸，酸和碱之间的转化关系可表示为：

$$酸 \rightleftharpoons 质子 + 碱$$

例如：

$$H_3PO_4 \rightleftharpoons H^+ + H_2PO_4^-$$
$$H_2PO_4^- \rightleftharpoons H^+ + HPO_4^{2-}$$
$$HPO_4^{2-} \rightleftharpoons H^+ + PO_4^{3-}$$
$$HAc \rightleftharpoons H^+ + Ac^-$$
$$NH_4^+ \rightleftharpoons H^+ + NH_3$$
$$H_3O^+ \rightleftharpoons H^+ + H_2O$$
$$H_2O \rightleftharpoons H^+ + OH^-$$
$$[Al(H_2O)_6]^{3+} \rightleftharpoons H^+ + [Al(OH)(H_2O)_5]^{2+}$$

酸与碱之间的这种相互依存、相互转化的关系称为酸碱的共轭关系，相互对应的一对酸碱称为共轭酸碱对。上式中左边的酸称为右边碱的共轭酸（conjugate acid），而右边的碱称为左边酸的共轭碱（conjugate base）。酸总是比其共轭碱多一个质子。有些物质既可以作为酸给出质子，又可以作为碱接受质子，这些物质称为两性物质（amphoteric substance），如 H_2O、HCO_3^-、$H_2PO_4^-$ 等都是两性物质。

因为 H^+ 半径小、电荷密度高，在溶液中一般不会单独存在。在水溶液中，H^+ 与水分子结合成 H_3O^+。水溶液中的酸碱反应一般都需要经由溶剂水分子来介导进行。

二、酸碱反应

根据酸碱质子理论，酸碱反应的实质是两对共轭酸碱对之间的质子传递反应（protolysis reaction），酸在反应中给出质子转化为它的共轭碱，所给出的质子必须经由溶剂分子传递给另一个能接受质子的碱。酸碱反应是两个共轭酸碱对共同作用的结果。例如，HAc 和 NH_3 的酸碱反应：

$$HAc + NH_3 \rightleftharpoons Ac^- + NH_4^+$$

首先，HAc 溶液呈酸性，是由于 HAc 和 H_2O 分子之间发生了质子的传递：

$$HAc\,(酸_1) + H_2O\,(碱_2) \rightleftharpoons H_3O^+\,(酸_2) + Ac^-\,(碱_1)$$

NH_3 溶液呈碱性，是由于 NH_3 和 H_2O 分子之间发生了质子的传递：

$$H_2O\,(酸_1) + NH_3\,(碱_2) \rightleftharpoons NH_4^+\,(酸_2) + OH^-\,(碱_1)$$

总反应便是上述反应的加合：

$$HAc + NH_3 + 2H_2O \rightleftharpoons NH_4^+ + Ac^- + H_3O^+ + OH^-$$
$$H_3O^+ + OH^- \rightleftharpoons 2H_2O$$
$$HAc + NH_3 \rightleftharpoons NH_4^+ + Ac^-$$

在共轭酸碱对中，若酸越强，则它给出质子的能力越强，其共轭碱接受质子的能力就越弱，因而碱性越弱；反之，酸越弱，其共轭碱越强。

酸碱反应的方向取决于酸碱的相对强弱。酸越强，其给出质子的能力就越强；碱越强，其接受质子的能力就越强。因此，酸碱反应是较强的酸与较强的碱作用，生成较弱的碱和较弱的酸的过程：

$$较强酸 + 较强碱 \rightleftharpoons 较弱碱 + 较弱酸$$

第二节 水的解离平衡和溶液的酸度

一、水的解离平衡

水是一种酸碱两性物质，在水分子之间也能发生质子的传递，一个 H_2O 分子能从另一个 H_2O 分子中得到质子形成 H_3O^+ 离子，而失去质子的 H_2O 分子则转化为 OH^- 离子。这种发生在同种溶剂分子之间的质子传递反应称为质子自递反应（proton self-transfer reaction）。水的质子自递反应也称水的解离反应，可表示如下：

$$H_2O + H_2O \rightleftharpoons H_3O^+ + OH^-$$

在一定温度下，水的解离反应达到平衡时，有

$$K_W = [H_3O^+][OH^-] \tag{3-1}$$

式中，K_W 称为水的离子积常数（ion product of water）；$[H_3O^+]$ 为 H_3O^+ 离子的平衡浓度；$[OH^-]$ 为 OH^- 离子的平衡浓度。

在一定温度下，纯水中 H_3O^+ 离子的相对平衡浓度与 OH^- 离子的相对平衡浓度的乘积为一常数。此关系式也适用于水溶液。若已知溶液中 H_3O^+ 离子或 OH^- 离子的浓度和某温度下的 K_W，利用式（3-1）可计算出溶液中 OH^- 离子或 H_3O^+ 离子的浓度。

水的解离反应是吸热反应，温度升高，K_W 随之增大。表 3-1 列出了不同温度下水的离子积常数。

表 3-1　不同温度下水的离子积常数

T（K）	K_W	T（K）	K_W
273	1.1×10^{-15}	313	2.9×10^{-14}
283	2.9×10^{-15}	323	5.5×10^{-14}
293	6.8×10^{-15}	363	3.8×10^{-13}
298	1.0×10^{-14}	373	5.5×10^{-13}

当温度在室温附近变化时，K_W 变化不大，一般可认为 $K_W = 1.0 \times 10^{-14}$。

二、溶液的酸度

由水的解离平衡可知：水溶液中同时存在 H_3O^+ 离子与 OH^- 离子，两者的相对平衡浓度的乘积在一定温度下为一常数。因此，任何物质的水溶液，不论它是酸性、碱性还是中性，都同时含有 H_3O^+ 离子与 OH^- 离子，只不过是它们的浓度不同而已。据此，可以统一用 H_3O^+ 离子浓度来表示溶液的酸碱性。

水溶液中 H_3O^+ 离子浓度或活度（活度是指电解质溶液中实际上能起作用的离子浓度，即有效浓度）称为溶液的酸度。水溶液中 H_3O^+ 离子浓度的变化幅度往往很大，但常涉及的一般是 H_3O^+ 离子浓度很低的溶液，为了简便起见，常用 pH 来表示溶液的酸碱性。pH 的定义为

$$pH = -\lg [H_3O^+] \tag{3-2}$$

与 pH 相对应的还有 pOH 和 pK_W，它们的定义分别为

$$pOH = -\lg [OH^-] \tag{3-3}$$

$$pK_W = -\lg K_W \tag{3-4}$$

若将式（3-1）的等号两边取负常用对数，得 pH、pOH 和 pK_W 之间的关系为：

$$pH + pOH = pK_W \tag{3-5}$$

pH 和 pOH 都可以表示溶液的酸碱性，但习惯上采用 pH。室温下，有

pH = pOH = 7，溶液呈中性；

pH < pOH，pH < 7，溶液呈酸性；

pH > pOH，pH > 7，溶液呈碱性。

显然，pH 越小，溶液的酸性越强；pH 越大，溶液的酸性越弱。H_3O^+ 离子相对浓度与 pH 的关系为：

$$[H_3O^+] = 10^{-pH} \tag{3-6}$$

已知溶液的 pH，利用上式即可算出溶液中 H_3O^+ 离子相对浓度。

第三节　弱酸和弱碱的解离平衡

一、一元弱酸和一元弱碱的解离平衡

（一）一元弱酸、弱碱的标准解离常数

只能给出一个质子的弱酸称为一元弱酸。例如，醋酸（HAc）、氢氰酸（HCN）、铵离子（NH_4^+）、抗坏血酸（维生素 C）等都是一元弱酸。在水溶液中，弱酸只有一部分的分子解离，失去质子的弱酸则变成共轭碱，一元弱酸（HA）解离平衡可用下式表示：

$$HA + H_2O \rightleftharpoons A^- + H_3O^+$$

上述可逆反应的标准平衡常数表达式为：

$$K_a(HA) = \frac{[A^-][H_3O^+]}{[HA]} \tag{3-7}$$

式中，K_a（HA）称为一元弱酸（HA）的标准解离常数（standard dissociation constant）；[A^-]、[H_3O^+]、[HA] 分别为 A^-、H_3O^+、HA 的相对平衡浓度。

只能接受一个质子的弱碱称为一元弱碱。例如，氨（NH_3）、氰化钠（NaCN）、醋酸钠（NaAc）、麻黄碱等都是一元弱碱。与一元弱酸类似，一元弱碱（A）的解离平衡为

$$A + H_2O \rightleftharpoons HA^+ + OH^-$$

上述可逆反应的标准平衡常数表达式为：

$$K_b(A) = \frac{[HA^+][OH^-]}{[A]} \tag{3-8}$$

式中，$K_b(A)$ 称为一元弱碱（A）的标准解离常数；[A]、[OH⁻]、[HA⁺] 分别为 A、OH⁻、HA⁺ 的相对平衡浓度。

一元弱酸（弱碱）标准解离常数的相对大小，反映了它们在水中给出（接受）质子的能力，因此其数值大小也体现了一元弱酸（弱碱）的相对强弱，一元弱酸（弱碱）的标准解离常数越大，它的酸性（碱性）就越强。

如其他标准平衡常数一样，弱酸和弱碱的标准解离常数 K_a 与 K_b 的大小是由酸碱本性所决定的，除此之外还受温度的影响，而与浓度无关。弱酸和弱碱标准解离常数 K_a 与 K_b 虽随温度变化，但由于解离过程热效应较小，温度改变对它们标准解离常数的影响不大，数量级一般不变，所以，室温范围内可忽略温度对标准解离常数的影响。弱酸的 K_a 与弱碱的 K_b 值通常较小，为了简便起见，通常用其负对数——pK_a 与 pK_b 来表示。

（二）共轭酸碱的 K_a 与 K_b 的关系

共轭酸碱对 HA-A⁻ 在溶液中存在下列解离平衡。

$$HA + H_2O \rightleftharpoons A^- + H_3O^+$$
$$A^- + H_2O \rightleftharpoons HA + OH^-$$

它们相应的标准解离常数表达式为

$$K_a(HA) = \frac{[A^-][H_3O^+]}{[HA]}$$

$$K_b(A^-) = \frac{[HA][OH^-]}{[A^-]}$$

观察弱酸的 K_a 及其共轭碱的 K_b，可以发现两者之间存在下列关系

$$K_a(HA) \cdot K_b(A^-) = K_W \tag{3-9}$$

或
$$pK_a + pK_b = pK_W \tag{3-10}$$

从上面关系式可知，若已知酸的标准解离常数 K_a，就可求出其共轭碱的标准解离常数 K_b，反之亦然。书后附录中给出了一些弱酸和弱碱的标准解离常数值，它们对应的共轭碱（酸）的标准解离常数可以根据上述关系求得。

【例 3-1】 已知 298 K 时麻黄碱的 K_b 为 1.4×10^{-4}，试求其共轭酸的 K_a。

解：$K_a = K_W/K_b = 1.00 \times 10^{-14}/(1.4 \times 10^{-4}) = 7.1 \times 10^{-11}$

（三）一元弱酸溶液中 H_3O^+ 浓度的计算

一元弱酸 HA 溶液中存在下列解离平衡。

$$HA + H_2O \rightleftharpoons A^- + H_3O^+$$
$$H_2O + H_2O \rightleftharpoons OH^- + H_3O^+$$

H_2O 解离产生的 H_3O^+ 浓度等于 OH⁻ 浓度，HA 解离产生的 H_3O^+ 浓度等于 A⁻ 浓度，所以一元弱酸 HA 溶液中 H_3O^+ 的平衡浓度为

$$[H_3O^+] = [A^-] + [OH^-]$$

在计算溶液中 H_3O^+ 浓度时，允许有不超过 ±5%的相对误差，因此当弱酸的酸性比水强，$c(HA) \cdot K_a(HA) > 20K_w$ 时 [其中 $c(HA)$ 为 HA 的起始浓度]，可以忽略水的解离，则上式简化为

$$[H_3O^+] = [A^-]$$

由一元弱酸 HA 的解离平衡得

$$[H_3O^+] = \frac{[HA] \cdot K_a(HA)}{[H_3O^+]}$$

$$[H_3O^+] = \frac{\{c(HA) - [H_3O^+]\}K_a(HA)}{[H_3O^+]} \tag{3-11}$$

由式（3-11）可解得

$$[H_3O^+] = \frac{-K_a(HA) + \sqrt{[K_a(HA)]^2 + 4c(HA) \cdot K_a(HA)}}{2} \tag{3-12}$$

式（3-12）是计算一元弱酸溶液中 H_3O^+ 相对平衡浓度的近似公式。同时当 $c(HA)/K_a(HA) > 500$ 时，$c(HA) - [H_3O^+] \approx c(HA)$

由式（3-11）可解得

$$[H_3O^+] = \sqrt{c(HA) \cdot K_a(HA)} \tag{3-13}$$

式（3-13）是计算一元弱酸溶液中 H_3O^+ 相对平衡浓度的最简公式。

【例 3-2】 计算 25℃时 0.10 mol/L HAc 溶液的 pH。

解：25℃时，已知 $K_a(HAc) = 1.8 \times 10^{-5}$，因为 $c(HAc) \cdot K_a(HAc) > 20K_w$。且 $c(HAc)/K_a(HAc) > 500$

所以，溶液中 H_3O^+ 相对浓度可以用最简公式进行计算

$$[H_3O^+] = \sqrt{c(HAc) \cdot K_a(HAc)}$$
$$= \sqrt{0.1 \times 1.8 \times 10^{-5}}$$
$$= 1.3 \times 10^{-3} (mol/L)$$

则：$pH = -\lg[H_3O^+] = -\lg(1.3 \times 10^{-3}) = 2.89$

一元弱酸（HA）在溶液中的解离程度常用解离度 α 表示。根据弱电解质解离度的定义可推得，其解离度表达式为

$$\alpha(HA) = \frac{c(HA) - [HA]}{c(HA)} \times 100\% \tag{3-14}$$

如果 $c(HA) \cdot K_a(HA) > 20K_w$，则

$$\alpha(HA) = \frac{[H_3O^+]}{c(HA)} \times 100\% \tag{3-15}$$

如又满足 $c(HA)/K_a(HA) > 500$，则

$$\alpha(HA) = \frac{\sqrt{c(HA) \cdot K_a(HA)}}{c(HA)} = \sqrt{\frac{K_a(HA)}{c(HA)}} \tag{3-16}$$

式（3-16）表明了一元弱酸的标准解离常数、解离度及其起始浓度三者之间的关系，称为稀释定律。

由稀释定律可知：在一定温度下，一元弱酸的解离度在一定范围内，与其浓度的平方根成反比，即其浓度越小，解离度越大。而当浓度相同时，在一定范围内，不同一元弱酸的解离度与其标准解离常数的平方根成正比，即其标准解离常数越大，解离度越大。

【例 3-3】 计算 25℃ 时，$0.10\ mol \cdot L^{-1}$ HAc 的解离度。

解：25℃ 时，已知 $K_a(HA) = 1.8 \times 10^{-5}$。因为 $c(HAc) \cdot K_a(HAc) > 20K_w$ 且 $c(HAc)/K_a(HAc) > 500$

所以 HAc 的解离度可利用稀释定律计算，有

$$\alpha(HA) = \sqrt{\frac{K_a(HAc)}{c(HAc)}} = \sqrt{\frac{1.8 \times 10^{-5}}{0.1}} = 1.3\%$$

（四）一元弱碱溶液 OH^- 浓度的计算

在一元弱碱 A 的水溶液中，存在下列解离平衡

$$A + H_2O \rightleftharpoons HA^+ + OH^-$$
$$H_2O + H_2O \rightleftharpoons OH^- + H_3O^+$$

溶液中存在下列关系

$$[OH^-] = [H_3O^+] + [HA^+]$$

与推导一元弱酸溶液 H_3O^+ 浓度的计算公式同理，可推导出一元弱碱溶液中 OH^- 浓度的计算公式：

当 $c(A) \cdot K_b(A) > 20K_w$ 时，有

$$[OH^-] = \frac{-K_b(A) + \sqrt{[K_b(A)]^2 + 4c(A) \cdot K_b(A)}}{2} \tag{3-17}$$

式（3-17）是计算一元弱碱溶液中 OH^- 相对平衡浓度的近似公式。

若 $c(A) \cdot K_b(A) > 20K_w$ 且 $c(A)/K_b(A) > 500$，有

$$[OH^-] = \sqrt{c(A) \cdot K_b(A)} \tag{3-18}$$

式（3-18）是计算一元弱碱溶液中 OH^- 相对平衡浓度的最简公式。

【例 3-4】 若某温度下 $K_b(NH_3) = 1.0 \times 10^{-5}$，今有该温度下 100 ml $0.10\ mol \cdot L^{-1}$ 氨水，此氨水溶液的 pH 是多少？

解：$c(NH_3) \cdot K_b(NH_3) = 1.0 \times 10^{-6} > 20K_w$

又 $c(NH_3)/K_b(NH_3) = 1.0 \times 10^4 > 500$

所以，溶液中 OH^- 浓度可以用最简公式进行计算，有

$$[OH^-] = \sqrt{c(NH_3) \cdot K_b(NH_3)} = \sqrt{0.10 \times 1.0 \times 10^{-5}} = 1.0 \times 10^{-3}(mol \cdot L^{-1})$$

氨水的 pH 为

$$pH = 14.00 + \lg(1.0 \times 10^{-3}) = 11.00$$

二、多元弱酸和多元弱碱的解离平衡

（一）多元弱酸、弱碱的标准解离常数

凡是能给出两个或者两个以上质子的弱酸称为多元弱酸。例如碳酸（H_2CO_3）、邻苯二甲酸（$H_2C_8H_4O_4$）是二元酸，磷酸（H_3PO_4）、柠檬酸（H_3Cit）是三元酸。

多元弱酸在水溶液中的解离都是分步进行的。下面以 H_3PO_4 为例来说明多元弱酸的解离平衡。H_3PO_4 含有 3 个质子，因而其解离是分 3 步进行的，每一步都有相应的解离平衡和标准解离常数。

第一步解离：

$$H_3PO_4 + H_2O \rightleftharpoons H_2PO_4^- + H_3O^+$$

$$K_{a1}(H_3PO_4) = \frac{[H_2PO_4^-][H_3O^+]}{[H_3PO_4]}$$

第二步解离：

$$H_2PO_4^- + H_2O \rightleftharpoons HPO_4^{2-} + H_3O^+$$

$$K_{a2}(H_3PO_4) = \frac{[HPO_4^{2-}][H_3O^+]}{[H_2PO_4^-]}$$

第三步解离：

$$HPO_4^{2-} + H_2O \rightleftharpoons PO_4^{3-} + H_3O^+$$

$$K_{a3}(H_3PO_4) = \frac{[PO_4^{3-}][H_3O^+]}{[HPO_4^{2-}]}$$

其中 $K_{a1}(H_3PO_4)$、$K_{a2}(H_3PO_4)$、$K_{a3}(H_3PO_4)$ 分别称为 H_3PO_4 的一级标准解离常数、二级标准解离常数及三级标准解离常数。在相同的温度下，$K_{a1}(H_3PO_4) \gg K_{a2}(H_3PO_4) \gg K_{a3}(H_3PO_4)$，说明 H_3PO_4 第二步解离与第三步解离比第一步解离弱得多，溶液中的 H_3O^+ 主要来自 H_3PO_4 的第一步解离。所以，多元弱酸的相对强弱取决于其一级标准解离常数 K_{a1} 的相对大小，K_{a1} 越大，多元弱酸的酸性就越强。

凡是能接受两个或者两个以上质子的弱碱称为多元弱碱。例如碳酸钠（Na_2CO_3）、硫化钠（Na_2S）是二元碱，磷酸钠（Na_3PO_4）是三元碱。与多元弱酸一样，多元弱碱在水溶液中的解离也都是分步进行的。下面以 PO_4^{3-} 为例来说明多元弱碱在水溶液中的解离平衡。PO_4^{3-} 能接受 3 个质子，因而其解离是分 3 步进行的。

第一步解离：

$$PO_4^{3-} + H_2O \rightleftharpoons HPO_4^{2-} + OH^-$$

$$K_{b1}(PO_4^{3-}) = \frac{[HPO_4^{2-}][OH^-]}{[PO_4^{3-}]}$$

第二步解离：

$$HPO_4^{2-} + H_2O \rightleftharpoons H_2PO_4^- + OH^-$$

$$K_{b2}(PO_4^{3-}) = \frac{[H_2PO_4^-][OH^-]}{[HPO_4^{2-}]}$$

第三步解离：

$$H_2PO_4^- + H_2O \rightleftharpoons H_3PO_4 + OH^-$$

$$K_{b3}(PO_4^{3-}) = \frac{[H_3PO_4][OH^-]}{[H_2PO_4^-]}$$

其中 $K_{b1}(PO_4^{3-})$、$K_{b2}(PO_4^{3-})$、$K_{b3}(PO_4^{3-})$ 分别称为 PO_4^{3-} 的一级标准解离常数、二级标准解离常数及三级标准解离常数。在相同的温度下，$K_{b1}(PO_4^{3-}) \gg K_{b2}(PO_4^{3-}) \gg K_{b3}(PO_4^{3-})$，说明第二步解离与第三步解离比第一步解离弱得多，溶液中的 OH^- 主要来自 PO_4^{3-} 的第一步解离。所以，多元弱碱的相对强弱取决于其一级标准解离常数 K_{b1} 的相对大小，K_{b1} 越大，多元弱碱的碱性就越强。

（二）多元弱酸溶液中 H_3O^+ 浓度的计算

多元弱酸溶液中平衡系统比较复杂，既存在多元弱酸的多步解离平衡，又存在水的解离平衡。下面以二元弱酸 H_2A 为例，推导多元弱酸溶液中 H_3O^+ 浓度的计算公式。

在二元弱酸 H_2A 溶液中存在下列解离平衡。

$$H_2A + H_2O \rightleftharpoons HA^- + H_3O^+$$
$$HA^- + H_2O \rightleftharpoons A^{2-} + H_3O^+$$
$$H_2O + H_2O \rightleftharpoons OH^- + H_3O^+$$

根据质子平衡得到

$$[H_3O^+] = [HA^-] + 2[A^{2-}] + [OH^-]$$

由于在计算溶液中 H_3O^+ 浓度时，允许有不超过 ±5% 的相对误差，因此当 $c(H_2A) \cdot K_{a1}(H_2A) > 20K_W$ 时 [其中 $c(H_2A)$ 为 H_2A 的起始浓度]，可以忽略水的解离，则上式简化为

$$[H_3O^+] = [HA^-] + 2[A^{2-}]$$

如果 $\sqrt{c(H_2A) \cdot K_{a1}(H_2A)} > 40K_{a2}(H_2A)$，则上式可以进一步简化为：

$$[H_3O^+] = [HA^-]$$

此种情况下，二元弱酸可以按一元弱酸处理，将上述关系代入二元弱酸 H_2A 一级标准解离常数 $K_{a1}(H_2A)$ 的表达式中，整理后得到计算二元弱酸溶液中 H_3O^+ 相对平衡浓度的近似公式。

$$[H_3O^+] = \frac{-K_{a1}(H_2A) + \sqrt{[K_{a1}(H_2A)]^2 + 4c(H_2A) \cdot K_{a1}(H_2A)}}{2} \tag{3-19}$$

在利用式（3-19）计算二元弱酸溶液中 H_3O^+ 浓度时，应满足两个条件：$c(H_2A) \cdot K_{a1}(H_2A) > 20K_W$ 和 $\sqrt{c(H_2A) \cdot K_{a1}(H_2A)} > 40K_{a2}(H_2A)$。

若除了满足上面两个条件以外，又满足 $c(H_2A)/K_{a1}(H_2A) > 500$ 时，式（3-19）还可进一步简化为

$$[H_3O^+] = \sqrt{c(H_2A) \cdot K_{a1}(H_2A)} \tag{3-20}$$

式（3-20）是计算二元弱酸溶液中 H_3O^+ 相对平衡浓度的最简公式。对于三元弱酸 H_3A 溶液中 H_3O^+ 浓度的计算，因为 $K_{a2}(H_3A) \gg K_{a3}(H_3A)$，可忽略三元弱酸第三步解离产生的

H_3O^+，按二元弱酸计算。

【例 3-5】 计算 25 ℃时 0.10 mol·L^{-1} H_3PO_4 溶液的 pH。已知 $K_{a1}(H_3PO_4) = 6.7 \times 10^{-3}$，$K_{a2}(H_3PO_4) = 6.2 \times 10^{-8}$，$K_{a3}(H_3PO_4) = 4.5 \times 10^{-13}$。

解：因为

$$K_{a1}(H_3PO_4) \cdot c(H_3PO_4) \gg 20K_W$$

$$\sqrt{c(H_3PO_4) \cdot K_{a1}(H_3PO_4)} > 40K_{a2}(H_3PO_4)$$

$$K_{a2}(H_3PO_4) \gg K_{a3}(H_3PO_4)$$

所以可以忽略 H_2O 的解离和 H_3PO_4 的第二级解离与第三级解离，按一元弱酸进行计算，但由于 $c(H_3PO_4)/K_{a1}(H_3PO_4) = 15 < 500$，应利用近似公式计算。

$$[OH^-] = \frac{-6.7 \times 10^{-3} + \sqrt{(6.7 \times 10^{-3})^2 + 4 \times 0.1 \times 6.7 \times 10^{-3}}}{2}$$
$$= 2.3 \times 10^{-2}(mol \cdot L^{-1})$$

则

$$pH = -lg[H_3O^+] = -lg(2.3 \times 10^{-2}) = 1.64$$

（三）多元弱碱溶液 OH$^-$ 浓度的计算

多元弱碱溶液 OH$^-$ 浓度的计算公式与推导多元弱酸溶液 H_3O^+ 浓度的计算公式同理，经推导可得多元弱碱溶液中 OH$^-$ 浓度的计算公式：

设 c_b 为多元弱碱的起始浓度，当 $c_b K_{b1} > 20K_W$ 时，可忽略水的解离；当 $\sqrt{c_b K_{b1}} > 40K_{b2}$ 时，可忽略多元弱碱二级及二级以上的解离，按一元弱碱计算。得到多元弱碱溶液中 OH$^-$ 浓度近似计算公式。

$$[OH^-] = \frac{-K_{b1} + \sqrt{(K_{b1})^2 + 4c_b K_{b1}}}{2} \tag{3-21}$$

若除了满足上面两个条件以外，又满足 $c_b/K_{b1} > 500$，式（3-21）还可进一步简化为

$$[OH^-] = \sqrt{c_b K_{b1}} \tag{3-22}$$

式（3-22）是计算多元弱碱溶液中 OH$^-$ 浓度相对平衡浓度的最简公式。

【例 3-6】 已知 25 ℃时，某二元弱酸 H_2A 的标准解离常数分别为 $K_{a1}(H_2A) = 1.0 \times 10^{-5}$，$K_{a2}(H_2A) = 1.0 \times 10^{-9}$。计算 0.10 mol·L^{-1} Na_2A 溶液的 pH。

解：A^{2-} 的一级标准解离常数和二级标准解离常数分别为

$$K_{b1}(A^{2-}) = \frac{K_W}{K_{a2}(H_2A)} = \frac{1.0 \times 10^{-14}}{1.0 \times 10^{-9}} = 1.0 \times 10^{-5}$$

$$K_{b2}(A^{2-}) = \frac{K_W}{K_{a1}(H_2A)} = \frac{1.0 \times 10^{-14}}{1.0 \times 10^{-5}} = 1.0 \times 10^{-9}$$

由于：

$$c(A^{2-})K_{b1}(A^{2-}) = 1.0 \times 10^{-6} > 20K_W$$

$$\sqrt{c(A^{2-}) \cdot K_{b1}(A^{2-})} = 1.0 \times 10^{-3} > 40K_{b2}(A^{2-})$$

$$c(A^{2-}) / K_{b1}(A^{2-}) = 1.0 \times 10^8 > 500$$

所以可以用最简公式进行计算。OH^- 的相对浓度为

$$[OH^-] = \sqrt{c(A^{2-}) \cdot K_{b1}(A^{2-})} = \sqrt{0.10 \times 1.0 \times 10^{-5}} = 1.0 \times 10^{-3} (\text{mol} \cdot L^{-1})$$

则 Na_2A 溶液的 pH 为

$$pH = pK_w - pOH = 14.0 + \lg(1.0 \times 10^{-3}) = 11.0$$

（四）两性物质溶液 H_3O^+ 浓度的计算

既可以作为酸给出质子，又可以作为碱接受质子的物质称为两性物质，多元弱酸的酸式盐、弱酸弱碱盐和氨基酸等都属于两性物质。两性物质溶液中酸碱解离平衡十分复杂，应根据具体情况，适当地进行简化处理。

下面以二元弱酸的酸式盐 NaHA 为例，推导两性物质溶液 H_3O^+ 浓度的计算公式。

酸式盐 NaHA 在溶液中完全解离，有

$$NaHA = Na^+ + HA^-$$

溶液中存在下列解离平衡

$$HA^- + H_2O \rightleftharpoons A^{2-} + H_3O^+$$
$$HA^- + H_2O \rightleftharpoons OH^- + H_2A$$
$$H_2O + H_2O \rightleftharpoons OH^- + H_3O^+$$

根据质子平衡得到

$$[H_3O^+] + [H_2A] = [A^{2-}] + [OH^-]$$

利用二元弱酸 H_2A 的一级标准解离常数 $K_{a1}(H_2A)$ 和二级标准解离常数 $K_{a2}(H_2A)$ 的表达式得到 $[H_2A]$、$[A^{2-}]$ 后，代入上式，得

$$[H_3O^+] + \frac{[H_3O^+][HA^-]}{K_{a1}(H_2A)} = \frac{[HA^-]K_{a2}(H_2A)}{[H_3O^+]} + \frac{K_w}{[H_3O^+]}$$

整理后，得

$$[H_3O^+] = \sqrt{\frac{K_{a1}(H_2A)\{K_w + [HA^-]K_{a2}(H_2A)\}}{K_{a1}(H_2A) + [HA^-]}} \tag{3-23}$$

由于 HA^- 给出质子或接受质子的能力都很弱，所以 $[HA^-] \approx c(HA^-)$。将上述关系代入式（3-23），整理后得到计算两性物质溶液 H_3O^+ 相对平衡浓度的近似公式。

$$[H_3O^+] = \sqrt{\frac{K_{a1}(H_2A)[K_w + c(HA^-)K_{a2}(H_2A)]}{K_{a1}(H_2A) + c(HA^-)}} \tag{3-24}$$

若 $c(HA^-) > 20 K_{a1}(H_2A)$，则 $K_{a1}(H_2A) + c(HA^-) \approx c(HA^-)$；若 $c(HA^-) \cdot K_{a2}(H_2A) > 20 K_w$，则 $K_w + c(HA^-) \cdot K_{a2}(H_2A) \approx c(HA^-) \cdot K_{a2}(H_2A)$，可将式（3-24）进一步简化为

$$[H_3O^+] = \sqrt{K_{a1}(H_2A) \cdot K_{a2}(H_2A)} \tag{3-25}$$

式（3-25）是计算两性物质 NaHA 溶液中 H_3O^+ 相对平衡浓度的最简公式。

对于除二元弱酸的酸式盐以外的其他两性物质，上述各式中的 $K_{a2}(H_2A)$ 为两性物质中弱酸的标准解离常数，而 $K_{a1}(H_2A)$ 为两性物质中弱碱的共轭酸的标准解离常数。例如，对于 Na_2HPO_4 溶液，计算 H_3O^+ 相对平衡浓度的近似公式为

$$[H_3O^+] = \sqrt{\frac{K_{a2}(H_3PO_4) \cdot [c(HPO_4^{2-}) \cdot K_{a3}(H_3PO_4) + K_W]}{c(HPO_4^{2-}) + K_{a2}(H_3PO_4)}} \tag{3-26}$$

而对于 NH_4Ac 溶液，计算 H_3O^+ 相对平衡浓度的近似公式为：

$$[H_3O^+] = \sqrt{\frac{K_a(HAc)[K_W + c(NH_4^+) \cdot K_a(NH_4^+)]}{K_a(HAc) + c(Ac^-)}} \tag{3-27}$$

【例 3-7】已知 25℃ 时，$K_{a2}(H_3PO_4) = 6.2 \times 10^{-8}$，$K_{a3}(H_3PO_4) = 4.5 \times 10^{-13}$。计算 $0.10\ mol \cdot L^{-1}$ Na_2HPO_4 溶液的 pH。

解：由于 $c(HPO_4^{2-}) > 20K_{a2}(H_3PO_4)$，所以：$c(HPO_4^{2-}) + K_{a2}(H_3PO_4) \approx c(HPO_4^{2-})$
根据式（3-26）溶液中 H_3O^+ 相对平衡浓度为

$$\begin{aligned}
[H_3O^+] &= \sqrt{\frac{K_{a2}(H_3PO_4) \cdot [c(HPO_4^{2-}) \cdot K_{a3}(H_3PO_4) + K_W]}{c(HPO_4^{2-}) + K_{a2}(H_3PO_4)}} \\
&= \sqrt{\frac{K_{a2}(H_3PO_4) \cdot [c(HPO_4^{2-}) \cdot K_{a3}(H_3PO_4) + K_W]}{c(HPO_4^{2-})}} \\
&= \sqrt{\frac{6.2 \times 10^{-8} \times (0.10 \times 4.5 \times 10^{-13} + 1.0 \times 10^{-14})}{0.10}} \\
&= 1.8 \times 10^{-10}(mol \cdot L^{-1})
\end{aligned}$$

则 Na_2HPO_4 溶液的 pH 为

$$pH = -\lg[H_3O^+] = -\lg(1.8 \times 10^{-10}) = 9.74$$

【例 3-8】已知 25℃ 时，$K_a(HAc) = 1.8 \times 10^{-5}$，$K_b(NH_3) = 1.8 \times 10^{-5}$，计算 $0.10\ mol \cdot L^{-1}$ NH_4Ac 溶液的 pH。

解：由于 $K_a(NH_4^+) = K_W / K_b(NH_3) = \frac{1.0 \times 10^{-14}}{1.8 \times 10^{-5}} = 5.6 \times 10^{-10}$，所以 $c(NH_4^+) \cdot K_a(NH_4^+) > 20K_W$，$c(Ac^-) > 20K_a(HAc)$，可利用最简公式计算。根据式（3-25），溶液的 H_3O^+ 相对平衡浓度为

$$\begin{aligned}
[H_3O^+] &= \sqrt{K_a(HAc) \cdot K_a(NH_4^+)} \\
&= \sqrt{1.8 \times 10^{-5} \times 5.6 \times 10^{-10}} \\
&= 1.0 \times 10^{-7}(mol \cdot L^{-1})
\end{aligned}$$

则 NH_4Ac 溶液的 pH 为

$$pH = -\lg(1.0 \times 10^{-7}) = 7.00$$

（五）同离子效应和盐效应

弱酸、弱碱的解离平衡与其他化学平衡一样，也是一种相对的、暂时的动态平衡，当外界条件发生改变时，解离平衡就会发生移动，直至在新的条件下又建立起新的解离平衡。如果在

弱酸、弱碱的溶液中加入易溶强电解质,就会使弱酸、弱碱的解离平衡发生移动,从而导致弱酸、弱碱的解离度发生变化。

1. 同离子效应 在弱酸溶液中,加入与其含有相同离子的易溶强电解质,将使弱酸的解离平衡向生成弱酸的方向发生移动,即同离子效应(common ion effect)。例如,弱酸 HA 在溶液中存在下面解离平衡:

$$HA + H_2O \rightleftharpoons H_3O^+ + A^-$$

在弱酸 HA 溶液中,加入一些易溶强电解质 NaA。由于 NaA 是强电解质,在水溶液全部解离为 A^-,使溶液中 A^- 的浓度增大。按照平衡移动规律,HA 的解离平衡将向左移动,导致 HA 的解离度降低。

同理,在弱碱溶液中,加入与其含有相同离子的易溶强电解质,将使弱碱的解离平衡向生成弱碱的方向发生移动,弱碱的解离度降低。

【例 3-9】 在 0.10 mol·L⁻¹ HAc 溶液中,加入 NaAc 固体,使 NaAc 的浓度为 0.10 mol·L⁻¹。计算溶液中的 H_3O^+ 浓度和 HAc 的解离度,并与 0.10 mol·L⁻¹ HAc 溶液的 H_3O^+ 浓度和 HAc 的解离度进行比较。

解:根据题意,溶液中 HAc 和 Ac^- 的浓度都较大,远大于溶液中 H_3O^+ 和 OH^- 的浓度,可近似认为 $[HAc] \approx c(HAc)$,$[Ac^-] \approx c(Ac^-)$。

则溶液中 H_3O^+ 相对平衡浓度为

$$[H_3O^+] = K_a(HAc) \frac{c(HAc)}{c(Ac^-)}$$
$$= 1.8 \times 10^{-5} \times \frac{0.10}{0.10}$$
$$= 1.8 \times 10^{-5} (\text{mol} \cdot L^{-1})$$

HAc 的解离度为

$$\alpha(HAc) = \frac{[H_3O^+]}{c(HAc)} \times 100\%$$
$$= \frac{1.8 \times 10^{-5}}{0.10} \times 100\%$$
$$= 0.018\%$$

由【例 3-3】可知,不存在同离子效应时,0.10 mol·L⁻¹ HAc 溶液中 HAc 的解离度为 1.3%。当在 0.10 mol·L⁻¹ HAc 溶液中加入 NaAc 固体,使 NaAc 的浓度为 0.10 mol·L⁻¹ 时,HAc 的解离度从 1.3% 下降到 0.018%,为原来的 1/72。因此可利用同离子效应来控制弱酸的解离度和溶液的 pH。

2. 盐效应 在弱酸溶液中,加入与其不含有相同离子的易溶强电解质,将使弱酸的解离平衡向弱酸解离的方向移动,即盐效应(salt effect)。

例如在弱酸 HA 溶液中,加入 NaCl 固体,溶液中阴离子和阳离子的浓度都增大了,阴离子和阳离子间静电作用增强。在 H_3O^+ 的周围有许多阴离子(主要是 Cl^-),在 A^- 的周围有许多阳离子(主要是 Na^+),使 A^- 与 H_3O^+ 都受到较强的牵制作用,它们的移动速率减慢,A^- 与 H_3O^+ 结合为 HA 的速率减慢,HA 的解离速率大于它的生成速率,HA 的解离平衡向其解离的方向移动,当又建立起新的解离平衡时,HA 的解离度略有增大。

同理,在弱碱溶液中,加入与其不含有相同离子的易溶强电解质,也将使弱碱的解离平衡向弱碱解离的方向移动,弱碱的解离度也略有增大。

由于盐效应对弱酸、弱碱的解离度影响较小,因此在计算中可以忽略盐效应的影响。

第四节 缓冲溶液

溶液的 pH 对于生物大分子的功能是非常关键的。不同组织正常功能的 pH 不一样,表 3-2 列出了正常人各种体液的 pH 范围。胃蛋白酶需要较高的酸度(pH = 1～2)才能发挥消化功能,而血液的 pH 正常范围为 7.35～7.45,若超出这个范围,就会出现不同程度的酸中毒或碱中毒症状,大于 7.8 或小于 7.0 就会有生命危险。同时,许多化学反应也需要在一定 pH 条件下才能正常进行,例如生物体内酶的催化反应、细菌培养等。如果反应过程中 pH 不合适或 pH 改变较大,都会影响反应的正常进行。总之,pH 的稳定对于生命体生理功能的正常运转至关重要,对于生命体以外的大量化学反应同样是必备条件。正常人体血液的 pH 能够保持在一个狭小的范围内,其中一个很重要的因素就是血液是缓冲溶液。因此,研究缓冲溶液的 pH 保持稳定的因素及其原理,无论在化学上还是医学上都是十分必要的。

表 3-2 人体各种体液的 pH 范围

体液	pH	体液	pH
血清	7.35～7.45	大肠液	8.3～8.4
成人胃液	1～2	乳汁	6.0～6.9
婴儿胃液	5.0	泪水	约 7.4
唾液	6.35～6.85	尿液	4.8～7.5
胰液	7.5～8.0	脑脊液	7.35～7.45
小肠液	6.5～7.6		

一、缓冲溶液的概念

能抵抗少量外来强酸、强碱或一定程度的稀释,而维持溶液的 pH 基本不变的溶液称为缓冲溶液(buffer solution)。缓冲溶液所具有的抵抗外加少量强酸、强碱或抗稀释的作用称为缓冲作用(buffer action)。

二、缓冲溶液的组成及作用机制

(一)缓冲溶液的组成

在较浓的强酸(如 HCl)或较浓的强碱(如 NaOH)溶液中,加入少量强酸或强碱,其 pH 改变并不大,所以较浓的强酸(碱)溶液具有缓冲能力,但是没有抗稀释能力。由于这类溶液的酸性或碱性太强,实际上基本不把强酸或强碱当作缓冲溶液。

纯水吸收空气中的 CO_2 后,pH 可从 7.00 下降到 5.50 左右;又如受酸雨的侵袭,湖水会被酸化。所以纯水和某些简单的溶液容易受外界因素的影响而不能保持 pH 相对恒定,它们也不是缓冲溶液。

在 1.0 L 含 HAc 和 NaAc 均为 0.1 mol·L^{-1} 的混合溶液中,如果加入 0.01 mol HCl,pH 会从 4.75 下降到 4.66;如果加入 0.01 mol NaOH,pH 会从 4.75 上升到 4.84,pH 的改变仅为

0.09。在一定范围内加水稀释时，该混合溶液的 pH 改变幅度也很小。以上事实可以说明，由 HAc 和 NaAc 组成的混合溶液具有抵抗外加的少量强酸、强碱或有限量稀释时而保持溶液 pH 基本不变的能力。

由此可见，缓冲溶液是由具有足够浓度、适当比例的共轭酸碱对的两种物质组成，例如弱酸及其共轭碱或弱碱及其共轭酸等。习惯上把组成缓冲溶液的共轭酸碱对称为缓冲对（buffer pair）或缓冲系（buffer system）。常见缓冲溶液的组成如表 3-3 所示。

表 3-3 常见的缓冲系

缓冲体系	弱酸	共轭碱	质子转移平衡	pK_a（25℃）
HAc-NaAc	HAc	Ac^-	$HAc \rightleftharpoons Ac^- + H^+$	4.76
H_3PO_4-NaH_2PO_4	H_3PO_4	$H_2PO_4^-$	$H_3PO_4 \rightleftharpoons H_2PO_4^- + H^+$	2.16
Tris·HCl-Tris[①]	Tris·H^+	Tris	Tris·$H^+ \rightleftharpoons$ Tris + H^+	7.85
$H_2C_8H_4O_4$-$KHC_8H_4O_4$	$H_2C_8H_4O_4$	$HC_8H_4O_4^-$	$H_2C_8H_4O_4 \rightleftharpoons HC_8H_4O_4^- + H^+$	2.89
NH_4Cl-NH_3	NH_4^+	NH_3	$NH_4^+ \rightleftharpoons NH_3 + H^+$	9.25
CH_3NH_2·HCl-CH_3NH_2	$CH_3NH_3^+$	CH_3NH_2	$CH_3NH_3^+ \rightleftharpoons CH_3NH_2 + H^+$	10.63
NaH_2PO_4-Na_2HPO_4	$H_2PO_4^-$	HPO_4^{2-}	$H_2PO_4^- \rightleftharpoons HPO_4^{2-} + H^+$	7.21
Na_2HPO_4-Na_3PO_4	HPO_4^{2-}	PO_4^{3-}	$HPO_4^{2-} \rightleftharpoons PO_4^{3-} + H^+$	12.32

①三（羟甲基）甲胺盐酸盐 - 三（羟甲基）甲胺

（二）缓冲溶液的作用机制

下面以 HAc-NaAc 缓冲系为例，说明缓冲溶液的缓冲作用机理。

在 HAc-NaAc 混合溶液中，NaAc 是强电解质，在溶液中完全解离，以 Na^+ 和 Ac^- 存在。而 HAc 是弱电解质，解离度很小，并且由于来自 NaAc 和 Ac^- 的同离子效应，进一步抑制了 HAc 的解离，使得 HAc 几乎完全以分子的状态存在于溶液中。因此在 HAc-NaAc 混合溶液中 HAc 和 Ac^- 的浓度都较大，而 H_3O^+ 浓度却很小。溶液中存在下述解离平衡。

$$HAc + H_2O \rightleftharpoons H_3O^+ + Ac^-$$

如果向此缓冲溶液中加入少量强酸时，强酸中解离出的 H_3O^+ 与 Ac^- 结合生成 HAc 和 H_2O，使解离平衡向左移动，溶液中 H_3O^+ 浓度不会显著增大，溶液的 pH 基本不变。共轭碱 Ac^- 起到抵抗少量强酸的作用，称为缓冲溶液的抗酸成分。

如果向此缓冲溶液中加少量强碱时，强碱解离产生的 OH^- 与溶液中的 H_3O^+ 结合生成 H_2O，HAc 的解离平衡向右移动，H_3O^+ 浓度也不会显著减小，pH 也基本不变。共轭酸 HAc 起到抵抗少量强碱的作用，称为缓冲溶液的抗碱成分。

缓冲溶液之所以具有缓冲作用，是因为溶液中同时存在足量的共轭酸碱对，它们能够通过共轭酸碱对之间的质子转移平衡来抵抗外加的少量强酸或强碱，从而保持溶液的 pH 基本不变。如果加入大量的强酸或强碱，缓冲溶液中的抗酸成分或抗碱成分将耗尽，缓冲溶液就丧失了缓冲能力。

三、缓冲溶液的参数

（一）缓冲溶液的 pH 的计算

弱酸 HB 及其共轭碱 B⁻ 组成的缓冲溶液中，HB 和 B⁻ 之间的质子转移平衡为

$$HB + H_2O \rightleftharpoons H_3O^+ + B^-$$

因为

$$K_a[HB] = \frac{[B^-][H_3O^+]}{[HB]}$$

所以，弱酸 HB 及其共轭碱 B⁻ 溶液的 $[H_3O^+]$ 为

$$[H_3O^+] = \frac{[HB]}{[B^-]} \times K_a(HB) = \frac{[共轭酸]}{[共轭碱]} \times K_a(HB)$$

即

$$pH = pK_a(HB) - \lg\frac{[HB]}{[B^-]} = pK_a(HB) + \lg\frac{[B^-]}{[HB]} = pK_a(HB) + \lg\frac{[共轭碱]}{[共轭酸]} \tag{3-28}$$

式（3-28）称为 Henderson-Hasselbalch 公式，式中 K_a 为共轭酸碱对中弱酸的解离常数。共轭酸碱对 $\{[B^-] + [HB]\}$ 称为缓冲溶液的总浓度。$[B^-]/[HB]$ 称为缓冲比（buffer component radio）。

设 HB 的初始浓度为 $c(HB)$，其已经离解部分的浓度为 $c'(HB)$，B⁻ 的初始浓度为 $c(B^-)$，则平衡时 HB 和 B⁻ 的平衡浓度分别为

$$[HB] = c(HB) - c'(HB)$$
$$[B^-] = c(B^-) + c'(HB)$$

在溶液中 B⁻ 产生的同离子效应，使 HB 解离很少，$c'(HB)$ 可以忽略不计，因此，[HB] 和 [B⁻] 可以分别用初始浓度 $c(HB)$ 和 $c(B^-)$ 来表示，式（3-28）又可以表示为

$$pH = pK_a(HB) + \lg\frac{c(B^-)}{c(HB)} \tag{3-29}$$

如果用 $n(HB)$ 和 $n(B^-)$ 分别表示体积为 V 的缓冲溶液中所含有的共轭酸碱的物质的量，则

$$pH = pK_a(HB) + \lg\frac{n(B^-)}{n(HB)} \tag{3-30}$$

如果使用相同浓度的共轭酸碱，即 $c(HB) = c(B^-)$，则有

$$pH = pK_a(HB) + \lg\frac{V(B^-)}{V(HB)} \tag{3-31}$$

由以上各式可以得出以下结论：

1. 缓冲溶液的 pH 主要取决于弱酸的 pK_a，其次是缓冲比 $c(B^-)/c(HB)$。当弱酸的 pK_a 一定时，缓冲溶液的 pH 随缓冲比 $c(B^-)/c(HB)$ 的改变而改变。当缓冲比等于 1 时，缓冲溶液的 $pH = pK_a$。

2. 由于弱酸的 K_a 与温度有关，所以温度对缓冲溶液的 pH 也有影响，温度对缓冲溶液 pH 的影响比较复杂，在此不做进一步讨论。

3. 在一定范围内加水稀释时，缓冲溶液的缓冲比不变，根据缓冲溶液的计算公式，缓冲溶液的 pH 不发生变化，即缓冲溶液有一定的抗稀释能力。应当指出的是，稀释会引起溶液中离子强度发生改变，使 HB 和 B^- 的活度因子受到不同程度的影响，因此缓冲溶液的 pH 也会随着有微小的改变。如果过分稀释，不能维持缓冲系具有足够的浓度，缓冲溶液就会丧失缓冲能力。

【例 3-10】 向 25.00 ml 0.1000 mol·L^{-1} HAc 中加入 0.2000 mol·L^{-1} NaOH 5.00 ml 组成缓冲溶液，计算溶液的 pH。

解：混合后 NaOH 和 HAc 反应生成 NaAc

混合后 HAc 的浓度为：$(0.1000 \times 25.00 - 0.2000 \times 5.00)/(25.00 + 5.00)$

NaAc 的浓度为：$0.2000 \times 5.00/(25.00 + 5.00)$

所以：$c(NaAc)/c(HAc) = 0.2000 \times 5.00/(0.1000 \times 25.00 - 0.2000 \times 5.00) = 0.67$

查表知 $pK_a(HAc) = 4.76$，

$$pH = pK_a + \lg[c(NaAc)/c(HAc)] = 4.76 + \lg 0.67 = 4.58$$

【例 3-11】 取 0.10 mol·L^{-1} KH_2PO_4 和 0.050 mol·L^{-1} NaOH 各 50 ml 混合组成缓冲溶液。假定混合后溶液的体积为 100 ml，求此缓冲溶液的 pH。

解：当两种溶液混合时，$H_2PO_4^-$ 的一部分与 NaOH 反应生成 HPO_4^{2-}，形成 $H_2PO_4^-$-HPO_4^{2-} 缓冲系。$H_2PO_4^-$ 和 HPO_4^{2-} 的物质的量分别为

$$n(H_2PO_4^-) = 0.10 \text{ mol·}L^{-1} \times 50 \text{ ml} - 0.050 \text{ mol·}L^{-1} \times 50 \text{ ml} = 2.5 \text{ mmol}$$
$$n(HPO_4^{2-}) = 0.050 \text{ mol·}L^{-1} \times 50 \text{ ml} = 2.5 \text{ mmol}$$

因为在相同体积的溶液中，故

$$c(H_2PO_4^-)/c(HPO_4^{2-}) = n(H_2PO_4^-)/n(HPO_4^{2-}) = 2.5/2.5 = 1$$

查表得 H_3PO_4 的 $pK_{a2} = 7.21$，代入 Henderson-Hasselbalch 公式，得溶液的近似 pH 为

$$pH = 7.21 + \lg 1.0 = 7.21$$

【例 3-12】 在 25℃时，$K_a(HAc) = 1.8 \times 10^{-5}$，在 1.0 L HAc-NaAc 缓冲溶液中含有 0.10 mol HAc 和 0.20 mol NaAc。

(1) 计算此缓冲溶液的 pH。

(2) 向 100 ml 该缓冲溶液加入 10 ml 0.10 mol·L^{-1} HCl 溶液后，计算缓冲溶液的 pH。

(3) 向 100 ml 该缓冲溶液中加入 10 ml 0.10 mol·L^{-1} NaOH 溶液后，计算缓冲溶液的 pH。

(4) 向 100 ml 该缓冲溶液中加入 1 L 水稀释后，计算缓冲溶液的 pH。

解：(1) 缓冲溶液的 pH 为

$$pH = pK_a(HAc) + \lg \frac{c(Ac^-)}{c(HAc)}$$
$$= -\lg(1.8 \times 10^{-5}) + \lg(0.20 \text{ mol·}L^{-1}/0.10 \text{ mol·}L^{-1})$$
$$= 5.05$$

(2) 加入 10 ml 0.10 mol·L^{-1} HCl 溶液后，$c(HAc)$ 和 $c(Ac^-)$ 分别为

$$c(HAc) = \frac{100 \text{ ml} \times 0.10 \text{ mol·}L^{-1} + 10 \text{ ml} \times 0.10 \text{ mol·}L^{-1}}{100 \text{ ml} + 10 \text{ ml}} = 0.10 \text{ mol·}L^{-1}$$

$$c(Ac^-) = \frac{100\,ml \times 0.20\,mol \cdot L^{-1} - 10\,ml \times 0.10\,mol \cdot L^{-1}}{100\,ml + 10\,ml} = 0.17\,mol \cdot L^{-1}$$

缓冲溶液的 pH 为

$$pH = -lg(1.8 \times 10^{-5}) + lg(0.17\,mol \cdot L^{-1}/0.10\,mol \cdot L^{-1}) = 4.98$$

加入 10 ml 0.10 mol·L^{-1} HCl 溶液后，缓冲溶液的 pH 由 5.05 降为 4.98，仅减小了 0.07，表明缓冲溶液具有抵抗少量强酸的能力。

(3) 加入 10 ml 0.10 mol·L^{-1} NaOH 溶液后 HAc 和 Ac$^-$ 的浓度分别为

$$c(HAc) = \frac{100\,ml \times 0.10\,mol \cdot L^{-1} - 10\,ml \times 0.10\,mol \cdot L^{-1}}{100\,ml + 10\,ml} = 0.082\,mol \cdot L^{-1}$$

$$c(Ac^-) = \frac{100\,ml \times 0.20\,mol \cdot L^{-1} + 10\,ml \times 0.10\,mol \cdot L^{-1}}{100\,ml + 10\,ml} = 0.19\,mol \cdot L^{-1}$$

缓冲溶液的 pH 为

$$pH = -(lg1.8 \times 10^{-5}) + lg(0.19\,mol \cdot L^{-1}/0.082\,mol \cdot L^{-1}) = 5.11$$

加入 10 ml 0.10 mol·L^{-1} NaOH 溶液后，溶液 pH 由 5.05 升高到 5.11，仅增大了 0.06，表明缓冲溶液具有抵抗少量强碱的能力。

(4) 加水稀释后，HAc 和 Ac$^-$ 的浓度分别为：

$$c(HAc) = \frac{100\,ml \times 0.10\,mol \cdot L^{-1}}{100\,ml + 1000\,ml} = 9.1 \times 10^{-3}\,mol \cdot L^{-1}$$

$$c(Ac^-) = \frac{100\,ml \times 0.20\,mol \cdot L^{-1}}{100\,ml + 1000\,ml} = 1.8 \times 10^{-2}\,mol \cdot L^{-1}$$

缓冲溶液的 pH 为：

$$pH = -(lg1.8 \times 10^{-5}) + lg(1.8 \times 10^{-2}\,mol \cdot L^{-1}/9.1 \times 10^{-3}\,mol \cdot L^{-1}) = 5.05$$

加入 1L 水稀释后，溶液的 pH 未发生变化，表明缓冲溶液具有抗稀释的作用。

（二）缓冲容量

每一种缓冲溶液的缓冲能力都是有限的，当加入大量的强酸或强碱时，缓冲溶液的抗酸或抗碱成分就会被耗尽，从而丧失缓冲能力。1922 年，Slyke 提出用缓冲容量（buffer capacity）作为衡量缓冲能力大小的尺度，用符号 β 来表示：

$$\beta = \frac{dc_B}{dpH} = \frac{dn_B}{V \cdot dpH} \quad 或 \quad \beta = \frac{dc_A}{dpH} = -\frac{dn_A}{V \cdot dpH} \tag{3-32}$$

式中，V 为缓冲溶液的体积；dn_B 为强碱的物质的量的微小变化；dn_A 为强酸的物质的量的微小变化；dpH 为缓冲溶液 pH 的微小变化。缓冲容量的 SI 单位为 mol·m^{-3}，其常用单位为 mol·L^{-1} 或 mmol·L^{-1}。

由式（3-32）可以看到，缓冲容量 β 的物理意义是单位体积的缓冲溶液的 pH 改变 1 个单位时，所需加入的一元强碱的量 n_B（或一元强酸的量 n_A）。因此，β 可以作为衡量缓冲能力大小的量度，β 值愈大，缓冲溶液的缓冲能力愈强；反之，则缓冲能力愈弱。

可进一步推导得出缓冲容量的计算公式，即

$$\beta = 2.303 \times \frac{c(\text{HA}) \cdot c(\text{A}^-)}{c(\text{HA}) + c(\text{A}^-)} \tag{3-33}$$

定义缓冲对中两种物质的比例（简称缓冲比）r

$$r = \frac{c(\text{HA})}{c(\text{A}^-)} \quad \text{或} \quad r = \frac{c(\text{A}^-)}{c(\text{HA})}$$

则可得到

$$\beta = 2.303 \cdot [c(\text{HA}) + c(\text{A}^-)] \cdot \frac{r}{(r+1)^2} = 2.303 \cdot c_{\text{total}} \cdot \frac{r}{(r+1)^2}$$

于是，可以知道影响缓冲容量的因素包括以下几项。

1. 缓冲溶液的总浓度　缓冲比一定时，缓冲容量 β 随缓冲物质的总浓度 c_{total} 增大而增大；总浓度增大 1 倍，缓冲容量也增大 1 倍。

2. 缓冲溶液的缓冲比 r　当总浓度 c_{total} 一定时，缓冲容量随着缓冲比的变化而变化，这是一个二次曲线关系（图 3-1）。

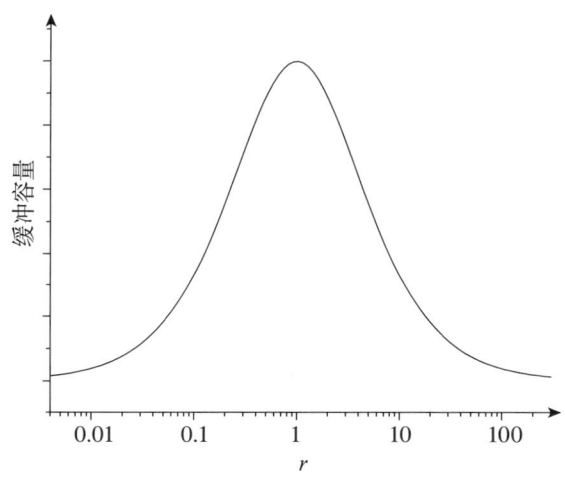

图 3-1　缓冲容量随缓冲比的变化关系曲线

可见，当 $r = 1$ 时，缓冲容量 β 达到极大值为

$$\beta_{\max} = 0.576 \times c_{\text{total}} \tag{3-34}$$

此时，缓冲溶液的 pH 为

$$\text{pH} = pK_a + \lg\,[c\,(\text{A}^-)/c\,(\text{HA})] = pK_a + \lg 1 = pK_a$$

也即缓冲溶液在 pH = pK_a 时缓冲能力最强。否则，若缓冲比 r 偏离 1 越大、pH 偏离 pK_a 越远，则缓冲容量越小。

当使用缓冲溶液时，缓冲溶液的缓冲容量应该大于将向溶液中加入的（或溶液中反应产生的）酸或碱的量。

【例 3-13】　计算下列缓冲溶液的缓冲容量。

(1) 0.010 mol·L^{-1} HAc-0.010 mol·L^{-1} NaAc 溶液。

(2) 0.10 mol·L^{-1} HAc-0.10 mol·L^{-1} NaAc 溶液。

解：(1) 缓冲溶液的总浓度和缓冲比分别为

$$c\,(\text{HAc}) + c\,(\text{Ac}^-) = (0.010 + 0.010)\ \text{mol·L}^{-1} = 0.020\ \text{mol·L}^{-1}$$

$$\frac{c(Ac^-)}{c(HAc)} = \frac{0.010\,mol \cdot L^{-1}}{0.010\,mol \cdot L^{-1}} = 1$$

缓冲溶液的缓冲容量为

$$\beta = 2.303 \times \frac{c(HA) \cdot c(A^-)}{c(HA) + c(A^-)}$$

$$= 2.303 \times \frac{0.010\,mol \cdot L^{-1} \times 0.010\,mol \cdot L^{-1}}{(0.010 + 0.010)\,mol \cdot L^{-1}}$$

$$= 0.0115\,mol \cdot L^{-1}$$

（2）缓冲溶液的总浓度和缓冲比分别为

$$c(HAc) + c(Ac^-) = (0.10 + 0.10)\,mol \cdot L^{-1} = 0.20\,mol \cdot L^{-1}$$

$$\frac{c(Ac^-)}{c(HAc)} = \frac{0.10\,mol \cdot L^{-1}}{0.10\,mol \cdot L^{-1}} = 1$$

缓冲溶液的缓冲容量为

$$\beta = 2.303 \times \frac{0.10\,mol \cdot L^{-1} \times 0.10\,mol \cdot L^{-1}}{(0.10 + 0.10)\,mol \cdot L^{-1}} = 0.115\,mol \cdot L^{-1}$$

计算结果表明：同一共轭酸碱对组成的缓冲溶液，当缓冲比相同时，总浓度比较大的，其缓冲容量也比较大。

【例3-14】 计算下列缓冲溶液的缓冲容量。

（1）$0.10\,mol \cdot L^{-1}$ HAc-$0.10\,mol \cdot L^{-1}$ NaAc 溶液。

（2）$0.15\,mol \cdot L^{-1}$ HAc-$0.05\,mol \cdot L^{-1}$ NaAc 溶液。

（3）$0.020\,mol \cdot L^{-1}$ HAc-$0.180\,mol \cdot L^{-1}$ NaAc 溶液。

解： 三种缓冲溶液的总浓度均为 $0.20\,mol \cdot L^{-1}$。

（1）缓冲溶液的缓冲比为 $\dfrac{c(Ac^-)}{c(HAc)} = \dfrac{0.10\,mol \cdot L^{-1}}{0.10\,mol \cdot L^{-1}} = 1$

缓冲溶液的缓冲容量为

$$\beta = 2.303 \times \frac{0.10\,mol \cdot L^{-1} \times 0.10\,mol \cdot L^{-1}}{(0.10 + 0.10)\,mol \cdot L^{-1}} = 0.115\,mol \cdot L^{-1}$$

（2）缓冲溶液液的缓冲比为：$\dfrac{c(Ac^-)}{c(HAc)} = \dfrac{0.050\,mol \cdot L^{-1}}{0.15\,mol \cdot L^{-1}} = \dfrac{1}{3}$

缓冲溶液的缓冲容量为

$$\beta = 2.303 \times \frac{0.15\,mol \cdot L \times 0.05\,mol \cdot L^{-1}}{(0.15 + 0.05)\,mol \cdot L^{-1}} = 0.086\,mol \cdot L^{-1}$$

（3）缓冲溶液的缓冲比为 $\dfrac{c(Ac^-)}{c(HAc)} = \dfrac{0.18\,mol \cdot L^{-1}}{0.02\,mol \cdot L^{-1}} = 9$

缓冲溶液的缓冲容量为

$$\beta = 2.303 \times \frac{0.020\,mol \cdot L^{-1} \times 0.18\,mol \cdot L^{-1}}{(0.020 + 0.18)\,mol \cdot L^{-1}} = 0.041\,mol \cdot L^{-1}$$

计算结果表明同一共轭酸碱对组成的缓冲溶液，当总浓度相同时，缓冲比越接近1，缓冲容量越大；而当缓冲比等于 1 时，缓冲容量最大。

（三）缓冲范围

在缓冲溶液的总浓度一定的条件下，HA 浓度与 A⁻ 的浓度相差越大，缓冲溶液的缓冲容量就越小。当缓冲比大于 10 或小于 0.1 时，缓冲溶液的缓冲容量很小，可以认为没有缓冲能力。因此，只有当缓冲比在 0.1 ~ 10 范围内时，缓冲溶液才能发挥缓冲作用。通常把缓冲溶液能发挥缓冲作用（缓冲比为 0.1 ~ 10）的 pH 范围称为缓冲范围（buffer effective range）。由缓冲溶液的 pH 计算公式（3-29）可以推导出缓冲溶液的缓冲范围为

$$pH = pK_a(HA) \pm 1 \tag{3-35}$$

例如，HAc 的 $pK_a = 4.76$，则 HAc-NaAc 缓冲溶液的缓冲范围为 3.76 ~ 5.76。

四、缓冲溶液的选择与配制

配制一定 pH 的缓冲溶液是化学、生物学和医学研究和应用中的一个基本操作。为了使制备的溶液体系能够满足实际需要，应遵循以下原则和步骤。

（一）选择合适的缓冲系

选取的要点有二：一是所配制的缓冲溶液的 pH 应该在所选缓冲对的缓冲范围（$pK_a \pm 1$）之内，并尽量接近弱酸的 pK_a，使所配的缓冲溶液有较大的缓冲容量；二是对于所要研究的化学体系或化学反应来说，所选缓冲系应该是惰性的，不与所要研究体系中的重要物质发生化学反应。

例如欲配制 pH 为 7.40 的细胞培养液，选择什么缓冲系呢？假定有下列候选缓冲对：HAc-NaAc（$pK_a = 4.76$），次氯酸-次氯酸钠（$pK_a = 7.40$），磷酸二氢钠-磷酸氢二钠（$pK_{a2} = 7.21$），HEPES-HEPES 钠 [N-(2-羟乙基)哌嗪-N-2'-乙烷磺酸，$pK_a = 7.47$]，碳酸氢钠-碳酸钠（$pK_{a2} = 10.33$）。可以看到，其缓冲范围 $pK_a \pm 1$ 涵盖 7.40 的有三种选择：次氯酸-次氯酸钠（6.30 ~ 8.50），磷酸二氢钠-磷酸氢二钠（6.21 ~ 8.21），HEPES-HEPES 钠（6.47 ~ 8.47）。但是，次氯酸是强氧化剂，对细胞有毒性。磷酸二氢盐是多种细胞培养基的营养组分之一，会参与细胞的代谢过程。HEPES 对细胞无毒性作用，不参与细胞代谢，性质稳定，能较长时间控制恒定的 pH 范围。因此，可以选择 HEPES 缓冲体系。

（二）确定缓冲溶液的总浓度

缓冲溶液需要具备足够的缓冲容量，在确定了缓冲溶液的 pH 后，无法调节缓冲比 r，只能靠调节缓冲溶液的总浓度来调节缓冲容量。如果缓冲溶液的总浓度太小，缓冲容量过小，不能满足实际工作需要；总浓度太高时，有可能造成溶液离子强度太大或渗透压过高，并且会造成试剂的浪费。在实际应用中，在满足最小缓冲容量的前提下，一般选用总浓度在 0.05 ~ 0.2 mol·L⁻¹ 范围内。

（三）计算缓冲比和所需缓冲物质的量

可以用 Henderson-Hasselbalch 公式和弱酸缓冲体系在不同离子强度下的校正系数表估算缓冲溶液中弱酸及其共轭碱浓度的比值。

$$pH = pK_a + \lg\frac{c(B^-)}{c(HB)} + 校正系数$$

$$\lg\frac{c(HB)}{c(B^-)} = \lg r = pK_a + 校正系数 - pH$$

由于校正系数一般比较小，而且最后通常要进行溶液 pH 的校正，因此在估算时可以先忽略校正系数（即认为校正系数为 0）。

知道了所需（HB）-（B⁻）的总浓度 c_{total} 和缓冲比 r 后，所需 c（HB）和 c（B⁻）的量则分别为

$$c(HB) = c_{total} \cdot r/(r+1), \quad n_{HB} = V \cdot c(HB) = V \cdot c_{total} \cdot r/(r+1)$$
$$c(B^-) = c_{total}/(r+1), \quad n_{B^-} = V \cdot c(B^-) = V \cdot c_{total}/(r+1)$$

不过，仍然有下列三种配制缓冲溶液的方式可供选择。

1．分别称 / 量取一定量的弱酸 HB 和共轭碱 B⁻，溶于一定体积的水、配制成溶液。

2．称 / 量取一定量的弱酸 HB，加入 n_{B^-} 量的强碱 NaOH（或 KOH），溶于一定体积 V 的水、配制成溶液。NaOH 在溶液中与弱酸反应生成所需量的 B⁻。

3．称 / 量取一定量的共轭碱 B⁻，加入 n_{HB} 量的强酸 HCl，溶于一定体积 V 的水、配制成溶液。HCl 在溶液中与共轭碱反应生成所需量的 HB。

在实际的工作中，为了配制的方便、避免过多的计算，通常将计算好的缓冲物质的用量制作成一种适合应用的配方表，例如表 3-4 所示为配制一定 pH 的 0.050 mol·L⁻¹ $H_2PO_4^-$-HPO_4^{2-} 溶液。

表 3-4　配制 0.050 mol·L⁻¹ $H_2PO_4^-$-HPO_4^{2-} 缓冲溶液配方表（25℃）

0.1 mol·L⁻¹ KH_2PO_4 贮备液：13.6 g 溶于 1.00 L 去离子水					
50 ml 0.1mol·L⁻¹ KH_2PO_4 + x ml 0.1 mol·L⁻¹ NaOH，稀释至 100 ml					
pH	x	β	pH	x	β
5.80	3.6	—	7.00	29.1	0.031
5.90	4.6	0.010	7.10	32.1	0.028
6.00	5.6	0.011	7.20	34.7	0.025
6.10	6.8	0.012	7.30	37.0	0.022
6.20	8.1	0.015	7.40	39.1	0.020
6.30	9.7	0.017	7.50	41.1	0.018
6.40	11.6	0.021	7.60	42.8	0.015
6.50	13.9	0.024	7.70	44.2	0.012
6.60	16.4	0.027	7.80	45.3	0.010
6.70	19.3	0.030	7.90	46.1	0.007
6.80	22.4	0.033	8.00	46.7	—
6.90	25.9	0.033			

（四）计算缓冲溶液中其他物质的量

生理缓冲溶液（physiological media）中一般还含有其他物质，如加入一定量浓度的 Mg^{2+}

以维持某些酶的活性，或加入 NaCl 以维持溶液的渗透压等。在生物化学研究中，一种常用的溶液是在 0.050 mol·L^{-1} H$_2$PO$_4^-$-HPO$_4^{2-}$ 溶液中加入 8.50 g·L^{-1} NaCl，这种溶液通常称为磷酸缓冲生理盐水（phosphate buffered saline，PBS）。

（五）配制溶液并进行 pH 校正

按照上面的计算结果，称取（或量取）所需量的弱酸、共轭碱和其他物质，溶于体积为 80%～90% 终体积的水中，并混合均匀。由于上面的计算只是估算，按照计算结果配制的溶液其 pH 与期待值一般都有一些出入。因此，在溶液最后定容之前，通常在 pH 计上对所配缓冲溶液的 pH 进行测量，如果偏离较大，可以滴加强酸（如 HCl）或强碱（如 NaOH）溶液，将 pH 调节到所需的大小。经这一步 pH 校正后，最后用去离子水将溶液定容。

【例 3-15】 现要研究 pH 5.0 条件下的反应，要求 pH 变动在 ±0.5 之内。

$$Fe^{3+} + H_2Y^{2-} = FeY^- + 2H^+$$
$$0.0020\ mol·L^{-1}\quad 0.0020\ mol·L^{-1}$$

如果使用 HAc-NaAc 缓冲体系，那么缓冲溶液的最小浓度是多少？

解：上述反应产生的氢离子浓度为

$$c(H^+) = 2 \times 0.0020 = 0.0040\ (mol·L^{-1})$$

故所需缓冲溶液的缓冲容量为

$$\beta = \frac{\Delta c_B}{\Delta pH} = \frac{0.0040}{0.50} = 0.0080 (mol·L^{-1}·pH^{-1})$$

查表知 pK_a = 4.74，忽略离子活度造成的校正系数。根据 Henderson-Hasselbalch 公式，此 pH = 5.0 溶液的缓冲比为

$$lg[c(HAc)/c(Ac^-)] = lg r = pK_a + 校正系数 - pH = 4.74 - 0 - 5.0 = -0.26$$
$$r = 0.58$$

根据公式

$$\beta = 2.303·c_{total}·\frac{r}{(r+1)^2}$$

因此：c_{min} = 0.0080 (0.58 + 1)^2 / (2.303 × 0.58) = 0.015 (mol·L^{-1})

可以看到，一般选择 0.05～0.2 mol·L^{-1} 的缓冲溶液浓度对于普通生物化学反应体系来说就足够了。

【例 3-16】 在提取质粒 DNA 所用的细胞裂解液 I 中，缓冲溶液为 25 mmol·L^{-1} pH = 8.0 的 Tris·HCl-Tris 缓冲液。欲配制 100 ml 此缓冲溶液，需多少克 Tris 碱（MW = 121 g·mol^{-1}，pK_b = 5.92）和 0.100 mol·L^{-1} 的 HCl 多少毫升？

解：Tris 碱的酸式盐为 TrisH$^+$，其 pK_a 为

$$pK_a = pK_w - pK_b = 14.00 - 5.92 = 8.08$$

Tris 的总浓度为 25 mmol·L^{-1}，因此 100 ml 需要 Tris 碱的量为

$$m_{Tris} = MW·V·c_{total} = 121 \times 0.100 \times 0.025 = 0.30\ (g)$$

忽略校正系数，此 pH 8.0 溶液的缓冲比为

$$Lg[c(TrisH^+)/c(Tris)] = lg r = pK_a - pH = 8.08 - 8.0 = 0.08$$
$$c(TrisH^+)/c(Tris) = r = 1.2$$

所以溶液中 TrisH$^+$ 的量为

$$n_{TrisH^+} = V \cdot c_{total} \cdot r/(r+1) = 0.100 \times 0.025 \times 1.2/(1.2+1) = 0.0014 \text{ (mol)}$$
$$m_{TrisH^+} = 0.0014 \times 121 = 0.169 \text{ (g)}$$

需要相应盐酸的体积为

$$V = n_{HCl}/c_{HCl} = n_{TrisH^+}/c_{HCl} = 0.100 \times 0.025 \times 1.2/[(1.2+1) \times 0.100] = 0.014 \text{ (L)} = 14 \text{ (ml)}$$

【例 3-17】 用 1.00 mol·L^{-1} NaOH 和 1.00 mol·L^{-1} 丙酸（用 HPr 代表，pK_a = 4.86）贮备液配制 pH = 5.00、总浓度为 0.100 mol·L^{-1} 的缓冲溶液 1.00 L，请设计配制方法。

解：忽略校正系数，此 pH5.0 溶液的缓冲比为

$$\lg[c(HPr)/c(Pr^-)] = \lg r = pK_a - pH = 4.86 - 5.00 = -0.14$$
$$c(HPr)/c(Pr^-) = r = 0.72$$

所需丙酸溶液的体积为

$$V \cdot c_{total}/c_{HPr} = 1.00 \times 0.100/1.00 = 0.100 \text{ (L)} = 100 \text{ (ml)}$$

其中 Pr$^-$ 的量为：

$$n_{Pr^-} = V \cdot c(Pr^-) = V \cdot c_{total}/(r+1) = 1.00 \times 0.100/(1+0.72) = 0.058 \text{ (mol)}$$

丙酸钠是由 NaOH 中和部分丙酸生成的，有

$$HPr + NaOH = NaPr + H_2O$$

因此，所需 NaOH 溶液的体积为

$$V = n_{NaOH}/c_{NaOH} = n_{Pr^-}/c_{NaOH} = 0.058/1.00 = 0.058 \text{ (L)} = 58 \text{ (ml)}$$

配制方法为：量取 100 ml 丙酸贮备溶液和 58 ml NaOH 贮备溶液，混合均匀，并用去离子水稀释至 900 ml，在 pH 计上调节 pH = 5.00，最后用去离子水定容到 1.00 L，即得到所需的缓冲溶液。

五、标准缓冲溶液

用 pH 计测定溶液的 pH 时，需要用标准缓冲溶液进行校正。标准缓冲溶液是由规定浓度的某些标准解离常数较小的单一两性物质或由共轭酸碱对组成，其 pH 是在一定温度下通过实验准确测定的。表 3-5 列出了几种常用的标准缓冲溶液的组成及其 pH。

表 3-5 几种常用的标准缓冲溶液及其 pH

标准缓冲溶液	pH 标准（25℃）
0.034 mol·L^{-1} 饱和酒石酸氢钾溶液	3.56
0.050 mol·L^{-1} 邻苯二甲酸氢钾溶液	4.01
0.025 mol·L^{-1} KH$_2$PO$_4$-0.025 mol·L^{-1} Na$_2$HPO$_4$ 溶液	6.86
0.010 mol·L^{-1} 硼砂溶液	9.18

六、人体酸碱内稳态的维持机制

人体内各种体液都有一定的较稳定的 pH 范围，偏离正常范围太大，就可能引起机体内许多功能失调。在体液中，主要存在三种类型的缓冲体系，它们的总浓度和缓冲容量如表 3-6 所示。

表 3-6　血浆和细胞内的主要缓冲体系总浓度和缓冲容量

	碳酸盐	磷酸盐	蛋白质
血浆中	24 mmol·L^{-1} ($\approx$ 2.5 mmol·L^{-1}·pH^{-1})	2 mmol·L^{-1} ($\approx$ 1 mmol·L^{-1}·pH^{-1})	1.2 mmol·L^{-1}
细胞内	10 mmol·L^{-1} ($\approx$ 1 mmol·L^{-1}·pH^{-1})	11 mmol·L^{-1} ($\approx$ 6.3 mmol·L^{-1}·pH^{-1})	4 mmol·L^{-1}

碳酸盐系统：$CO_2(H_2CO_3)$-$NaHCO_3$
磷酸盐系统：$H_2PO_4^-$-HPO_4^{2-}
蛋白质分子系统：H^+-蛋白质-Na^+/K^+-蛋白质

可以看到，血浆中和细胞内的缓冲体系的作用是不同的。在血浆中，以碳酸盐缓冲系在血液中浓度最高，缓冲容量最大；而在细胞内，磷酸盐系统的缓冲容量相对较高，在维持细胞内正常 pH 中发挥最主要的作用。不过，体内总体上采用的是一种低容量的缓冲策略。下面讨论血液中维持 pH 平衡的碳酸盐缓冲系。

在血液中，溶解 CO_2 存在下列平衡。

$$CO_{2(溶解)} + H_2O \rightleftharpoons H_2CO_3 \rightleftharpoons H^+ + HCO_3^-$$

此平衡可以简写为

$$CO_{2(溶解)} + H_2O \rightleftharpoons H^+ + HCO_3^-$$

在普通条件下，CO_2 的水合解离速率是较慢的，因此在人体中，有一种含 Zn^{2+} 的酶——碳酸酐酶催化上述反应，使 CO_2 能够迅速水合或者释放。

因此，可以看到在血液中溶解 CO_2 和 HCO_3^- 形成一对表观的缓冲体系。$CO_{2(溶解)}$ 是其中的弱酸，HCO_3^- 是其中的弱碱。血液中表观的碳酸盐缓冲溶液的 pH 为

$$pH = pK_a + \lg \frac{c(HCO_3^-)}{c(CO_2)_{溶解}}$$

式中 pK_a 为 37℃时校正后的 CO_2 水合解离常数，$pK_a = 6.10$。正常人血浆中 $c(HCO_3^-)$ 和 $c(CO_2)_{溶解}$ 浓度分别为 0.024 mo·L^{-1} 和 0.0012 mol·L^{-1}，将其代入得到血液的正常 pH。

$$pH = 6.10 + \lg [c(HCO_3^-)/c(CO_2)_{溶解}] = 6.10 + \lg(20/1) = 7.40$$

很容易看出其中的一个问题是，正常血浆中碳酸盐系统的缓冲比为 20/1。这个数值已经超出一般缓冲溶液的有效缓冲比范围（1/10 ~ 10/1）。理论上，这个缓冲系的缓冲能力应该很小。那么血液为什么会采用这种碳酸盐缓冲体系呢？

虽然血液中的碳酸盐体系不在有效的缓冲比内，但事实上血液的 pH 维持得相当好，正常人血液的 pH 维持在 7.35 ~ 7.45 的狭小范围。这是因为人体是一个"开放系统"，由于 CO_2 是挥发性气体，可以通过肺呼吸作用被很容易地排出体外，而 HCO_3^- 也很容易被肾通过尿液排出

体外；同时 CO_2 是人体正常代谢的产物，在体内不断地产生，正常人在基础代谢状态下每天体内可产生 15 mol（336 L）CO_2。因此，人体可以通过肺和肾的功能，通过控制 CO_2 和 HCO_3^- 的排出速度，有效地控制体内 CO_2 和 HCO_3^- 的浓度，从而控制缓冲对的比值，维持 pH 不变。

血液中碳酸盐缓冲体系中拥有较高的共轭碱 HCO_3^- 浓度，被称为血液碱储。若体液中 $[H^+]$ 升高，将和 HCO_3^- 结合，在碳酸酐酶的催化下转变成 CO_2，可以被迅速地释放出去；在这种条件下，任何其他形式的酸都可以通过 CO_2 气体的形式被快速地排出，而且这种排出酸的速度是其他途径（如肾排出）所无法比拟的。这是机体选择碳酸盐缓冲体系的一个巨大的优势。

体内多数的代谢过程都是产生酸的过程；低糖类和高脂肪食物都会引起代谢酸的增加，然而身体可以简单地通过加快呼吸的速度，排出多余的酸。不过，如果人体因肺部疾病导致肺部换气不足时，便可能导致体内 pH 降低过多（pH < 7.35），引起酸中毒；或者反过来，如果人体因高热（CO_2 溶解度降低）和气喘换气过多等原因引起 CO_2 浓度过低，或者因肾疾病导致 HCO_3^- 不能正常排泄时，都会引起血液碱性增加，可能引起碱中毒（pH > 7.45）。

机体采用碳酸盐缓冲体系的另一个优点是将酸碱平衡的维持同体内 O_2/CO_2 气体交换过程偶联在一起。但是，机体采用的这种低容量的缓冲策略在非开放系统的条件下会有一些问题。例如在口腔中，唾液的缓冲能力是非常低的。白天，由于进食、说话等各种原因，人们经常张口，口腔内氧气含量较高。口腔细菌可以进行有氧发酵，不会产生太多的酸，并且唾液不停地冲刷，可以保持口腔正常的 pH（6.35～6.85）。但是到了夜晚，口腔长时间闭合，细菌主要进行无氧发酵，可以产生大量的酸性物质，引起口腔酸性增加，这可能导致龋齿发生。因此，需要健康的生活方式来维持口腔的正常 pH，这个问题将在后续讨论。

思考题

1．酸碱质子理论如何定义酸和碱？什么是共轭酸碱对？
2．按酸碱质子理论，下列物质在水溶液中哪些属于酸？哪些属于碱？哪些属于两性物质？

$$HS^-,\ CO_3^{2-},\ NH_3,\ HF,\ H_3PO_4,\ H_2O$$

3．何谓水的离子积常数？在纯水中加入少量酸或碱，水的离子积常数是否发生变化？H_3O^+ 浓度是否发生变化？
4．共轭酸碱对的 K_a 与 K_b 之间有何定量关系？
5．在 HAc 溶液中存在哪些解离平衡？溶液中有哪些离子？其中哪一种离子的浓度最小？
6．pH 的定义是什么？如何用 pH 表征溶液的酸碱性？
7．多元弱酸在水溶液中解离的特点是什么？
8．何谓缓冲溶液？决定缓冲溶液 pH 的因素有哪些？
9．缓冲溶液的缓冲容量与哪些因素有关？
10．HAc 溶液中也同时含有 HAc 和 Ac^-，它为何不属于缓冲溶液？

习 题

1．往 NH_3 溶液中加入少量下列物质时，NH_3 的解离度和溶液的 pH 将发生怎样的变化？
(1) NH_4Cl（s） (2) NaOH（s） (3) HCl（aq） (4) H_2O（l）
2．下列各组物质中哪些组合可能形成缓冲对？

(1) HCl + NH₃·H₂O (2) H₂CO₃ + NaHCO₃ (3) H₃PO₄ + Na₂HPO₄
(4) NaAc + HCl (5) NaOH + HCl (6) Na₂SO₄ + NaHSO₄

3. 25 ℃时，一元酸 HA 标准解离常数为 K_a(HA) = 1.8×10^{-5}，计算 0.10 mol·L⁻¹ 时溶液的 pH 及解离度。

4. 25 ℃时，某一元弱碱 A⁻ 溶液的 K_b(A⁻) = 1.0×10^{-5}，计算 0.10 mol·L⁻¹ 时溶液的 pH。

5. 已知 25 ℃时，三元酸 H₃A 的 K_{a1} = 1.0×10^{-3}，K_{a2} = 1.0×10^{-7}，K_{a3} = 1.0×10^{-12}。试计算此温度下 0.10 mol·L⁻¹ 溶液的 pH。

6. 已知 25 ℃时，三元酸 H₃A 的 K_{a2} = 1.0×10^{-8}，K_{a3} = 1.0×10^{-13}。试计算此温度下 0.10 mol·L⁻¹ Na₂HA 溶液的 pH。

7. 25 ℃时，一元弱酸 HA 的标准解离常数 K_a(HA) = 1.0×10^{-6}。在此温度下将 200 ml 0.10 mol·L⁻¹ HA 溶液与 100 ml 0.10 mol·L⁻¹ NaOH 溶液混合，计算混合溶液的 pH。

8. 计算下列缓冲溶液的缓冲范围
(1) NH₃·H₂O-NH₄Cl 溶液
(2) KH₂PO₄-Na₂HPO₄ 溶液
(3) Na₂HPO₄-Na₃PO₄ 溶液

9. 已知 K_b(NH₃) = 1.0×10^{-5}，K_{a1}(H₃PO₄) = 6.7×10^{-3}，K_{a2}(H₃PO₄) = 6.2×10^{-8}，K_{a3}(H₃PO₄) = 4.5×10^{-13}。通过计算判断在水溶液中，NH₃ 与 HPO₄²⁻ 哪一个碱性较强。

10. 计算 0.10 mol·L⁻¹ NH₃·H₂O-0.10 mol·L⁻¹ NH₄Cl 缓冲溶液的 pH 和缓冲容量。

11. 血浆和尿液中都含有 H₂PO₄⁻-HPO₄²⁻ 缓冲对，正常人血浆和尿液中 c(HPO₄²⁻) 和 c(H₂PO₄⁻) 的比值分别为 4 和 1/9。已知 H₂PO₄⁻ 的 pK_a 为 6.80（考虑了其他因素的影响，校正后的数值），分别计算血浆和尿液的 pH。

12. 37 ℃时需 pH = 7.40 的 0.050 mol·L⁻¹ Tris·HCl-Tris 缓冲溶液 500 ml，应取 0.100 mol·L⁻¹ Tris 溶液和 0.100 mol·L⁻¹ HCl 溶液各多少毫升？已知 pK_a(Tris·HCl) = 7.85。

13. 3 位住院患者的化验报告如下：
(1) 甲：c(HCO₃⁻) = 24.0 mmol·L⁻¹，c(H₂CO₃) = 1.20 mmol·L⁻¹
(2) 乙：c(HCO₃⁻) = 21.6 mmol·L⁻¹，c(H₂CO₃) = 1.35 mmol·L⁻¹
(3) 丙：c(HCO₃⁻) = 56.0 mmol·L⁻¹，c(H₂CO₃) = 1.40 mmol·L⁻¹

已知在血浆中校正后的 pK_{a1} = 6.10，计算 3 位患者血浆的 pH。并判断谁属于正常，谁属于酸中毒，谁属于碱中毒。

（马冬冬）

第四章 滴定分析法

第四章数字资源

化学分析法是以物质的化学反应为基础的分析方法,主要有滴定分析法、重量分析法和显色(仪器)分析法。滴定分析具有方法简单、操作迅速且准确度高等优点,在医药卫生、食品安全、环境保护等领域有广泛应用。本章概述了滴定分析法的基础知识,详细介绍了酸碱滴定方法,并对化学结果的评价和实验室操作规范做了介绍。

第一节 滴定分析法概述

一、滴定分析法的特点和术语

(一)滴定分析法的特点

滴定分析(titrimetric analysis)是化学分析的一类重要方式,其中为人熟知的代表是容量分析(volumetric analysis)。(容量)滴定分析时,操作者使用准确体积加入装置(如滴定管)将一种已知准确浓度的试剂溶液(即标准溶液)一份份地(如一滴滴地)加入含待测物质的溶液中,直到达到预设的指示终点(如指示剂变色)。由于滴定终点和反应的化学计量点足够接近,所以终点时可通过化学反应的计量关系来计算待测组分的含量。滴定分析法主要用于测定含量在1%以上的常量组分,测定的相对误差一般< 0.2%。

(二)滴定分析法的术语

1. 标准溶液(standard solution) 是滴定分析中已知准确浓度、用来滴定未知组分的溶液,又称为滴定剂(titrant)。

2. 试样(sample) 是被检测的物质。要求试样在组成和含量上具有一定的代表性,能代表被分析物质的总体。

3. 滴定(titration) 是把标准溶液逐滴加入被测溶液中的过程。

4. 化学计量点(stoichiometric point) 滴定反应按照方程式反应完全时,称为反应达到化学计量点,亦即反应体系中滴定剂与被测组分恰好作用完全时(符合反应方程式所表示的化学计量关系)的那一点。如在酸碱滴定反应中,HCl + NaOH → NaCl + H₂O 反应达到化学计量点时,HCl 和 NaOH 刚好按照方程式的比例关系反应完全,所以 $V_{HCl} \cdot c_{HCl} = V_{NaOH} \cdot c_{NaOH}$,此时溶液的 pH = 7.00。

5. 滴定终点(titration end point) 通常在化学计量点时,溶液和试剂往往没有任何外观特征为肉眼所觉察,因此需要某种方法在误差范围内显示达到计量点。例如加入某种指示剂,使其在化学计量点附近变色,从而指示滴定的完成,称为滴定终点。

6. 指示剂(indicator) 是在化学计量点或者附近可产生颜色变化以指示滴定到达终点的物质。

7. 滴定误差(titration error) 化学计量点是理论上反应恰好完成的点,而终点是实际停止滴定的实验值,由于指示剂不可能恰好在化学计量点时变色,因此滴定终点和化学计量点并不一定完全吻合。例如在酸碱滴定分析中,当指示剂的颜色发生突变时,即停止滴定的点。如在上例滴定 NaOH 的分析中,化学计量点的 pH = 7.00。若用酚酞做指示剂,滴定终点的 pH = 8.0;若用甲基橙做指示剂,滴定终点的 pH = 3.1。它们都与计量点有一定的误差,称为滴定误差(也称终点误差)。滴定终点与计量点越吻合,分析结果的准确度越高。

二、滴定分析法对化学反应的要求

化学反应很多,但并非所有化学反应都可用于滴定分析,适合滴定分析的化学反应必须具备以下条件。

1. 反应必须按确定的化学计量关系定量完成,即反应进行得很完全(>99.9%),这是定量计算的基础。

2. 反应必须具有较快的反应速度。滴定反应最好在滴定剂加入后即可完成。对于反应速率较慢、在加热或加入催化剂后能迅速完成的反应,也能进行滴定分析。

3. 无副反应发生。若有干扰物质存在,必须有合适的消除干扰的方法。

4. 必须有简便可靠的方法确定滴定终点,通常是可以找到一个能够指示终点的指示剂。

三、滴定分析法的分类

(一)滴定分析的化学反应类型

滴定分析是以化学反应为基础的。根据分析时所利用的化学反应的不同,滴定分析一般可分为以下四种类型。

1. 酸碱滴定法(acid-base titration) 是以水溶液中质子转移反应为基础的滴定分析法,可用于测定酸、碱以及能与酸碱发生定量反应的其他物质的含量。

2. 沉淀滴定法(precipitation titration) 是以沉淀反应为基础的滴定分析法,可用于 Ag^+、CN^-、SCN^- 及卤素离子等的测定。

3. 配位滴定法(coordinate titrition) 是以配位反应为基础的一种滴定分析法,主要用于金属离子的测定。

4. 氧化还原滴定法(oxidation-reduction titration) 是以氧化还原反应为基础的一种滴定分析法。可直接测定具有氧化性或还原性的物质,也可间接测定一些能与氧化剂或还原剂定量反应的物质。

(二)滴定方式

常用的滴定方式有直接滴定法、间接滴定法、返滴定法和置换滴定法。

1. 直接滴定法(direct titration) 凡是滴定剂与被测物质之间的反应能满足上述滴定分

析法对化学反应的要求，都能用标准溶液直接滴定分析待测组分的含量，称为直接滴定法。直接滴定法是滴定分析中最常用和最基本的滴定方式。

2. 间接滴定法（indirect titration） 有些被测物质不能直接与滴定剂发生化学反应时，可通过其他的化学反应，以间接方式测定被测物质的含量，这种滴定方式称为间接滴定法。例如 Ca^{2+} 没有还原性，不能用 $KMnO_4$ 标准溶液直接滴定。若先将 Ca^{2+} 与 $C_2O_4^{2-}$ 反应，定量地沉淀为 CaC_2O_4，将沉淀过滤洗净后，溶于 H_2SO_4 溶液中，再用 $KMnO_4$ 标准溶液滴定生成 $H_2C_2O_4$，则可间接测定出 Ca^{2+} 的含量。

3. 返滴定法（back titration） 当待测物质与滴定剂反应较慢或无合适指示剂时，可先准确地加入过量的一种标准溶液，与试液中的待测物质进行反应，待反应完全后，再用另一种标准液滴定剩余的标准溶液，这种滴定方式称为返滴定法。例如，用 HCl 测定固体样品中 $CaCO_3$ 的质量分数时，因 $CaCO_3$ 的溶解度较小，它和 HCl 的反应很慢，不宜直接滴定。如果先加入一定量的过量的 HCl 标准溶液，并加热至 $CaCO_3$ 完全溶解，然后用 NaOH 标准溶液滴定 HCl 的剩余量，就可计算得出样品中 $CaCO_3$ 的质量分数。

4. 置换滴定法（replacement titration） 当待测物质与标准溶液发生反应时，若不能按化学计量关系定量进行，或存在副反应，就不能采用直接滴定法。可先用适当的试剂与待测物质反应，使其定量地置换为另一种可以直接滴定的物质，再用标准溶液滴定这种置换出来的物质，从而求出被测物质的含量，这种滴定方式称为置换滴定法。例如，$Na_2S_2O_3$ 标准溶液不能直接滴定 $K_2Cr_2O_7$，这是因为强氧化剂 $K_2Cr_2O_7$ 在酸性溶液中可将 $Na_2S_2O_3$ 氧化为 $Na_2S_4O_6$ 和 Na_2SO_4 的混合物，所以没有确定的化学计量关系。可以利用 $K_2Cr_2O_7$ 在酸性溶液中与过量 KI 反应，生成相应量的 I_2，再用 $Na_2S_2O_3$ 标准溶液滴定被 $K_2Cr_2O_7$ 定量置换出来的 I_2，就可求得试样中 $K_2Cr_2O_7$ 的含量。

四、标准溶液的配制和标定

滴定分析的操作过程一般包括三个主要部分：标准溶液的配制、标准溶液的标定、试样组分含量的测定和结果分析。

（一）标准溶液的配制和标定

滴定分析中，用作滴定剂的标准溶液的浓度必须是已知且准确无误的。标准溶液的配制可分为直接配制法和间接配制法。如果试剂在溶液中可稳定存在且纯度足够高，可用直接法配制；若试剂在溶液中不能稳定存在或纯度不够高，要改用间接法配制。

1. 直接配制法 用分析天平准确称取一定质量的试剂，用适当溶剂溶解后定量转移至容量瓶中，定容后摇匀。根据称取试剂的质量和容量瓶的体积，即可计算出所配制标准溶液的准确浓度。能用于直接配制标准溶液的试剂称为一级标准物质（primary standard substance），也称为基准物质。

基准物质应具备的条件是：

（1）化学组成确定，如果含结晶水，其数目确定，试剂的组成与化学式完全相符。

（2）试剂的纯度通常要求在 99.9% 以上（质量分数），至少是分析纯或优级纯。

（3）存放过程中，试剂的化学性质稳定，不易分解，不易潮解，不易与环境中的 O_2、CO_2 等气体反应。即使有吸潮现象，也容易通过加热等简单方法完全干燥。

（4）试剂与被滴定的样品化合物的反应按反应式定量进行，不存在副反应。

（5）最好有较大的摩尔质量，以减少称量误差。

常用的标准物质有 NaCl、$K_2Cr_2O_7$、Na_2CO_3、$Na_2C_2O_4$、邻苯二甲酸氢钾、硼砂等。实验室中上述物质的标准溶液可进行直接配制。

2. 间接配制法 很多化学试剂不是基准物质，不能直接用来配制标准溶液，但可先配制成近似所需浓度的溶液，然后再用基准物质配制的标准溶液滴定，从而计算其准确浓度。这种配制标准溶液的方法称为间接配制法，也称为标定法（standardization）。

（二）标准溶液的标定

进行酸碱滴定时通常用 HCl 或 NaOH 溶液作标准强酸或强碱溶液。但是，盐酸是挥发性很强的酸，NaOH 固体极易吸潮和吸收空气中的 CO_2，因此其含量也并非很确定。通常这些标准溶液采用间接法进行配制，即先用商品试剂配制出近似浓度的标准溶液，然后用一定准确量的基准物质标定。

标定 HCl 溶液通常采用无水碳酸钠（Na_2CO_3）或硼砂（$NaB_4O_7 \cdot 10H_2O$）。Na_2CO_3 容易吸收空气中的水分，使用前必须在 270～300℃ 高温炉中灼热至恒重，然后密封于称量瓶内，保存在干燥器中备用。称量时要求动作迅速，以免吸收空气中的水分而带入测定误差。

标定 NaOH 溶液通常采用草酸晶体（$H_2C_2O_4 \cdot 2H_2O$）或邻苯二甲酸氢钾（$KHC_8H_4O_4$）作为基准物质。邻苯二甲酸氢钾容易用重结晶法制得纯品，不含结晶水，在空气中不吸水，容易保存，且摩尔质量大（204.2 g/mol），标定时称量误差小，所以是标定碱标准溶液常用的基准物质。

五、滴定分析中的有关计算

滴定分析涉及一系列计算问题，如标准溶液浓度的计算以及分析结果中待测物质含量的计算等。

1. 标准溶液浓度的计算 准确称取一定量的基准物质（T），其摩尔质量为 M_T（g/mol），摩尔量为 n_T（mol），质量为 m_T（g）。将其配成体积为 V_T（L）的标准溶液，其浓度为

$$c_T = \frac{n_T}{V_T} = \frac{m_T}{M_T V_T} \tag{4-1}$$

2. 待测物质的含量的计算 在滴定分析中，标准溶液（滴定剂）（T）与待测物质（B）之间发生如下化学反应。

$$tT + bB \rightarrow cC + dD$$

当滴定反应到达化学计量点时，化学计量系数间的关系为

$$\frac{n_T}{t} = \frac{n_B}{b} = \frac{n_C}{c} = \frac{n_D}{d} \tag{4-2}$$

则待测组分 B 的物质的量和浓度分别为：

$$n_B = \frac{b}{t} n_T = \frac{b}{t} c_T V_T \tag{4-3}$$

$$c_B = \frac{n_B}{V_B} = \frac{b c_T V_T}{t V_B} \tag{4-4}$$

式中，c_T、V_T、V_B 分别是滴定剂的浓度、滴定剂消耗的体积和待测溶液的体积。上述计算式为滴定反应的化学计量关系式，是滴定分析计算的依据。

【例 4-1】 称取分析纯草酸晶体（$H_2C_2O_4 \cdot 2H_2O$，M = 126.1 g/mol）1.250 g，配制成 250.0 ml 标准溶液。取 20.00 ml 此标准溶液，标定粗配制的 NaOH 溶液，用酚酞作滴定指示剂，终点时消耗 NaOH 的体积为 22.10 ml。计算此 NaOH 溶液的准确浓度。

解：草酸为二元弱酸，与 NaOH 反应式为：

$$2NaOH + H_2C_2O_4 = Na_2C_2O_4 + 2H_2O$$

草酸标准溶液的浓度为

$$c_{ox} = 1.250 / (126.1 \times 0.2500) = 0.03965 \text{ mol/L}$$

因此 NaOH 溶液的准确浓度为

$$c_{NaOH} = 2V_{ox} \cdot c_{ox} / V_{NaOH} = 2 \times 0.03965 \times 20.00 / 22.10 = 0.07176 \text{ mol/L}$$

第二节 酸碱滴定法

酸碱滴定法是以酸碱反应为基础的滴定分析方法。利用该方法可以测定一些具有酸碱性的物质，也可以用来测定某些能与酸碱作用的物质。酸碱滴定中，确定滴定终点的方法有仪器法（比如 pH 计检测滴定终点）与指示剂法两类。指示剂法是借助加入的酸碱指示剂在化学计量点附近的颜色变化来确定滴定终点的方法。这种方法简单、方便，是确定滴定终点的基本方法。本书仅介绍酸碱指示剂法。

一、酸碱指示剂

（一）酸碱指示剂的变色原理

酸碱指示剂（acid-base indicator）是随介质酸度条件的改变，颜色发生明显变化的物质。在酸碱滴定分析中，酸碱指示剂用来指示滴定过程中溶液 pH 的变化。酸碱指示剂一般是一些结构较复杂的有机弱酸或有机弱碱，它们的结构（在特定 pH 范围内）随溶液 pH 的变化而改变。酸碱指示剂获得质子转化为酸式结构，或失去质子转化为碱式结构，由于指示剂的酸式与碱式具有不同的结构，因而具有不同的颜色。例如实验室中最常用的酚酞是一种有机弱酸，它在溶液中存在下列解离平衡和颜色变化：

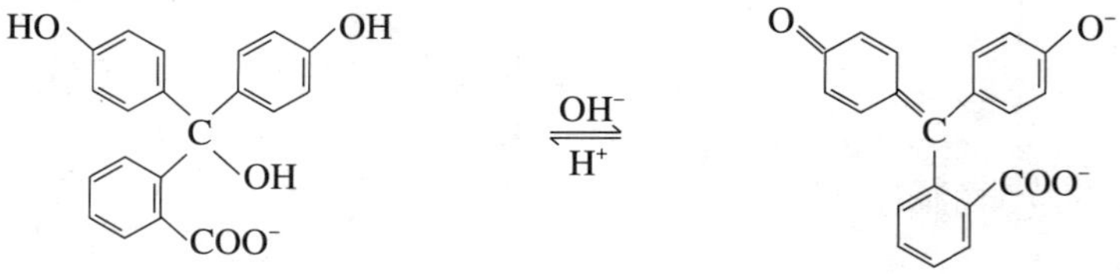

酸式结构
无色（羟式）

碱式结构
红色（醌式）

在酸性溶液中，解离平衡向左移动，酚酞主要以酸式存在，溶液呈无色；在碱性溶液中，解离平衡向右移动，酚酞则主要以醌式存在，溶液呈红色。由此可见，当溶液的 pH 发生变化时，由于指示剂结构的变化，颜色也随之发生变化，因而可通过酸碱指示剂颜色的变化来指示溶液的 pH，确定酸碱滴定的终点。

（二）酸碱指示剂的变色范围

酸碱指示剂在怎样的条件下发生颜色改变呢？若以 HIn 代表酸碱指示剂的酸式结构，其解离产物 In⁻ 代表酸碱指示剂的碱式结构，HIn 在溶液中的解离平衡可用下式表示：

$$HIn \rightleftharpoons H^+ + In^-$$

当解离达到平衡时，有

$$K_{HIn} = \frac{[H^+][In^-]}{[HIn]}$$

式中，K_{HIn} 为指示剂的解离平衡常数，称为指示剂常数（indicator constant）。上式可改写为：

$$\frac{[In^-]}{[HIn]} = \frac{K_{HIn}}{[H^+]}$$

则

$$\lg \frac{[In^-]}{[HIn]} = pH - pK_{HIn}$$

或

$$pH = pK_{HIn} + \lg \frac{[In^-]}{[HIn]}$$

酸碱指示剂在溶液中所呈现的颜色，决定于溶液中 [In⁻] 和 [HIn] 的比值，即 $\frac{[In^-]}{[HIn]}$，而 $\frac{[In^-]}{[HIn]}$ 是由指示剂 K_{HIn} 和溶液的 pH 两个因素决定的。对一定的指示剂而言，在一定温度下 K_{HIn} 是常数。因此溶液的颜色就完全取决于溶液的 pH。当 pH 发生变化时，指示剂的颜色随之改变：

当 pH = pK_{HIn} 时，[In⁻] / [HIn] = 1，指示剂在溶液中呈现的颜色是酸式和碱式两种显色成分等量混合的中间混合色。此时溶液的 pH 称为指示剂的理论变色点（color change point）。当 pH > pK_{HIn} + 1，即 [In⁻] / [HIn] > 10 时，人眼通常只看到碱式 In⁻ 的颜色；当 pH < pK_{HIn} - 1，即 [In⁻] / [HIn] < 0.1 时，人眼则只看到 HIn 的颜色；当 pH 在（pK_{HIn} - 1）~（pK_{HIn} + 1）时，看到的是酸式色与碱式色复合后的颜色。因此，当溶液的 pH 由 pK_{HIn} - 1 向 pK_{HIn} + 1 逐渐改变时，人眼可以看到指示剂由酸式色逐渐过渡到碱式色。所以，pK_{HIn} ± 1 称为指示剂的理论变色范围（color change interval）。但由于人眼对各种颜色的敏感程度不同，实际观察到的各种指示剂的变色点和变色范围往往与理论值不完全一致，不都是 2 个 pH 单位，而是略有上下浮动。一些常用酸碱指示剂的变色范围及其变色情况列于表 4-1。

表 4-1　几种常用酸碱指示剂在室温下水溶液中的变色范围

指示剂	实际变色范围（pH）	酸式色	过渡色	碱式色	pK_{HIn}
百里酚蓝（第一次变色）	1.2 ~ 2.8	红色	橙色	黄色	1.7
甲基橙	3.1 ~ 4.4	红色	橙色	黄色	3.7
溴酚蓝	3.1 ~ 4.6	黄色	蓝紫	紫色	4.1
溴甲酚绿	3.8 ~ 5.4	黄色	绿色	蓝色	4.9
甲基红	4.4 ~ 6.2	红色	橙色	黄色	5.0
溴百里酚蓝	6.0 ~ 7.6	黄色	绿色	蓝色	7.3
中性红	6.8 ~ 8.0	红色	橙色	黄色	7.4
酚酞	8.0 ~ 9.6	无色	粉红	红色	9.1
百里酚蓝（第二次变色）	8.0 ~ 9.6	黄色	绿色	蓝色	8.9
百里酚酞	9.4 ~ 10.6	无色	淡蓝	蓝色	10.0

二、酸碱滴定曲线与指示剂的选择

在酸碱滴定过程中，如何选择最合适的指示剂来确定滴定终点，直接影响着滴定的准确性。由于酸碱指示剂只能在一定的pH范围内发生颜色变化，为了减少实验误差，所选择的指示剂其指示的滴定终点应尽可能地接近化学计量点。因此，必须了解滴定过程中溶液pH的变化规律，尤其是化学计量点前后溶液pH的变化情况。描述加入不同量标准溶液时溶液pH变化的曲线称为酸碱滴定曲线。下面分别讨论各种类型的酸碱滴定曲线。

（一）强碱（酸）滴定强酸（碱）

1. 滴定曲线 强碱（酸）滴定强酸（碱）的反应通式为

$$H^+ + OH^- = H_2O$$

强碱（酸）滴定强酸（碱）的反应程度是最高的，也最容易得到准确的滴定结果。现以强碱（NaOH）滴定强酸（HCl）溶液为例，来说明滴定过程中溶液pH的变化情况。设HCl的浓度为0.1000 mol/L，体积为20.00 ml；NaOH的浓度为0.1000 mol/L，滴定时加入的体积为V_{NaOH}。整个滴定过程分为以下4个阶段来考虑。

（1）滴定开始前，溶液的pH由HCl溶液的酸度决定。

$$[H^+] = c_{HCl} = 0.1000 \text{ mol/L}，即 pH = 1.00$$

（2）滴定开始至化学计量点前，HCl过量，溶液的pH取决于剩余HCl的浓度。

$$[H^+] = \frac{(V_{HCl} - V_{NaOH}) \cdot c_{HCl}}{(V_{HCl} + V_{NaOH})}$$

当滴定完成99.9%（即$V_{NaOH} = 19.98$ ml）时，有

$$[H^+] = \frac{0.1000 \text{ mol/L} \times 20.00 \text{ ml} - 0.1000 \text{ mol/L} \times 19.98 \text{ ml}}{(20.00 \text{ ml} + 19.98 \text{ ml})}$$

$$= 5.00 \times 10^{-5} \text{ mol/L}，即 pH = -\lg(5.00 \times 10^{-5}) = 4.30$$

（3）化学计量点时，溶液中的HCl恰好全部被NaOH中和，溶液呈中性，即

$$[H^+] = 1.0 \times 10^{-7} \text{ mol/L}，即 pH = 7.00$$

（4）化学计量点后，NaOH过量，溶液的pH取决于加入的过量NaOH的浓度。

$$[OH^-] = \frac{(V_{NaOH} - V_{HCl}) \cdot c_{NaOH}}{(V_{HCl} + V_{NaOH})}$$

当滴定完成100.1%（即$V_{NaOH} = 20.02$ ml）时，有

$$[OH^-] = \frac{0.1000 \text{ mol/L} \times 20.02 \text{ ml} - 0.1000 \text{ mol/L} \times 20.00 \text{ ml}}{20.02 \text{ ml} + 20.00 \text{ ml}}$$

$$= 5.00 \times 10^{-5} \text{ mol/L}，即 pOH = 4.30，pH = 9.70$$

整个滴定过程中，以溶液的pH为纵坐标，以NaOH的加入量（或滴定百分数）为横坐标，可绘制出强碱滴定强酸的滴定曲线，如图4-1所示。在这个曲线中有下列关键点和区域。

1）从滴定开始一直到接近计量点前，溶液pH变化缓慢，曲线比较平坦。

2）在化学计量点前后，加入不足或过量的半滴 NaOH 溶液（相当于 0.02 ml），就使溶液的 pH 由 4.30 急增至 9.70，pH 的改变量达到 5.40 个单位，溶液也由酸性突变到碱性，溶液的性质由量变引起了质变。这个 pH 急剧变化、近似垂直的区域称为滴定突跃（titration jump）。滴定突跃所在的 pH 值范围，称为突跃范围。0.1000 mol/L NaOH 滴定 20 ml 0.1000 mol/L HCl 过程中的滴定突跃为 pH 4.30 ~ 9.70。其中间点即是计量点 pH = 7.00。

3）滴定突跃之后，再继续滴加 NaOH 溶液，则溶液的 pH 变化比较缓慢，曲线又趋于平坦。

若用 0.1000 mol/L HCl 溶液滴定 20.00 ml 0.1000 mol/L NaOH 溶液，则其滴定曲线与上述曲线位置反对称而形状相同（图 4-1 中的曲线 2 所示）

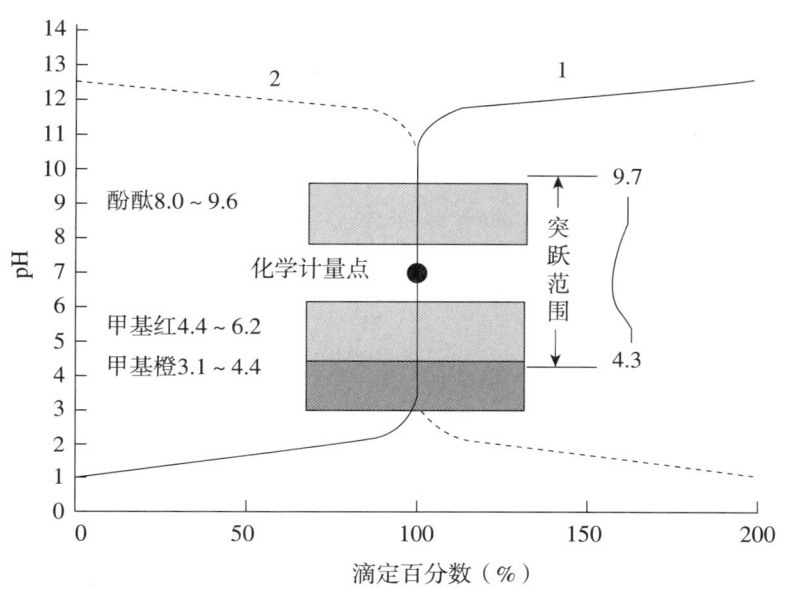

图 4-1　强碱（酸）滴定强酸（碱）过程的 pH 变化曲线
1．0.1000 mol/L NaOH 滴定 20 ml 0.1000 mol/L HCl；2．0.1000 mol/L HCl 滴定 20.00 ml 0.1000 mol/L NaOH

2．指示剂的选择　滴定突跃具有非常重要的意义，它是选择指示剂的依据。由于滴定突跃是在计量点前或后加入的滴定剂 NaOH 不足或过量 0.02 ml 而产生的，也就是说，当在滴定突跃的范围内停止加入滴定剂 NaOH，其测定的相对误差将小于 0.1%，测定结果将具有足够的准确度。酸碱滴定中选择指示剂的重要原则是：指示剂变色范围应全部或一部分落在滴定突跃范围内，指示剂的变色点应尽量靠近化学计量点。按照上述原则，酚酞（pH = 8.0 ~ 9.6）、甲基橙（pH = 3.1 ~ 4.4）、甲基红（pH = 4.4 ~ 6.2）的变色范围均在 NaOH 滴定 HCl 的突跃范围（pH = 4.30 ~ 9.70）之内，均可用于指示终点。

选择指示剂时还应注意指示剂的颜色变化是否明显，是否易于观察。通常颜色由浅到深，人的视觉较敏感，容易判断。例如用 0.1 mol/L NaOH 滴定 0.1 mol/L HCl，用甲基橙做指示剂，溶液的颜色由橙色变为黄色，但由于橙色变为黄色不易分辨，实际的终点难判定，使终点误差变大，因此选用甲基橙不合适。但当用 0.1 mol/L HCl 滴定 0.1 mol/L NaOH 时，甲基橙由黄色变为橙色，颜色变化明显。因此，强碱滴定强酸时，通常选酚酞为指示剂，酚酞由无色变为粉红色，人眼容易辨别；而用强酸滴定强碱时，常选用甲基橙指示剂指示滴定终点。

3．突跃范围与酸碱浓度的关系　突跃范围大小决定于酸、碱的浓度。酸、碱溶液的浓度各增加 10 倍，突跃范围就增加 2 个 pH 单位。例如，用 1.000 mol/L、0.1000 mol/L、0.01000 mol/L NaOH 溶液分别滴定 20.00 ml 相同浓度的 HCl 溶液时，它们的 pH 突跃范围分别为 3.30 ~

10.70、4.30～9.70 和 5.30～8.70（图 4-2）；可见酸、碱溶液的浓度越高，pH 突跃范围越大，则可选择的指示剂较多。但是因浓度高会造成计量点附近较大的误差，酸、碱溶液的浓度较低时，突跃范围变小，指示剂的选择将受到限制；如上例中 0.01000 mol/L NaOH 滴定 HCl 已经不能使用甲基橙做指示剂了；当酸、碱的浓度小于 10^{-4} mol/L 时，其滴定突跃已不明显，无法用一般指示剂进行准确滴定。故在滴定分析中，酸碱溶液的浓度一般控制在 0.1～0.5 mol/L，且最好酸碱溶液的浓度相近。

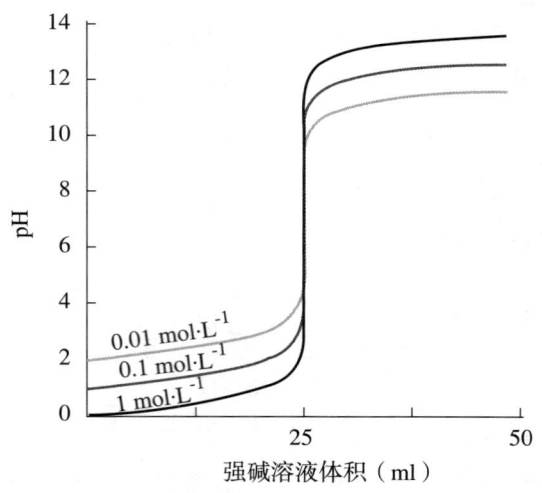

图 4-2　不同浓度的强碱滴定强酸的滴定曲线

（二）强碱（酸）滴定弱酸（碱）

1. 滴定曲线　以强碱（0.1000 mol/L NaOH）滴定一元弱酸（20.00 ml 0.1000 mol/L HAc）为例来说明。强碱 NaOH 滴定弱酸 HAc 的反应式为：

$$NaOH + HAc = NaAc + H_2O$$

这类滴定反应的完全程度较强酸强碱类滴定差。与讨论强酸强碱滴定曲线方法相似，滴定过程中溶液 pH 也可分为以下 4 个阶段进行计算。

（1）滴定前，溶液的组成为 HAc，按一元弱酸的 pH 计算公式计算。

$$[H^+] = \sqrt{c_{HAc} \cdot K_a} = \sqrt{0.10000 \times 1.76 \times 10^{-5}} = 1.32 \times 10^{-3} \text{ mol/L}$$

$$pH = -\lg(1.32 \times 10^{-3}) = 2.88$$

（2）滴定开始至化学计量点前，溶液的组成为未反应的 HAc 和反应产物 NaAc，组成一个缓冲体系。其 pH 利用下式计算

$$pH = pK_{HAc} + \lg \frac{c_{Ac^-}}{c_{HAc}}$$

$$pH = pK_{HAc} + \lg \frac{c_{NaOH} V_{NaOH}}{c_{HAc} V_{HAc} - c_{NaOH} V_{NaOH}}$$

当滴定完成 99.9%（即 $V_{NaOH} = 19.98$ ml）时，根据上式计算得

$$pH = -\lg(1.76\times10^{-5}) + \lg\frac{0.1000\ mol/L\times19.98\ ml}{0.1000\ mol/L\times20.00\ ml - 0.1000\ mol/L\times19.98\ ml)}$$

$$= 7.74$$

（3）化学计量点时，HAc 完全与 NaOH 反应生成 NaAc，为一元弱碱溶液。由于溶液的体积增大了 1 倍，因此 NaAc 的浓度为 0.05000 mol/L。溶液中 OH^- 主要取决于 Ac^- 的解离，可近似计算为

$$[OH^-] = \sqrt{c_b \cdot K_b} = \sqrt{c_b \cdot \frac{K_w}{K_a}} = \sqrt{c_{NaAc} \cdot \frac{K_w}{K_{HAc}}} = \sqrt{0.05000\ mol/L \times \frac{1.0\times10^{-14}}{1.76\times10^{-5}}} = 5.27\times10^{-6}$$

$$pOH = 4.30，pH = 14 - 4.30 = 9.70$$

（4）化学计量点后，NaOH 过量，溶液中含有 NaAc 和 NaOH。由于过量 NaOH 的存在，抑制了 Ac^- 的水解，因此，溶液中 OH^- 浓度主要取决于过量的 NaOH 的浓度。

$$[OH^-] = \frac{c_{NaOH}V_{NaOH} - c_{HAc}V_{HAc}}{V_{NaOH} + V_{HAc}}$$

当滴定完成 100.1%（即 V_{NaOH} = 20.02 ml）时，

$$[OH^-] = \frac{0.1000\ mol/L \times 20.02\ ml - 0.1000\ mol/L \times 20.00\ ml}{20.02\ ml + 20.00\ ml}$$

$$= 5.00\times10^{-5}\ mol/L$$

$$pOH = 4.30，pH = 9.70$$

根据滴定过程中 pH 变化可以绘出强碱（酸）滴定一元弱酸（碱）的滴定曲线，如图 4-3 所示。

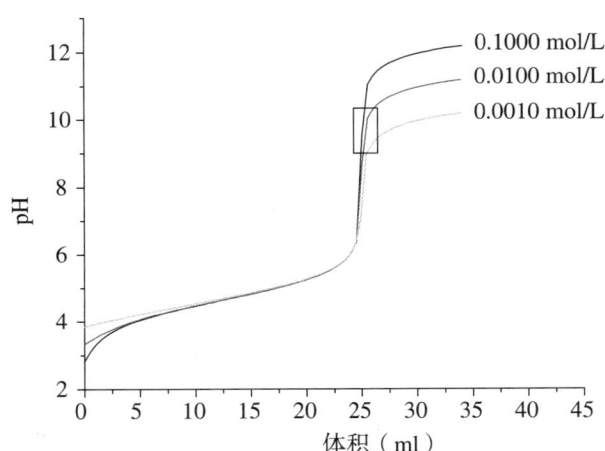

图 4-3　0.1000 mol/L NaOH 滴定 25.00 ml 0.1000 mol/L、0.0100 mol/L、0.0010 mol/L HAc 过程中溶液 pH 变化曲线

图中方块为酚酞的变色范围

2．滴定曲线的特点与指示剂的选择　可以看出强碱滴定一元弱酸具有以下几个特点。

（1）滴定曲线起点的 pH 比 NaOH 滴定 HCl 的曲线高 2 个 pH 单位。这是因为 HAc 是一

元弱酸，其解离度比较小，溶液中 H_3O^+ 浓度小于 HAc 的起始浓度。

（2）滴定曲线的形状不同：滴定开始后至计量点前的一段曲线较平缓，这是由于随着滴定的进行，生成了 NaAc，形成 HAc-NaAc 的缓冲体系，因而溶液的 pH 的变化小；由于其 pH 仅取决于溶液中 ［Ac^-］与［HAc］的比值，而与弱酸的浓度无关，因此不同浓度的弱酸滴定曲线中这一段平缓区域是基本重合的。

（3）化学计量点为碱性：计量点时的 pH 为 8.72 而不是 7.00，这是由于 HAc 与 NaOH 恰好反应完全生成 NaAc，而 Ac^- 是一元弱碱，所以溶液呈弱碱性，pH = 8.72。

（4）滴定突跃范围小：NaOH-HAc 滴定曲线的突跃范围（pH = 7.74 ~ 9.70）较相同浓度的 NaOH-HCl 的突跃范围（pH = 4.30 ~ 9.70）小得多，这是由于 HAc 的酸度较弱，加之突跃前缓冲区的存在，使滴定突跃范围变得较窄（图 4-3）。

因为滴定突跃在碱性范围内，所以只有酚酞（pH = 8.0 ~ 9.6）、百里酚酞（pH = 9.4 ~ 10.6）等指示剂才可用于该滴定。而在酸性范围内变色的指示剂，如甲基橙和甲基红等已不适合使用。但在强酸滴定弱碱时，化学计量点和滴定突跃均在酸性范围内，甲基橙和甲基红都可使用。

3．突跃范围与弱酸强度的关系　用强碱滴定弱酸时，滴定的突跃范围大小与弱酸的解离常数 K_a 值和浓度 c 有关。如用 0.1000 mol/L NaOH 分别滴定 0.1000 mol/L 不同 K_a 的弱酸，其滴定曲线如图 4-4 所示。用强碱滴定不同浓度的弱酸时，弱酸的浓度越小，突跃范围越小。

一元弱酸、碱的准确滴定条件为：

（1）弱酸溶液的 $cK_a \geq 10^{-8}$。当弱酸的 $cK_a < 10^{-8}$ 时，滴定已无明显的突跃（|ΔpH| < 0.2），此时已无法利用一般的酸碱指示剂确定其滴定终点。

（2）当强酸滴定碱弱时，通常以 $cK_b \geq 10^{-8}$ 作为能否准确滴定的依据。

共轭酸（碱）能否被强碱（酸）滴定的情况是：

（1）较强的一元弱酸（碱）可用强碱（酸）直接滴定，但其对应的共轭碱（酸）由于不能满足 $cK_{b(a)} \geq 10^{-8}$，将不能用直接滴定法测定。NH_3 的 pK_b = 4.74，可以直接被强酸滴定；其共轭酸 NH_4^+ 的 pK_a = 9.26，很难满足 $cK_a \geq 10^{-8}$，不能直接用标准碱溶液滴定。

（2）不能直接滴定的极弱酸（碱）所对应的共轭碱（酸）是较强的碱（酸），可用直接滴定法测定。如硼砂 $Na_2B_4O_7 \cdot 10H_2O$ 溶于水发生：

$$B_4O_7^{2-} + 5H_2O = 2H_2BO_3^- + 2H_3BO_3$$

水解生成的 $H_2BO_3^-$（pK_b = 14.00 − 9.24 = 4.76）可用盐酸直接滴定。因此硼砂可作为标定盐酸溶液的基准物。

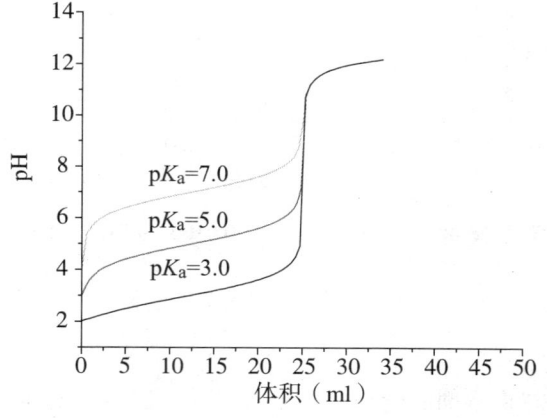

图 4-4　0.1000 mol/L NaOH 滴定 0.1000 mol/L 不同 K_a 的弱酸的滴定曲线

(三)多元弱酸和多元弱碱的滴定曲线

强碱(酸)滴定多元弱酸(碱)比滴定一元酸(碱)的情况复杂,必须考虑以下两个问题:一是能否滴定酸或碱的总量,二是能否进行分步滴定。这里以强碱滴定二元弱酸为例讨论滴定的可行性,其他多元酸(碱)的滴定方式可按此类推。

1. $K_{a1}/K_{a2} \geq 10^5$,且每一级解离都满足 $cK_a \geq 10^{-8}$。此二元酸分步离解的 H^+ 均可被分步准确滴定,形成 2 个明显的滴定突跃。若能选择合适的指示剂,则可以确定 2 个滴定终点。

2. $K_{a1}/K_{a2} \geq 10^5$,$cK_{a1} \geq 10^{-8}$,但 $cK_{a2} < 10^{-8}$。该二元酸可以被分步滴定,但只能准确滴定至第一个化学计量点。

3. $K_{a1}/K_{a2} < 10^5$,但每一级解离都满足 $cK_a \geq 10^{-8}$。该二元酸不能被分步滴定,2 个滴定突跃将混在一起,在第二计量点附近出现 1 个滴定突跃。大多数有机多元弱酸,如草酸、酒石酸和柠檬酸等,各相邻的解离常数之间相差不大,故不能分步滴定。但由于它们最后一级的 K_a 一般并不小,因此可以用强碱一次完全滴定。

例如,用 0.1000 mol/L NaOH 滴定 0.1000 mol/L 多元酸柠檬酸($pK_{a1} = 3.13$,$pK_{a2} = 4.76$,$pK_{a3} = 6.40$),各级的 cK_a 分别为 $0.1 \times 10^{-3.16} > 10^{-8}$,$0.1 \times 10^{-4.76} > 10^{-8}$,$0.1 \times 10^{-6.40} > 10^{-8}$,所以柠檬酸的 3 个质子都可以被直接滴定。但是 $K_{a1}/K_{a2} < 10^5$,$K_{a2}/K_{a3} < 10^5$,所以 3 个质子不能分步滴定。只要选择一个合适的指示剂如酚酞,可一步滴定 3 个质子。0.1000 mol/L NaOH 滴定 0.1000 mol/L 柠檬酸的滴定曲线见图 4-5。

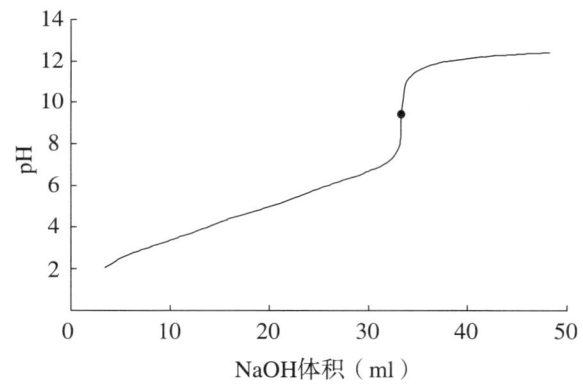

图 4-5 0.1000 mol/L NaOH 滴定 0.1000 mol/L 柠檬酸的滴定曲线

再如用 0.1000 mol/L NaOH 滴定 0.1000 mol/L H_3PO_4(H_3PO_4 解离常数分别为 $pK_{a1} = 2.12$、$pK_{a2} = 7.20$、$pK_{a3} = 12.36$)时,由于 $cK_{a1} = 0.1 \times 10^{-2.12} > 10^{-8}$,$cK_{a2} = 0.1 \times 10^{-7.20} \approx 10^{-8}$,$cK_{a3} = 0.1 \times 10^{-12.36} < 10^{-8}$,且 $K_{a1}/K_{a2} > 10^5$,$K_{a2}/K_{a3} > 10^5$,所以 H_3PO_4 的一级解离和二级解离的 H_3O^+ 均可被分步滴定,而三级解离的 H_3O^+ 不能直接准确滴定。

有一个特殊的例子是用 0.1000 mol/L HCl 溶液滴定 0.1000 mol/L Na_2CO_3 溶液。Na_2CO_3 是二元弱碱,其共轭酸的解离常数分别为 $K_{a1} = 4.47 \times 10^{-7}$、$K_{a2} = 4.68 \times 10^{-11}$;相对应的碱解离常数分别为 $K_{b1} = 2.14 \times 10^{-4}$、$K_{b2} = 2.24 \times 10^{-8}$。由于 $cK_{b1} \approx 10^5$,而 $cK_{b2} < 10^{-8}$,仅从此判据上,Na_2CO_3 可以被滴定第一步,即

$$Na_2CO_3 + HCl = NaHCO_3 + NaCl$$

但由于 $K_{a1}/K_{a2} < 10^5$,到达第一个计量点时,由于 HCO_3^- 的缓冲作用,突跃不明显,因而分步滴定的准确度不高。可选择酚酞做指示剂,为了确定第一化学计量点,通常采用相同浓度的 $NaHCO_3$ 溶液做参比溶液,或采用酚红 - 百里酚蓝混合指示剂(变色点为 pH = 8.3)以提高

测定的准确度。第二化学计量点的产物是 H_2CO_3，很容易加热分解生成 CO_2。

$$Na_2CO_3 + 2HCl = 2NaCl + H_2O + CO_2 \uparrow$$

由于在室温下易形成 CO_2 的过饱和溶液，生成的 H_2CO_3 只能缓慢地转变为 CO_2，使溶液的 pH 稍有减小，致使终点提前。因此，在滴定接近终点时，应剧烈摇动溶液，加快 H_2CO_3 的分解，或加热煮沸使 CO_2 逸出，冷却后再进行滴定。滴定曲线见图 4-6。由于其滴定突跃变得较大，可以选择甲基橙或甲基红做指示剂进行准确滴定。实验室中，Na_2CO_3 是常用来标定盐酸溶液的标准物质。

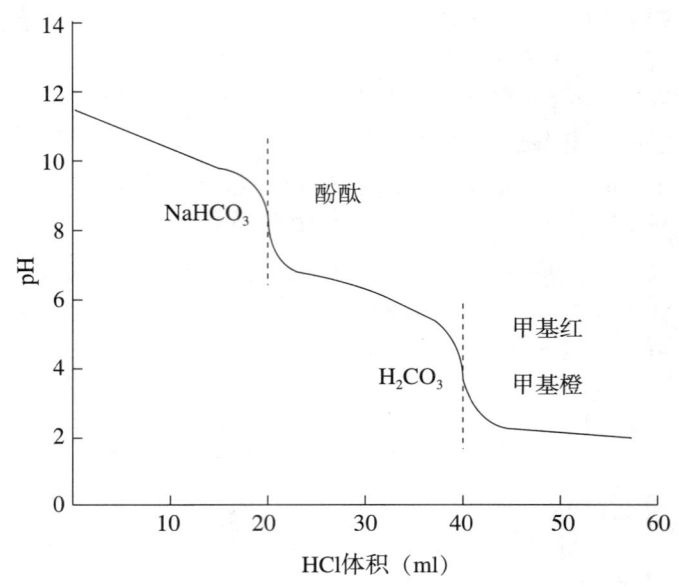

图 4-6　0.1000 mol/L HCl 标准溶液滴定 0.1000 mol/L Na_2CO_3 的滴定曲线

三、酸碱滴定的应用举例

酸碱滴定在生物化学分析、医学检验和药物分析等方面发挥着重要的作用，许多酸、碱物质包括一些有机酸（或碱）物质均可用酸碱滴定法进行测定。

1．食品中苯甲酸钠的测定　苯甲酸钠是常用的食品防腐剂，有防止变质发酸、延长保质期的效果，在世界各国均被广泛使用。然而近年来对其毒性的顾虑使得它的应用受限，有些国家如日本已经停止生产苯甲酸钠，并对它的使用进行限制。苯甲酸钠在 HCl 的作用下生成苯甲酸，苯甲酸在乙醚的作用下萃取于乙醚层，加热去乙醚，得到苯甲酸，将苯甲酸溶于中性乙醇，最后用 NaOH 标准溶液滴定，以酚酞做指示剂，滴定至红色。食品中苯甲酸钠的含量计算公式如下：

$$C_6H_5COONa \text{ 含量} = c_{NaOH} \cdot V_{NaOH} \cdot \frac{M_{C_6H_5COONa} \times 10^{-3}}{m_s} \times 100\%$$

2．凯氏定氮法　凯氏定氮法是 Kjeldahl 设计的利用酸碱滴定分析测定有机物中元素 N 含量的方法。迄今为止，凯氏定氮法在有机物分析中（例如食品分析和有机污染物总量测定等）是一个常用的方法。凯氏定氮法实验分为以下几个步骤。

（1）样本的分解：在催化剂存在的条件下，将样品用浓硫酸煮沸分解，即消化，使蛋白质分解，将 N 转化成 NH_4^+，分解产生的氨与硫酸结合生成硫酸铵。

$$待测含N样品 \xrightarrow{浓硫酸/硫酸铜} (NH_4)_2SO_4$$

（2）铵盐的分解：加入过量的浓 NaOH 溶液，将 NH_4^+ 转化成 NH_3 后蒸馏出来。

$$NH_4^+ + OH^- \rightarrow NH_3 \uparrow + H_2O$$

（3）NH_3 的固定：NH_3 在一个吸收瓶中被含一定量的 HCl 标准溶液吸收。

$$NH_3 + HCl \rightarrow NH_4Cl$$

（4）返滴定：剩余的盐酸用 NaOH 标准溶液滴定，并计算样品中的 N 含量。

$$HCl（过量）+ NaOH \rightarrow H_2O$$

对于生物样品（包括食品），凯氏定氮法是测定蛋白质含量的经典方法。含氮是蛋白质区别于其他有机物化合物的主要标志。一般来说，蛋白质中的氮含量平均为 16%，即一份氮相当于 6.25 份蛋白质，此数值称为蛋白质系数。将蛋白质的含氮量乘以蛋白质系数即可计算出蛋白质含量。公式为：

$$蛋白质的含量 = 蛋白质的含氮量 \times 6.25$$

不同种类食品的蛋白质系数有所不同，更准确的计算需要用各自的蛋白质系数，例如：小麦 5.70，大米 5.95，乳制品 6.38，大豆 5.71，动物胶 5.55，硬果类 5.30。

【例 4-2】 以凯氏定氮法测定氮含量换算蛋白质的方法，是国际上通用的标准方法。取 0.5000 g 某奶粉样品，经过浓硫酸/$CuSO_4$ 消化，NaOH 处理蒸馏后，所产生的 NH_3 用 20.00 ml 0.1000 mol/L 的 HCl 溶液吸收，然后用 0.1000 mol/L 的 NaOH 溶液滴定剩余 HCl，至终点时共消耗 13.10 ml NaOH 溶液。请计算奶粉中的含 N 量。按照世界卫生组织与中国的婴幼儿配方奶粉标准，婴幼儿配方奶粉每 100 g 的蛋白质含量在 10.0 ~ 20.0 g。此奶粉是否合格？

解： HCl 吸收的 NH_3 量为

$$0.1000 \text{ mol/L} \times 20.00 \text{ ml} - 0.1000 \text{ mol/L} \times 13.10 \text{ ml} = 0.6900 \text{ mmol}$$

样品中含 N 量为

$$0.6900 \text{ mmol} \times 14.01 \text{ g/mol} / (0.5000 \text{ g} \times 1000) = 1.933\%$$

奶粉中蛋白质含量为

$$1.933\% \times 6.25 = 12.08\%$$

此奶粉是合格产品。

3. 二氧化碳结合力（CO_2 combining power，CO_2CP）测定 二氧化碳结合力 CO_2CP 是指血浆中以碳酸氢根离子形式存在的 CO_2 含量的多少，实际上就是血浆中 HCO_3^- 的总量。测定血二氧化碳结合力，在于观察机体内碱储备，以了解机体内酸碱平衡情况。血浆中 HCO_3^- 称为"碱储"，正常值为 24 ~ 27 mmol/L。在呼吸性酸碱中毒中，CO_2CP 改变不大；而在代谢性酸中毒中，CO_2CP 显著减少；在代谢性碱中毒时，CO_2CP 则明显增加。

测定血浆中 HCO_3^- 可以采用酸碱滴定法。首先向血浆样品中加入过量的硫酸标准溶液并适当加热溶液，使 HCO_3^- 全部反应生成 CO_2 释放，然后用 NaOH 滴定过量酸，计算出血浆中 HCO_3^- 的浓度。滴定反应为

$$HCO_3^- + H^+ \longrightarrow 2H_2O + CO_2 \uparrow$$
$$H^+ (过量) + OH^- \longrightarrow H_2O$$

【例 4-3】 取 5.000 ml 血浆样品，加入 1.00 ml 0.1000 mol/L 的 H_2SO_4，加热除去产生的 CO_2。然后用 0.01000 mol/L 的 NaOH 溶液滴定，至终点时消耗 NaOH 的体积为 4.70 ml。请计算血浆中 HCO_3^- 的总浓度。

解：消耗 NaOH 的量为

$$0.01000 \text{ mol/L} \times 4.70 \text{ ml} = 0.047 \text{ mmol}$$

血浆中碱储的浓度为

$$\frac{2 \times 0.1000 \text{ mol/L} \times 1.00 \text{ ml} - 0.0470 \text{ mmol}}{5.00 \text{ ml}} = 0.0306 \text{ mol/L} = 30.6 \text{ mmol/L}$$

此血浆样品中 HCO_3^- 的浓度偏高，可能是碱中毒。

第三节　化学实验的结果评价

一、化学实验的误差

化学分析（chemical analysis）最重要的任务是准确测定试样中各有关成分的组成或含量，因此必须使分析结果具有一定的准确度。但在实际测量过程中，由于受某些主观和客观条件的限制，即使采用最可靠的分析方法，使用最精密的仪器，由技术最熟练的分析人员测定，也不可能得到绝对准确的结果。任何测量或测定的结果总是存在着或多或少的不确定性，即所测得的实验数据必然与真实数值之间存在或大或小的差别，这些差别称为误差（error）。在分析测定过程中误差是客观存在的。了解分析过程中误差产生的原因及出现的规律，有助于采取相应措施减小误差，通过科学的数据处理，使测定结果尽可能接近客观真实值。

根据误差的来源和性质，可将误差分为系统误差、随机误差和过失误差三大类。

1. 系统误差（systematic error） 系统误差是实验过程中某些固定原因造成的，具有单向性、重复性，又称为可测误差。由于系统误差是可以测定的（也称可测误差），因而也是可以校正的。根据系统误差产生的具体原因，可将其分为以下几类。

（1）方法误差：是由于实验设计不合理或选择的方法本身原因所引起的误差。例如在滴定分析中，滴定终点与化学反应计量点多数情况下是不一致的，都会引起系统误差。它可系统地导致测定结果偏高或偏低。

（2）仪器误差：是由于测量所使用的仪器不够精确而引起的误差。例如，分析天平两臂不等、砝码未校正等。因此，分析所用的仪器要进行正确调试，在使用过程中应随时进行检查，以免发生异常而造成测定误差。

（3）试剂误差：是实验中所用的试剂或蒸馏水不纯而引起的误差。例如去离子水不合格，分析试剂在保存过程中浓度发生变化或存在干扰物质等。

（4）操作误差：是由实验人员的操作习惯例如实验人员对指示剂终点变色的主观判别总是具有一定的偏向性；滴定管读数偏高或偏低等。

2. 随机误差（random error） 随机误差是由某些无法控制和无法避免的偶然因素造成的，也称为偶然误差（accidental error）。它可以由许多原因引起，如测定过程中仪器受到温度、湿度、气压的影响发生偶然的波动；操作者在处理平行样品时的微小差异等。随机误差是客观存在的，是不可避免的。

在一次测定中，随机误差的大小及其正负是无法预计的，没有任何规律性；在多次测量中，随机误差的出现具有统计规律性，即：随机误差有大有小，时正时负；绝对值小的误差比绝对值大的误差出现的次数多。因此，随机误差符合统计学的概率分布规律，其数据可用统计学原理来进行处理。实验中用增加测定次数的办法，绝对值相近的正、负误差出现的次数大致相等，此时正、负误差相互抵消，随机误差的绝对值趋向于零。但是，系统误差不随测定次数的增加而减少。

3. 过失误差（gross error，mistake） 过失误差是指在测定过程中，操作者粗心大意或违反操作规则等原因造成，如读错刻度、加错或遗漏试剂、试液溅失、记录和计算错误；重复测定时，受这种"先入为主"的影响，有人总想第二次测定结果与前一次相吻合等。过失误差都是可以避免的，是不可容忍的。一旦发生，必须重新进行实验测量。

二、实验数据的准确度和精密度

化学分析中，实验数据的可信度一直都是最核心的问题，误差越小则可信度越高。如何判断实验数据可不可信，以准确度（accuracy）和精密度（precision）为重要的参考指标。

1. 准确度 准确度是指测定值（X）与真值（T）接近的程度。准确度的高低用误差来衡量。误差愈小，表示测量结果的准确度愈高。通常系统误差的大小反映了测量可能达到的准确程度。

误差的大小通常用绝对误差（absolute error，E）和相对误差（relative error，RE）来表示。绝对误差的大小可表示为

$$E = X - T$$

绝对误差反映了测量值偏离真值的大小。

绝对误差与真实值的比值称为相对误差，通常以百分比（%）表示，表示为

$$RE = \frac{E}{T} \times 100\%$$

相对误差反映的是测量误差在真值中所占的比例。当绝对误差一定时，试样量越高则相对误差越小。如称量 1000 g 和 10 g 样品，若绝对误差均为 1 g，其相对误差分别为 0.1% 和 10%，所以分析结果的准确度常用相对误差表示，便于对各测定结果进行比较。绝对误差和相对误差都有正值和负值，正值表示测定值比真实值偏高，负值表示测定值比真实值偏低。

在计算绝对误差或相对误差时，都涉及真值。真值是某一物理量本身具有的真实的量值。真值是未知的、客观存在的量。无论使用多么准确的分析方法都无法得到待测试样的真实值，而只能做到越来越接近真值。在特定情况下真值被认为是已知的。

（1）理论真值：化合物的理论组成，如 NaCl 中 Cl 的含量。

（2）计量学约定真值：如国际计量大会确定的长度、质量、物质的量单位等。

（3）相对真值：通常把使用最可靠的方法、最精密的仪器以及对数据进行科学的分析与处理后得到的相对准确度高的数值作为相对真值。一般情况下，高一级精度的测量值相对于低一级精度的测量值为真值，例如，认为标准样品的测定值是真值。

【例 4-4】 用分析天平称取两份 NaCl，其质量分别为 1.2450 g 和 0.1245 g。假如这两份 NaCl 的真实值分别为 1.2451 g 和 0.1246 g，试计算它们的绝对误差和相对误差。

解：绝对误差

$$E_1 = 1.2450 - 1.2451 = -0.0001 \text{ g}$$
$$E_2 = 0.1245 - 0.1246 = -0.0001 \text{ g}$$

而它们的相对误差分别为

$$RE_1 = \frac{-0.0001 \text{ g}}{1.2451 \text{ g}} \times 100\% = -0.008\%$$

$$RE_2 = \frac{-0.0001 \text{ g}}{0.1246 \text{ g}} \times 100\% = -0.08\%$$

可见，称量两份质量不同的 NaCl，尽管绝对误差相同，但当称取的质量较大时，其相对误差较小，准确度较高。

【**例 4-5**】 使用分析天平称量样品时若能产生 ±0.1 mg 的误差，如果想将相对误差降低到 0.1%，那么称取样品的质量应该至少为多少？

解：绝对误差 $E = 0.1\text{mg} - (-0.1\text{mg}) = 0.2 \text{ mg}$

$$RE = \frac{E}{T} \times 100\% = 0.1\% = \frac{0.2 \text{ mg}}{T}$$

$$T = \frac{0.2 \text{ mg}}{0.1\%} = 200 \text{ mg}$$

2．精密度 精密度是判断一个测量或分析结果的可靠性的指标。精密度好的结果，虽然未必一定等于真实值，但其结果经过矫正系统误差后大概率等于或接近真实值；而精密度不好的结果一定是大概率不等于真实值。

精密度是几次平行测定结果之间相互接近的程度。精密度高的结果表示测定过程不会存在过失误差，同时随机误差也很小，即实验的重复性（repeatable）好。

精密度的高低用偏差（deviation）来表示，偏差越小说明分析结果的精密度越高。偏差分为绝对偏差（absolute deviation，D）和相对偏差（relative deviation，RD）。某次测量值（X_i）与多次测量值的算术平均值（mean，$\overline{X}$）的差值称为绝对偏差，即

$$D_i = X_i - \overline{X}$$

n 次测量数据的算术平均值为

$$\overline{X} = \frac{1}{n} \sum_{i=1}^{n} X_i$$

相对偏差（RD）表示为

$$RD = \frac{D_i}{\overline{X}} \times 100\%$$

通常用标准偏差（standard deviation，S）和相对标准偏差（relative standard deviation，RSD）表示一组平行测定结果的精密度。

$$S = \sqrt{\frac{D_1^2 + D_2^2 + D_3^2 + \cdots + D_n^2}{n-1}}$$

$$RSD = \frac{S}{\overline{X}} \times 100\%$$

上述公式显示，标准偏差通过平方运算，可以将较大的偏差更显著地表现出来，因此标准偏差能够更好地反映测定值的精密度。

在实际工作中，对一组测量数据进行报告时，通常需要报告数据的平均值、标准偏差和测量次数，表示为

$$X \pm s, n$$

【例4-6】 测定葡萄糖溶液的浓度，5次平行测定的结果为4.90%、5.00%、4.82%、5.10%、5.08%，计算测定结果的平均值和标准偏差。

解：平均值 $\overline{X} = \dfrac{4.90\% + 5.00\% + 4.82\% + 5.10\% + 5.08\%}{5} = 4.98\%$

标准偏差的计算可以带入公式计算，也可用Excel软件直接计算，$RSD = 0.119\%$。

3. 准确度与精密度的关系 对一个分析方法进行评价时，准确度与精密度的意义不同。准确度表示测量结果的准确性，而精密度标志了测量结果的重现性。数据的准确度高时，精密度不一定好；反之，精密度好时，准确度不一定高（此时一定存在了系统误差），两者的关系如图4-7所示。

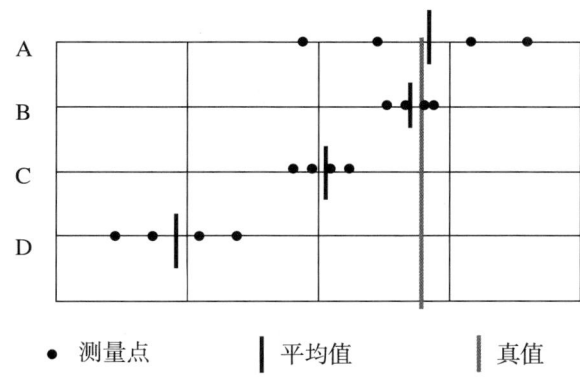

图4-7 精密度和准确度的关系

分析结果A：准确度高，精密度低；分析结果B：准确度和精密度都高；分析结果C：准确度低，精密度高；分析结果D：准确度和精密度都低

理想的测量通常被认为是准确且精密的。然而由于测量时的系统误差和随机误差的存在，会造成准确度与精密度的降低；其中系统误差会造成准确度的降低，随机误差会导致实验的精密度降低。

测量结果的好坏应从准确度和精密度两个方面衡量。精密度是保证准确度的先决条件，若精密度差，所测结果不可靠，就失去了衡量准确度的前提；精密度高，不一定准确度高。只有在消除了系统误差的前提下，精密度好，准确度才会高。对一个好的分析结果，既要求精密度高，又要求准确度高。

要提高实验结果的准确度和精密度，只有减小或消除系统误差和随机误差。一般可采用下列方法。

（1）分析方法的选择：完善实验设计，尽可能地减少实验方法误差。例如称量时天平的选择、滴定时指示剂的选择等。

（2）校准仪器：仪器都必须进行校准，并采取校准值计算分析结果。

（3）对照试验：在测量方法和条件相同时，将已知准确含量的标准试样进行分析测定，称为对照试验。利用对照试验的结果对实验方法进行整体校正。

（4）空白试验：在不加试样的情况下，按照与试样测定相同的方法、条件和步骤进行的试验称为空白试验，所测结果称为空白值。从试样的测定结果中扣除空白值，即可以消除或减小由试剂本身或其中的杂质的干扰以及实验器皿等所引起的误差。

（5）增加平行测定次数：随机误差影响实验的精密度的高低。由于随机误差服从统计学规律，因此增加测定的次数，则可以获得较高的精密度。一般化学实验要求平行测定 3～5 次，而对于一些不稳定的实验如动物实验等，则要增加到 8～12 次或者更多的测定次数。

思考题

1. 解释以下术语：滴定分析法、滴定、标准溶液、化学计量点、滴定终点、突跃范围、滴定误差、系统误差、随机误差、绝对误差、相对误差、标准偏差、有效数字、精密度、准确度，并简述精密度与准确度的关系。

2. 什么是酸碱指示剂？在酸碱滴定中如何选择合适的指示剂？

3. 什么是一级标准物质？一级标准物质的物质须符合哪些要求？

习 题

1. 某三元酸，其 $pK_{a1} = 2$，$pK_{a2} = 6.5$，$pK_{a3} = 12.6$。用 0.1 mol/L NaOH 溶液滴定同浓度的该三元酸时，可出现几个滴定突跃？可选用何种指示剂指示终点？第一和第二化学计量点的 pH 分别为多少？能否直接滴定至酸的质子全部被中和？

2. 0.2500 g 不纯的 $CaCO_3$ 试样中不含干扰测定的组分。加入 25.00 ml 0.2600 mol/L HCl 溶解，煮沸除去 CO_2，用 0.2450 mol/L NaOH 溶液返滴定过量的酸，消耗 6.50 ml。试计算试样中 $CaCO_3$ 的质量分数。

3. 称取混合碱（Na_2CO_3 和 NaOH 或 Na_2CO_3 和 $NaHCO_3$ 的混合物）试样 1.2000 g，溶于水，用 0.05000 mol/L HCl 滴定至酚酞褪色，用去 30.00 ml。然后加入甲基橙，继续滴加 HCl 溶液至呈现橙色，又用去 5.00 ml。试样中含有何种组分？其百分含量各为多少？

4. 称取仅含 NaOH 和 Na_2CO_3 的试样 0.3720 g，溶解后用 30.00 ml 0.2000 mol/L HCl 溶液滴至酚酞变色，还需加入多少毫升上述 HCl 标准液可达到甲基橙指示终点？

5. 用蒸馏法测定某样品的含氨量。称取试样 0.3406 g，加浓碱液蒸馏，蒸馏出的 NH_3 用 0.1000 mol/L HCl 50.00 ml 吸收，然后用 0.1000 mol/L 的 NaOH 溶液返滴定过量的 HCl，用去 NaOH 10.00 ml，试计算该化肥中氨的质量分数。

6. 含某弱酸 HA（相对分子质量 75.00）的试样 0.9000 g，溶解成的溶液为 60.00 ml，用 0.1000 mol/L NaOH 标准溶液滴定。当酸的一半被中和时，溶液的 pH = 5.00；在化学计量点时，pH = 8.85。计算试样中 HA 的摩尔浓度。

7. 指出下列各种误差是系统误差还是偶然误差。如果是系统误差，区分方法误差、仪器和试剂误差或操作误差，并给出它们的减免办法。

（1）砝码受腐蚀；（2）试样在称量过程中吸湿；（3）移液管未经校准；（4）试剂含被测组分；（5）化学计量点不在指示剂的变色范围内；（6）读取滴定管读数时，最后一位数字估计不准。

8. 某物体的真实质量是 3.4978 g，使用万分之一分析天平对其平行称量了 3 次，得到的数据是：$m_1 = 3.4979$ g、$m_2 = 3.4980$ g、$m_3 = 3.4977$ g。计算此次称量试验的平均值、平均绝对

偏差、平均相对偏差、标准偏差和相对标准偏差。

9. 用 0.1000 mol/L NaOH 标准溶液滴定 0.1000 mol/L 的甲酸溶液，化学计量点 pH 是多少？计算用酚酞做指示剂（pH = 9.0）时的终点误差。

10. 欲使滴定时消耗 0.1000 mol/L HCl 溶液为 20～25 ml。应称取基准试剂 Na_2CO_3 多少克？

（姚惠琴）

第五章

化学反应的热力学原理

第五章数字资源

热力学（thermodynamics）是研究宏观系统的各种能量形式以及相互转化规律的一门科学。热力学的主要基础是热力学第一定律和热力学第二定律，这两个定律都是人类经验的总结，具有牢固的实验基础和严谨的逻辑推理。

任何物理和化学过程都是能量驱动的过程。利用热力学定律、原理和方法研究化学现象称为化学热力学。化学热力学主要解决两方面的问题：一是测算某化学反应过程中的能量变化；二是依据所测算的能量变化，分析该化学反应的方向与限度。

生命过程是自然界无数物理过程和化学过程长期演变进化的结果，因此机体中的物质和能量代谢也必然遵循热力学基本规律。例如，衡量某种食物对机体的营养价值时，通常以它的热量值（实际上是食物在体内氧化代谢后能释放的自由能大小）作为衡量标准之一。虽称为热量值，而意义并非食物所含的热量。所以，水（无论冷热）的食物热量值均为零。因为水在体内不会发生氧化反应而释放任何能量。

第一节　热力学第一定律

在生产实践中，能量是如何产生的？产生的能量是如何计算的？这些问题对工业及人类的生活等是十分重要的。人们每天活动需要大量的能量，不同食物产生的能量是不一样的，这些能量维系着人们正常的生理活动。诸如此类关于能量的产生及其数值的大小等，是热力学第一定律所需要解决的问题。

一、热力学的基本概念

（一）系统和环境

研究热力学问题时，通常把一部分物质和空间与其他部分划分开来，作为研究对象。这些作为研究对象的物质或空间称为系统（system），系统以外并与系统有相互作用的其他部分称为环境（surroundings）。

根据系统与环境之间能否进行物质或能量的交换，可将系统分为以下三类。

1. 开放系统（open system）　系统与环境之间既有物质的交换，又有能量的交换。所有生物体都属于敞开系统。

2. 封闭系统（closed system）　系统和环境间只进行能量交换，没有物质交换。封闭系统是热力学中研究最多的系统，若无特别说明，通常指封闭系统。

3. 孤立系统（isolated system） 系统与环境之间既没有物质交换，也没有能量交换。孤立系统也称为隔离系统。严格来讲，自然界中是不存在绝对的隔离系统，每一种物质的运动都是与它周围其他物质相互联系着和相互影响着的。在地球上任何系统都受地心引力的影响，而且也不可能绝对地隔热，但是当这些影响降低到很小，以致可以忽略时，可以近似地把一个系统看成隔离系统。

（二）状态和状态函数

描述一个系统，必须确定其一系列的物理、化学性质，例如温度、压力、体积、组成、能量和聚集态等，这些性质的综合表现称为系统的状态（state），而用来表征系统宏观性质的这些可测物理量称为状态函数（state function）。状态函数的线性组合也是状态函数。此外，状态函数间存在相互限定的关系，比如理想气体封闭系统，存在 $pV = nRT$ 的函数关系。当 n 值确定时，p、V、T 只要其中 2 个确定了，第三个也就同时确定了。

系统发生变化前的状态称为始态，变化后的状态称为终态。只要终态和始态一定，那么状态函数的变化值就有唯一的数值，状态函数的改变量用 Δ 表示。状态函数的特点是其 Δ 值只取决于系统的始态和终态，而与其变化途径及过程无关。

系统的状态函数分为广度性质和强度性质两类。

1. 广度性质（extensive property） 广度性质也称容量性质，具有加和性，即整个系统的某种广度性质的量值等于系统中各部分该性质的量值总和。系统的质量、体积、物质的量、内能等都是广度性质。

2. 强度性质（intensive property） 强度性质不具有加和性，整个系统的强度性质的数值与各部分的强度性质数值相同。系统的温度、压力、密度、黏度等都是强度性质。

（三）过程与途径

系统状态发生的任何变化均称为过程（process）。系统经历一个过程，由始态变化到终态，可以采用不同的步骤，把实现某一过程的具体步骤称为途径（path）。根据过程发生时的条件不同，通常将过程分为以下几类。

1. 等温过程（isothermal process） 系统的始态温度与终态温度相同，且与环境温度相同的过程。人体具有温度调节功能而保持一定的体温，因此在体内发生的生化反应均可认为是等温过程。

2. 等压过程（isobaric process） 环境压力保持恒定的过程，系统始态和终态的压力等于环境压力。

3. 等容过程（isochoric process） 系统在变化过程中，体积不发生变化的过程。在刚性容器中发生的变化通常为等容过程。

4. 绝热过程（adiabatic process） 系统在变化过程中与环境没有任何热交换。

5. 循环过程（cyclic process） 系统由某一状态出发，经过一系列变化，最后又回到原来的状态。在循环过程中，所有状态函数的变化量都为零。

在过程的执行中，存在两种方式：可逆和不可逆。在热力学的定义中，一个过程的可逆性是指该过程正向完成后，若按同样途径逆向回到原点，系统和环境同时都得以复原。理论上，只有理想气体的准静态过程才是真正的可逆过程，任何有限步骤完成的过程都是不可逆的。比如小球从一个高台滚落到地上，你可以把小球重新推回同样的高度，但小球在上下的双向过程中都会在滑轨上留下不可复原的划痕。同理，对于任何实际进行的化学反应来说都是不可逆过程。

在中学化学课程中，大家学到的化学反应都是可逆反应。比如 N_2O_4 的分解反应：

$$N_2O_4(g) \rightleftharpoons 2NO_2(g)$$

N_2O_4 是一种无色的气体。把适量的 N_2O_4 密封于玻璃瓶中，室温放置一段时间，会观察无色气体逐渐呈现红棕色，意味着 N_2O_4 分解生成 NO_2 气体。反过来，如果把适量 NO_2 气体放入密闭瓶，又会观察到红棕色慢慢变淡，表明 NO_2 结合生成了无色的 N_2O_4 气体。这种在一定条件下，既能按反应方程式向某一方向进行、又能向相反方向进行的反应，一般称作可逆反应（reversible reaction）。但这里的可逆性并非过程的可逆性，而是该反应正反两个方向进行的热力学趋势差别不大（即 $\Delta_r G_m^\ominus$ 的绝对值较小，详见本章第二节和第三节），因而可以通过改变反应温度、反应物/产物浓度等方式让此反应的平衡向预设的方向移动。

（四）热和功

当系统状态发生变化并引起系统能量发生改变时，必然导致系统与环境之间发生能量的传递。

由于温度不同，在系统和环境之间交换或传递的能量称为热（heat）。热用符号 Q 来表示，SI 单位是焦耳（J）。本书采用的规定是：系统吸热为正，即 $Q > 0$；系统放热为负，即 $Q < 0$。热不是系统本身固有的性质，而是系统与环境交换的一部分能量，因为热是"交换"或"传递"的能量，所以不能说系统本身具有多少热。

当系统发生过程时，在系统与环境之间除热以外，以其他各种形式交换或传递的能量称为功（work）。用符号 W 表示，SI 单位是 J。环境对系统做功，$W > 0$；系统对环境做功，即 $W < 0$。

功又分为体积功和非体积功。系统在反抗外压发生体积变化时而引起的系统与环境之间交换的功称为体积功。除体积功以外的其他形式的功统称为非体积功，用符号 W' 表示。由于非体积需要光、电等特殊方式才能实现，通常设定化学反应中系统只做体积功。

体积功的计算可由图 5-1 来说明。一个理想的刚性圆筒内盛有气体，圆筒上有一无质量、无摩擦力的表面积为 A 的理想活塞，环境作用在活塞的压力为 p_e，圆筒内气体膨胀将活塞向外推动 Δl 的距离。若气体等压膨胀，活塞的体积从 $V_1 \to V_2$，系统反抗外力做功，如施加在活塞上的外力用 F 表示，则体积功为

$$W = -F\Delta l = p_e A \Delta l = -p_e A(l_2 - l_1) = -p_e(Al_2 - Al_1)$$
$$= -p_e(V_2 - V_1) = -p_e \Delta V \tag{5-1}$$

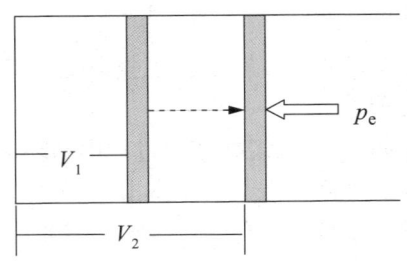

图 5-1 体积功示意图

从微观角度讲，热是大量质点以无序运动方式传递的能量；功是大量质点以有序运动方式传递的能量。强度性质的大小决定了能量的传递方向，广度性质决定了功值的大小。

系统与环境之间传递能量，必须伴随着系统状态发生变化。因此，只有当系统经历一个过程时，才有功和热。系统处于平衡状态时，无功和热可言。热和功都是变化过程中系统与环

境传递或交换的能量，不是系统贮存的能量，因此功和热均不是状态函数。如果系统由状态 A 到达状态 B，途径不同，过程的功和热都互不相等，因此 W 和 Q 与途径有关，是过程的函数，这是 W 和 Q 与状态函数增量的根本区别。

（五）内能

内能（internal energy）指系统内部所有微观粒子（如分子、原子、电子等）的微观无序运动的动能（如平动能、转动能、振动能、电子和核运动的能量）以及所有相互作用的势能等，是系统能量的总和，用符号 U 表示，其 SI 单位为 J·mol^{-1}。

目前内能的绝对值还无法测量，但这并不妨碍人们对实际问题的解决。但当系统从一个状态变化到另一个状态时，内能的变化量（$\Delta U = U_2 - U_1$）是可以测量和计算的，即内能变化可以通过系统与环境交换的能量计算。内能是状态函数，是系统自身的性质。系统的状态确定了，内能也就有了定值，其变化值取决于系统的始态和终态，与变化途径无关。热力学正是从通过内能的变化量来解决实际问题的。

二、热力学第一定律与反应热

"自然界的一切物质都具有能量，能量有各种不同的形式，能够从一种形式转化为另一种形式，在转化的过程中，能量的总值不变"，这就是能量守恒和转化定律，也称为热力学第一定律（first law of thermodynamics）。因此，物质内能的变化一定是与环境进行了热 Q 或功 W 的能量交换，即：

$$\Delta U = W + Q \tag{5-2}$$

如果系统发生无限小的变化，引起内能发生无限小的变化，式（5-2）可改写微分形式：

$$dU = \delta W + \delta Q \tag{5-3}$$

注意：δW 和 δQ 中的 δ 表示微小的意思，不是变化量 Δ 的意思。

热力学第一定律是由经验总结获得的公理。历史上曾有人幻想能制造出一种机器，它不需要外界供给能量，却可以不断地对外做功，这种机器称为第一类永动机。显然第一类永动机违背了热力学第一定律，迄今所有的设计均以失败告终。"第一类永动机是不可能造成的"是热力学第一定律的自然推论。

【例 5-1】某一封闭系统，从环境吸热 50 kJ，对环境做功 30 kJ。试问：（1）系统内能变是多少？（2）此过程中环境能量又发生了什么变化？

解：（1）依据题意可知：$Q = +50$ kJ，$W = -30$ kJ

$$\Delta U = W + Q = 50 \text{ kJ} + (-30 \text{ kJ}) = 20 \text{ kJ}$$

（2）系统从环境获得了 20 kJ 能量，相应地，环境损失了等量的能量，即：

$$\Delta U（环境）= -\Delta U（系统）= -20 \text{ kJ}$$

三、化学反应热与焓

在不做非体积功的条件下，化学反应通过等温过程吸收或放出的热量称为反应热。在研究反应热时，大多数化学反应都是在等容或等压条件下完成的，本书主要讨论这两种过程热效应计算。

（一）（等温）等容反应热

化学反应等容条件下进行时的反应热称为等容反应热，用符号 Q_V 表示。由于等容条件下体积功为零，因此在不做非体积功（$W' = 0$）时：

$$W = 0$$
$$\Delta U = Q_V \tag{5-4}$$

（二）（等温）等压反应热

化学反应在等压条件下进行时的反应热称为等压反应热，用符号 Q_P 表示。对于等压过程，$p_e = p$，且为一常数，则有

$$\delta W = -p_e dV = -p dV = -d(pV)$$

将上式代入式（5-4）得：

$$dU = \delta W + \delta Q_P = \delta Q_P + \{-d(pV)\}$$
$$\delta Q_P = dU + d(pV) = d(U + pV) \tag{5-5}$$

此时，定义一个新的状态函数：

$$H = U + pV \tag{5-6}$$

由于 U、p 和 V 都是状态函数，因此它们的组合 $U + pV$ 也是状态函数。这个状态函数称为焓（enthalpy）。

由式（5-5）和式（5-6）可得：

$$\delta Q_P = dH \text{ 或 } dH = \delta Q_P \tag{5-7}$$

对于有限变化

$$\Delta H = Q_P \tag{5-8}$$

可见，化学反应的焓变 ΔH 等于等温等压且不做非体积功过程的反应热。若 $\Delta H < 0$，表示系统放热，$\Delta H > 0$ 表示系统吸热。

通常化学反应都是在大气压下开放进行的，故可以认为在等压条件下，即无特别指明，通常计算反应热就是计算 ΔH。注意：Q_P 与 ΔH 虽然变化量相等，但 Q_P 不是状态函数。

四、热化学

研究化学反应所吸收或放出热量的学科称为热化学（thermochemistry）。热化学本质上就

是热力学第一定律在化学反应中的应用。

（一）化学计量数

假定一个化学反应：

$$v_A A + v_B B = v_C C + v_D D \tag{5-9}$$

式中，A 和 B 代表反应物；C 和 D 代表生成物；v_A 和 v_B 分别代表反应物 A 和 B 的化学计量数；v_C 和 v_D 分别代表生成物 C 和 D 的化学计量数。化学计量数可以是整数，也可以是分数。

（二）反应进度

为了化学反应热表述的标准化，定义了反应进度 ξ：

$$\xi = -\Delta n_A / v_A = -\Delta n_B / v_B = \Delta n_C / v_C = \Delta n_D / v_D \tag{5-10}$$

由于 ξ 与反应物和生成物的化学计量数有关，因此计算时必须指明化学反应方程式。

（三）热力学标准状态

由于热力学状态函数 U、H 等的真实值是无法确定的，为了比较它们的相对大小，需要有一个公共的参考状态，国际标准规定了热力学物质的标准状态（简称标准态），用符号"⊖"（与字母 o 相区别的 ⊖）表示。

气体的标准态：在任一温度 T、100 kPa 压力下的纯理想气体，即 $p^{\ominus}$ = 100 kPa。

纯液体和纯固体的标准态：在任一温度 T、100 kPa 压力下的纯液体或纯固体。

溶液的标准态：在任一温度 T、100 kPa 压力下浓度为 1 mol·L^{-1} 的溶液，即 $c^{\ominus}$ = 1 mol·L^{-1}；在生物化学研究中，通常规定氢离子浓度以中性水溶液的浓度为标准状态，即 $c^{\ominus}(H^+) = 1.0 \times 10^{-7}$ mol·L^{-1}。

标准状态没有指定温度，在不同温度下就有不同的标准状态，IUPAC 推荐室温 298.15 K 作为缺省值。

（四）热化学方程式

标明化学反应物种状态的化学方程式称为热化学方程式（thermochemical equation），书写热化学方程式时必须注意以下几点。

（1）通常将反应的摩尔焓变 ΔH_m 写在化学反应方程式的右边，两者之间用逗号隔开。

（2）在摩尔焓变表达式中注明反应的温度和压力 $\Delta H_{m,T}^p$。如果是标准压力和室温，则可简化记作 $\Delta H_m^{\ominus}$。

（3）注明反应物和生成物的物理状态，分别用 s、l、g 和 aq 表示固体、液体、气体和水溶液，如果固体物质存在不同的晶型或异构体，也要相应注明。

（4）为区别反应的热力学类型，通常还需要用前部下标去标注 r（任意反应）、f（生成反应）、c（燃烧反应）等。

例如等温等压反应：

$$H_2(g) + \frac{1}{2} O_2(g) = H_2O(l), \quad \Delta_r H_m^{\ominus} = -285.8 \text{ kJ·mol}^{-1}$$

上式表明，在温度 298.15 K，各种物质的压强是 100 kPa 时进行反应，每消耗 1 mol H$_2$(g) 或 $\frac{1}{2}$ mol O$_2$(g) 或生成 1 mol H$_2$O(l) 时，反应放出的热量为 285.8 kJ·mol^{-1}。

五、盖斯定律

1840 年盖斯（Hess）根据大量的实验结果总结出一条规律：一个化学反应不管是一步完成，还是分几步完成，反应的热效应总是相同的，这就是盖斯定律。

显然，盖斯定律是热力学第一定律的必然结果。因为等压热效应数值上等于反应的焓变 ΔH，而焓是状态函数，其变化值 ΔH 只取决于始态和终态，所以无论中间经历多少步骤、何种途径完成反应，ΔH 都是相同的数值。

盖斯定律使热化学方程式可以像普通代数式一样进行运算，从而根据已经准确测定的摩尔焓变计算难于测量或不能测量的反应的热效应。关于盖斯（Hess），请扫描本章二维码阅读详情。

【例 5-2】 计算 $C(s) + \frac{1}{2} O_2(g) = CO(g)$ 的热效应。

解：这一反应的热效应很难直接测量，因为很难控制 $C(s)$ 氧化只生成 $CO(g)$，而不继续氧化生成 $CO_2(g)$。但 $C(s)$ 燃烧为 $CO_2(g)$ 和 $CO(g)$ 燃烧为 $CO_2(g)$，这两个反应的热效应都易测得，为

$$C(s) + O_2(g) = CO_2(g), \quad \Delta_r H_{m,1}^\ominus = -393.5 \text{ kJ} \cdot \text{mol}^{-1}$$

$$CO(s) + \frac{1}{2} O_2(g) = CO_2(g), \quad \Delta_r H_{m,2}^\ominus = -283.0 \text{ kJ} \cdot \text{mol}^{-1}$$

根据盖斯定律

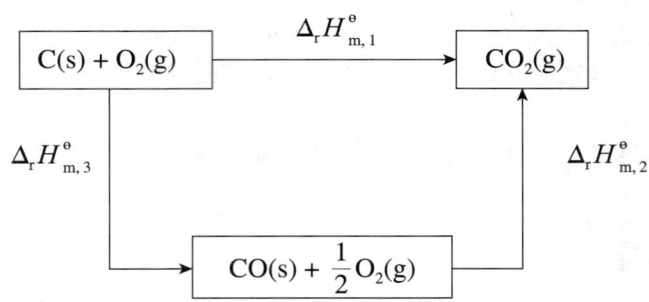

$$\Delta_r H_{m,3}^\ominus = \Delta_r H_{m,1}^\ominus - \Delta_r H_{m,2}^\ominus$$
$$\Delta_r H_{m,1}^\ominus = \Delta_r H_{m,2}^\ominus + \Delta_r H_{m,2}^\ominus$$
$$= [(-393.5) - (-283.0)] \text{ kJ} \cdot \text{mol}^{-1}$$
$$= -110.5 \text{ kJ} \cdot \text{mol}^{-1}$$

也可以利用反应式间的代数式关系进行计算，如

(1) $C(s) + O_2(g) = CO_2(g), \quad \Delta_r H_{m,1}^\ominus = -393.5 \text{ kJ} \cdot \text{mol}^{-1}$

(2) $CO(s) + \frac{1}{2} O_2(g) = CO_2(g), \quad \Delta_r H_{m,2}^\ominus = -283.0 \text{ kJ} \cdot \text{mol}^{-1}$

由于 (1) − (2) = (3)：

$$C(s) + \frac{1}{2} O_2(g) = CO(g)$$

所以：

$$\Delta_r H_{m,3}^\ominus = \Delta_r H_{m,1}^\ominus - \Delta_r H_{m,2}^\ominus$$

六、化学反应摩尔焓变的计算

为了方便地计算化学反应的摩尔焓变,定义了标准摩尔生成焓。在标准状态下,由稳定的单质生成 1 mol 化合物时反应的焓变称为该物质的标准摩尔生成焓,用 $\Delta_f H_m^\circ$ 表示。

定义中的稳定单质通常为选定温度 T 和标准压力 p° 的最稳定单质。例如,氢是 H_2 (g),氮 N_2 (g),氧 O_2 (g),氯 Cl_2 (g),溴 Br_2 (g),碳 C(石墨),硫 S(正交),钠 Na (s),铁 Fe (s) 等;磷较为特殊,"稳定单质"是白磷,而不是热力学上更稳定的红磷。

按照定义,稳定单质的 $\Delta_f H_m^\circ$ 为零,因为由稳定单质仍旧生成稳定单质,这意味着未起反应。附录中列举了一些物质在 298.15 K 时的 $\Delta_f H_m^\circ$。

根据焓是系统状态函数这一性质,任一化学反应的反应热 $\Delta_r H_m^\circ$ 可利用各物质的标准摩尔生成焓 $\Delta_f H_m^\circ$ 进行计算。对于一般的化学反应,可以把反应前(各反应物)看作始态,反应后(各生成物)看作终态,反应的标准摩尔焓变(反应热)的计算式可写成:

$$\Delta_r H_m^\circ = \sum \Delta_f H_m^\circ (\text{生成物}) - \sum \Delta_f H_m^\circ (\text{反应物})$$

$$= \sum v_B \Delta_f H_m^\circ (B) \tag{5-11}$$

标准摩尔生成焓 $\Delta_f H_m^\circ$ 表的数值是在缺省温度 $T = 298.15$ K 时求得的,因此由其计算出的 $\Delta_r H_m^\circ$ 也是温度 $T = 298.15$ K 的值。不过,温度虽然对物质的 $\Delta_f H_m^\circ$ 有影响,但由于反应物与生成物的 $\Delta_f H_m^\circ$ 都随温度变化,反应的焓变 $\Delta_r H_m^\circ$ 随温度的变化其实较小,因此利用 298.15 K 温度下的 $\Delta_r H_m^\circ$ 作为任意温度下化学反应热来使用,即

$$\Delta_r H_m^\circ (T) \approx \Delta_r H_m^\circ (298.15 \text{ K})$$

【例 5-3】 利用附录,计算 37 ℃下葡萄糖氧化反应过程的标准焓变:

$$C_6H_{12}O_6 (s) + 6O_2 (g) = 6CO_2 (g) + 6H_2O (l)$$

解: $\Delta_r H_{m,298.15}^\circ = \sum \Delta_f H_m^\circ (\text{生成物}) - \sum \Delta_f H_m^\circ (\text{反应物})$
$= 6 \times \Delta_f H_m^\circ (CO_2, g) + 6 \times \Delta_f H_m^\circ (H_2O_2, l) - 6 \times \Delta_f H_m^\circ (C_6H_{12}O_6, s) - 6 \times \Delta_f H_m^\circ (O_2, g)$
$= 6 \times (-393.5) + 6 \times (-285.8) - (-1273.3) - 6 \times 0$
$= -2802.5 \text{ kJ} \cdot \text{mol}^{-1}$
$\Delta_r H_m^\circ (310.15 \text{ K}) \approx \Delta_r H_m^\circ (298.15 \text{ K})$
$= -2802.5 \text{ kJ} \cdot \text{mol}^{-1}$

第二节 热力学第二定律

在人体中进行着大量的化学反应,这些反应释放出能量,从而维持人类的正常生理活动。热力学第一定律解答了化学反应中能量的变化,但却不能回答化学反应进行的方向和完成的程度。例如,在 298.15 K、标准状态下,下列化学反应可以自发进行:

$$Zn (s) + CuSO_4 (aq) = ZnSO_4 (aq) + Cu (s), \quad \Delta_r H_m^\circ = -216.8 \text{ kJ} \cdot \text{mol}^{-1}$$

而在相同条件下,即使由环境供热 216.8 kJ·mol^{-1} 也不能反过来使 $ZnSO_4$ 与 Cu 生成 Zn 和 $CuSO_4$。有关化学反应方向性问题由热力学第二定律解决。

一、化学反应的方向性

（一）自发过程

自然界中所发生的过程都具有一定的方向性。例如，高处的水会自动地流向低处，但反过来低处的水必须由水泵做功才能运到高处；热量会自动地从高温物体传向低温物体，反过来必须通过冰箱的压缩机做功，才能使冰箱内部的温度低于外部；汽车轮胎里的高压气体会自动向外释放，反过来必须通过气泵做功才能完成轮胎充气。就像上述例子中，一切不需要环境做功就能进行的过程，称为自发过程（spontaneous process）。而反过来，所有自发过程的逆过程都需要环境做功推动才能进行，这种过程称为非自发过程（non-spontaneous process）。化学反应也是一样，在一定条件下也是自发地朝着某一方向进行，而逆方向一定是非自发反应。而决定过程自发方向的内部因素是系统的熵。

（二）熵是系统混乱度的量度

19 世纪 70 年代，法国化学家贝塞洛（Berthelot）和丹麦化学家汤姆森（Thomson）提出反应热是判断化学反应自发方向的判据，认为凡是放热反应都能自发进行，而吸热反应则不能自发进行。显然这并不正确，很容易举出反例来。例如，常温下冰的融化过程就是个吸热反应，但可以自发进行；中学化学中的 NaOH 和 NH_4Cl 的反应就是典型的吸热反应：

$$NaOH + NH_4Cl = NH_3 + H_2O + NaCl$$

这是个魔术式的反应，将一片玻璃上倒一点水，然后放上一个烧杯，使水在玻璃片和烧杯间形成一个夹层。然后将 NaOH 和 NH_4Cl 的溶液倒进烧杯。反应一会儿后，就发现烧杯和玻璃片冻在了一起。

所以反应热是影响化学反应方向的重要因素，但不是决定性因素。决定性的因素是系统和环境的熵变化。

1865 年，德国物理学家克劳修斯（Clausius）在卡诺循环理论的基础上引入了一个新的物理量——熵（entropy），符号为 S。克劳修斯发现，系统在每一次经历不可逆自发过程中，总会有大小为 $T\Delta S$ 的能量成为不能做功的能量。开尔文（Kelvin）称其为"能量退化"。进而两人提出了被称为热力学第二定律的"熵增加原理"（principle of entropy increase）——孤立体系任何自发过程总是熵增加的。即对于任何与宏观热现象有关的自发过程，都适合下列的熵变不等式：

$$\Delta S_{总} = \Delta S_{系统} + \Delta S_{环境} \geq 0 \tag{5-12}$$

熵增加原理是自发过程的终极判据，应用熵增加原理可以判断一个过程的自发性质。如果：
(1) $\Delta S_{总} > 0$，过程自发进行。
(2) $\Delta S_{总} = 0$，系统处于平衡状态，没有任何过程自发。
(3) $\Delta S_{总} < 0$，过程不能自发，而其逆过程为自发。

对于熵的物理意义，玻尔兹曼（Boltzmann）认为熵是系统存在的可能微观状态数的量度，即：

$$S = k\ln\Omega \tag{5-13}$$

式中，Ω 代表微观状态数，$k = 1.38 \times 10^{-23}$ J/K，称作玻尔兹曼常数。从中可见，若系统内全部微观粒子只能有一种存在状态，此时其熵值 $S = 0$，即完美有序的系统熵值为零。若系统可能的微观状态数越多，则系统的熵值越大。而微观状态数越多，意味着系统的有序性就越低，或者说混乱程度越大。所以熵的物理意义是系统混乱度的量度。

系统内物质微观粒子的混乱度与其聚集状态和温度有关。温度越低，内部微粒运动的速率越慢，也越趋近于有序排列，混乱度越小，其熵值越低。在绝对零度时，晶体内分子的各种运动都将停止，物质的微观粒子将可能处于完美有序的状态，即：在热力学温度 0 K 时，一切纯物质的完美晶体的熵值都等于零。这称为热力学第三定律。

热力学第三定律规定了熵的零点，在此基础上可以计算纯物质在其他温度下的熵绝对值，称为规定熵——将某纯物质从 0 K 升高到温度 T，此过程的熵变就是温度 T 时该纯物质的规定熵。纯物质在标准状态下的摩尔规定熵称为该物质的标准摩尔熵，用符号 $S_m^\ominus$ 表示，单位是 $J \cdot mol^{-1} \cdot K^{-1}$。附录中列出了一些常见物质在 298.15 K 时的标准摩尔熵 $S_m^\ominus$。

影响物质的摩尔熵的主要因素有：

1. 物质的聚集状态 对同一物质而言，气态的摩尔熵＞液态的摩尔熵＞固态的摩尔熵，即 $S_m(g) > S_m(l) > S_m(s)$。

2. 同一物质在相同的聚集状态时，其摩尔熵随温度升高而增大。

例如：$S_m^\ominus{}_{(Fe,s,500\ K)} = 41.2\ J \cdot mol^{-1} \cdot K^{-1}$，$S_m^\ominus{}_{(Fe,s,298.15\ K)} = 27.3\ J \cdot mol^{-1} \cdot K^{-1}$

3. 对于聚集状态相同的物质，分子中所含的原子数目越多，混乱度就越大，其摩尔熵也就越大，如 $S_m(CH_4, g) < S_m(C_2H_6, g) < S_m(C_3H_8, g)$。温度和聚集状态相同的物质，相对分子质量越大，混乱度就越大，其摩尔熵也就越大。例如：$S_m(HI) > S_m(HBr) > S_m(HCl) > S_m(HF)$。

4. 混合物或溶液的熵值通常比相应的纯物质的熵值大，即 S_m（混合物）$> S_m$（纯物质）。

有了各种物质的标准摩尔熵，就可以方便地计算出化学反应的标准摩尔熵变：

$$\Delta_r S_m^\ominus = \sum S_m^\ominus(\text{产物}) - \sum S_m^\ominus(\text{反应物}) \tag{5-14}$$

虽然物质的标准摩尔熵随温度的升高而增大，但温度升高在没有引起任一物质聚集状态的改变时，则生成物的标准摩尔熵的总和随温度升高而引起的增大与反应物的标准摩尔熵总和的增大通常相差不大，大致可以互相抵消。所以在近似计算时，通常认为反应的熵变基本不随温度而变，即

$$\Delta_r S_m^\ominus(T) = \Delta_r S_m^\ominus(298.15\ K)$$

【例 5-4】 利用附录，计算 37 ℃ 下葡萄糖氧化反应过程的标准摩尔熵变。

$$C_6H_{12}O_6(s) + 6O_2(g) = 6CO_2(g) + 6H_2O(l)$$

解： 根据纯物质的标准摩尔熵 $S_m^\ominus$ (298.15 K) 表：

$S_m^\ominus(C_6H_{12}O_6,\ s) = 212.1\ J \cdot mol^{-1} \cdot K^{-1}$；$S_m^\ominus(O_2,\ g) = 205.2\ J \cdot mol^{-1} \cdot K^{-1}$

$S_m^\ominus(CO_2,\ g) = 213.8\ J \cdot mol^{-1} \cdot K^{-1}$；$S_m^\ominus(H_2O,\ l) = 70.0\ J \cdot mol^{-1} \cdot K^{-1}$

$$\Delta_r S_m^\ominus(T) = \sum_B \nu_B S_{m,B}^\ominus(T)$$
$$= 6 \times 213.8 + 6 \times 70.0 - 212.1 - 6 \times 205.2 = 259.5\ J \cdot mol^{-1} \cdot K^{-1}$$
$$\Delta_r S_m^\ominus(310.15\ K) \approx \Delta_r S_m^\ominus(298.15\ K) = 259.5\ J \cdot mol^{-1} \cdot K^{-1}$$

二、吉布斯自由能与化学反应方向和限度

（一）吉布斯自由能

化学反应通常是在等温等压的条件下进行的。1875 年，美国物理化学家吉布斯（J. W. Gibbs）定义了吉布斯自由能（Gibbs free energy），来定量分析化学反应的最大可输出有用功，用符号 G 表示：

$$G = H - TS \tag{5-15}$$

G 是状态函数 H 和 T、S 的组合，故 G 也是状态函数，属于广度性质，单位为 $kJ \cdot mol^{-1}$。

根据熵增加原理，可以导出对于任何等温等压的自发过程，有：

$$\Delta G = \Delta H - T\Delta S \leq 0 \tag{5-16}$$

即：

$\Delta G < 0$，过程（或化学反应）正向自发进行。

$\Delta G = 0$，过程（或化学反应）达到平衡态，双向均不自发进行。

$\Delta G > 0$，过程（或化学反应）正向不能自发进行，反向可自发进行。

因此，对于等温等压的过程（或化学反应）来说，ΔG（或化学反应的 $\Delta_r G_m$）可以作为过程自发方向和进行的限度（即何时达到平衡）的一个判据。关于吉布斯，请扫描本章二维码阅读详情。

（二）标准状态下反应的摩尔吉布斯自由能变计算

为了方便计算反应的标准摩尔吉布斯自由能变，定义了标准摩尔生成吉布斯自由能：在标准状态下，由稳定的单质生成 1 mol 化合物时反应的吉布斯自由能变称为该物质的标准摩尔生成吉布斯自由能，用 $\Delta_f G_m^\circ$ 表示。其常用单位为 $kJ \cdot mol^{-1}$。

例如，$CO_2(g)$ 在 298.15 K、标准状态下的生成反应为

C（石墨，298.15 K，p°）+ O_2(g, 298.15 K, p°) = CO_2(g, 298.15 K, p°)

该反应的标准摩尔吉布斯自由能变 $\Delta_r G_m^\circ = -394.36\ kJ \cdot mol^{-1}$，因此 $CO_2(g)$ 在 298.15 K 时的标准摩尔生成吉布斯自由能 $\Delta_f G_m^\circ = -394.36\ kJ \cdot mol^{-1}$。附录中列出了一些常见物质在 298.15 K 时的标准摩尔生成吉布斯自由能。

根据盖斯定律，任意化学反应的 $\Delta_r G_m^\circ$ 都可以利用反应物和生成物的 $\Delta_f G_m^\circ$ 计算得到：

$$\Delta_r G_m^\circ = \sum \Delta_f G_m^\circ (产物) - \sum \Delta_f G_m^\circ (反应物) \tag{5-17}$$

利用附录中 298.15 K 时反应物和生成物的标准摩尔生成吉布斯自由能，可以方便地计算出化学反应在 298.15 K 时的标准摩尔吉布斯自由能变。

【例 5-5】 氨基酸是蛋白质的构造块，已知氨基乙酸 $\Delta_f G_m^\circ$ (298.15 K) = $-528.5\ kJ \cdot mol^{-1}$。试查表计算下列反应在 298.15 K 时的标准摩尔吉布斯能变，并预测反应在 298.15 K、标准状态下自发进行的方向。

$$NH_3(g) + 2CH_4(g) + \frac{5}{2}O_2(g) \longrightarrow NH_2CH_2COOH(s) + 3H_2O(l)$$

解：查表得：

$$\Delta_f G_m^\circ (NH_3, g, 298.15\ K) = -16.5\ kJ \cdot mol^{-1}$$

$$\Delta_f G_m^\ominus (CH_4, g, 298.15\ K) = -50.72\ kJ \cdot mol^{-1}$$
$$\Delta_f G_m^\ominus (H_2O, l, 298.15\ K) = -237.13\ kJ \cdot mol^{-1}$$

298.15 K 时反应的标准摩尔吉布斯能函数变为：

$$\Delta_f G_m^\ominus = -(-16.5\ kJ \cdot mol^{-1}) - 2 \times (-50.72\ kJ \cdot mol^{-1}) - \frac{5}{2} \times 0\ kJ \cdot mol^{-1} + (-528.5\ kJ \cdot mol^{-1}) + 3 \times (-237.13\ kJ \cdot mol^{-1})$$
$$= -1122.0\ kJ \cdot mol^{-1}$$

$\Delta_r G_m^\ominus < 0$，该反应在 298.15 K、标准状态下可以正向自发进行。

2. 其他温度时反应的标准摩尔吉布斯能变的计算　在等温、等压和不做非体积功的条件下进行的化学反应，由吉布斯自由能的定义可得到：

$$\Delta_r G_m(T) = \Delta_r H_m(T) - T\Delta_r S_m(T) \tag{5-18}$$

近似地，在非 298.15 K 的其他温度时，标准状态和不做非体积功的条件下，反应的标准摩尔吉布斯能函数变用下式进行计算：

$$\Delta_r G_m^\ominus(T) = \Delta_r H_m^\ominus(298.15\ K) - T\Delta_r S_m^\ominus(298.15\ K) \tag{5-19}$$

【例 5-6】 利用 298.15 K 时的标准摩尔生成焓和标准摩尔熵，估算 $CaCO_3$ 分解反应在标准状态下自发进行的最低温度。

$$CaCO_3(s) = CaO(s) + CO_2(g)$$

解：查表得

$$\Delta_f H_m^\ominus (CaCO_3, s, 298.15\ K) = -1206.8\ kJ \cdot mol^{-1};$$
$$\Delta_f H_m^\ominus (CaO, s, 298.15\ K) = -635.09\ kJ \cdot mol^{-1};$$
$$\Delta_f H_m^\ominus (CO_2, g, 298.15\ K) = -393.51\ kJ \cdot mol^{-1};$$
$$S_m^\ominus (CaCO_3, s, 298.15\ K) = 92.9\ J \cdot mol^{-1};$$
$$S_m^\ominus (CaO, s, 298.15\ K) = 40.0\ J \cdot mol^{-1} \cdot K^{-1};$$
$$S_m^\ominus (CO_2, g, 298.15\ K) = 213.7\ J \cdot mol^{-1} \cdot K^{-1}。$$

298.15 K 时，反应的标准摩尔焓变和标准摩尔熵变分别为：

$$\Delta_r H_m^\ominus = -635.09\ kJ/mol + (-393.5\ kJ/mol) - (-1206.8\ kJ/mol) = 178.2\ kJ/mol$$
$$\Delta_r S_m^\ominus = 40.0\ J \cdot mol^{-1} \cdot K^{-1} + 213.7\ J \cdot mol^{-1} \cdot K^{-1} - 92.9\ J \cdot mol^{-1} \cdot K^{-1}$$
$$= 160.8\ J \cdot mol^{-1} \cdot K^{-1}$$

温度 T 时反应的标准摩尔吉布斯能函数变为：

$$\Delta_r G_m^\ominus(T) = \Delta_r H_m^\ominus(298.15\ K) - T\Delta_r S_m^\ominus(298.15\ K)$$
$$= 178.2\ kJ \cdot mol^{-1} - 160.8 \times 10^{-3}\ kJ \cdot mol^{-1} \cdot K^{-1} \cdot T$$

若要在温度 T、标准状态下反应自发进行，则需要 $\Delta_r G_m^\ominus(T) < 0$，即有：

$$(178.2 - 160.8 \times 10^{-3} \times T) < 0$$

$$T > \frac{178.2\ kJ \cdot mol^{-1}}{160.8 \times 10^{-3}\ kJ \cdot mol^{-1} \cdot K^{-1}} = 1108\ K$$

在标准状态下，$CaCO_3$ 分解的最低温度为 1108 K。

（三）非标准状态下反应的摩尔吉布斯自由能变计算

利用反应的标准摩尔吉布斯自由能变 $\Delta_r G_m^\ominus$，只能判断化学反应在标准状态的自发进行方向。而对于在非标准状态下，必须用 $\Delta_r G_m$ 判断化学反应的方向。那么，如何求算非标准状态下反应的摩尔吉布斯自由能变呢？

当化学反应的物质不是标准状态时，反应的 $\Delta_r G_m$ 将随各反应物种的浓度（溶液物种）、分压（气体物种）和外压（纯固体或纯液体）的变化而改变。对于一个等温等压条件下的化学反应来说，影响 $\Delta_r G_m$ 变化的因素是溶液物种的浓度和气体物种的分压。引入反应商（quotient of reaction，Q）来表述反应物种浓度/分压的变化。假设下列反应

$$aA\,(s) + bB\,(aq) + cC\,(g) = dD\,(l) + eE\,(aq) + fF\,(g)$$

则此反应的反应商 Q 为：

$$Q = \frac{(c_E/c^\ominus)^e (p_F/p^\ominus)^f}{(c_B/c^\ominus)^b (p_C/p^\ominus)^c} \quad (c^\ominus = 1\ \text{mol/L}；p^\ominus = 100\ \text{kPa})$$

书写 Q 时的注意事项：

（1）Q 本质上是反应产物分子的浓度（或气体的分压）的积除于反应物分子浓度（或分压）的积，也就是说当某物种 B 的分子数为 b 时，在 Q 表达式中则被写成 B 浓度（或分压）的 b 次幂。从 Q 的定义可知，如果反应式中的物种都在标准状态时，$Q = 1$。

（2）所有浓度都换成了标准浓度（或分压）的倍数，因此 Q 没有量纲。

（3）对溶液物种来说，$c^\ominus = 1\ \text{mol/L}$，但在生命体系的研究中，氢离子的标准浓度比较特殊，$c^\ominus([H^+]) = 1 \times 10^{-7}\ \text{mol/L}$。

（4）纯固体和纯液体没有浓度/分压的变化，不写在 Q 的表达式内。此外，如果是稀溶液中的反应，反应溶剂是大量的，浓度变化可以忽略，可以当作纯液体处理，也不写入表达式中，例如氨在水中的解离反应：

$$NH_3 + H_2O = NH_4^+ + OH^-$$

其中的反应物种 H_2O 一般不写在反应商中，即：

$$Q = \frac{(c_{OH^-}/c^\ominus)(c_{NH_4^+}/c^\ominus)}{(c_{NH_3}/c^\ominus)}$$

实际上，出于同样原因，氨的解离反应通常写成：

$$NH_3 \cdot H_2O = NH_4^+ + OH^-$$

可以导出等温等压（通常为标准压力）条件下某化学反应在任意物种浓度（或分压）下的 $\Delta_r G_m$ 和标准状态下 $\Delta_r G_m^\ominus$ 的关系为：

$$\Delta_r G_m = \Delta_r G_m^\ominus + RT\ln Q \tag{5-20}$$

式（5-20）称为化学等温式。在温度 T 时，如果已知反应物和生成物的浓度或分压及化学反应的 $\Delta_r G_m^\ominus$，利用式（5-20）可计算出非标准状态下化学反应的摩尔吉布斯自由能变。

【例 5-7】试计算在 298.15 K 时，Ag_2O 固体在空气中能否自动分解为 Ag 和 O_2？

解： $\Delta_r G_m^\ominus(Ag_2O,\ s,\ 298.15\ K) = -11.2\ \text{kJ} \cdot \text{mol}^{-1}$，空气中 O_2 浓度为 21%

分解反应为：

$$Ag_2O(s) = 2Ag(s) = \frac{1}{2}O_2(g)$$

298.15 K 时反应的标准摩尔吉布斯自由能变和反应商分别为：

$$\Delta_r G_m^\ominus = -\Delta_f G_m^\ominus(Ag_2O, s) + 2\Delta_f G_m^\ominus(Ag, s) + \frac{1}{2}\Delta_f G_m^\ominus(O_2, g)$$

$$= -(-11.2 \text{ kJ} \cdot \text{mol}^{-1}) = 11.2 \text{ kJ} \cdot \text{mol}^{-1}$$

$$Q = (p(O_2)/p^\ominus)^{1/2} = (101.3 \text{ kPa} \times 21\%/100 \text{ kPa})^{1/2} = 0.46$$

298.15 K 时 Ag_2O 分解反应的摩尔吉布斯自由能变为：

$$\Delta_r G_m^\ominus = 11.2 + 8.314 + 10^{-3} \times 298.15 \times \ln 0.46$$
$$= 9.3 \text{ (kJ} \cdot \text{mol}^{-1})$$

由于 $\Delta_r G_m > 0$，故 298.15 K 时 Ag_2O 在空气中不能自动分解为 Ag 和 O_2。

（四）温度对摩尔吉布斯自由能变的影响

在等温等压下，化学反应的自发方向取决于 $\Delta_r H_m$ 和 $T\Delta_r S_m$ 的相对大小。下面分别讨论不同情况下温度对化学反应的摩尔吉布斯自由能变的影响。

（1）在绝对零度（$T = 0$ K）时，则有 $\Delta_r G_m = \Delta_r H_m$，可以看到 $\Delta_r G_m$ 的符号取决于 $\Delta_r H_m$。于是在 $T = 0$ K 时，所有放热反应（$\Delta_r H_m < 0$）都是自发的，而吸热反应（$\Delta_r H_m > 0$）都是非自发的。

（2）对于一个放热和熵增加的过程（即 $\Delta_r H_m < 0$，$\Delta_r S_m > 0$）来说，不论任何温度都有 $\Delta_r G_m < 0$，即此过程都可以自发进行。

（3）对于一个吸热和熵减小的过程（即 $\Delta_r H_m > 0$，$\Delta_r S_m < 0$）来说，不论任何温度都有 $\Delta_r G_m > 0$，即此过程都不可以自发进行。

（4）对于一个放热和熵减小的过程（即 $\Delta_r H_m < 0$，$\Delta_r S_m < 0$）来说，存在一个转变温度（T_c）：$T_c = \Delta_r H_m/\Delta_r S_m$。

当 $T < T_c$ 时，$\Delta_r G_m < 0$，正方向自发进行。
$T = T_c$ 时，$\Delta_r G_m = 0$，处于平衡态。
$T > T_c$ 时，$\Delta_r G_m > 0$，逆方向自发进行。

（5）对于一个吸热和熵增加的过程（即 $\Delta_r H_m > 0$，$\Delta_r S_m > 0$）来说，也存在一个转变温度（T_c）：$T_c = \Delta_r H_m/\Delta_r S_m$。

当 $T < T_c$ 时，$\Delta_r G_m > 0$，逆方向自发进行。
$T = T_c$ 时，$\Delta_r G_m = 0$，处于平衡态。
$T > T_c$ 时，$\Delta_r G_m < 0$，正方向自发进行。

关于热力学在生物体系中的应用（生命体系中耦合反应），请扫描本章二维码阅读详情。

第三节 化学反应进行的限度与化学平衡

一、$\Delta_r G_m$ 与化学平衡

前面讲过了化学反应的自发方向。那么，自发反应进行到什么程度就停止了呢？也就是说，一个自发化学反应进行的限度是多少呢？

前面讲过，$\Delta_r G_m$ 是判断等温等压下化学反应能否自发的依据。若 $\Delta_r G_m < 0$，则反应正向自发；若 $\Delta_r G_m > 0$，反应逆方向自发进行；而当 $\Delta_r G_m = 0$ 时，反应双向都不能自发进行，换句话说，反应此时达到了平衡态。达到化学平衡是化学反应进行的最大限度。

化学平衡具有以下基本特征。

1．化学平衡状态的表观特征是达到化学平衡后，只要外界条件不变，反应系统中各反应物和生成物的浓度或分压均不随时间而改变。

2．化学平衡状态最主要的特征是体系不具有对外做非体积功的能力。这一点是化学平衡体系区别于化学动力学稳态体系的根本点。虽然化学动力学稳态下反应系统中各物种的浓度或分压均不随时间而改变，但体系是热力学不稳定体系，体系的 $\Delta_r G_m \neq 0$（详见第六章相关小节）。

3．化学平衡是一种动态平衡。反应系统达到化学平衡，反应并没有停止，正反应和逆反应始终进行，只是由于单位时间内反应物的消耗等于生成物的生成，反应物和生成物的浓度或分压暂时保持不变。当外界条件改变时，原化学平衡就会被破坏，产生平衡移动，直至在新的条件下建立起新的化学平衡。

二、标准平衡常数

标准平衡常数 $K^\ominus$ 是描述化学平衡时各物种相互关系的函数。根据 Gibbs 自由能的化学等温式：

$$\Delta_r G_m = \Delta_r G_m^\ominus + RT\ln Q$$

在平衡时 $\Delta_r G_m = 0$，则：

$$\Delta_r G_m^\ominus + RT\ln Q_{平衡} = 0$$

$$-\Delta_r G_m^\ominus = RT\ln Q_{平衡} = RT\ln K^\ominus \tag{5-21}$$

式中，$K^\ominus$ 称为标准平衡常数，无量纲单位。

标准平衡常数具有以下特点：

1．标准平衡常数就是平衡时体系的反应商。

2．标准平衡常数是温度的函数，与反应物和产物的物质状态有关，但与反应体系的物种分压和浓度无关。

3．标准平衡常数也是个广度性质的函数，与化学反应方程式的写法有关。

【例 5-8】 写出下列反应的标准平衡常数表达式：

(1) $N_2(g) + 3H_2(g) \rightleftharpoons 2NH_3(g)$

(2) $Sn^{2+}(aq) + 2Fe^{3+}(aq) \rightleftharpoons Sn^{4+}(aq) + 2Fe^{2+}(aq)$

(3) $ZnS(s) + 2H_3O^+(aq) \rightleftharpoons Zn^{2+}(aq) + H_2S(g) + 2H_2O(l)$

解：上述反应的标准平衡常数表达式分别为：

(1) $K^\ominus = \dfrac{[p_{eq}(NH_3)/p^\ominus]^2}{[p_{eq}(N_2)/p^\ominus] \cdot [p_{eq}(H_2)/p^\ominus]^3}$

(2) $K^\ominus = \dfrac{[c_{eq}(Sn^{4+})/c^\ominus] \cdot [c_{eq}(Fe^{2+})/c^\ominus]^2}{[c_{eq}(Sn^{2+})/c^\ominus] \cdot [c_{eq}(Fe^{3+})/c^\ominus]^2}$

(3) $K^{\ominus} = \dfrac{[c_{eq}(Zn^{2+})/c^{\ominus}] \cdot [p_{eq}(H_2S)/p^{\ominus}]}{[c_{eq}(H_3O^+)/c^{\ominus}]^2}$

为了表达简洁，通常溶液物质的平衡浓度 $c_{eq}(B)$ 写成 [B]，如 $c_{eq}(H_3O^+)$ 写成 $[H_3O^+]$ 或 $[H^+]$。

三、标准平衡常数的计算及应用

（一）用热力学数据计算反应的标准平衡常数

计算 $K^{\ominus}$ 有以下方式。

(1) 先计算某温度下的 $\Delta_r G_m^{\ominus}$，然后根据化学等温式计算。

$$\ln K^{\ominus} = -\Delta_r G_m^{\ominus}/RT$$

或：

$$K^{\ominus} = Q_{平衡} = e - \dfrac{\Delta_r G_m^{\ominus}}{RT} \tag{5-22}$$

(2) 利用盖斯定律计算。

如果：反应（3）= 反应（1）+ 反应（2）
则反应（3）的 $\Delta_r G_m^{\ominus}$：

$$\Delta_r G_{m,3}^{\ominus} = \Delta_r G_{m,1}^{\ominus} + \Delta_r G_{m,2}^{\ominus}$$

可得：

$$K_3^{\ominus} = K_1^{\ominus} \cdot K_2^{\ominus}$$

（二）标准平衡常数的应用

利用化学反应的标准平衡常数，可以计算反应物和生成物的平衡浓度或平衡分压，判断反应进行的限度及预测反应方向。

(1) 计算平衡组成：标准平衡常数确定了反应物和生成物的平衡浓度或平衡分压之间的关系。因此，可以利用标准平衡常数计算反应物和生成物的平衡浓度或平衡分压。

【例 5-9】 在 1000 ℃ 时，下列反应的标准平衡常数 $K^{\ominus} = 0.5$，如果在 CO 的分压力为 6000 kPa 的密闭容器加入足量的 FeO，计算 CO 和 CO_2 的平衡分压。

解：
$$\text{FeO (s)} + \text{CO (g)} \rightleftharpoons \text{Fe (s)} + CO_2\text{(g)}$$

	FeO (s) + CO (g)	⇌ Fe (s) + CO_2 (g)
p_0 (kPa)	6000	0
Δp (kPa)	$-x$	$+x$
p_{eq} (kPa)	$6000-x$	x

反应的标准平衡常数表达式为：

$$K^{\ominus} = \dfrac{p_{eq}(CO_2)/p^{\ominus}}{p_{eq}(CO)/p^{\ominus}}$$

将平衡分压和标准平衡常数数值代入上式得：

$$0.5 = \frac{x \text{ kPa}/100 \text{ kPa}}{(6000-x) \text{ kPa}/100 \text{ kPa}}$$

$$x = 2000$$

CO 和 CO_2 的平衡分压分别为：

$$p_{eq}(\text{CO}) = (6000-x) \text{ kPa} = (6000-2000) \text{ kPa}$$
$$= 4000 \text{ kPa}$$

$$p_{eq}(\text{CO}_2) = x \text{ kPa} = 2000 \text{ kPa}$$

（2）判断反应进行的限度：当反应达到平衡时，反应物转化为产物已经达到了最大限度。若反应的标准平衡常数很大，则平衡时产物的浓度或分压比反应物的浓度或分压大得多，说明反应物已大部分转化为产物，反应进行得比较完全。若反应的标准平衡常数很小，则平衡时产物的浓度或分压比反应物的浓度或分压小得多，说明只有一小部分反应物转化为产物，反应进行的程度很小。

反应进行的程度也常用达到平衡时的转化率来表示：

$$\alpha_A = \frac{n_{A,0} - n_{A,eq}}{n_{A,0}} \tag{5-23}$$

K° 和 α 都可以表示反应进行的程度。但 K° 是常数，α 则随反应条件的变化而不同。

【例 5-10】 298.15 K 时，可逆反应的标准平衡常数 $K^\circ = 3.0$，试分别计算下列两种情况下 Ag^+、Fe^{2+} 和 Fe^{3+} 的平衡浓度及 Ag^+ 的平衡转化率。

$$Ag^+(aq) + Fe^{2+}(aq) \rightleftharpoons Ag(s) + Fe^{3+}(aq)$$

（1）Ag^+ 和 Fe^{2+} 浓度均为 $0.10 \text{ mol} \cdot \text{L}^{-1}$。
（2）Ag^+ 浓度为 $0.10 \text{ mol} \cdot \text{L}^{-1}$，$Fe^{2+}$ 浓度为 $0.20 \text{ mol} \cdot \text{L}^{-1}$。

解：该可逆反应的标准平衡常数表达式为：

$$K^\circ = \frac{[\text{Fe}^{3+}]/c^\circ}{[\text{Ag}^+]/c^\circ \cdot [\text{Fe}^{2+}]/c^\circ}$$

（1）设 Fe^{3+} 的平衡浓度为 $x \text{ mol} \cdot \text{L}^{-1}$，则 Ag^+ 和 Fe^{2+} 的平衡浓度均为 $(0.10-x) \text{ mol} \cdot \text{L}^{-1}$。

$$3.0 = \frac{x}{(0.10-x)^2}$$

$$x = 0.020$$

Ag^+、Fe^{2+} 和 Fe^{3+} 的平衡浓度分别为：

$$[\text{Ag}^+] = (0.10-x) \text{ mol} \cdot \text{L}^{-1}$$
$$= (0.10-0.020) \text{ mol} \cdot \text{L}^{-1}$$
$$= 0.080 \text{ mol} \cdot \text{L}^{-1}$$

$$[\text{Fe}^{2+}] = (0.10-x) \text{ mol} \cdot \text{L}^{-1} = 0.080 \text{ mol} \cdot \text{L}^{-1}$$

$$[\text{Fe}^{3+}] = x \text{ mol} \cdot \text{L}^{-1} = 0.020 \text{ mol} \cdot \text{L}^{-1}$$

Ag^+ 的平衡转化率为：

$$\alpha_1 = \frac{0.10 - 0.080}{0.10} \times 100\% = 20\%$$

（2）设 Fe^{3+} 的平衡浓度为 y mol·L^{-1}，则 Ag^+ 和 Fe^{2+} 平衡浓度分别为 $(0.10 - y)$ mol·L^{-1} 和 $(0.20 - y)$ mol·L^{-1}。

$$3.0 = \frac{y}{(0.10 - y)(0.20 - y)}$$

$$y = 0.033$$

Ag^+、Fe^{2+} 和 Fe^{3+} 的平衡转化率为：

$$[Ag^+] = (0.10 - y) \text{ mol·L}^{-1}$$
$$= (0.10 - 0.033) \text{ mol·L}^{-1}$$
$$= 0.067 \text{ mol·L}^{-1}$$
$$[Fe^{2+}] = (0.20 - y) \text{ mol·L}^{-1}$$
$$= (0.20 - 0.033) \text{ mol·L}^{-1}$$
$$= 0.167 \text{ mol·L}^{-1}$$
$$[Fe^{3+}] = y \text{ mol·L}^{-1} = 0.033 \text{ mol·L}^{-1}$$

Ag^+ 的平衡转化率为：

$$\alpha_2 = \frac{0.10 - 0.067}{0.10} \times 100\% = 33\%$$

（三）预测化学反应的方向

在一定温度下，比较标准平衡常数与反应商的相对大小，就能预测反应的方向。

$$\Delta_r G_m = \Delta_r G_m^\ominus + RT\ln Q \tag{5-24}$$

当 $K^\ominus > Q$ 时，$\Delta_r G_m < 0$，化学反应正向自发进行；
当 $K^\ominus = Q$ 时，$\Delta_r G_m = 0$，化学反应处于平衡状态；
当 $K^\ominus < Q$ 时，$\Delta_r G_m > 0$，化学反应逆向自发进行。

【例 5-11】 已知 298.15 K 时，可逆反应的标准平衡常数 $K^\ominus = 2.2$，若反应分别从下列情况开始，试判断可逆反应进行的方向。

$$Pb^{2+}(aq) + Sn(s) \rightleftharpoons Pb(s) + Sn^{2+}(aq)$$

（1）Pb^{2+} 和 Sn^{2+} 浓度均为 0.10 mol·L^{-1}；
（2）Pb^{2+} 浓度为 0.10 mol·L^{-1}，Sn^{2+} 浓度为 1.0 mol·L^{-1}。

解：（1）反应商为：

$$Q_1 = \frac{c(Sn^{2+})/c^\ominus}{c(Pb^{2+})/c^\ominus}$$
$$= \frac{0.10 \text{ mol·L}^{-1}/1 \text{ mol·L}^{-1}}{0.10 \text{ mol·L}^{-1}/1 \text{ mol·L}^{-1}} = 1.0$$

由于 $K^\ominus > Q_1$，因此在 298.15 K 时反应正向自发进行。

（2）反应商为：

$$Q_2 = \frac{1.0 \text{ mol·L}^{-1}/1 \text{ mol·L}^{-1}}{0.10 \text{ mol·L}^{-1}/1 \text{ mol·L}^{-1}} = 10$$

由于 $K^\ominus < Q_2$，因此在 298.15 K 时反应逆向自发进行。

四、化学平衡的移动

（一）浓度对化学平衡的影响

当增大反应物浓度或减小产物浓度时，反应商减小，则 $K^\ominus > Q$，可逆反应正向进行，反应商逐渐增大，当反应商增大到与标准平衡常数相等时，系统又建立了新的平衡状态。达到新的平衡状态时，产物的浓度比原平衡状态时增大了，化学平衡正向移动。

同理，当减小反应物浓度或增大产物浓度时，反应商增大，使 $K^\ominus < Q$，化学平衡逆向移动，反应商逐渐减小，直至反应商重新等于标准平衡常数时，又建立起新的化学平衡。

浓度对化学平衡的影响可归纳如下：在其他条件一定时，增大反应物浓度或减小产物浓度，化学平衡向正反应方向移动；增大产物浓度或减小反应物浓度，化学平衡向逆反应方向移动。

（二）压力对化学平衡的影响

压力对化学平衡的影响是指改变整个反应系统的压力，反应系统中所有气体物质的浓度都随之变化。首先看看那些反应后气态物质分子数增加的反应，例如：

$$C(s) + H_2O(g) \rightleftharpoons CO(g) + H_2(g)$$

$$K^\ominus = \frac{(p_{CO}/p^\ominus)(p_{H_2}/p^\ominus)}{(p_{H_2O}/p^\ominus)} = \frac{p_{CO} \cdot p_{H_2}}{p_{H_2O}} p^\ominus$$

如果平衡系统被压缩到原来体积的 $1/n$ 倍，则气体各组分的分压 p 也相应为原来的 n 倍。计算可知 Q 同时也为原来的 n 倍，则得 $Q > K^\ominus$，反应系统不再处于平衡状态，反应逆向自发进行，即平衡向着气态物质减少的方向移动；如果平衡系统体积扩张，总压力减小到原来的 $1/n$，同样地，各组分分压 p 将减小到原来的 $1/n$，则使 $Q < K^\ominus$，反应正向进行，即平衡向着气态物质增多的方向移动。对于气体分子数减少的反应，也可以得到同样的结论。

若向系统内注入惰性气体，虽系统的总压力增加，但各组分的分压没有变化，则 Q 不变，平衡也不会发生移动。而对于那些反应前后气态物质计量系数之和相等的反应，例如：

$$H_2(g) + I_2(g) \rightleftharpoons 2HI(g)$$

因为反应前后气态物质计量系数之和相等，无论压缩、扩张或注入惰性气体，则 Q 均不会改变，所以无论总压力如何改变，对平衡没有影响。

（三）温度对化学平衡的影响

温度对化学平衡的影响，与浓度和压力对化学平衡的影响有本质的区别。改变浓度或压力并不影响 $K^\ominus$，而是通过改变反应商 Q；而当改变温度时，反应商 Q 未变，但 $K^\ominus$ 发生了变化，从而导致化学平衡发生移动。

可逆反应的标准平衡常数是温度的函数，因此同一化学反应在不同温度下进行时，其标准平衡常数是不相同的。将 $\Delta_r G_m^\ominus(T) = \Delta_r H_m^\ominus(T) - T\Delta_r S_m^\ominus(T)$ 带入 $\Delta_r G_m^\ominus = -RT \ln K^\ominus$ 可得：

$$\ln K^\ominus = \frac{\Delta_r S_m^\ominus}{R} - \frac{\Delta_r H_m^\ominus}{RT} \tag{5-25}$$

可见，对吸热 $\Delta_r H_m^\circ > 0$ 反应，K° 和 $1/T$ 呈负的线性关系；或者说，K° 和 T 呈正相关关系，当温度升高时，K° 增大，使 $K^\circ > Q$，化学平衡向正反应（吸热反应）方向移动；当温度降低时，K° 减小，则 $K^\circ < Q$，化学平衡向逆反应（放热反应）方向移动。

对放热 $\Delta_r H_m^\circ < 0$ 反应，K° 和 $1/T$ 呈正的线性关系；或者说，K° 和 T 呈负相关关系，当温度升高时，K° 减小，使 $K^\circ < Q$，化学平衡向逆反应（吸热反应）方向移动；当温度降低时，K° 增大，则 $K^\circ > Q$，化学平衡向正反应（放热反应）方向移动。

可见，温度对化学平衡的影响可归纳为：升高温度，化学平衡向吸热反应方向移动；降低温度，化学平衡向放热反应方向移动。

通过式（5-24）可得到两个不同温度下平衡常数的关系为：

$$\ln \frac{K^\circ(T_2)}{K^\circ(T_1)} = \frac{\Delta_r H_m^\circ (T_2 - T_1)}{RT_1 T_2} \tag{5-26}$$

根据上式可以用已知温度的 $K^\circ(T_1)$ 计算另一个温度的 $K^\circ(T_2)$。

【**例 5-12**】已知 1048 K 时，$CaCO_3$ 分解产生的 CO_2 压力为 14.59 kPa，分解反应的标准摩尔焓变为 109.32 kJ·mol^{-1}。计算 1128 K 时 $CaCO_3$ 分解产生的 CO_2 压力。

解：$CaCO_3$ 分解反应为：

$$CaCO_3(s) \rightleftharpoons CaO(s) + CO_2(g)$$

1048 K 时，$CaCO_3$ 分解反应的标准平衡常数为：

$$K^\circ(1048\ K) = \frac{p_{eq}(CO_2)}{p^\circ} = \frac{14.59}{100} = 0.146$$

1128 K 时 $CaCO_3$ 分解反应的标准平衡常数为：

$$\begin{aligned}\ln K^\circ(1128\ K) &= \frac{\Delta_r H_m^\circ (T_2 - T_1)}{RT_1 T_2} + \ln K^\circ(1048\ K) \\ &= \frac{109.32 \times 10^3 \times (1128 - 1048)}{8.314 \times 1048 \times 1128} + \ln 0.146 \\ &= -1.03\end{aligned}$$

$$K^\circ(1128\ K) = 0.357$$

1128 K 时 $CaCO_3$ 分解产生的 CO_2 压力为：

$$\begin{aligned}p_{eq}(CO_2) &= p^\circ K^\circ(1128\ K) \\ &= 100\ kPa \times 0.357 = 35.7\ kPa\end{aligned}$$

思考题

1．怎样由热力学第一定律的数学表达式说明第一类永动机是不能制造出来的？
2．是否只有等压过程才有焓变？
3．标准状况与标准状态的含义是否相同？
4．在热化学中，定义化学反应热效应时，为什么要强调反应物和生成物的温度相同？
5．吉布斯自由能降低的过程是否一定是自发过程？
6．如何利用反应商和标准平衡常数预测可逆反应的方向？

7. 化学平衡发生移动的影响因素有哪些？其影响原因是否相同？

8. 标准平衡常数改变时，化学平衡是否发生移动？化学平衡发生移动时，标准平衡常数是否发生改变？

习 题

1. 对于化学反应 $N_2(g) + 3H_2(g) = 2NH_3(g)$，当 H_2 消耗 0.6 mol 时，反应进度变为
   A. $\Delta\xi = 0.6$ mol B. $\Delta\xi = 0.3$ mol
   C. $\Delta\xi = 0.2$ mol D. $\Delta\xi = -0.2$ mol

2. 温度 T 时某吸热反应在标准状态下能自发进行，由此可判断该反应
   A. $\Delta S_m^\ominus > 0$ B. $\Delta S_m^\ominus < 0$
   C. $\Delta S_m^\ominus \geq 0$ D. $\Delta S_m^\ominus = 0$

3. 在等温等压不做非体积功条件下，某化学反应的 $\Delta_r G_m^\ominus (298.15\ K) = 0$，则该反应
   A. 能自发进行 B. 不能自发进行
   C. 处于平衡状态 D. 无法判断反应方向

4. 下列物理量或改变量中，属于状态函数的是
   A. ΔH B. ΔU
   C. Q_p D. G

5. 将 $NH_4NO_3(s)$ 溶于水中，溶液的温度降低。由此可判断该过程
   A. $\Delta G > 0$，$\Delta H < 0$，$\Delta S < 0$ B. $\Delta G > 0$，$\Delta H > 0$，$\Delta S < 0$
   C. $\Delta G < 0$，$\Delta H > 0$，$\Delta S < 0$ D. $\Delta G < 0$，$\Delta H > 0$，$\Delta S > 0$

6. 在等温等压不做非体积功下，自发进行的化学反应一定是
   A. 放热反应 B. 内能降低反应
   C. 混乱度增大反应 D. 吉布斯自由能降低反应

7. 已知 300 K 时反应 $4Ag(s) + O_2(g) = 2Ag_2O(s)$ 的 $\Delta_r H_m^\ominus (300\ K) = -62.0\ kJ \cdot mol^{-1}$，$\Delta_r S_m^\ominus (300\ K) = -132.0\ J \cdot mol^{-1} \cdot K^{-1}$。300 K 时 $Ag_2O(s)$ 的标准摩尔生成吉布斯自由能为
   A. $-11.2\ kJ \cdot mol^{-1}$ B. $11.2\ kJ \cdot mol^{-1}$
   C. $-22.4\ kJ \cdot mol^{-1}$ D. $-50.8\ kJ \cdot mol^{-1}$

8. 已知某化学反应的 $\Delta_r G_m^\ominus (300\ K) = 45\ kJ \cdot mol^{-1}$，$\Delta_r H_m^\ominus (300\ K) = 90\ kJ \cdot mol^{-1}$，若 $\Delta_r H_m^\ominus$ 和 $\Delta_r G_m^\ominus$ 不随温度变化，则在标准状态下反应处于平衡时的温度为
   A. 600 ℃ B. 873 ℃
   C. 327 ℃ D. 298 ℃

9. 在某温度下 $NH_4HCO_3(s)$ 发生分解反应：

$$NH_4HCO_3(s) \rightleftharpoons NH_3(g) + CO_2(g) + H_2O(g)$$

设在两个体积相等的容器甲和乙中，分别放入纯 $NH_4HCO_3(s)$ 100 g 和 200 g。在此温度下达到平衡后，两个容器内均有固体物质存在。下列说法中正确的是
   A. 甲容器内压力大于乙容器内压力 B. 两容器内的压力相等
   C. 甲容器内压力小于乙容器内压力 D. 必须进行实验测定才能判断压力的大小

10. 在一定温度下，可逆反应 $2A + B \rightleftharpoons Z$ 中 A 的转化率为 20%，标准平衡常数为 1/9。上述反应若改写成 $A + 1/2 B \rightleftharpoons 1/2 Z$，则在相同条件下，标准平衡常数和 A 的转化率分别为
    A. 1/3，20% B. 1/3，10%
    C. 1/9，20% D. 1/18，20%

11. 已知反应 $2NO(g) \rightleftharpoons N_2(g) + O_2(g)$ 的 $\Delta_r H_m^\ominus < 0$，那么该反应的标准平衡常数 $K^\ominus$ 与温度 T 的关系是

  A．$K^\ominus$ 与 T 成正比　　　　　　　　B．$K^\ominus$ 与 T 无关

  C．T 升高，$K^\ominus$ 增大　　　　　　　D．T 升高，$K^\ominus$ 减小

12. 反应 $CO(g) + H_2O(g) \rightleftharpoons CO_2(g) + H_2(g)$ 在某温度时的 $K^\ominus = 0.50$，当各物质的分压力均为 200 kPa 时，可以判断

  A．$\Delta_r G_m < 0$　　　　　　　　　　B．$\Delta_r G_m = 0$

  C．$\Delta_r G_m > 0$　　　　　　　　　　D．$\Delta_r G_m > \Delta_r G_m^\ominus$

13. 反应 $CO_2(g) + H_2(g) \rightleftharpoons CO(g) + H_2O(g)$ 在 1260 K 时的 $K^\ominus = 1.6$。若在此温度下系统中各组分气体的分压力为 $p(CO_2) = p(H_2) = 2.0 \times 10^2$ kPa，$p(CO) = p(H_2O) = 1.0 \times 10^2$ kPa，则反应进行的方向为

  A．正向进行　　　　　　　　　　　　B．逆向进行

  C．处于平衡　　　　　　　　　　　　D．先正向进行再逆向进行

14. 在反应 $N_2(g) + 3H_2(g) \rightleftharpoons 2NH_3(g)$ 的平衡系统中，缩小体积增加压力时，平衡向正向反应方向移动，这意味着

  A．$K^\ominus$ 增大　　　　　　　　　　　B．$K^\ominus$ 减小

  C．Q 减小　　　　　　　　　　　　　D．Q 增大

15. 在 727 ℃时，某可逆反应的标准平衡常数 $K^\ominus = 1.0$，则此温度下该可逆反应

  A．$\Delta_r G_m^\ominus < 0$　　　　　　　　　　B．$\Delta_r G_m^\ominus > 0$

  C．$\Delta_r G_m^\ominus = 0$　　　　　　　　　　D．不能估算 $\Delta_r G_m^\ominus$

16. 若反应 $NO_2(g) \rightleftharpoons NO(g) + \frac{1}{2}O_2(g)$ 的标准平衡常数和标准摩尔吉布斯自由能变分别为 $K_1^\ominus$ 和 $\Delta_r G_{m,1}^\ominus$，则反应 $2NO_2(g) \rightleftharpoons 2NO(g) + O_2(g)$ 的标准平衡常数和标准摩尔吉布斯自由能变 $K_2^\ominus$ 和 $\Delta_r G_{m,2}^\ominus$ 分别等于

  A．$K_1^\ominus$，$\Delta_r G_{m,1}^\ominus$　　　　　　　　　B．$1/K_1^\ominus$，$2\Delta_r G_{m,1}^\ominus$

  C．$(K_1^\ominus)^2$，$2\Delta_r G_{m,1}^\ominus$　　　　　　　D．$(K_1^\ominus)^{1/2}$，$\Delta_r G_{m,1}^\ominus/2$

17. 已知下列反应：

（1）$C(金刚石) + O_2(g) = CO_2(g)$；$\Delta_r H_{m,1}^\ominus(298.15 K) = -395.4$ kJ·mol^{-1}

（2）$C(石墨) + O_2(g) = CO_2(g)$；$\Delta_r H_{m,2}^\ominus(298.15 K) = -393.5$ kJ·mol^{-1}

计算反应 $C(石墨) = C(金刚石)$ 在 298.15 K 时的标准摩尔焓变。

18. 在 300 K、标准状态下，反应 $CaSO_4(s) = CaO(s) + SO_3(g)$ 的 $\Delta_r H_m^\ominus = 400$ kJ·mol^{-1}，$\Delta_r S_m^\ominus = 200$ J·mol^{-1}·K^{-1}。

（1）通过计算判断在 300 K、标准状态下，上述反应能否自发进行。

（2）计算在标准状态下使上述反应自发进行的最低温度。

19. 298.15 K 时，$NH_4HCO_3(s)$、$NH_3(g)$、$CO_2(g)$、$H_2O(g)$ 的标准摩尔生成焓、标准摩尔熵、标准摩尔生成吉布斯函数如下表：

	$NH_4HCO_3(s)$	$NH_3(g)$	$CO_2(g)$	$H_2O(g)$
$\Delta_f H_m^\ominus$ (kJ·mol^{-1})	−850	−40	−390	−240
$S_m^\ominus$ (J·mol^{-1})	130	180	210	190
$\Delta_f G_m^\ominus$ (kJ·mol^{-1})	−670	−17	−394	−229

(1) 通过计算判断 298.15 K、标准状态下 $NH_4HCO_3(s)$ 能否发生分解反应。

(2) 在标准状态下 $NH_4HCO_3(s)$ 分解的最低温度是多少？

20. 1373 K 时，反应 $CO(g) + H_2O(g) \rightleftharpoons CO_2(g) + H_2(g)$ 的 $K^\ominus = 1.00$。若在一密闭容器中 CO 和 H_2O 的分压都为 200 kPa，CO_2 和 H_2 的分压都为 100 kPa，各自的分压是否发生变化？计算出达平衡后各物质的分压。

21. 630 K 时，反应 $A(s) \rightleftharpoons Y(g) + Z(g)$ 的 $\Delta_r G_m^\ominus = 120.6 \text{ kJ} \cdot \text{mol}^{-1}$，$2.303RT = 12.06 \text{ kJ} \cdot \text{mol}^{-1}$。

(1) 计算该反应在 630 K 时的标准平衡常数。

(2) 将 $A(s)$ 放入一真空容器内，在 630 K 达平衡时 $Y(g)$ 和 $Z(g)$ 的分压分别为多少？

（王英骥）

第六章

化学动力学

第六章数字资源

让我们先来思考下面几个问题：

1. 糖类、蛋白质、脂肪等生命分子的氧化反应都是高度热力学自发反应，为什么人体没有被空气中的氧气很快地氧化燃烧了呢？
2. 生物体内每时每刻都在进行着大量的生物化学反应，但这些反应在体外往往需要较复杂的条件（如较高温度或压力等）才能发生，在生物体内常温下为什么就能够温和地进行呢？
3. 为什么酶的浓度可以控制反应的速率？

回答这些问题，需要我们弄明白化学动力学（chemical kinetics）的原理。化学动力学是研究化学反应速率和反应机制的科学。其任务之一是研究各种因素（如浓度、温度、介质、催化剂、光、电等）对反应速率的影响，进而通过调控影响因素或反应条件，控制化学反应的进程；任务之二是研究化学反应的具体步骤，即反应的机制，找出决定反应速率的关键步骤，以便更有效地控制和调节反应速率。

现以合成氨反应为例，来说明化学热力学和化学动力学在解决问题上的区别。例如，在 298.15 K 时

$$N_2(g) + 3H_2(g) \rightarrow 2NH_3(g) \qquad \Delta_r H_m^\ominus = -92.2 \text{ kJ/mol}$$
$$\Delta_r G_m^\ominus = -32.9 \text{ kJ/mol}$$

用化学热力学分析此反应可知，低温有利于反应进行，在 298.15 K 条件下，本反应可以自发进行。然而此反应在常温常压下实际进行的速率几乎为零，换句话说常温常压下合成氨反应基本观察不到。只有用铁做触媒（催化剂），在一定的高温下（虽然高温不利于反应趋势）进行反应，才能获得氨气。由此可见，化学热力学只能解决反应的可能性问题，而化学反应中的速率问题，即反应现实问题则需要化学动力学来解决。

在实际生产中，化学动力学和热力学两者相互补充、相互促进，经热力学研究认为可能发生的反应，实际进行时反应速率太小，则可通过动力学研究，适当地选择反应途径，控制反应条件，缩短达到平衡的时间，使反应向生成预期产物的方向进行；经热力学认为不可能进行的反应，则无需再去研究反应速率问题。

化学动力学广泛应用于药物研究及化学化工生产等各个领域。在药物研制中，如生产工艺的优化，工艺流程的选择，药物贮藏和保管以及药物在体内的吸收、分布、代谢和排泄等都涉及化学动力学相关知识。

第一节 动力学基本概念

一、化学反应速率

化学反应速率（rate of chemical reaction）通常用单位时间内反应物（或产物）浓度的变化来表示。如有化学反应：

$$a\mathrm{A} \rightarrow d\mathrm{D}$$

反应速率为 υ，则：

$$\upsilon = -\frac{\Delta c_\mathrm{A}}{\Delta t} \quad \text{或} \quad \upsilon = \frac{\Delta c_\mathrm{D}}{\Delta t}$$

化学反应速率可以有几种表示方式。

1. 平均速率（average rate） 是指反应进行的两个时间点之间反应物（或产物）浓度在单位时间内变化的平均值。图 6-1 为反应物 A 的浓度随时间的变化曲线，从时间 t_1 到时间 t_2 反应物 A 的浓度从 $c_{\mathrm{A},1}$ 减小到 $c_{\mathrm{A},2}$，则此时间段内的平均速率表示为

$$\bar{\upsilon} = -\frac{c_{\mathrm{A},2} - c_{\mathrm{A},1}}{t_2 - t_1}$$

由于化学反应中反应速率不断变化，因此如果想粗略地计算某一时间段（从 t_1 到 t_2）的反应速率，通常采用平均速率。

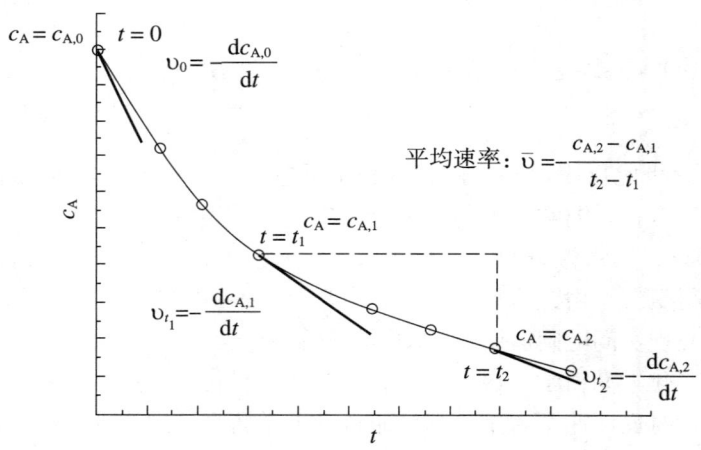

图 6-1 反应物 A 的浓度（c_A）随时间（t）变化曲线及平均速率、瞬时速率示意图

2. 瞬时速率（instantaneous rate，υ） 如图 6-1 所示，化学反应速率随时间不断变化。为了准确掌握整个过程中反应速率的变化，需要采用瞬时速率。瞬时速率是某一时间点时反应物或产物浓度的变化率，它是平均速率的极限值，即当 t_2 趋近于 t_1 时的平均速率便是 t_1 时刻的瞬时速率。瞬时速率的计算采用微分公式：

$$\upsilon_\mathrm{A} = -\frac{\mathrm{d}c_\mathrm{A}}{\mathrm{d}t}, \quad \upsilon_\mathrm{D} = \frac{\mathrm{d}c_\mathrm{D}}{\mathrm{d}t}$$

$$\frac{v_A}{a} = \frac{v_D}{d}$$

在动力学曲线图（图 6-1）上，某一时刻 t 的瞬时速率就是在时间 t 点的切线斜率。在讨论反应速率时，一般指的就是瞬时速率。

初始速率（initial rate，v_0）是 $t = 0$ 时的反应瞬时速率，即：

$$v_0 = -\frac{dc_{A,0}}{dt} \quad (c_{A,0} \text{ 为反应物 A 的初始浓度})$$

初始速率是化学动力学中应用最为广泛的速率参数。对一个特定的化学反应，初始速率是反应过程中速率的最大值。

测定瞬时速率一般需要以下步骤：

（1）先测定不同时刻反应物（或产物）浓度。浓度的测定方法参见第四章滴定分析及第十四章仪器分析内容。

（2）绘制 $c \sim t$ 浓度变化曲线。

（3）直接从图上计算某一时间点的切线斜率。或者通过曲线拟合，获得反应的速率方程（详见本章第二节），然后求得任何时间点 t 的反应速率。

如前所述，反应速率用不同组分表示时数值不同。为克服此项弊端，可使用标准反应速率（v''）。关于标准反应速率的内容，请扫描本章二维码阅读详情。

二、化学反应机制

少数的化学反应是由反应物微粒（分子、原子、离子或自由基等）一步结合，直接生成产物的，这类反应称为元反应，例如：

$$SO_2Cl_2(g) \rightarrow SO_2(g) + Cl_2(g)$$
$$H_2O(g) + CO(g) \rightarrow H_2(g) + CO_2(g)$$

但是，一个化学反应常常不是一步完成的，而是由多个元反应顺序发生进行。例如，H_2 和 I_2 的气相反应：

$$H_2 + I_2 \rightarrow 2HI \quad （总反应）$$

分两个步骤进行：（1）$I_2 \rightarrow 2I\cdot$ （快反应）
（2）$H_2 + 2I\cdot \rightarrow 2HI$ （慢反应）

式中 $I\cdot$ 代表自由碘原子，"·"表示未配对的价电子。像这种由多个元反应组成的反应称为复杂反应（complex reaction），复杂反应的分步过程称为该反应的反应机制（reaction mechanism）。

对于 $H_2 + I_2 \rightarrow 2HI$ 总反应来说，其第二步是慢反应，此步骤的速率决定了总反应的速率。对于复杂反应来说，像这种决定总反应速率的元反应步骤称为速率控制步骤（rate-determining step），简称"决速步"。

再如 N_2O_5 的分解：

$$2N_2O_5(g) \rightarrow 4NO_2(g) + O_2(g) \quad （总反应）$$

其反应机制为：

(1) $N_2O_5(g) \underset{k_{-1}}{\overset{k_1}{\rightleftharpoons}} NO_2(g) + NO_3(g)$ （慢反应）

(2) $NO_2(g) + NO_3(g) \rightarrow NO(g) + O_2(g) + NO_2(g)$ （快反应）

(3) $NO(g) + NO_3(g) \rightarrow 2NO_2(g)$ （快反应）

因此，此反应的决速步为第一步：$N_2O_5(g) \underset{k_{-1}}{\overset{k_1}{\rightleftharpoons}} NO_2(g) + NO_3(g)$。

三、化学反应的速率方程

（一）元反应的速率方程和反应分子数

在恒温下，元反应的速率符合质量作用定律，即反应速率与各反应物浓度的幂的乘积成正比。各浓度的幂指数等于元反应方程中各相应反应物的计量系数。假设元反应：

$$A + 2B \rightarrow D$$

则其反应速率方程（rate equation）为：

$$\upsilon = kc_A c_B c_B = kc_A c_B^2$$

其中 k 为反应速率常数（rate constant），它是各反应物都为单位浓度时的反应速率，其数值与反应物浓度无关，与反应的本性及温度、溶剂、催化剂等有关。

元反应方程中各反应物微粒（包括分子、离子、自由原子或自由基的总称）数之和称为反应分子数。按反应分子数不同可将元反应分为单分子反应、双分子反应和三分子反应。目前还未发现大于三分子的元反应。

单分子反应：热分解反应或异构化反应通常为单分子反应，例如：

$$CH_3CH_2F \rightarrow CH_2 = CH_2 + HF$$

双分子反应：大多数反应为双分子反应，例如：

$$CH_3COOH + C_2H_5OH \rightarrow CH_3COOC_2H_5 + H_2O$$

三分子反应：一般出现在有自由基或自由原子参加的反应中，比较少见。例如：

$$H_2 + 2I\cdot \rightarrow 2HI$$

（二）复杂反应的速率方程

复杂反应（或称总反应）由若干个元反应组成（关于典型复杂反应的相关知识，请扫描本章二维码阅读详情）。只有元反应的速率方程适用于质量作用定律，总反应的速率方程由元反应中速率控制步骤决定。

如前述 H_2 和 I_2 的气相反应

$$H_2 + I_2 \rightarrow 2HI \quad （总反应）$$

这一反应的反应机制为：

(1) $I_2 + 2I\cdot$ 　　快反应，迅速达到平衡；

(2) $H_2 + I_2 \rightarrow 2HI$ 　　慢反应，决速步反应。

由于第二步是决速步，总反应的速率等于此步反应的速率，即：

$$\upsilon = kc_{I\cdot}^2 c_{H_2}$$

上面的速率方程中有 I· 原子的浓度 $c_{I\cdot}$，需要用反应物的浓度来进一步替代。考虑到第一步是快反应，I_2 分子很快解离为活泼 I· 原子并达平衡，于是有：

$$\frac{[I\cdot]^2}{[I_2]} = K$$

因此：

$$[I\cdot]^2 = K[I_2]$$

由于第一步快反应会产生足够的 I· 原子供第二步慢反应所需，且 I_2 分子的解离度很小，所以 I_2 的平衡浓度 $[I_2]$ 就相当于反应物 I_2 的起始浓度 c_{I_2}，即有：

$$c_{I\cdot} = [I\cdot]，\quad [I_2] \approx c_{I_2}$$
$$c_{I\cdot}^2 = [I\cdot]^2 = K[I_2] \approx Kc_{I_2}$$

代入得到总反应的速率方程：

$$\upsilon = kc_{I\cdot}^2 c_{H_2} = kKc_{I_2}c_{H_2} = k'c_{I_2}c_{H_2}$$

该速率方程很像由元反应的质量作用定律得到的速率方程，但不能由此就说该反应是元反应，因为反应机理已经证实该反应实际上是由两个元反应步骤组成的复杂反应。

某些复杂反应可有非常复杂的速率方程式，如：

$$H_2 + Br_2 \rightarrow 2HBr$$

其反应速率方程为：

$$\upsilon = \frac{kc_{H_2}\sqrt{c_{Br_2}}}{1 + \dfrac{k'c_{HBr}}{c_{Br_2}}}$$

对于复杂反应，通常要由实验测定出速率方程。根据实验测定、数据归纳出的速率方程，称为经验反应速率方程。例如化学反应：

$$aA + bB \rightarrow eE + fF$$

实验测得其经验反应速率方程为：

$$\upsilon = kc_A^\alpha c_B^\beta$$

对于经验方程，有几点注意之处：

1. 反应物浓度的幂指数 α、β 由实验确定，与反应物的计量系数 a、b 无关。虽然很多情况下 α、β 在数值上和 a、b 相等。α 的计算方法是在固定 c_B 的条件下，测定不同 c_A 下的反应速率 υ，将 $\ln\upsilon$ 对 $\ln c_A$ 作图，即：

$$\upsilon = kc_A^\alpha c_B^\beta = (kc_B^\beta)c_A^\alpha = k'c_A^\alpha$$

$$\ln\upsilon = \ln k' + \alpha\ln c_A$$

可见，直线的斜率即为幂指数 α。以此类推，β 亦可在固定 c_A 的条件下同法推出。

2．在经验速率方程中，各反应物浓度的幂指数称为该反应物的级数，即 α、β 分别为物质 A、B 的级数。所有反应物级数之和 $n = \alpha + \beta$，称为总反应级数（reaction order）。反应级数可以是整数，也可以是分数；可以是正数，也可以是负数或零，例如：

$$H_2 + I_2 \rightarrow 2HI$$

反应速率方程为：$\upsilon = kc_{I_2}c_{H_2}$，总反应级数为 2 级。再如：

$$H_2 + Cl_2 \rightarrow 2HCl$$

反应速率方程为：$\upsilon = kc_{H_2}c_{Cl_2}^{0.5}$，总反应级数为 1.5 级。

反应的级数表示浓度对反应速率的影响程度，级数越大，速率受浓度影响越大。

3．反应级数与反应分子数是两个不同的概念。反应分子数是元反应中参加反应的分子数，其值是正整数，目前已知的只有 1、2、3 分子反应。通常元反应的分子数与反应级数相等，几分子反应就是几级反应。但是复杂反应不讨论反应分子数，只讨论反应级数，即浓度对速率的影响程度。级数越大，相应浓度改变时引起的速率变化就越大。

第二节　简单级数的反应

速率方程反映了速率与浓度的关系，在实际应用中，人们关注浓度如何随时间变化，因此，需要对反应速率方程进行数学变换，获得浓度与时间的关系式，即可求得某时刻的浓度。下面就一些简单级数的反应进行介绍。

一、一级反应

反应速率与反应物浓度的一次方成正比的反应称为一级反应（first order reaction），如某一级反应：

$$\begin{array}{ccc} & A \rightarrow \text{产物} & \\ t = 0 & c_0 & 0 \\ t & c & x \end{array}$$

其微分速率方程为：

$$\upsilon_A = -\frac{dc}{dt} = k_A c$$

进行积分处理：

$$\frac{dc}{c} = -k_A dt$$

$$\int_{c_0}^{c_t} \frac{dc}{c} = \int_0^t -k_A dt$$

得：

$$\ln \frac{c_0}{c_t} = k_A t$$

或：

$$\ln c_t = \ln c_0 - k_A t$$

或其指数形式：

$$c_t = c_0 e^{-k_A t}$$

属于一级反应的有：大多数热分解反应、放射性元素的衰变反应、分子重排、水解反应等。一级反应的特征：

(1) $\ln c_t$ 与 t 呈线性关系，$\ln c_t$ 对 t 作图，直线的斜率为 $-k_A$，截距是 $\ln c_0$。

(2) 速率常数 k_A 的量纲为 [时间]$^{-1}$（s^{-1}、min^{-1}、h^{-1}、d^{-1}等），k_A 的量纲与浓度无关。

(3) 反应物的半衰期（half life，$t_{1/2}$，即反应物消耗一半所需的时间）为与速率常数有关的确定值，而与反应物浓度无关：

$$t_{1/2} = \frac{\ln 2}{k_A}$$

【例6-1】 某抗生素在人体血液中分解，患者上午7点注射一针抗生素后，测得在不同时刻 t 抗生素在体内血液中的浓度 c（以 mg/dl，1 dl = 0.1 L）数据如下：

t (h)	4	8	12	16
c (mg/dl)	0.3930	0.2773	0.1938	0.1366

(1) 确定该抗生素在人体血液中分解反应的级数。
(2) 求反应的速率常数 k_A 和半衰期 $t_{1/2}$。
(3) 若抗生素在血液中浓度不低于 0.36 mg/dl 才有效，如果想保持治疗效果，何时需要注射第二针？

解：(1) 以 $\ln c$ 对 t 作图得一直线（图 6-2），说明该反应为一级反应。

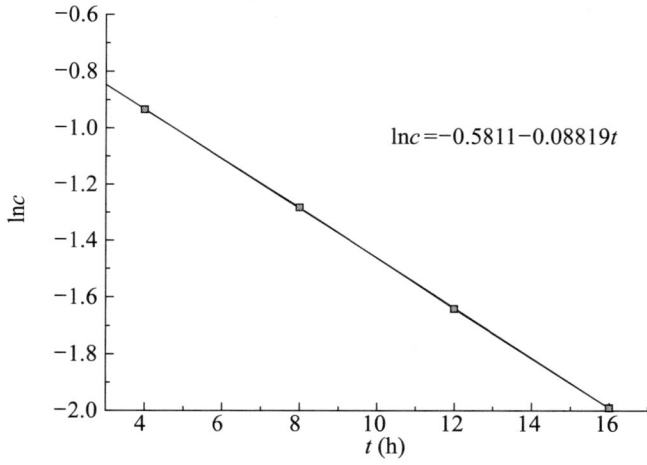

图 6-2 $\ln c$ 对 t 作图

(2) 通过线性回归，得方程 $\ln c = -0.5811 - 0.08819 t$，故：

$$\ln c_0 = -0.5811, \quad k_A = 0.08819 \text{ h}^{-1}$$

$$t_{1/2} = \frac{\ln 2}{k_A} = \frac{0.693}{0.08819} = 7.86 \text{ h}$$

（3）将 0.36 mg/dl 带入回归方程，得：

$$t_{0.36} = \frac{\ln 0.36 + 0.5811}{0.08819} = 5.00 \text{ h}$$

二、二级反应

反应速率与一种反应物浓度的平方成正比，或与两种反应物浓度的乘积成正比的反应称为二级反应（second order reaction）。

1. 假设二级反应为

$$aA \rightarrow 产物$$

则微分速率方程为：

$$v_A = -\frac{dc_A}{dt} = k_A c_A^2$$

整理后定积分得：

$$\frac{1}{c_A} - \frac{1}{c_{A,0}} = k_A t$$

2. 假设二级反应为

$$aA + bB \rightarrow 产物$$

则微分速率方程为：

$$v_A = -\frac{dc_A}{dt} = k_A c_A c_B$$

此时分两种情况：

（1）两种反应物 A、B 初始浓度相等，即 $c_{A,0} = c_{B,0}$。则反应进行到任意时间

$$c_A = c_B$$

速率方程可简化为：

$$v_A = -\frac{dc_A}{dt} = k_A c_A^2$$

此时与 aA → 产物的情形相同。

（2）两种反应物 A、B 初始浓度不相等，即 $c_{A,0} \neq c_{B,0}$，则积分得：

$$\frac{1}{c_{A,0} - c_{B,0}} \ln \frac{c_{B,0} c_A}{c_{A,0} c_B} = k_A t \quad \text{或} \quad \frac{1}{c_{A,0} - c_{B,0}} \ln \frac{c_{B,0}(c_{A,0} - x)}{c_{A,0}(c_{B,0} - x)} = k_A t$$

二级反应是一类常见的反应，溶液中的许多有机反应都是二级反应，如加成反应、取代反应和消除反应等。二级反应的特征：

（1）由 $\frac{1}{c_A} - \frac{1}{c_{A,0}} = k_A t$ 知，$\frac{1}{c_A}$ 与 t 呈线性关系，直线的斜率是 k_A，截距为 $\frac{1}{c_{A,0}}$。

（2）速率常数 k_A 的量纲为 [浓度]$^{-1}$[时间]$^{-1}$，常用单位为 L·mol^{-1}·s^{-1}，k_A 的量纲与浓度和时间均有关。

（3）由 $t_{1/2} = \dfrac{1}{k_A c_{A,0}}$ 知，反应物的半衰期 $t_{1/2}$ 与反应物的初始浓度成反比。

对于 $c_{A,0} \neq c_{B,0}$ 的二级反应，半衰期对 A、B 数值上是不同的，对整个反应来说无半衰期的概念。

（4）在实际处理时，常常将二级（或更高级）反应进行简化，成为准一级反应，然后方便计算。

准一级反应（pseudo first-order reaction）是指二级（或更高级）反应中，若非观察的所有反应物数量保持大量（浓度一般比待观察反应物大 20 倍以上），则可认为非观察的反应物在反应过程中浓度保持不变，因而使反应速率只与待观察的反应物浓度成正比，反应相对于待观察反应物而言符合一级反应特点和规律。

例如蔗糖水解的反应：

$$C_{12}H_{22}O_{11} + H_2O \rightarrow C_6H_{12}O_6 \text{（葡萄糖）} + C_6H_{12}O_6 \text{（果糖）}$$

此反应为二级反应，其速率方程为：

$$\upsilon = k\, c_{H_2O} c_{\text{蔗糖}}$$

因水是过量的，在反应过程中水的浓度几乎不变，可视为常数，合并在常数 k' 中：

$$\upsilon = k' c_{\text{蔗糖}}$$

此反应即为准一级反应。

【例 6-2】 在 298 K，乙酸乙酯皂化反应：

$$CH_3COOC_2H_5 + NaOH \rightarrow CH_3COONa + C_2H_5OH$$

为二级反应，反应开始时：

（1）若溶液中 NaOH 和 $CH_3COOC_2H_5$ 的浓度均为 0.0200 mol/L，反应 20 min 后，NaOH 的浓度变化了 0.0142 mol/L，求该反应的速率常数和半衰期。

（2）若 NaOH 的初始浓度为 0.0200 mol/L，$CH_3COOC_2H_5$ 的初始浓度为 0.0100 mol/L，反应 20 min 后，NaOH 的浓度为 0.00609 mol/L，$CH_3COOC_2H_5$ 的浓度为 0.00108 mol/L，求该反应的速率常数。

（3）若 $CH_3COOC_2H_5$ 的初始浓度为 0.02 mol/L，NaOH 的初始浓度为 0.4 mol/L，需要多长时间可以使 $CH_3COOC_2H_5$ 水解 90%？

解：（1）两个反应物初始浓度相等 $c_{NaOH,0} = c_{CH_3COOC_2H_5,0} = 0.0200$ mol/L 且为等摩尔反应，因此，其反应速率方程符合：

$$\frac{1}{c_A} - \frac{1}{c_{A,0}} = k_A t$$

反应 20 min 后，$CH_3COOC_2H_5$ 与 NaOH 的浓度为：

$$c_{NaOH} = c_{CH_3COOC_2H_5} = 0.0200 - 0.0142 = 0.0058 \text{ mol/L}$$

代入速率方程：

$$\frac{1}{0.0058} - \frac{1}{0.0200} = 20 k_A$$

$$k_A = 6.12 \text{ L} \cdot \text{mol}^{-1} \cdot \text{min}^{-1}$$

反应的半衰期为：

$$t_{1/2} = \frac{1}{k_A c_{A,0}} = \frac{1}{6.12 \times 0.02} = 8.20 \text{ min}$$

（2）两个反应物初始浓度不相等，$c_{NaOH,0} \neq c_{CH_3COOC_2H_5,0}$，反应的速率方程符合：

$$\frac{1}{c_{A,0} - c_{B,0}} \ln \frac{c_{B,0} c_A}{c_{A,0} c_B} = k_A t$$

将 $c_{NaOH,0} = 0.02$ mol/L，$c_{CH_3COOC_2H_5,0} = 0.01$ mol/L，$c_{NaOH} = 0.00609$ mol/L，$c_{CH_3COOC_2H_5} = 0.00108$ mol/L，$t = 20$ min 代入速率方程解得：

$$k_A = 6.1 \text{ L} \cdot \text{mol}^{-1} \cdot \text{min}^{-1}$$

（3）氢氧化钠的初始浓度 $c_{NaOH,0} = 0.4$ mol/L 远大于乙酸乙酯的初始浓度 $c_{CH_3COOC_2H_5,0} = 0.0200$ mol/L，反应可简化为准一级反应，速率方程符合：

$$\upsilon = k' c_{CH_3COOC_2H_5}$$

$$k' = k_A c_{NaOH} = 6.1 \times 0.4 = 2.44 \text{ min}$$

一级反应的积分速率方程：$\ln \dfrac{c_t}{c_0} = -k't$

$$t = -\frac{\ln(c_t / c_0)}{k'} = -\frac{\ln(10/100)}{2.44} = 0.94 \text{ min}$$

三、零级反应

反应速率与反应物浓度无关的反应称为零级反应（zero order reaction）。例如反应：

$$A \rightarrow \text{产物}$$

反应的微分速率方程为：

$$\upsilon = -\frac{dc}{dt} = k_A c^0 = k_A$$

积分速率方程为：

$$c_0 - c_t = k_A t$$

零级反应通常是固相反应或由催化剂参加的反应。比如酶 E 催化的反应：

$$S \rightarrow \text{产物}$$

反应速率符合米恰利-门顿（Michaelis-Menten）方程：

$$\upsilon = \frac{dc_P}{dt} = \frac{k_{cat} c_{E,0} c_S}{K_M + c_S}$$

其中 k_{cat} 和 K_M 是两个常数（详见本章酶催化反应）。当底物浓度很大，即 $c_S \gg K_M$ 时，则有：

$$\upsilon = \frac{dc_P}{dt} = \frac{k_{cat} c_{E,0} c_S}{K_M + c_S} \approx \frac{k_{cat} c_{E,0} c_S}{c_S} = k_{cat} c_{E,0}$$

由于酶的浓度受基因表达控制，在一定时间内也可以看作是一个常数。当酶的浓度恒定时，此反应就是零级反应。

零级反应的特征：

（1）反应速率为常数，是恒速反应。

（2）c_t 与 t 成线性关系，直线的斜率为 $-k_A$，截距为 c_0。反应速率常数 k_A 的量纲为 [浓度][时间]$^{-1}$，常用单位为 $mol \cdot L^{-1} \cdot s^{-1}$。

（3）反应物的半衰期 $t_{1/2}$ 与反应物的初始浓度成正比：

$$t_{1/2} = \frac{c_0}{2k_A}$$

四、简单级数的反应的速率方程小结

一些典型的简单级数反应的微分及积分速率方程及其特征比较见表 6-1。除上面介绍的几种典型简单级数的反应外，n 级反应在这里只列出了微分速率方程为 $-\frac{dc_A}{dt} = k_A c_A^n$ 的一种简单形式。

表 6-1 简单级数反应的速率方程及特征小结 *

n	微分速率方程式	积分速率方程	$t_{1/2}$	线性关系	k 的单位
0	$-\frac{dc}{dt} = k_A$	$c_0 - c_t = k_A t$	$\frac{c_0}{2k_A}$	$c_t \sim t$	$mol \cdot L^{-1} \cdot s^{-1}$
1	$-\frac{dc}{dt} = k_A c$	$\ln \frac{c_0}{c_t} = k_A t$	$\frac{\ln 2}{k_A}$	$\ln c_t \sim t$	s^{-1}
2	$-\frac{dc_A}{dt} = k_A c_A^2$	$\frac{1}{c_A} - \frac{1}{c_{A,0}} = k_A t$	$\frac{1}{k_A c_{A,0}}$	$1/c_t \sim t$	$L \cdot mol^{-1} \cdot s^{-1}$
2	$-\frac{dc_A}{dt} = k_A c_A c_B$	$\frac{1}{c_{A,0} - c_{B,0}} \ln \frac{c_{B,0} c_A}{c_{A,0} c_B} = k_A t$	—	$\ln \frac{c_{B,0} c_A}{c_{A,0} c_B} \sim t$	$L \cdot mol^{-1} \cdot s^{-1}$
n ($n \neq 1$)	$-\frac{dc_A}{dt} = k_A c_A^n$	$\frac{\frac{1}{c_A^{n-1}} - \frac{1}{c_{A,0}^{n-1}}}{n-1} = k_A t$	—	$1/c_A^{n-1} \sim t$	$(mol/L)^{1-n} \cdot s^{-1}$

* 本书仅对上述反应的数学计算做要求。

第三节　影响反应速率的因素及控制反应速率的策略

一、影响反应速率的因素

前面学习了反应的速率方程，假设元反应：

$$A + 2B \rightarrow D$$

则其反应速率方程为：

$$\upsilon = k c_A c_B^2$$

从速率方程可知，影响反应速率的因素包括：①反应物的浓度；②反应的速率常数。后者对于一个给定条件的反应来说更为重要。

那么，影响反应速率常数的因素有哪些呢？Arrhenius 在大量实验的基础上，提出了速率常数的函数关系式，即著名的 Arrhenius 公式：

$$k = A \exp\left(\frac{-E_a}{RT}\right) \quad \text{或} \quad \ln k = -\frac{E_a}{RT} + \ln A$$

式中 T 为反应温度；E_a 称为活化能（activation energy），由于在指数项上，E_a 对反应速率的影响较大；A 为指前因子，在一定温度范围内可认为是常数。

化学反应的过渡态理论认为，对于某个元反应 A → P 来说，反应物粒子 A（分子或离子）在转变为产物之前要经历一个能量较高的中间状态，即反应的过渡态 A*：

$$A \rightarrow A^* \rightarrow P$$

过渡态分子 A^* 的能量与反应物 A 的平均能量之差为活化能 E_a（图 6-3）。因此，遵循化学反应的微观可逆原理，这个反应的逆反应也存在了一个活化能 E_a'。过渡态理论推导指出，E_a 与 E_a' 之差为该反应的反应焓变，即：$\Delta_r H_m = E_a - E_a'$。

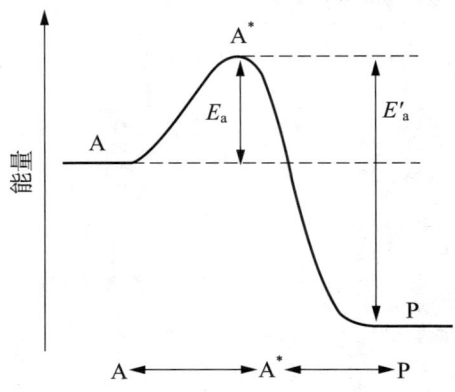

图 6-3　化学反应过程的能量变化和活化能

从 Arrhenius 公式，可以看出温度 T 和活化能 E_a 如何影响反应速率常数 k：

（1）$\ln k$ 与 $1/T$ 呈线性关系，直线的斜率为 $-\dfrac{E_a}{R}$。因此，活化能 E_a 越大，k 越小；而温度 T 越高，则 k 越大。

（2）将公式进行变换处理

$$\frac{d \ln k}{d T} = -\frac{E_a}{RT^2}$$

积分可得：

$$\ln \frac{k_2}{k_1} = -\frac{E_a}{R}\left(\frac{1}{T_2} - \frac{1}{T_1}\right)$$

利用此式，对同一反应，在已知两个温度的速率常数条件下，可求反应的活化能，或已知活化能和某一温度及该温度下的速率常数时，可求另一温度下的速率常数。

【例 6-3】 尿素水解反应 $CO(NH_2)_2 + H_2O \rightarrow 2NH_3 + CO_2$ 为一级反应。在 373.15 K 和 325.15 K 温度下的速率常数分别为 6.456×10^{-2} s^{-1} 和 2.080×10^{-4} s^{-1}，求该反应的活化能和在 343.15 K 下的速率常数 $k_{343.15}$。

解： 由式 $\ln \dfrac{k_2}{k_1} = -\dfrac{E_a}{R}\left(\dfrac{1}{T_2} - \dfrac{1}{T_1}\right)$

得 $E_a = \dfrac{R \ln \dfrac{6.456 \times 10^{-2}}{2.080 \times 10^{-4}}}{\dfrac{1}{325.15} - \dfrac{1}{373.15}} = 120.6 \text{ kJ/mol}$

$k_{343.15} = k_{325.15} \exp[-\dfrac{E_a}{R}(\dfrac{1}{343.15} - \dfrac{1}{325.15})] = 2.159 \times 10^{-3} \text{ s}^{-1}$

【例 6-4】 硝基异丙烷水溶液与碱的中和反应是二级反应，其速率常数与温度的关系如下：

$\ln k = -\dfrac{7654.6}{T} + 27.435$，时间以 min 为单位，浓度以 mol/L 为单位

（1）计算反应的活化能。
（2）在 298 K 时，若硝基异丙烷与碱的浓度均为 0.009 mol/L，求反应的半衰期。

解：（1）由 Arrhenius 公式 $\ln k = -\dfrac{E_a}{RT} + \ln A$

则 $E_a = 7654.6 \times 8.314 = 63.640 \text{ kJ/mol}$

（2）$\ln k = -\dfrac{7654.6}{298} + 27.435 = 1.748$

$$k = 5.743$$

$$t_{1/2} = \dfrac{1}{kc_{A,0}} = \dfrac{1}{5.743 \times 0.009} = 19.347 \text{ min}$$

【例 6-5】 现有两个化学反应，一个反应的活化能为 120.0 kJ/mol，另一个反应的活化能为 230.0 kJ/mol。当两个反应的温度都由 298 K 上升为 318 K 时，反应速率分别变为原来的几倍？温度变化对哪一个反应影响更大？

解： 不同温度下速率常数的关系方程为：

$$\ln \dfrac{k_2}{k_1} = -\dfrac{E_a}{R}\left(\dfrac{1}{T_2} - \dfrac{1}{T_1}\right)$$

对活化能为 120.0 kJ/mol 的反应，

$$\ln \dfrac{k_2}{k_1} = -\dfrac{120 \times 10^3}{8.314}(\dfrac{1}{318} - \dfrac{1}{298}) = 3.046$$

$$k_2/k_1 = e^{3.046} = 21.03$$

对活化能为 230.0 kJ/mol 的反应，

$$\ln \dfrac{k_2}{k_1} = -\dfrac{230.0 \times 10^3}{8.314}(\dfrac{1}{318} - \dfrac{1}{298}) = 5.839$$

$$k_2/k_1 = e^{5.839} = 343.44$$

上述计算结果表明，温度变化对活化能大的反应影响更大。

二、催化剂

催化剂（catalyst）是能使化学反应的速率显著增大，而本身在反应前后数量及化学性质都不改变的物质。催化剂可以是各种类型的不溶性固体（如金属、金属盐、配合物等）或可溶性分子（如 NO、H_2O）或离子（如 H^+、OH^-）等。酶是一种天然的催化剂，在生命系统中，酶发挥了至关重要的作用。

1. 催化机制 催化剂作用的机制是与反应物分子形成不稳定的中间化合物或配合物，从而改变了反应的途径，使反应通过一条具有较小的活化能 E_a 的途径进行，从而反应速率大大增加。

假设某反应：

$$A + D \rightarrow AD$$

在无催化剂时，其反应途径为：

$$A + D \rightarrow A \cdots D \rightarrow AD$$

此时，反应的活化能为 E_a，E_a 较高，因此反应进行较慢（图 6-4）。

当加入催化剂 K 时，其反应途径则变为：

第一步：A 与 K 反应，形成中间产物 AK：

$$A + K \rightarrow A \cdots K \rightarrow AK$$

此步骤为可逆反应，正反应的活化能为 E_{a1}，逆反应的活化能为 E_{a2}。

第二步：AK 与 D 反应，K 获得再生：

$$AK + D + A \cdots K \cdots D \rightarrow AD + K$$

此步骤也为可逆反应，正反应的活化能为 E_{a3}。

如图 6-4 所示，由于 $E_{a3} > E_{a1}$，因此第二步反应 AK + D → AD + K 是总反应的决速步，总反应的速率取决于第二步反应的速率。与无催化时反应的活化能 E_a 比较，催化反应的活化能 $E_{a3} < E_a$，反应在催化剂作用下大大加快。

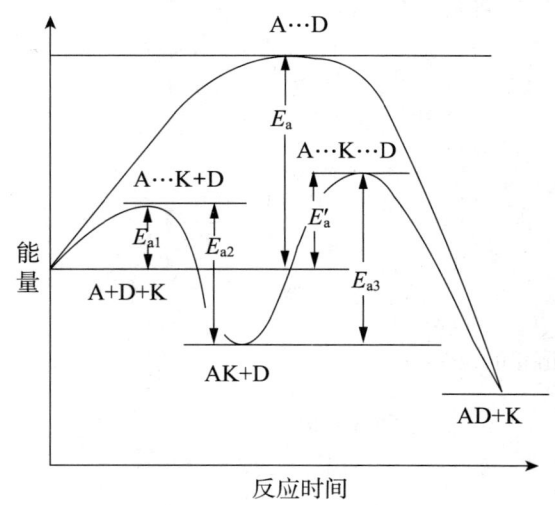

图 6-4 催化反应的活化能与反应的途径

2. 生物催化剂——酶 生物（包括人）体内每时每刻都在进行着大量的生物化学反应。生物体摄入的食物（包含蛋白质、脂肪、糖类等）本身并不能为人体所利用，蛋白质必须被蛋白酶分解成氨基酸才能透过肠黏膜吸收入血，通过血液运送到全身各个组织细胞，再被细胞利用；脂肪必须由脂肪酶分解成甘油和脂肪酸才能被吸收入血，被组织细胞利用；糖类必须被糖苷酶分解成小分子的单糖才能被吸收入血，然后运输到各组织器官，并进入细胞内，再在各种酶的作用下，产生能量，放出水和 CO_2。只要生命在持续，各种生物化学反应一刻也不能停息。成千上万种的生物化学反应过程必须由酶进行催化促进，酶的浓度和活力影响机体生化反应的速率，从而影响机体的正常功能。

人体中的酶促反应是人体正常生命活动不可缺少的。如羟甲戊二酰辅酶 A（HMG-CoA）还原酶是内源性胆固醇的合成限速酶，其在人体中催化羟甲戊二酰辅酶 A 还原最终得到胆固醇，如图 6-5 所示。

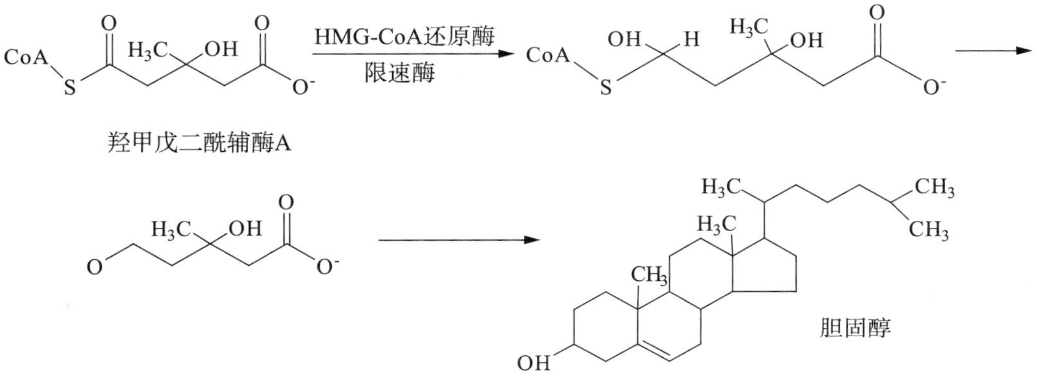

图 6-5　内源性胆固醇合成途径

但人体内源性的胆固醇合成过多会导致高血脂症。抑制内源性的胆固醇合成，可以达到降低血脂的目的。根据此原理，人们发现了能抑制 HMG-CoA 还原酶的药物如美伐他汀、辛伐他汀等。

这些药物分子称为酶的抑制剂，它们与酶结合，导致酶的失活。现今很多药物都是通过对生物酶的特异性抑制而发挥作用。又如大家熟知的阿司匹林（学名乙酰水杨酸）是环氧合酶（COX）的非选择性抑制剂，它能通过抑制 COX 的其中一个亚型 COX-1 的活性，阻断花生四烯酸向血栓素（TXA2，具有血小板聚集作用）的转化，因而具有抗血栓作用；它也能抑制 COX 的另一个亚型 COX-2 的活性，阻断花生四烯酸转化为炎症性前列腺素 E2（PGE2），发挥抗炎作用。

生物酶不仅催化生物体内的化学反应，也被利用在生产中。如过氧化氢酶在体内可以催化 H_2O_2 分解，降低细胞内 H_2O_2 的浓度，从而避免机体的氧化损伤；在纺织业中，过氧化氢酶可用于催化分解纤维或染缸中的 H_2O_2。

相比于目前的合成催化剂，酶催化具有以下的特征：

（1）高选择性。一种酶只能催化一种或一类化合物的特定化学反应。如尿素酶只能催化尿素 $CO(NH_2)_2$ 的水解，但不能水解尿素的取代物如甲脲 $CH_3NH—CO—NH_2$。蛋白酶只能催化蛋白质水解，不催化核酸水解。在酶催化反应中，与某个酶结合的反应物通常称为这个酶的底物（substrate，简写成 S）。酶与其底物间具有"一把钥匙开一把锁"的底物特异性。肉食动物不能以植物为食，草食动物不能以肉为食，因为都缺乏相应的食物蛋白质的酶。

（2）高催化效率。酶催化效率为一般合成酸碱催化剂的 $10^8 \sim 10^{11}$ 倍。如 SOD 酶，其催化反应的速率常数数量级达 $10^9 \sim 10^{10}$ L·mol^{-1}·s^{-1}。

(3) 反应条件温和。大多数的酶催化反应可在体温和近中性条件下完成。酶也具有多样性，可以适应多种特殊条件的催化反应。例如胃蛋白酶工作 pH 在 1～2 之间；胰蛋白酶则在中性或弱碱性条件下工作；普通的 DNA 聚合酶在 37 ℃ 效率最高，而生活于温泉中的细菌的 TaqDNA 聚合酶，其工作最佳温度则为 70～80 ℃。

酶催化反应的过程，一般分成下列步骤：

第一步：底物与酶结合，形成不稳定的中间产物 ES：

$$E + S \underset{k_2}{\overset{k_1}{\rightleftharpoons}} ES \text{（快过程）}$$

第二步：酶分子与底物 S 发生化学反应，生成产物 P：

$$ES \xrightarrow{k_3} EP \text{（慢过程，速率控制步骤）}$$

第三步：产物与酶脱离：

$$EP \xrightarrow{k_4} E + P \text{（快过程）}$$

米恰利和门顿推导出了酶催化过程的反应速率的通式：

$$v = \frac{dc_P}{dt} = \frac{k_3 c_{E,0} c_S}{K_M + c_S}$$

此式称为米氏方程（Michaelis-Menten equation），其中 k_3（亦称为 k_{cat}）和 k_M 是两个常数，k_{cat} 是催化反应中第二步——速率控制步骤中的表观速率常数，k_M 称为 Michaelis 常数，是酶与底物反应的表观解离常数：

$$K_M = \frac{k_2 + k_3}{k_1} = \frac{c_E c_S}{c_{ES}}$$

从米氏方程可以看到如图 6-6 所示的几点：

① 在 $c_S \gg K_M$ 时，反应速率达到极大值：$v_{max} = k_3 c_{E,0}$，酶催化反应速率与加入的酶的浓度 $c_{E,0}$ 成正比。

② 当酶的浓度 c_E 不变时，反应速率随底物浓度 c_S 的增大而增大，表现为图 6-6 所示曲线。

③ 在 $c_S \ll K_M$ 时，v 与 c_S 成正比。$v \approx \frac{k_3}{K_M} c_{E,0} c_S$。酶的浓度受基因表达的控制，在一定时间内可看作一个常数，即 $c_{E,0}$ 近似为常数，本条件下，$v \approx \frac{k_3}{K_M} c_{E,0} c_S = k' c_S$，可近似为准一级反应，则底物转化的半衰期为：

$$t_{1/2} = \frac{\ln 2}{k'} = \frac{0.693}{\frac{k_3}{K_M} c_{E,0}}$$

可以看出，若酶的浓度增加 1 倍，底物的半衰期就降低一半。

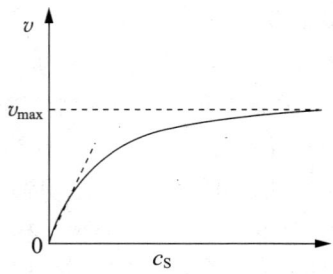

图 6-6　酶催化反应速率与底物浓度关系的曲线

三、控制反应速率的策略

在实际生产生活中，有时需要加快化学反应的速率，如一些化工生产加入催化剂加快反应速率；有时需要降低化学反应的速率，如药品的存贮中，希望它被氧化降解的速率越慢越好。根据前面学习的化学反应的动力学原理，通过控制影响化学反应速率的因素，可以控制化学反应的速率。

1. 控制反应物的浓度

（1）加速。加大反应物浓度，可以增大反应速率。如生产氨时，增加反应物氢气和氮气的浓度，可以加快反应速率，同时不断将生成的产物氨转移出去，可以增加反应的转化率。

（2）减速。降低全部或关键反应物的浓度，可以降低反应的速率。例如食物和药物易氧化变质，在保存时，可以将食物、药物密封隔绝空气，或在包装中加入脱氧剂，脱氧剂优先与氧气反应，将包装中的氧气快速耗尽，从而延长保存时间。

2. 控制反应温度

（1）加速。在反应热力学许可的范围内，升高温度是提高反应速率的最有效和方便的途径之一。如生活中，用高压锅煮饭可大大缩短食物煮熟的时间，使食物保持更好的色、香、味。

（2）减速。同理，降低温度可以有效减慢反应的速率。如通常将食物或药品存放在冰箱中，以减慢其腐败或氧化的速率。

3. 控制催化剂

（1）加速。选择合适的催化剂或酶，可以大大加快反应速率。例如，在烹饪牛肉时，先用木瓜蛋白酶（俗称嫩肉粉）处理牛肉，使牛肉蛋白质发生部分水解，不仅可增加肉的口感，而且水解产生的氨基酸可增加食物的鲜味。

（2）减速。催化剂只能加速反应，而不能降低反应速率。但是，对于需要催化剂进行的反应，可以通过让催化剂失活（俗称"催化剂中毒"）的方式阻止催化反应，从而使反应减速。例如，茶叶从茶树上采摘以后，叶细胞死亡时释放大量的酶使茶叶发酵，根据发酵的程度不同形成青茶（如乌龙茶）、红茶（如正山小种茶等）和黑茶（如普洱茶等）等。但如果想喝绿茶（如西湖龙井、碧螺春、信阳毛尖茶等），就需要阻止上述发酵过程。方法是将采摘后的茶叶立即用烘烤、蒸汽和微波加热等方法进行高温处理，让细胞内的酶迅速变性失活。同时，加热可散发鲜叶的青臭味，促进成品茶叶良好香气的形成。此外，加热后的茶叶由于部分脱水，使茶叶变软，便于揉捻成形，这一过程俗称茶叶的"杀青"。

人体内 H_2O_2 在体内微量的铁离子催化下，可发生 Fenton 和 Haber-Weiss 反应，生成 ·OH。

$$Fe^{2+} + H_2O_2 \rightarrow Fe^{3+} + ·OH + OH^-$$

$$Fe^{3+} + e^-（细胞内的还原剂提供）\rightarrow Fe^{2+}$$

·OH 是极其活泼的自由基，可导致严重的氧化损伤、基因突变及人体的各种代谢性和退行性病变，如癌症、心脑血管疾病、阿尔茨海默病和糖尿病等。因此，人体通常在转运铁离子时，用转铁蛋白与之紧密地结合，而多余的铁离子则形成更为紧密的铁蛋白复合物，避免游离铁离子的存在引发自由基生成。

思考题

1. 化学反应速率的表达方式有几种？分别如何表示？

2. 反应分子数指什么？什么是反应级数？两者是否相同？
3. 零级、一级、二级反应有哪些特征？
4. 影响反应速率的因素主要有哪些？
5. 催化剂的作用是什么？其对反应速率的调节机制是什么？酶催化的特征是什么？
6. 如何由一个药物的反应机制方程确定反应级数，从而确定药物有效期及间隔多长时间用药？

习 题

1. 反应 $H_2 + Br_2 = 2HBr$ 的速率方程可表示为 $-dc_{H_2}/dt = k_{H_2}c_{H_2}c_{Br_2}$，也可以表示为 $dc_{HBr}/dt = k_{HBr}c_{H_2}c_{Br_2}$，速率常数 k_{H_2} 与 k_{HBr} 的关系是

   A．$2k_{H_2} = 3k_{HBr}$ B．$2k_{H_2} = k_{HBr}$
   C．$2k_{H_2} = 2k_{HBr}$ D．$k_{H_2} = k_{HBr}$

2. 实验测得化学反应 $S_2O_8^{2-} + 2I^- \rightarrow I_2 + 2SO_4^{2-}$ 的速率方程为 $-\dfrac{dc_{S_2O_8^{2-}}}{dt} = kc_{S_2O_8^{2-}}c_{I^-}$，根据上述条件可以认为

   A．反应的分子数为 3 B．反应分子数为 2
   C．反应级数为 3 D．反应级数为 2

3. 元反应 $A(g) + B(g) \rightarrow C(g)$，若初始浓度 $c_{A,0} \gg c_{B,0}$，即在反应过程中物质 A 大量过剩，其反应掉的物质的浓度与 $c_{A,0}$ 比，可以忽略不计。此反应的级数 n 为

   A．1 B．2 C．3 D．0

4. 两个 I· 与 M 粒子同时碰撞，发生化学反应 $I· + I· + M \rightarrow I_2(g) + M$，则反应的活化能 E_a 为

   A．> 0 B．$= 0$ C．< 0 D．不能确定

5. 某放射性元素衰变反应为一级反应，已知其半衰期为 $t_{1/2} = 6\,d$，则 18 d 后，所剩余的放射性元素的物质的量为 n，与原来的元素的物质的量 n_0 的关系为

   A．$n = n_0/3$ B．$n = n_0/8$ C．$n = n_0/12$ D．$n = n_0/4$

6. 平行反应

$$A(g) \begin{array}{c}(1) \nearrow B(g)，主产物 \\ (2) \searrow E(g)，副产物\end{array}$$

已知反应（1）的活化能 $E_{a,1} = 80\,kJ/mol$，反应（2）的活化能 $E_{a,2} = 20\,kJ/mol$，为使反应有利于主产物生成，应当采取的方法是

   A．恒温反应 B．升高反应温度
   C．降低反应温度 D．将副产物及时排出反应器

7. ^{60}Co 广泛用于癌症治疗和灭菌消毒，其衰变反应为一级反应，298 K 时的速率常数 $k = 3.43\,s^{-1}$，当 ^{60}Co 衰变 50% 和 75% 时分别需要多长时间？

8. 在呼吸时，吸入的氧气与肺血液中的血红蛋白（Hb）反应，生成氧合血红蛋白（HbO_2），反应方程式为：$Hb + O_2 \rightarrow HbO_2$。反应为二级反应。为保持肺血液中血红蛋白的正常浓度为 $8.0 \times 10^{-6}\,mol/L$，则肺血液中氧的浓度必须保持在 $1.6 \times 10^{-6}\,mol/L$。已知上述反应在正常体温下的速率常数为 $k = 2.1 \times 10^6\,L·mol^{-1}·s^{-1}$。试计算：(1) 正常情况下，肺血液中氧合血红蛋白的生成速率及氧的消耗速率为多少？(2) 由于疾病的原因，患者的氧合血红蛋白的生成速率达到 $1.1 \times 10^{-4}\,mol·L^{-1}·s^{-1}$，此时需输氧保持血红蛋白的正常浓度，求肺血液氧的

浓度应为多少？

9. 二级反应 A + B → G，反应的活化能为 83.5 kJ/mol，A 和 B 的初始浓度均为 1 mol/L，在 298.15 K 条件下反应半小时后，A 和 B 各消耗一半，求：(1) 在 298.15 K 条件下，反应 1 小时后，两者各剩余多少？(2) 323.15 K 温度下的速率常数是多少？

10. 盐酸丁卡因水溶液在一定温度下分解，其分解速率常数与温度之间的关系为

$$\ln k = -\frac{7765}{T} + 20.40$$

k 的单位为 h^{-1}，T 用绝对温标。求：(1) 室温（25 ℃）每小时分解百分之几？(2) 若此药物分解 10% 即为失效，25 ℃ 下保存的有效期为多长？(3) 若要求此药物有效期达 2 年，保存温度不能超过多少摄氏度？

11. HO_2 是大气中起重要作用的高活性化学物种，其在大气中的反应为 $2HO_2$ (g) → H_2O_2 (g) + O_2 (g)，该反应为二级反应。在 25 ℃，该反应的速率常数 $k = 1.40 \times 10^9$ L·mol^{-1}·s^{-1}，若 HO_2 的起始浓度为 2.00×10^{-9} mol/L，则 2 秒后剩余浓度是多少？

12. 试证明一级反应的转化率分别为 75%、87.5% 时，所需要的时间分别为 $2t_{1/2}$、$3t_{1/2}$。

13. 蛋白的热变作用为一级反应，其活化能约为 85 kJ/mol，在标准大气压 $p^\ominus$ 下，地面上沸水中"煮熟"鸡蛋需要 7 min，试求在山顶（气压为 $0.70p^\ominus$）的沸水中"煮熟"鸡蛋需要多长时间。

14. 某液相反应 2A → B，在不同反应时间用光谱法测定产物的浓度，结果如下：

t (min)	0	10	20	30	40	∞
c_B (mol/L)	0	0.0890	0.153	0.200	0.230	0.310

求：该反应的级数、速率常数和半衰期。

15. 二级反应 A + B → P 的活化能为 92.05 kJ/mol。当 A 和 B 的初浓度均为 1.0 mol/L 时，293 K 下反应 0.5 小时后，两者各消耗一半。求 313 K 温度下反应的速率常数。

16. 实验测得一级反应 A $\xrightarrow{k_A}$ B 的活化能 $E_a = 120 \times 10^3$ J/mol，指前因子 $A = 1.2 \times 10^{13}$ s^{-1}，求 A 在 298 K 时反应掉一半所需的时间。

17. 将某药物水溶液安瓿瓶分别置于 338.15 K、348.15 K、358.15 K、368.15 K 恒温水浴中加热，在不同时间取样测定其含量，如表中数据所示。当其相对含量降至 90% 即为失效。求该药物在室温（298.15 K）下的贮存期。

338.15（K）		348.15（K）		358.15（K）		368.15（K）	
t (h)	c (%)	t (h)	c (%)	t (h)	c (%)	t (h)	c (%)
0	100	0	100	0	100	0	100
48	98.04	48	96.01	24	95.26	24	90.72
96	96.13	96	91.58	48	90.75	48	80.69
144	94.26	144	87.37	72	86	72	71.73
192	92.34	192	83.55	96	81.50	96	63.83
—	—	—	—	120	77.24	120	56.75

（李　森）

第七章

氧化还原反应

反应物间存在有电子转移的这类反应被称为氧化还原反应，生物体内有许多重要反应都属于此类反应，比如食物中的糖类、脂肪和蛋白质在生物体内经生物氧化逐步释放能量的过程。除此之外，某些药物的药理毒理作用、人体内发生的神经传导、呼吸过程和药物释放等现象也都与氧化还原反应密切相关。

第一节 氧化还原反应的基本概念

一、氧化数

20 世纪初期，随着电子理论的建立，人们把失去电子的过程称为氧化（oxidation），得到电子的过程称为还原（reduction）。例如反应：

$$Cu^{2+} + Zn \rightleftharpoons Cu + Zn^{2+}$$

其中，Cu^{2+} 获得电子被还原为 Cu，同时 Zn 失去电子被氧化为 Zn^{2+}，这种在反应物之间发生电子转移的反应统称为氧化还原反应。

但是，由于共价化合物在氧化还原反应中没有明显的电子得失，为了明确划分氧化还原反应和非氧化还原反应，提出了氧化数（oxidation number）的概念（也可称为氧化值）。

1970 年，IUPAC 把氧化数定义为元素原子的电荷数。电荷数是将共用电子对"归于"电负性较大的一方而求得。在明确化合物的结构后，根据定义就可以确定分子中任意一个原子的氧化数。为简便起见，若化合物中含有两个或两个以上不同氧化数的同一种元素，则通常给出这个元素的平均氧化数。

确定氧化数的基本规则及方法如下：

（1）单质中元素的氧化数为零。在中性分子中，各元素氧化数的代数和为零。

（2）在单原子离子中，元素的氧化数等于该离子的电荷。多原子离子中，各元素氧化数的代数和等于离子所带的电荷。

（3）通常情况下，H 的氧化数是 +1，O 的氧化数是 −2，碱金属的氧化数是 +1，碱土金属的氧化数是 +2，卤素在卤化物中的氧化数为 −1。而元素 O 在过氧化物中的氧化数为 −1（如 Na_2O_2），在超氧化物中的氧化数为 $-\frac{1}{2}$（如 KO_2），元素 H 在金属氢化物中的氧化数为 −1（如 CaH_2）。

根据以上规则，可以计算出各种物质中任意一个元素的氧化数。例如：
$S_2O_3^{2-}$ 中 S 的氧化数为　　$2x + 3 \times (-2) = -2$　　$x = +2$
$Cr_2O_7^{2-}$ 中 Cr 的氧化数为　　$2x + 7 \times (-2) = -2$　　$x = +6$
元素的氧化数不一定是整数，如在 $S_4O_6^{2-}$ 中，S 的平均氧化数为　　$4x + 6 \times (-2) = -2$
$x = +\dfrac{5}{2}$

【例 7-1】 求 $Cr_2O_7^{2-}$ 中 Cr 和 Fe_3O_4 中 S 的氧化数。

解：设 $Cr_2O_7^{2-}$ 中 Cr 的氧化数为 x，由于氧的氧化数为 -2，则

$$2x + 7 \times (-2) = -2 \quad x = +6$$

故 Cr 的氧化数为 $+6$

同理，可以计算出 Fe_3O_4 分子中，Fe 的氧化数为 $+\dfrac{8}{3}$。

由此可见，元素的氧化数既可以是整数，也可以是分数（或小数）。

二、氧化还原反应

氧化反应（oxidation reaction）：元素的氧化数升高（失去电子）的反应，称为氧化反应。该物质自身被氧化，称为还原剂（reducing agent）。

还原反应（reduction reaction）：元素的氧化数升高（得到电子）的反应，称为还原反应。该物质自身被还原，称为氧化剂（oxidizing agent）。

氧化反应和还原反应总是同时发生、相互依存的，如果有物质得到电子，必然有物质失去电子，而且得失电子数一定相等。

三、氧化还原电对

每个氧化还原反应都可以分成两个半反应，称为氧化还原半反应（redox half-reaction）。一个是氧化剂被还原的反应，一个是还原剂被氧化的反应。例如：

$$Cu^{2+} + Zn \rightleftharpoons Cu + Zn^{2+}$$

可拆分为　　　　　　　　　　$Zn - 2e^- \rightarrow Zn^{2+}$　　　（氧化半反应）
　　　　　　　　　　　　　　$Cu^{2+} + 2e^- \rightarrow Cu$　　　（还原半反应）

我们来分析一个发生在生物呼吸作用中的有机化学反应：乙醛（CH_3CHO）被还原成乙醇（CH_3CH_2OH）。

$$CH_3CHO + H^+ + NADH \rightarrow CH_3CH_2OH + NAD^+$$

其中，NADH 是一种生物体内非常重要的还原剂分子，NAD^+ 是它的共轭氧化形式，也是生物体内常见的氧化剂。上述反应可以看成下列两个半反应之和：

氧化半反应：$NADH \rightarrow NAD^+ + H^+ + 2e$

还原半反应：$CH_3CHO + 2H^+ + 2e \rightarrow CH_3CH_2OH$

在生物化学中常用图示表示反应的电子转移过程：

$$\text{CH}_3\text{CHO} \quad\quad \text{NAD}^+$$
$$\xrightleftharpoons{e^-}$$
$$\text{CH}_3\text{CH}_2\text{OH} \quad\quad \text{NADH}$$

在半反应中，氧化剂与其相应的还原产物及还原剂与其相应的氧化产物就构成了氧化还原电对（redox electric couple）。在氧化还原电对中，氧化数较高的状态称为氧化态（oxidation state），用 Ox 表示；氧化数较低的状态称为还原态（reduction state），用 Red 表示。氧化还原电对通用的书写方式为 Ox/Red，如 Zn^{2+}/Zn、Fe^{3+}/Fe^{2+}、H^+/H_2、O_2/OH^-、Cl_2/Cl^- 等。

氧化还原半反应的通式为

$$\text{氧化态} + ne^- \rightleftharpoons \text{还原态}$$

或

$$\text{Ox} + ne^- \rightleftharpoons \text{Red}$$

式中 n 为半反应中电子转移的数目。

四、氧化还原反应方程式的配平

配平氧化还原方程式常用的有氧化值法和离子 - 电子法（ion-electron method，又称半反应法）。氧化数法中学阶段已经介绍，下面介绍离子 - 电子法。可以用下面的例子来说明离子 - 电子法配平氧化还原方程式的具体步骤：

【例 7-2】 用离子 - 电子法配平氧化还原反应方程式：

$$MnO_4^- + H_2O_2 + H^+ \rightarrow Mn^{2+} + O_2 + H_2O$$

解：氧化还原方程式的配平步骤如下：

1. 先将反应物和产物以离子或分子的形式列出（难溶物、弱电解质和气体均以分子式表示）：

$$MnO_4^-,\ H_2O_2,\ H^+,\ Mn^{2+},\ O_2,\ H_2O$$

2. 将反应式拆分成两个半反应（一个是氧化半反应，另一个是还原半反应）：

$$MnO_4^- \rightarrow Mn^{2+}$$

$$H_2O_2 \rightarrow O_2$$

3. 分别配平氧化半反应和还原半反应：

（1）首先配平半反应两边的各原子的个数。先判断反应是在酸性还是在碱性介质中。若在酸性介质中，去氧加 H^+，添氧加 H_2O；若在碱性介质中，去氧加 H_2O，添氧加 OH^-。上述反应显然是在酸性条件下进行：

$$MnO_4^- + 8H^+ \rightarrow Mn^{2+} + 4H_2O$$

$$H_2O_2 \rightarrow O_2 + 2H^+$$

(2) 然后配平半反应两边的电荷数。

$$MnO_4^- + 8H^+ + 5e \rightarrow Mn^{2+} + 4H_2O \quad ①$$

$$H_2O_2 \rightarrow O_2 + 2H^+ + 2e \quad ②$$

4. 根据氧化还原反应中得失电子数必须相等，求最小公倍数，分别用其约数乘两个半反应式，使氧化剂和还原剂得失电子数相等，最后将两式相加，合并成一个配平的离子反应方程式。

$$① \times 2 \quad 2MnO_4^- + 16H^+ + 10e \rightarrow 2Mn^{2+} + 8H_2O \quad ③$$

$$② \times 5 \quad 5H_2O_2 \rightarrow 5O_2 + 10H^+ + 10e \quad ④$$

③+④得

$$2MnO_4^- + 5H_2O_2 + 6H^+ \rightarrow 2Mn^{2+} + 5O_2 + 8H_2O$$

第二节　原电池

在生物体内，无时无刻都在发生氧化还原反应，如生物体中细胞膜内的葡萄糖与细胞膜外的富氧液体及细胞就可构成微型的生物原电池（primary cell）。生物体内的氧化还原反应是产生生物电现象的原因之一。在自然界中，也可将氧化还原反应改装成原电池。下面将通过对原电池的学习，进一步了解氧化还原反应与原电池之间的关系。

一、原电池的组成

原电池，即为将化学能转化为电能的装置。其组成主要包括电极、电解液等。

$$Zn(s) + CuSO_4(aq) \rightleftharpoons Cu(s) + ZnSO_4(aq)$$

Zn 片和 Cu 片分别插入盛有 $ZnSO_4$ 和 $CuSO_4$ 溶液的烧杯中，两溶液之间用盐桥连接，然后用导线连接 Zn 片和 Cu 片。盐桥为一个倒置的 U 形管，填充的琼脂凝胶将饱和电解质溶液固定于其中，在电场中盐桥通过离子的迁移起导电作用。在导线中联接一个电流计，发现电流计指针发生偏转，说明有电流通过。这就是著名的 Daniell 原电池，也称铜—锌双液电池（图 7-1）。

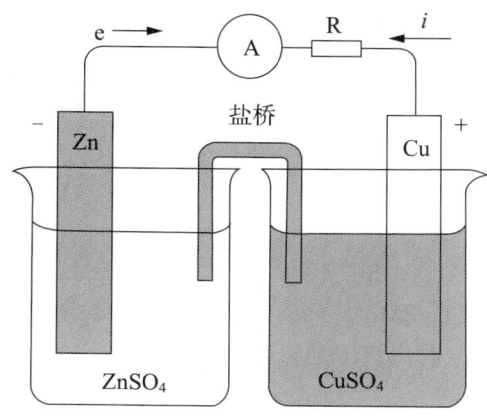

图 7-1　铜-锌原电池

在 Zn 片一方，Zn 失电子成为 Zn^{2+} 进入溶液中，发生氧化反应

$$Zn \rightleftharpoons Zn^{2+} + 2e^-$$

电子通过外接导线流向 Cu 片。

在 Cu 片一方，Cu^{2+} 从 Cu 片上得到电子在 Cu 片上析出，发生还原反应

$$Cu^{2+} + 2e^- \rightleftharpoons Cu$$

原电池均由两个半电池（half cell）组成，如上 Cu-Zn 原电池所示，Zn 和 $ZnSO_4$ 溶液组成一个半电池，称为锌半电池；Cu 和 $CuSO_4$ 溶液组成一个半电池，称为铜半电池。半电池即为一个电极（electrode），流出电子的电极称为负极（anode），如锌电极即锌半电池；接受电子的电极称为正极（cathode），如铜电极即铜半电池。同时，负极上失去电子，发生氧化反应；正极上得到电子，发生还原反应。

在负极上进行的氧化反应和正极上进行的还原反应统称为半电池反应（half cell reaction）或电极反应（electrode reaction）。原电池的两极发生的总的氧化还原反应称为电池反应（cell reaction）。如 Cu-Zn 原电池的电极反应和电池反应可分别表示如下

负极（氧化反应）：$Zn \rightleftharpoons Zn^{2+} + 2e^-$

正极（还原反应）：$Cu^{2+} + 2e^- \rightleftharpoons Cu$

电池反应：$Cu^{2+} + Zn \rightleftharpoons Cu + Zn^{2+}$

二、电池符号

理论上，任何一个氧化还原反应都可以改装成原电池，原电池可用电池符号来表示，电池符号书写规定如下：

（1）用双竖线"‖"表示盐桥，将两个半电池分开；一般将负极写在左边，正极写在右边，并用"−"和"+"分别标注。

（2）用单竖线"｜"表示电极电对中的两相间界面；同一相中的不同物质之间用","隔开。

（3）用化学式表示电池中各物质的组成，并注明物质状态。溶液要注明浓度（c），气体要注明其分压（kPa）。如不注明，一般指标准浓度 $1\ mol \cdot L^{-1}$ 或标准压强 100 kPa。

（4）对于某些电极的电对自身不是金属导电体时（非金属或气体组成的电对），则需外加一个能导电而又不参与电极反应的惰性电极，通常用铂作惰性电极。

注：在书写电极反应时，正反应过程一般写成还原反应的形式。

【例 7-3】 将氧化还原反应 $2Fe^{3+} + Sn^{2+} \rightleftharpoons 2Fe^{2+} + Sn^{4+}$ 设计成原电池，写出电极反应及电池符号。

解：两个电极反应为

负极反应：$Sn^{2+} \rightleftharpoons Sn^{4+} + 2e^-$

正极反应：$Fe^{3+} + e^- \rightleftharpoons Fe^{2+}$

电池符号为：$(-)\ Pt\ |\ Sn^{2+}(c_1),\ Sn^{4+}(c_2)\ \|\ Fe^{3+}(c_3),\ Fe^{2+}(c_4)\ |\ Pt\ (+)$

【例 7-4】 将氧化还原反应 $2MnO_4^-(aq) + 10Cl^-(aq) + 16H^+(aq) \rightleftharpoons 2Mn^{2+}(aq) + 5Cl_2(g) + 8H_2O(l)$ 设计成原电池，写出该电池符号。

解：两个电极反应为

负极反应：$2Cl^- \rightleftharpoons Cl_2 + 2e^-$

正极反应：$MnO_4^- + 8H^+ + 5e^- \rightleftharpoons Mn^{2+} + 4H_2O$

电池符号为：$(-)\ Pt\,|\,Cl_2\,(p)\,|\,Cl^-\,(c_1)\,\|\,H^+\,(c_2),\,MnO_4^-\,(c_3),\,Mn^{2+}\,(c_4)\,|\,Pt\ (+)$

三、电极类型

电极的种类很多，常见的有如下四类。

（一）金属电极

金属浸入含有该金属离子的溶液中构成金属电极。表示为 $M\,|\,M^{n+}\,(c)$。

例如：Zn 片插入 Zn^{2+} 溶液中，构成锌电极。

电极反应　　$Zn^{2+} + 2e^- \rightleftharpoons Zn$

电极符号　　$Zn\,|\,Zn^{2+}\,(c)$

有些金属如 K、Na 等与水作用强烈，必须将其制成汞齐才能在水中成为稳定的电极，如钠汞齐电极。

电极反应　　$Na^+ + e^- \rightleftharpoons Na\,(Hg)$

电极符号　　$Na,\ Hg\,|\,Na^+\,(c)$

（二）气体电极

以惰性金属 Pt 等或碳棒等作为电极导体柱，置入含气体的电解质溶液，气体通入电极表面吸附达到平衡后形成气体电极。常见的气体电极有氯电极、氢电极、氧电极等。

氢电极：

电极反应　　$2H^+ + 2e^- \rightleftharpoons H_2$

电极符号　　$Pt,\ H_2\,(p)\,|\,H^+\,(c)$

氯电极：

电极反应　　$Cl_2\,(p) + 2e^- \rightleftharpoons 2Cl^-\,(c)$

电极符号　　$Pt,\ Cl_2\,(p)\,|\,Cl^-\,(c)$

（三）氧化还原电极

电极的一对氧化还原电对物质均是溶液分子/离子的电极。将惰性电极浸入含有相应氧还电对的溶液中构成。例如 Fe^{3+} 和 Fe^{2+}、苯醌和对苯二酚等。

$Fe^{3+}\,(c_1)/Fe^{2+}\,(c_2)$ 电极：

电极反应　　$Fe^{3+} + e^- \rightleftharpoons Fe^{2+}$

电极符号　　$Pt\,|\,Fe^{3+}\,(c_1),\ Fe^{2+}\,(c_2)$

苯醌（quinone, Q）和对苯二酚（H_2Q）电极：

电极反应　　$Q + 2H^+ + 2e^- \rightleftharpoons H_2Q$

电极符号　　$Pt\,|\,Q\,(c_1),\ H_2Q\,(c_2)$

（四）金属难溶盐电极

这类电极是在金属表面覆盖一层该金属的难溶物，然后将其浸入含有与它相应阴离子的溶液中。例如，氯化银电极是将一根镀了 AgCl 的 Ag 丝插入 KCl 或 HCl 溶液中制成。

电极反应　　$AgCl + e^- \rightleftharpoons Ag + Cl^-$

电极符号　　$Ag,\ AgCl\,|\,Cl^-\,(c)$

第三节 电极电势

一、电极电势的产生

在铜—锌原电池中,电流定向从铜电极流向锌电极,说明铜极电极电势(electrode potential)比锌极高。那不同的电极,电极电势值为什么会有差别呢?它和哪些因素有关?又是如何产生的呢?

以金属电极为例来加以说明。当把金属放入其盐溶液中时,金属表面上的金属离子因为热运动以及受到 H_2O 分子的吸引,有进入溶液而将电子留在金属表面的趋势,称为金属的溶解过程。金属越活泼或溶液中金属离子浓度越小,溶解趋势越大。另一种情况是,溶液中的金属离子也有回到金属表面接受电子成为金属原子的趋势,称为金属离子的沉积过程。当金属溶解的速率等于金属离子沉积的速率时,就达到了动态平衡,可用下式表示

$$M(s) \underset{沉积}{\stackrel{溶解}{\rightleftharpoons}} M^{n+}(aq) + ne^-$$

若金属溶解趋势大于金属离子沉积趋势,达到平衡时,金属表面带负电,进入溶液中的金属离子由于和金属表面的负电荷之间有吸引作用,聚集在金属表面附近,成为一个正电荷层,这样就形成双电层(图7-2A)。反之,若金属离子的沉积趋势大于金属的溶解趋势,达到平衡时,金属表面因沉积了较多的金属离子而带正电,溶液带负电,金属和溶液的界面上也形成双电层(图7-2B)。这种由于金属和它的盐溶液形成双电层而产生的电势差称为 M^{n+}/M 电对的电极电势,用符号 $\varphi(M^{n+}/M)$ 表示,单位伏特(V)。

金属电极电势是金属表面电势与溶液电势之间的差值。从电极电势产生过程可以看出,其大小主要取决于金属的本性,也与溶液中离子浓度、温度等因素有关。

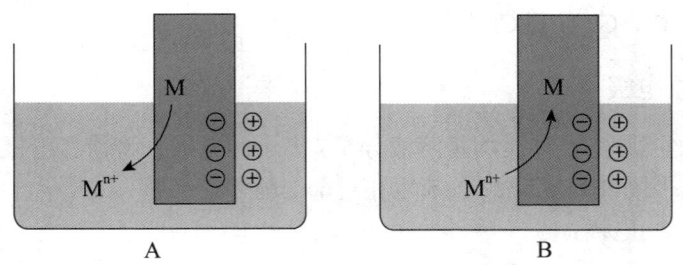

图7-2 金属电极电势形成示意图

二、标准电极电势及测定

原电池中的电流是由于两个电极的电极电势不同而产生的。不考虑其他因素,两个电极的电极电势之差即为原电池的电动势(electromotive force),用符号 E 表示,单位伏特(V)。

$$E = \varphi_正 - \varphi_负 \tag{7-1}$$

迄今为止还无法直接测定电极电势的绝对值,只能测定电池的电动势。根据式7-1,如果

已知其中一个电极的电极电势,就可计算出另一电极的电极电势。按照 IUPAC 的建议,采用标准氢电极(standard hydrogen electrode,SHE)作为参照标准,将各种待测电极与它相比较,就可得到各种电极的电极电势的相对值。

(一)标准氢电极

标准氢电极的装置如图 7-3 所示,将一镀了铂黑的铂片插入氢离子浓度为 $1\ mol \cdot L^{-1}$(严格地讲是活度为 1)的硫酸溶液中,在 298.15 K 时,不断通入压力为 100 kPa 的 H_2,使铂黑吸附 H_2 达到饱和。其电极反应为

$$2H^+(aq) + 2e^- \rightleftharpoons H_2(g)$$

规定标准氢电极的电极电势为零:

$$\varphi^\ominus(H^+/H_2) = 0.0000\ V$$

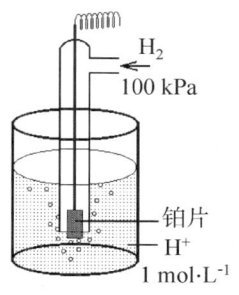

图 7-3 标准氢电极装置示意图

将待测电极与标准氢电极组成原电池,在标准状态下测得该电池的电动势,即可得到待测电极的电极电势的相对值。

(二)标准电极电势

在确定了标准氢电极为电势零点之后,就可以确定其他电极的电极电势的相对值了。通常以标准氢电极作为负极,而待测电极作为正极来测定,电池符号为

$$(-)\ Pt\ (s)\ |\ H_2(100\ kPa)\ |\ H^+(a=1)\ ||\ 待测电极\ (+)$$

$$E = \varphi_{待测} - \varphi_{SHE} = \varphi_{待测}$$

这样测出的电极电势称为还原电势,对应于电极半反应:

$$Ox + ne^- \rightleftharpoons Red$$

其意义是:还原电势值越大,电极电对中氧化型得电子能力越强。附表中列出了一些常见电极的标准电极电势(standard electrode potential),用符号 $\varphi^\ominus(Ox/Red)$ 表示。

例如,测定铜电对的标准电极电势 $\varphi^\ominus(Cu^{2+}/Cu)$ 时,可将标准铜电极与标准氢电极组成原电池:

$$(-)\ Pt\ |\ H_2(100\ kPa)\ |\ H^+(1\ mol \cdot L^{-1})\ ||\ Cu^{2+}(1\ mol \cdot L^{-1})\ |\ Cu\ (+)$$

298.15 K 时,测得原电池的标准电动势 $E = +0.3419\ V$,则

$$E = \varphi_{待测} - \varphi_{SHE} = \varphi_{待测}$$

故 $\varphi^\ominus(Cu^{2+}/Cu) = +0.3419\ V$

再如,测定 $\varphi^\ominus(Zn^{2+}/Zn)$ 时,可将标准锌电极和标准氢电极组成原电池

$$(-)\ Pt\ |\ H_2(100\ kPa)\ |\ H^+(1\ mol \cdot L^{-1})\ ||\ Zn^{2+}(1\ mol \cdot L^{-1})\ |\ Zn\ (+)$$

298.15 K 时,测得原电池的标准电动势 $E = -0.7628\ V$,则

$$E = \varphi_{待测} - \varphi_{SHE} = \varphi_{待测}$$

故 $\varphi^\ominus(Zn^{2+}/Zn) = -0.7628\ V$

使用标准电极电势表时,应注意以下几点:

(1) 附录中的 $\varphi^\ominus$ 是指热力学标准状态下的电极电势，仅为满足标准态条件下的电极电势。此外，附录中的标准电极电势均是在水溶液中测定的，因此不能直接应用于非水溶液体系或高温下的固相反应。

(2) 附录中的电势都是标准还原电极电势，其数值大小代表电对中氧化型获得电子的能力，与电极反应式的写法无关。例如，

$$Zn^{2+} + 2e^- \rightleftharpoons Zn \qquad \varphi^\ominus(Zn^{2+}/Zn) = -0.7628V$$

$$Zn - 2e^- \rightleftharpoons Zn^{2+} \qquad \varphi^\ominus(Zn^{2+}/Zn) = -0.7628V$$

(3) 标准电极电势值与参与电极反应物质的计量系数无关，即它不具有加和性。例如

$$Cl_2 + 2e^- \rightleftharpoons 2Cl^- \qquad \varphi^\ominus(Cl_2/Cl^-) = 1.35827 \text{ V}$$

$$2Cl_2 + 4e^- \rightleftharpoons 4Cl^- \qquad \varphi^\ominus(Cl_2/Cl^-) = 1.35827 \text{ V}$$

(4) 在生物化学体系中，为了方便设立了生物化学标准电极电势。在生物化学标准中，氢离子的标准状态不是通常的标准浓度 $1 \text{ mol} \cdot L^{-1}$，而是 $1.0 \times 10^{-7} \text{ mol} \cdot L^{-1}$。也就是说，在生物化学标准状态下，溶液的 pH = 7.0。在应用时注意两者之间的转换。

三、非标准状态下的电极电势和 Nernst 方程

绝大多数氧化还原反应并非是在这种标准状态下进行的，那么，非标准电极的电极电势是否可以通过标准电极电势求得呢？不同浓度、气体分压、温度等因素又怎样影响它的电极电势呢？

根据热力学原理，体系所做的非体积功为电功，其最大电功即是体系的 $\Delta_r G_m$：

$$\Delta_r G_m = W'_{max} = -W_{电} \tag{7-2}$$

$$W_{电} = E \times Q = nFE$$

式中 F 为 Faraday 常量，$F = 96485 \text{ C} \cdot \text{mol}^{-1}$，$n$ 为该原电池反应转移的电子数。故有

$$\Delta_r G_m = -nFE \tag{7-3}$$

如果电池反应是在标准状态下进行，则有

$$\Delta_r G_m^\ominus = -nFE^\ominus \tag{7-4}$$

由式（7-3）、式（7-4）可知，如下关系：

1. 若 $E > 0$，可得到 $\Delta_r G_m < 0$，反应正向自发进行。
2. 若 $E < 0$，可得到 $\Delta_r G_m > 0$，反应逆向自发进行。
3. 若 $E = 0$，可得到 $\Delta_r G_m = 0$，反应达到平衡。

对于任意一个氧化还原反应

$$mOx_1 + nRed_2 \rightleftharpoons pRed_1 + qOx_2$$

根据化学反应等温式

$$\Delta_r G_m = \Delta_r G_m^{\ominus} + RT \ln \frac{c^p(\mathrm{Red}_1) c^q(\mathrm{Ox}_2)}{c^m(\mathrm{Ox}_1) c^n(\mathrm{Red}_2)}$$

代入式（7-3）与式（7-4）得

$$-nFE = -nFE^{\ominus} + RT \ln \frac{c^p(\mathrm{Red}_1) c^q(\mathrm{Ox}_2)}{c^m(\mathrm{Ox}_1) c^n(\mathrm{Red}_2)}$$

$$E = E^{\ominus} - \frac{RT}{nF} \ln \frac{c^p(\mathrm{Red}_1) c^q(\mathrm{Ox}_2)}{c^m(\mathrm{Ox}_1) c^n(\mathrm{Red}_2)} \tag{7-5}$$

式（7-5）称为电池电动势的 Nernst 方程（Nernst equation），反映了电池的电动势与参与电池反应的各物质浓度之间的关系。

因为原电池电动势为正极电极电势与负极电极电势的差值，将正、负极的电极电势代入式（7-5）得：

$$\varphi_+ - \varphi_- = (\varphi_+^{\ominus} - \varphi_-^{\ominus}) - \frac{RT}{nF} \ln \frac{c^p(\mathrm{Red}_1) c^q(\mathrm{Ox}_2)}{c^m(\mathrm{Ox}_1) c^n(\mathrm{Red}_2)}$$

$$= [\varphi_+^{\ominus} - \frac{RT}{nF} \ln \frac{c^p(\mathrm{Red}_1)}{c^m(\mathrm{Ox}_1)}] - [\varphi_-^{\ominus} - \frac{RT}{nF} \ln \frac{c^n(\mathrm{Red}_2)}{c^q(\mathrm{Ox}_2)}]$$

即得：

$$\varphi_+ = \varphi_+^{\ominus} - \frac{RT}{nF} \ln \frac{c^p(\mathrm{Red}_1)}{c^m(\mathrm{Ox}_1)}$$

$$\varphi_- = \varphi_-^{\ominus} - \frac{RT}{nF} \ln \frac{c^n(\mathrm{Red}_2)}{c^q(\mathrm{Ox}_2)}$$

对于任意电极反应

$$m\mathrm{Ox} + ne^- \longrightarrow q\mathrm{Red}$$

可得到其电极电势方程式为：

$$\varphi(\mathrm{Ox/Red}) = \varphi^{\ominus}(\mathrm{Ox/Red}) + \frac{RT}{nF} \ln \frac{c^m(\mathrm{Ox})}{c^q(\mathrm{Red})} \tag{7-6}$$

当 $T = 298.15\ \mathrm{K}$ 时，代入相关常数，可得 Nernst 方程式的常用公式

$$\varphi(\mathrm{Ox/Red}) = \varphi^{\ominus}(\mathrm{Ox/Red}) + \frac{0.05916V}{n} \lg \frac{c^m(\mathrm{Ox})}{c^q(\mathrm{Red})} \tag{7-7}$$

使用 Nernst 方程时，应注意以下几点。

（1）电极电势不仅与电极的本性有关，影响电极电势的因素还有反应时的温度，以及氧化剂、还原剂及其介质浓度、压力等。

（2）电极反应式中各物质前的系数作为相应各相对浓度或相对分压的幂指数。

（3）若电极反应式中有纯固体、纯液体或介质溶剂时，它们的相对浓度均为 1，可不列入方程式中；反应式中的气体物质应以相对分压（$p/p^{\ominus}$）表示，即用气体的压力除以 100 kPa 表示。

【例 7-5】 计算 298.15 K 时，锌离子浓度为 0.01 mol·L^{-1} 时，$\mathrm{Zn} | \mathrm{Zn}^{2+}(c)$ 电极的电极电势。

解：查表可知，

电极反应　　　$Zn^{2+} + 2e^- \rightleftharpoons Zn$，$\varphi^{\ominus}(Zn^{2+}/Zn) = -0.7628$ V

$c(Zn^{2+}) = 0.01$ mol·L^{-1} 时，由 Nernst 方程式（7-7）可得

$$\varphi(Zn^{2+}/Zn) = \varphi^{\ominus}(Zn^{2+}/Zn) + \frac{0.05916 \text{ V}}{2} \lg c(Zn^{2+})$$

$$= -0.7628 \text{ V} + \frac{0.05916 \text{ V}}{2} \lg 0.01$$

$$= -0.82 \text{ V}$$

【例 7-6】 计算 $c(Cl^-) = 0.100$ mol·L^{-1}，$p(Cl_2) = 300$ kPa 时，$\varphi(Cl_2/Cl^-)$ 为多少。

解： 电极反应式 $Cl_2 + 2e^- \longrightarrow 2Cl^-$　　$\varphi^{\ominus}(Cl_2/Cl^-) = 1.35827$ V

当 $c(Cl^-) = 0.010$ mol·L^{-1}，$p(Cl_2) = 100$ kPa 时，由 Nernst 方程式（7-7）可得

$$\varphi(Cl_2/Cl^-) = \varphi^{\ominus}(Cl_2/Cl^-) + \frac{0.05916 \text{ V}}{2} \lg \frac{p(Cl_2)}{c^2(Cl^-)}$$

$$= 1.35827 \text{ V} + \frac{0.05916 \text{ V}}{2} \lg \frac{300 \text{ kPa}/100 \text{ kPa}}{(0.100)^2}$$

$$= 1.431 \text{ V}$$

第四节　电极电势的应用

利用电极电势可以比较氧化剂和还原剂的相对强弱，判断氧化还原反应自发进行的方向，确定氧化还原反应进行的程度以及计算原电池的电动势等。

一、比较氧化剂和还原剂的相对强弱

标准电极电势的高低反映了电对中氧化型物质及还原型物质在标准条件下氧化还原能力的相对强弱。氧化型物质是氧化剂，具有氧化性；还原型物质是还原剂，具有还原性。电对的标准电极电势值越高，其氧化剂的氧化性越强，还原剂的还原性越弱；反之，电对的标准电极电势值越低，其还原剂的还原性越强，氧化剂的氧化性越弱。例如，$\varphi^{\ominus}(Na^+/Na) = -2.71$ V，$\varphi^{\ominus}(Cu^{2+}/Cu) = 0.3419$ V，$\varphi^{\ominus}(Cu^{2+}/Cu) > \varphi^{\ominus}(Na^+/Na)$，故 Cu^{2+} 的氧化性比 Na^+ 强，而 Na 的还原性则比 Cu 强。

【例 7-7】 根据标准电极电势，比较下列电对中氧化型物质氧化能力以及还原型物质还原能力的强弱次序。电对如下：

$$Li^+/Li、Cl_2/Cl^-、H^+/H_2、F_2/F^-、MnO_4^-/Mn^{2+}、Fe^{3+}/Fe^{2+}$$

解： 查表附录六可知　$\varphi^{\ominus}(Li^+/Li) = -3.0401$ V；$\varphi^{\ominus}(H^+/H_2) = 0.00000$ V；

$\varphi^{\ominus}(Fe^{3+}/Fe^{2+}) = 0.771$ V；$\varphi^{\ominus}(Cl_2/Cl^-) = 1.35827$ V；$\varphi^{\ominus}(MnO_4^-/Mn^{2+}) = 1.507$ V；

$$\varphi^{\ominus}(F_2/F^-) = 2.866 \text{ V}$$

氧化剂由强到弱顺序：$F_2 > MnO_4^- > Cl_2 > Fe^{3+} > H^+ > Li^+$

还原剂由强到弱顺序：$Li > H_2 > Fe^{2+} > Cl^- > Mn^{2+} > F^-$

任意状态下，即处在非标准状态下时，应使用 Nernst 方程式计算出该状态下的电极电势，然后再根据此状态下的电极电势值大小进行氧化性和还原性相对强弱的比较。

二、判断氧化还原反应的方向

任何一个氧化还原反应，原则上都可以设计成原电池，利用所设计的原电池的电动势，就可以判断氧化还原反应进行的方向。在等温等压下：

$E > 0$，$\Delta_r G_m < 0$，氧化还原反应自发正向进行；
$E = 0$，$\Delta_r G_m = 0$，氧化还原反应达到平衡状态；
$E < 0$，$\Delta_r G_m > 0$，氧化还原反应自发逆向进行。

也可以根据氧化剂和还原剂的强弱来判断利用氧化还原反应进行的方向，即较强的氧化剂和较强的还原剂可自发作用，生成较弱的氧化剂和较弱的还原剂。

$$较强氧化剂 + 较强还原剂 \rightleftharpoons 较弱还原剂 + 较弱氧化剂$$

即氧化还原反应自发进行的方向是电极电势较大电对的氧化剂与电极电势较小电对的还原剂反应。

如果两个电对的 φ° 值相差较大，即 $E^\circ > 0.2V$，即使不处于标准状态，也可直接用 E° 确定反应方向。否则，必须考虑浓度和酸度的影响，用 Nernst 方程式计算电池的 E 值，再进行判断。

【例 7-8】 判断 298 K 时下列反应自发进行的方向。

$$Hg^{2+}(1.00 \times 10^{-3} mol \cdot L^{-1}) + 2Ag(s) \longrightarrow Hg(l) + 2Ag^+(1.00\ mol \cdot L^{-1})$$

解：查附录六得　　$Hg^{2+} + 2e^- \rightarrow Hg$　　$\varphi^\circ(Hg^{2+}/Hg) = 0.851\ V$
　　　　　　　　　　$Ag^+ + e^- \rightarrow Ag$　　　$\varphi^\circ(Ag^+/Ag) = 0.7996\ V$

$$\varphi(Hg^{2+}/Hg) = \varphi^\circ(Hg^{2+}/Hg) + \frac{0.05916\ V}{2} \lg c_r(Hg^{2+}) = 0.851\ V + \frac{0.05916\ V}{2} \lg 1.00 \times 10^{-3}$$
$$= 0.762\ V$$

$$\varphi(Ag^+/Ag) = \varphi^\circ(Ag^+/Ag) + \frac{0.05916\ V}{1} \lg c_r(Ag^+) = 0.7996\ V + \frac{0.05916\ V}{1} \lg 1.00$$
$$= 0.7996\ V$$

反应式中反应物 Hg^{2+} 为氧化剂，Ag 为还原剂，故

$$E = \varphi_+ - \varphi_- = \varphi(Hg^{2+}/Hg) - \varphi(Ag^+/Ag) = 0.762\ V - 0.800\ V = -0.038\ V$$

因为 $E < 0$，故反应逆向自发进行。

三、判断氧化还原反应进行的程度

可逆反应进行的程度可以用标准平衡常数来判断。对于氧化还原反应，可以将其设计成原电池，由标准电池电动势计算得到氧化还原反应的标准平衡常数。

$$\Delta_r G_m^\circ = -RT\ln K^\circ$$

又根据式（7-4）

$$\Delta_r G_m^\ominus = -nFE^\ominus$$

得到

$$RT\ln K^\ominus = nFE^\ominus$$

当 $T = 298.15$ K 时，将 $R = 8.314$ J·K^{-1}·mol^{-1}、$F = 96485$ C·mol^{-1} 代入上式，并将自然对数转换成常用对数，得

$$\lg K^\ominus = \frac{nE^\ominus}{0.05916 \text{ V}} = \frac{n(\varphi_+^\ominus - \varphi_-^\ominus)}{0.05916 \text{ V}} \tag{7-8}$$

从式（7-8）中可以看出，反应进行的程度只与 $E^\ominus$ 有关，与物质浓度无关。当 $E^\ominus$ 值越大时，$K^\ominus$ 值也越大，表明正反应自发进行得越完全。一般认为，$K^\ominus$ 值达到 10^5 时，反应就基本完全了。用 $E^\ominus$ 衡量时，如果 $n = 1$，$E^\ominus$ 大于 0.3 V，可认为反应基本完全。

【例 7-9】 298.15 K，在含酸性 $KMnO_4$ 溶液中加入 $FeSO_4$ 溶液，两物质的起始浓度均为 0.100 mol·L^{-1}，此条件下能否发生氧化还原反应？反应进行程度如何？

解：按题意写出氧化还原反应及电极反应式，查出 $\varphi^\ominus$ 值

$$MnO_4^- + 5Fe^{2+} + 8H^+ \rightleftharpoons Mn^{2+} + 5Fe^{3+} + 4H_2O$$

$$MnO_4^- + 8H^+ + 5e^- \longrightarrow Mn^{2+} + 4H_2O \quad \varphi^\ominus(MnO_4^-/Mn^{2+}) = 1.507 \text{ V}$$

$$Fe^{3+} + e^- \longrightarrow Fe^{2+} \quad \varphi^\ominus(Fe^{3+}/Fe^{2+}) = 0.771 \text{ V}$$

$$\varphi(MnO_4^-/Mn^{2+}) = \varphi^\ominus(MnO_4^-/Mn^{2+}) + \frac{0.05916 \text{ V}}{n} \lg \frac{c(MnO_4^-) c_r^8(H^+)}{c(Mn^{2+})}$$

$$= 1.507 \text{ V} + \frac{0.05916 \text{ V}}{5} \lg (0.100)^8$$

$$= 1.41 \text{ V}$$

$$\varphi(Fe^{3+}/Fe^{2+}) = \varphi^\ominus(Fe^{3+}/Fe^{2+}) + \frac{0.05916 \text{ V}}{n} \lg \frac{c(Fe^{3+})}{c(Fe^{2+})}$$

$$= 0.771 \text{ V} + \frac{0.05916 \text{ V}}{1} \lg \frac{0.100}{0.100}$$

$$= 0.771 \text{ V}$$

$$E = \varphi(MnO_4^-/Mn^{2+}) - \varphi(Fe^{3+}/Fe^{2+})$$

$$= 1.412 \text{ V} - 0.771 \text{ V} > 0$$

故氧化还原反应自动向右进行。

将 $\varphi^\ominus$ 及 n 值代入式（7-8）得

$$\lg K^\ominus = \frac{5 \times (1.507 \text{ V} - 0.771 \text{ V})}{0.05916 \text{ V}}$$

$$= 62.2$$

$$K^\ominus = 1.58 \times 10^{62}$$

$K^\ominus$ 值很大，正向反应很完全。

四、计算原电池的电池电动势

通常组成原电池的各有关物质并不是处于标准状态。计算原电池的电动势，首先利用能斯特方程计算出各电极的电极电势，然后根据电极电势的高低判断正、负极，把电极电势高的电极作为正极，电极电势低的电极作为负极。正极的电极电势减去负极的电极电势即得原电池的电池电动势。

【例 7-10】 计算 298.15 K 时下列电池的电动势，指明正、负极，并写出自发进行的电池反应式。

$Pt \mid MnO_4^- (0.10 \text{ mol} \cdot L^{-1})$，$Mn^{2+}(1.0 \times 10^{-2} \text{ mol} \cdot L^{-1})$，$H^+(1.0 \text{ mol} \cdot L^{-1}) \parallel Cl^-(0.10 \text{ mol} \cdot L^{-1}) \mid Cl_2 (100 \text{ kPa}) \mid Pt$

解：

$MnO_4^- + 8H^+ + 5e^- \longrightarrow Mn^{2+} + 4H_2O$ $\varphi^{\ominus}(MnO_4^-/Mn^{2+}) = 1.507 \text{ V}$

$Cl_2 + 2e^- \longrightarrow 2Cl^-$ $\varphi^{\ominus}(Cl_2/Cl^-) = 1.35827 \text{ V}$

$$\varphi(MnO_4^-/Mn^{2+}) = \varphi^{\ominus}(MnO_4^-/Mn^{2+}) + \frac{0.05916 \text{ V}}{n} \lg \frac{c(MnO_4^-)c^8(H^+)}{c(Mn^{2+})}$$

$$= 1.507 \text{ V} + \frac{0.05916 \text{ V}}{5} \lg \frac{0.10 \times (1.00)^8}{1.00 \times 10^{-2}}$$

$$= 1.52 \text{ V}$$

$$\varphi(Cl_2/Cl^-) = \varphi^{\ominus}(Cl_2/Cl^-) + \frac{0.05916 \text{ V}}{n} \lg \frac{p(Cl_2)}{c^2(Cl^-)}$$

$$= 1.35827 \text{ V} + \frac{0.05916 \text{ V}}{2} \lg \frac{100 \text{ kPa} / 100 \text{ kPa}}{(0.10)^2}$$

$$= 1.42 \text{ V}$$

因 $\varphi(MnO_4^-/Mn^{2+}) > \varphi(Cl_2/Cl^-)$，故电池左侧应为正极，右侧应为负极。

正极反应：$MnO_4^- + 8H^+ + 5e^- \longrightarrow Mn^{2+} + 4H_2O$

负极反应：$Cl_2 + 2e^- \longrightarrow 2Cl^-$

电池反应式：$2MnO_4^- + 16H^+ + 10Cl^- \rightleftharpoons 2Mn^{2+} + 8H_2O + 5Cl_2$

电池电动势 $E = \varphi_+ - \varphi_-$

$\quad\quad\quad\quad\quad = \varphi(MnO_4^-/Mn^{2+}) - \varphi(Cl_2/Cl^-)$

$\quad\quad\quad\quad\quad = 1.52 \text{ V} - 1.42 \text{ V}$

$\quad\quad\quad\quad\quad = 0.10 \text{ V}$

第五节　电势法测定溶液的 pH

酸度计测量溶液 pH 值是通过测量特定电极所组成的原电池电动势来确定被测离子浓度的。即将待测物质的溶液与合适的指示电极（indicator electrode）、参比电极（reference electrode）组成原电池，然后通过测量原电池的电动势，根据 Nernst 方程求出被测物质含量的一种分析方法。

一、参比电极

参比电极是在一定条件下,电极电势已知且基本恒定的一类电极。它是测定原电池电动势和计算指示电极的电极电势的基准电极。常用的有饱和甘汞电极和氯化银电极。

以饱和甘汞电极来加以说明。饱和甘汞电极由内、外两个玻璃套管组成。内管上部为汞,连接电极引线。在汞的下方充填甘汞(Hg_2Cl_2)和汞的糊状物。内管的下端用多孔材料(如石棉等)与外管隔离。外管内充填饱和氯化钾溶液,最下端用素烧瓷微孔物质封紧,既可将电极内外溶液隔开,又可提供内外溶液离子通道,起到盐桥的作用。

饱和甘汞电极表示为

$$Pt \mid Hg \ (l) \mid Hg_2Cl_2 \ (s) \mid KCl \ (饱和)$$

其电极反应为

$$Hg_2Cl_2 + 2e^- \longrightarrow 2Hg + 2Cl^-$$

根据 Nernst 方程式,298.15 K 时其电极电势为

$$\varphi(Hg_2^{2+}/Hg) = \varphi^\ominus(Hg_2^{2+}/Hg) + \frac{0.05916 \text{ V}}{2} \lg \frac{1}{c^2(Cl^-)}$$

$$= 1.35827 \text{ V} + 0.05916 \text{ V} \lg \frac{1}{c(Cl^-)}$$

饱和溶液中 $c(Cl^-)$ 为定值,故饱和甘汞电极的电极电势为一定值,298.15 K 时为 0.2412 V。

二、指示电极

指示电极是电极电势随溶液中被测离子的浓度变化而改变的一类电极。

测定溶液的 pH,就是测定溶液中 H^+ 浓度,要采用氢离子指示电极。常用的 pH 指示电极为玻璃电极。在玻璃管的下端连接一个厚度为 50~100 μm 的半球形玻璃膜。膜内盛有 0.1 mol·L^{-1} HCl,称参比溶液。在参比溶液中插入一根镀有氯化银的银丝,构成氯化银电极,称为内参比电极。氯化银电极的电极反应为

$$AgCl + e^- \longrightarrow Ag + Cl^-$$

将氯化银电极的银丝与导线相连即构成玻璃电极。玻璃电极可表示为

$$Ag \ (s) \mid AgCl \ (s) \mid HCl \ (0.1 \text{ mol} \cdot L^{-1}) \mid 玻璃膜 \mid H^+(待测溶液)$$

将玻璃电极插入待测溶液中,当玻璃膜内外两侧的 H^+ 浓度不等时,就会出现跨膜电势差。由于膜内盐酸的浓度固定,电势差的数值就取决于膜外待测溶液的 H^+ 浓度(即 pH),这就是玻璃电极可作为 pH 指示电极的基本原理。玻璃电极的电极电势与 H^+ 浓度的关系符合 Nernst 方程

$$\varphi_{玻} = \varphi_{玻}^\ominus + \frac{2.303RT}{F} \lg c(H^+)$$

$$= \varphi_{玻}^\ominus - \frac{2.303RT}{F} \text{pH} \tag{7-9}$$

式中 $\varphi_{玻}^{\circ}$ 值与内参比电极的电极电势、膜内溶液的 H^+ 浓度以及膜表面状态有关。在一定条件下，每一个玻璃电极的 $\varphi_{玻}^{\circ}$ 为常数。

三、溶液 pH 的测定

电势法测定溶液的 pH，常用饱和甘汞电极作参比电极，pH 玻璃电极作指示电极，置于待测溶液中组成如下原电池

(−) 玻璃电极｜待测 pH 溶液‖饱和甘汞电极 (+)

测出的电动势为饱和甘汞电极和玻璃电极的电势差值 E。

$$E = \varphi_{甘} - \varphi_{玻} = \varphi_{甘} - \varphi_{玻}^{\circ} + \frac{2.303RT}{F}\text{pH}$$

$$= K(\text{常数}) + \frac{2.303RT}{F}\text{pH}$$

上式为溶液 pH 与电池电动势的关系式。测出 E 值后，若是不知道常数 K 的数值，还是不能算出 pH。因此要先用已知 pH 为 pH_s 的标准缓冲溶液进行测定，测出电动势为 E_s，则可得关系式

$$E_s = K + \frac{2.303RT}{F}\text{pH}_s \tag{7-10}$$

$$K = E_s - \frac{2.303RT}{F}\text{pH}_s \tag{7-11}$$

将电池装置中的标准缓冲溶液换成待测 pH_x 的溶液，测出电动势 E_x，则

$$E_x = K + \frac{2.303RT}{F}\text{pH}_x \tag{7-12}$$

将式（7-11）代入式（7-12）得

$$\text{pH}_x = \text{pH}_s + \frac{(E_x - E_s)F}{2.303RT} \tag{7-13}$$

当 $T = 298$ K 时，式（7-13）改写为

$$\text{pHx} = \text{pHs} + \frac{E_x - E_s}{0.05916} \tag{7-14}$$

式中，pH_s 为已知数，E_s 和 E_x 为先后两次测出的电动势，F、R、T 为常数，故可根据式（7-13）计算出待测溶液的 pH。

目前，常用一种复合电极测定溶液的 pH。它是将甘汞电极和玻璃电极组合在一个电极中。它体积小巧、使用方便、坚固耐用且利于小体积试液测定，将逐渐取代常规的 pH 玻璃电极，广泛用于溶液 pH 测定。

思考题

1. 区别原电池与半电池、电极电势与标准电极电势、电极反应与电池反应。

2. 标准电极电势的正、负号是如何确定的?
3. 简述电池符号书写的注意事项。
4. 简述常见的四种电极类型,并写出电极符号。
5. 解释硫化氢溶液久置为什么常会出现浑浊。
6. 同种金属及其盐溶液能否组成原电池?说明原因。

习　题

1. 指出下列物质中划线元素的氧化值:$\underline{Na}_2O$,$K_2\underline{Cr}O_4$,$K_2\underline{O}_2$,$Na\underline{H}$,$Na_2\underline{S}_2O_3$,$K_2\underline{Mn}O_4$,$\underline{Cl}O_2$,$\underline{N}_2O_5$。

2. 配平下列氧化还原反应方程式(必要时添加反应介质)。

(1) $MnO_4^- + H_2O_2 + H^+ \rightarrow Mn^{2+} + O_2 + H_2O$

(2) $MnO_4^- + S^{2-} + H_2O \rightarrow MnO_2 + S + OH^-$

(3) $Cl_2 + OH^- \rightarrow Cl^- + ClO_3^- + H_2O$

(4) $Cr_2O_7^{2-} + Fe^{2+} + H^+ \rightarrow Cr^{3+} + Fe^{3+} + H_2O$

(5) $I^- + H_2O_2 + H^+ \rightarrow I_2 + H_2O$

(6) $Cr_2O_7^{2-} + SO_3^{2-} + H^+ \rightarrow Cr^{3+} + SO_4^{2-} + H_2O$

3. 在酸性介质中,下列各物质(离子)的氧化能力随 pH 的改变而变化的有哪些?
Hg_2^{2+}、$Cr_2O_7^{2-}$、MnO_4^-、Cl_2、Cu^{2+}、H_2O_2

4. 将下列反应设计成电池,写出电池组成式。

(1) $Zn + H_2SO_4 \rightarrow ZnSO_4 + H_2$

(2) $2Fe^{3+} + 2I^-(s) \rightarrow 2Fe^{2+} + I_2$

(3) $Ag^+ + Cl^- \rightarrow AgCl(s)$

5. 判断在标态时下列反应自发进行的方向,并写出其电池组成式。

(1) $2Ag^+ + Zn \rightleftharpoons 2Ag + Zn^{2+}$

(2) $MnO_4^- + 8H^+ + 5Fe^{2+} \rightleftharpoons Mn^{2+} + 5Fe^{3+} + 4H_2O$

(3) $Fe^{3+}(aq) + I_2(s) \rightleftharpoons IO_3^-(aq) + Fe^{2+}(aq)$

6. 利用 Nernst 方程计算下列电极电势。

(1) $Br_2(l) + 2e^- \rightleftharpoons 2Br^-(0.10\ mol \cdot L^{-1})$

(2) $Cr_2O_7^{2-}(0.010\ mol \cdot L^{-1}) + 14H^+(0.0010\ mol \cdot L^{-1}) + 6e^- \rightleftharpoons 2Cr^{3+}(0.10\ mol \cdot L^{-1}) + 7H_2O$

(3) $2H^+(0.10\ mol \cdot L^{-1}) + 2e^- \rightleftharpoons H_2(200\ kPa)$

7. 计算 25℃ 时下列各电池的电动势。

(1) $(-)\ Cu\ |\ Cu^{2+}(0.2\ mol \cdot L^{-1})\ \|\ Ag^+(0.2\ mol \cdot L^{-1})\ |\ Ag\ (+)$

(2) $(-)\ Pt\ |\ Fe^{2+}(0.1\ mol \cdot L^{-1}),\ Fe^{3+}(1\ mol \cdot L^{-1})\ \|\ Cl^-(0.1\ mol \cdot L^{-1})|\ Cl_2(100\ kPa)\ |\ Pt\ (+)$

(3) $(-)\ Pt\ |\ H_2(100\ kPa)\ |\ H^+(0.1\ mol \cdot L^{-1})\ \|\ Cl^-(1\ mol \cdot L^{-1})\ |\ Hg_2Cl_2(s)\ |\ Hg(l)\ |\ Pt\ (+)$

8. 若溶液中 $c(MnO_4^-) = c(Mn^{2+})$,分别计算 pH 为 0.0 和 6.0 时,MnO_4^- 能否氧化 Br^- 和 I^-。

9. 计算下列反应的平衡常数,哪一个反应进行得更完全一些?

(1) $Ag^+ + Fe^{2+} \rightleftharpoons Ag + Fe^{3+}$

(2) $Ni + Sn^{2+} \rightleftharpoons Sn + Ni^{2+}$

(3) $Cr_2O_7^{2-} + 6Fe^{2+} + 14H^+ \rightleftharpoons 2Cr^{3+} + 6Fe^{3+} + 7H_2O$

10. 已知 $\varphi^\ominus(MnO_4^-/Mn^{2+}) = 1.507\ V$,$\varphi^\ominus(Cl_2/Cl^-) = 1.3587\ V$,若将此两电对组成电池,请写出:

(1) 该电池的电极反应、电池反应和电池组成式；

(2) 计算电池反应在 25℃时电动势 $E^\ominus$ 和自由能变化 $\Delta_r G_m^\ominus$，并判断标准状态下此反应进行的方向；

(3) 当 pH = 3.0 时，其他物质均为标准态，求此电池在 25 ℃时的电动势 E 及自由能变化 $\Delta_r G_m$，并判断反应进行的方向。

11. 根据电池反应式 $2Ag^+ + Sn^{2+} \rightleftharpoons 2Ag(s) + Sn^{4+}$，写出电池符号，并计算 298.15 K 时的平衡常数 K。

已知：$\varphi^\ominus(Ag^+/Ag) = 0.7996\ V$，$\varphi^\ominus(Sn^{4+}/Sn^{2+}) = 0.151\ V$

12. 已知：$\varphi^\ominus(Sn^{4+}/Sn^{2+}) = 0.151\ V$，$\varphi^\ominus(Cd^{2+}/Cd) = -0.403\ V$，在 298.15 K 下将下列反应：$Sn^{2+}(0.001\ mol \cdot L^{-1}) + Cd^{2+}(0.1\ mol \cdot L^{-1}) = Sn^{4+}(0.1\ mol \cdot L^{-1}) + Cd(s)$ 组成原电池。

(1) 试写出该电池的电池符号。

(2) 计算电池电动势及其 $\lg K^\ominus$。

13. 实验测得 298.15 K 时下列原电池：$(-)\ Ag\ |\ AgBr\ |\ Br^-(1.00\ mol \cdot L^{-1})\ \|\ Ag^+(1.00\ mol \cdot L^{-1})\ |\ Ag\ (+)$ 的电动势为 0.7279 V。计算 AgBr 的 $\lg K_{sp}$。

14. 298.15 K 时，取足量的纯铁屑置于 0.03 $mol \cdot L^{-1}$ 的 Cd^{2+} 溶液中，充分搅拌至平衡，求达到平衡时 $[Fe^{2+}]/[Cd^{2+}]$ 为多少？

已知：$\varphi^\ominus(Fe^{2+}/Fe) = -0.44\ V$，$\varphi^\ominus(Cd^{2+}/Cd) = -0.403\ V$

15. 下列浓差电池如果成立：$(-)\ Ag\ |\ AgNO_3\ (c_1)\ \|\ AgNO_3\ (c_2)\ |\ Ag\ (+)$，需满足什么条件？

16. 已知下面原电池：

$Zn\ |\ Zn^{2+}(0.01\ mol \cdot L^{-1})\ \|\ Cd^{2+}(0.1\ mol \cdot L^{-1})\ |\ Cd$

请写出正极和负极的电极反应式和电池反应式，并计算 298 K 时原电池的电动势。

17. 判断 298 K 时，氧化还原反应：$Ag^+ + Fe^{2+} \rightleftharpoons Ag(s) + Fe^{3+}$ 在下列条件下进行的方向。

已知：$\varphi^\ominus(Ag^+/Ag) = 0.7996\ V$，$\varphi^\ominus(Fe^{3+}/Fe^{2+}) = 0.771\ V$

(1) $c(Ag^+) = c(Fe^{3+}) = c(Fe^{2+}) = 1.0\ mol \cdot L^{-1}$

(2) $c(Ag^+) = 0.010\ mol \cdot L^{-1}$，$c(Fe^{3+}) = 0.10\ mol \cdot L^{-1}$，$c(Fe^{2+}) = 0.0010\ mol \cdot L^{-1}$

18. 请设计出合适的原电池，求 AgI 的标准溶度积常数 $K_{sp}^\ominus$。

（王 斌）

第八章 原子结构和元素周期律

第八章数字资源

古希腊哲学家、原子论者 Democritus 认为，世界万物包括人的灵魂在内都是由原子组成的。从 19 世纪末到 20 世纪初，人类通过对气态物质的导电性、放电现象、物质的放射性、X 射线的产生和光谱等问题的研究，揭示了原子结构的复杂性，证实了原子是由一个带正电荷的原子核和核外带负电荷的若干电子组成。化学反应的本质是原子之间的结合和分离，原子结构决定原子的性质，因此了解原子内部组成和结构是理解原子相互作用和化学变化规律的前提条件。在一般的化学反应中，原子核并不发生变化，只是核外电子的运动状态发生变化，因此原子结构主要是指核外电子的结构。

第一节 氢原子光谱与原子结构的量子力学模型

氢原子核外只有一个电子，是最简单的原子。因此，近代关于原子核外电子运动状态的研究是从氢原子光谱开始的。

一、原子核的结构和性质

（一）原子核的基本组成

原子中心有一个很小的正电荷核心——原子核，原子的全部质量几乎都集中在原子核上，而数量和核电荷数相等的电子在核外存在。组成原子核的基本粒子，如质子与中子称为核子（nucleon）。质子带有一个正电荷，中子不带电荷且质量和质子几乎相等。具有确定的质子数 Z、中子数 N，并处于一定能量状态的原子核称为核素（nuclide），用符号 ${}^{A}_{Z}X_{N}$ 表示，X 为元素符号，A 为质量数（mass number），Z 为质子数。凡原子核稳定、不会自发地发出射线而衰变的元素称为稳定核素（stable nuclide）。原子核处于不稳定状态，需通过核内结构或能级调整才能趋于稳定的元素称为放射性核素（radionuclide）。放射性核素的原子由于核内结构或能级调整，自发地释放出一种或一种以上的射线（α、β 和 γ 射线），并转变为另一种核素的过程称为放射性衰变（radioactive decay）。在放射性衰变过程中，原来的核素（母体）变为另一种核素（子体），或者进入另一种能量状态。

（二）元素的同位素

具有相同质子数 Z、不同中子数 N 的同一元素的不同核素互为同位素（isotope），例如 ${}^{1}_{0}H$（氕）、${}^{2}_{1}H_{1}$（氘，${}^{2}D$）和 ${}^{3}_{1}H_{2}$（氚，${}^{3}T$）及 ${}^{233}_{92}U_{141}$、${}^{235}_{92}U_{143}$ 和 ${}^{238}_{92}U_{146}$。自然界有 81 种元素

（Z = 1 ~ 83，除 $_{43}$Tc 和 $_{61}$Pm）有稳定同位素，10 种元素（Z = 84 ~ 94，除 $_{93}$Np）有天然放射性同位素。

全部由放射性核素所组成的元素称为放射性元素，它们分为天然放射性元素和人工放射性元素两类。天然放射性元素即在自然界中存在的放射性元素，包括 Po、At、Rn、Fr、Ra、Ac、Th、Pa 和 U。其中 U 和 Th 的寿命较长，半衰期可与地球的年龄（约 4.5×10^9 a）相比较。1934 年约里奥-居里夫妇用 α 粒子轰击铝时发现人工放射性核素，开创了人造放射性核素的先河。人工放射性元素可通过人工核反应合成，方式主要有反应堆中子辐照合成、从辐照过的核燃料中提取、用加速器加速粒子轰击合成与热核爆炸合成。

放射性核素的基本化学行为与其稳定同位素相同，能一起参与各种反应过程。由于放射性核素随时随地放出辐射，可用辐射仪表进行跟踪探测，提供有关信息，这种技术称为示踪技术。放射性示踪技术利用放射性核素及其标记化合物作为示踪剂，应用射线探测方法来检测其行踪，以研究示踪剂在生物体系或外界环境中的运动规律。放射性核素示踪技术是核医学诊断与研究的方法学基础，示踪技术的基本原理主要基于以下两个方面：①相同性，即放射性元素及其标记化合物和相应的非标记化合物具有相同或相近的化学及生物学性质。②可测量性，即放射性元素能发射出各种不同的射线，可被放射性探测仪器所测定或被感光材料所记录。目前，放射性元素示踪技术在医学及生物技术领域广泛应用，如临床上用于诊断治疗的正电子发射计算机断层显像（PET、PET-CT）、单光子发射计算机断层显像（SPECT）等技术。

二、电子的微观粒子特性

中子和质子组成带正电的原子核是原子的质量中心，核外还存在带负电的电子并在原子结构中有着固定的运动状态。电子和原子核间依靠静电作用相互吸引，原子中运动性最活泼的是电子，电子的存在状态（能量和位置）决定了原子之间是相互静电吸引还是排斥作用。

（一）磁性和自旋量子数

1921 年，德国物理学家 Otto Stern 和 Walter Gerlach 在实验中将碱金属原子束经过一不均匀磁场射到屏幕上时，发现射线束分裂成两束，并向不同方向偏转，这预示电子除了有轨道运动外还有磁矩，并可顺着或逆着磁场方向做不同的取向。1925 年荷兰物理学家 George Uhlenbeck 和 Goudsmit 提出电子的固有磁矩不依赖于轨道运动，其产生的原因是电子有自身的旋转运动，具有自旋角动量并产生自旋磁矩。电子自旋角动量在外磁场方向的分量 M_s 的大小，由自旋量子数（spin angular momentum quantum number，s）决定。

所有基本粒子都具有自旋（spin）的性质，并据此将粒子分成两类：具有整数自旋量子数的是玻色子（boson），例如光子和 α 射线；具有分数自旋量子数的是费米子（fermion）。电子是费米子，物质的磁性正是由核外电子的磁性产生。电子的自旋量子数 s 只有两个取值，即 $+\frac{1}{2}$ 和 $-\frac{1}{2}$，分别表示电子自旋的两种状态，也可以用符号"↑"和"↓"表示。

费米子有个特性，称为对易变号性，两个同样的粒子不能处于同一个状态。如果两个自旋相同的电子处于相同的空间位置上（即两个电子的位置可以对易），那么这两个电子的波函数在符号上必然是相反的。波函数的符号相反意味着这两个电子中，一个处于波峰时，另一个必处于波谷，两者波函数叠加的结果是波函数的相互抵消，电子的存在可能性为零。电子的这种性质好像是"一山难容二虎"，此即著名的泡利不相容原理，表述为两个相同自旋的电子不能存在于同一个空间位置。

（二）波粒二象性

1900 年，德国物理学家 M. Planck 为了解决黑体辐射实验数据和经典理论计算方法之间的矛盾，提出了著名的普朗克黑体辐射定律，用于描述在任意温度下，从一个黑体中发射的电磁辐射的辐射率与电磁辐射的频率的关系。Planck 发现，必须假设光波在发射和吸收过程中，物体的能量变化是不连续的，或者说物体通过分立的跳跃非连续地改变能量，能量值只能取某个最小能量元（能量量子）的整数倍，即 $E = nh\nu$，ν 为频率，h 为 Planck 常数，其值为 6.626×10^{-34} J·s。Planck 提出的量子假说揭示了微观领域的新奥秘，宣告了经典物理学连续性观念的破产，量子理论由此诞生。

当众多科学家对 Planck 的能量量子化持怀疑和排斥态度时，年轻的 Albert Einstein 却意识到量子化假设的革命意义，提出著名的"光子学说"，并成功地解释了光电效应。光不仅在发射和吸收时能量是一份一份的、不连续的，而且光本身就是由一个个不可分割的能量子组成，光波是一个个不可分割的粒子聚集而成的整体。光在不同场合呈现出不同的性质，光在空间传播过程中发生干涉、衍射等现象表现了光的波动性；而光电效应、康普顿效应和黑体辐射等现象表现了光的粒子性。光子学说揭示了光既具有波动性又具有粒子性（即波粒二象性）的特点。

在光的波粒二象性的启发下，1923 年，法国物理学家 Louis de Broglie 大胆假设：一切实物粒子（静止质量不为零）也都具有波粒二象性。同时，他认为，光的波粒二象性的关系式同样也适用于电子等实物粒子：

$$\lambda = \frac{h}{P} = \frac{h}{m\upsilon} \tag{8-1}$$

此式称为 de Broglie 关系式。式中，h 是 Planck 常数，P 是电子的动量，m 是电子的质量，υ 是电子的速度。

1927 年，美国物理学家 C. J. Davisson 和 L. H. Germer 用高速电子流代替 X 线，镍晶体薄层作为光栅，进行衍射实验，结果得到了和光衍射现象相似的一系列明暗交替的衍射环纹，如图 8-1 所示。实验测得的电子波的波长与 de Broglie 关系式计算出的波长相吻合，从而证实了 de Broglie 的假设。同年，英国物理学家 G. P. Thomson 采用多晶金属薄膜作为光栅也得到了电子衍射图像。后来相继用中子、α 粒子、质子、原子等粒子流做类似的实验，同样观察到衍射图像，充分说明了微观粒子具有波动性的特征。

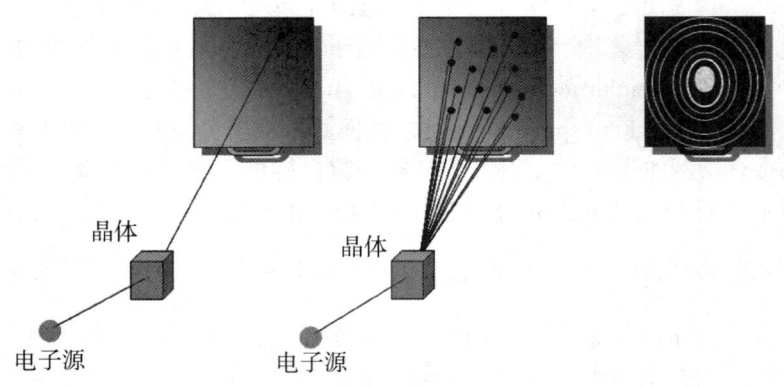

图 8-1 电子束通过镍箔的电子衍射图

怎样理解电子衍射图的意义呢？因为电子束中的电子都是在同样条件下通过晶体的，如果其只有粒子性，则每个电子都应到达照相底片上的同一点，不应有衍射环纹，衍射环纹的出现,说明电子有波动性。对一束电子而言是大量电子的行为,衍射环纹明亮的地方,是出现的电子数多的地方,相当于电子波的波峰与波峰叠加时,波的强度增加。衍射环纹暗的地方,是到达的电子数少的地方,相当于电子波的波峰遇上波谷,波的强度减弱。虽然衍射图是电子束即大量电子的行为,但实验证明单个电子在相同条件下重复极多次通过晶体的行为也获得同样的衍射图。这说明电子衍射不是许多电子间相互影响造成的结果,而是电子本身运动所固有的规律性。由此可见,电子的波动性是和电子运动的统计性规律联系在一起的。就一个电子而言,每次到达什么地方是无法准确预测的,但重复极多次以后,一定是在衍射强度大的地方电子出现的机会大,在衍射强度小的地方电子出现的机会小。所以电子波是概率波,波强度的大小反映了电子出现的机会或概率的大小。电子波的物理意义与经典的机械波或电磁波不同,后者是介质质点或电磁场的振动在空间的传播;而电子波本身并无类似直观的物理意义,只反映电子出现概率的大小。

【例 8-1】(1)电子在 1 V 电压下运动的速度为 5.9×10^5 m·s^{-1},电子质量 $m = 9.1 \times 10^{-31}$ kg,h 为 6.626×10^{-34} J·s,电子波的波长是多少?(2)质量 $m = 1.0 \times 10^{-8}$ kg 的沙粒以 1.0×10^{-2} m·s^{-1} 的速度运动,波长又是多少?

解:$h = 6.626 \times 10^{-34}$ J·s $= 6.626 \times 10^{-34}$ kg·m^2·s^{-2}

(1)根据 De Broglie 关系式可得电子波的波长:

$$\lambda = \frac{h}{mv} = \frac{6.626 \times 10^{-34}}{9.1 \times 10^{-31} \times 5.9 \times 10^5} = 1.2 \times 10^{-9} \text{(m)} = 1200 \text{ (pm)}$$

(2)沙粒:

$$\lambda = \frac{h}{mv} = \frac{6.626 \times 10^{-34}}{1.0 \times 10^{-8} \times 1.0 \times 10^{-2}} = 6.6 \times 10^{-24} \text{ (m)}$$

从计算结果可以看出,物体的质量越大,速度越快,波长越短。宏观物体的质量较大,波长小到了难以测量,以至于其波动性难以察觉,仅表现粒子性。微观粒子的质量极小,速度快,de Broglie 波长不可忽视,有明显的波动性,兼具波粒二象性。

(三)观察者效应、不确定性原理和互补性质

1807 年,英国物理学家 Thomas Young 在其编著的《自然哲学讲义》一书中,第一次描述了双缝干涉实验:把一支蜡烛放在开一个小孔的纸前面,形成了一个光源,在纸后面再放一张开两道平行狭缝的纸。从小孔中射出的光穿过两道狭缝投到屏幕上,就会形成一系列明、暗交替的条纹,这就是众人皆知的双缝干涉条纹(图 8-2),Thomas Young 认为光是在以太媒质中传播的纵波。1815 年,法国物理学家 Augustin Jean Fresnel 通过双棱镜实验证明了光的干涉现象的存在。

1961 年,蒂宾根大学的 Claus Jönsson 通过双缝实验发现电子也会发生干涉现象。1974 年,Pier Merli

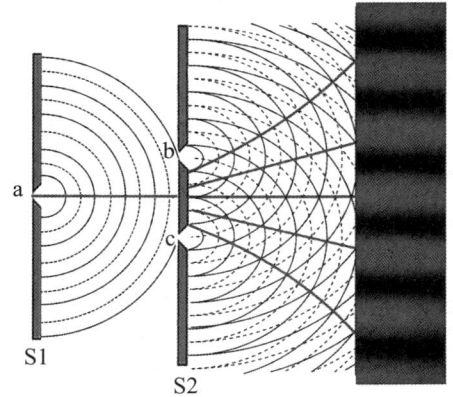

图 8-2 杨氏双缝干涉实验(彩图见书后)

在米兰大学的物理实验室改进了实验,再一次进行了尝试。他一次只发射一个电子,却在探测屏上同样观察到熟悉的干涉图样,单独电子似乎可以同时通过两条狭缝,并且自己与自己发生了干涉现象。在科学家们试图探究清楚电子通过双缝时候的状态时,"意外"发生了。当在狭缝前设置一个检测器,投射平面就不会出现条纹光斑,没有干涉现象,电子只呈现粒子性质。

当感应仪器挪走后，电子敏锐地察觉到了这个变化，投射平面就再次出现了条纹光斑。这意味着即使电子会以波的形式通过两个缝隙，一旦被检测到，就不再是波，而是粒子状态，这种变化完全取决于有没有观察者，这种现象被称为"观察者效应"。以丹麦物理学家 Niels Henrik David Bohr，德国物理学家 Max Born、Werner Karl Heisenberg，奥地利物理学家 Wolfgang E. Pauli 和英国物理学家 Paul Adrien Maurice Dirac 等人为代表的哥本哈根学派将这种新的存在形式称为"叠加态"，电子既可以是波，也可以是离散的粒子，这取决于它们是否被"测量"。

宏观物体运动时，人们可以同时准确地测定其位置（坐标）和动量（速度），因此用经典力学规律可预测其运动轨道，这可从现代人类生活中安装有导航系统的汽车、火车、高铁、飞机以及太空中人造卫星轨道准确测定便知。但微观世界具有明显波动性的粒子，和宏观物体具有完全不同的运动特点。量子力学发现微观粒子的运动遵循概率定律，一个物理量只有在被测量之后才是实在的，这种测量时所发生的由可能性到物理实在的不可逆的转变称为"量子跳跃"或波函数"坍塌"。1927 年，德国物理学家 W. Heisenberg 依据上述测量原理指出，具有波动性的粒子不能同时有确定的坐标和动量，这就是著名的不确定性原理（uncertainty principle），数学表达式为：

$$\Delta x \cdot \Delta p \geqslant \frac{h}{4\pi} \tag{8-2}$$

式中，Δx 为粒子在 x 方向位置的测量误差，Δp 为粒子的动量在 x 轴方向的测量误差，h 为 Planck 常数。

不确定性原理表明：微观粒子具有波粒二象性，其运动完全不同于宏观物体沿着固定轨道运动的方式。如果微观粒子的空间位置（即 Δx）测量得愈准确，其动量的不确定性（即 Δp）就愈大。反之，如果微观粒子的动量测量得愈准确，则其空间位置的不确定性就愈大。因此，不可能同时准确地确定微观粒子的空间位置和动量。

【例 8-2】电子质量为 9.1×10^{-31} kg，原子的半径为 $10^{-11} \sim 10^{-10}$ m。如果电子的位置测量误差 Δx 要求至少要小于 10^{-11} m 才有意义，试计算此时速度的误差 $\Delta \upsilon$ 是多少。

解：$\Delta p = m \Delta \upsilon$

根据 Heisenberg 不确定性关系式

$$\Delta \upsilon \geqslant \frac{h}{4\pi \cdot m \cdot \Delta x} = \frac{6.626 \times 10^{-34}}{4\pi \times 9.1 \times 10^{-31} \times 10^{-11}} = 5.8 \times 10^{6} \text{ (m·s}^{-1})$$

即速度的测量误差一定大于 5.8×10^{6} m·s^{-1}。

对微观粒子不能同时准确地测定其坐标和动量，并不是由于测量技术不够精密造成的，而是电子等微观粒子的固有属性。这说明像电子这样具有波动性的微观粒子，并不存在像宏观物体那种确定的运动轨道。

1928 年，N. Bohr 提出"互补原理"。N. Bohr 指出不可能同时用粒子性和波动性描述微观粒子测量，电子是粒子还是波，取决于我们如何观察它。一旦测量了波动性的行为，就不能测量粒子性的行为，反之亦然。例如，在电子双缝干涉实验中，一旦能确定电子从哪个缝过去，就已揭示出电子的粒子性的行为，干涉条纹将消失，就再也观测不到它的波动性。但波动性与量子性对于描述量子现象又是缺一不可的，必须把两者结合起来，才能提供对量子现象的完备描述，量子现象必须用这种既互斥又互补的方式来描述。"互补原理"是对量子力学中"不确定性原理"做出的哲学解释。"互补原理"与"不确定性原理"是量子力学正统诠释——哥本哈根诠释的两大支柱。

三、氢原子的光谱观察

任何原子被火花、电弧或其他方法激发时，均可获得原子光谱。原子光谱是原子结构的一种外在表现，每种原子都有自己的特征谱线。氢原子光谱是最简单的原子光谱，对其研究也比较详尽。氢原子在可见光区存在四条比较明显的谱线，波长分别为 656.3 nm、486.1 nm、434.1 nm 和 410.2 nm，分别用 H_α、H_β、H_γ、H_δ 表示，这一系列谱线称为 Balmer 系谱线（图 8-3）。此外，氢原子光谱还有其他谱线，如近红外区有 Paschen 系谱线，紫外区有 Lyman 系谱线。

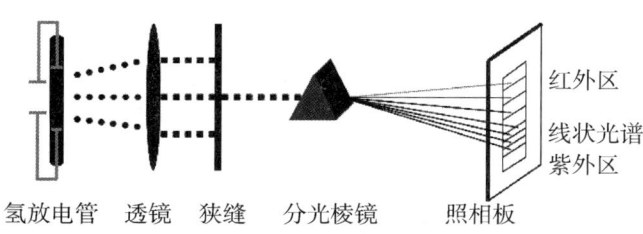

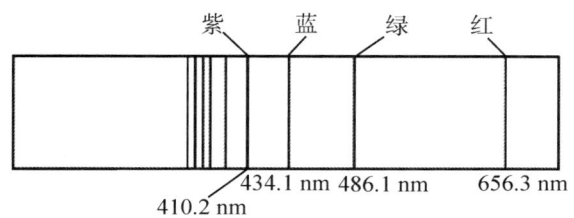

图 8-3 氢原子光谱

早在 1885 年，瑞士数学家、物理学家 J. J. Balmer 从氢原子在可见光区的发射光谱中总结出了规律，提出 Balmer 公式。瑞典物理学家 Johannes Rober Rydberg 在仔细分析氢原子可见光谱中谱线的频率后，1989 年提出了更为广义的解释原子光谱的经验公式——Rydberg 公式，具体表达式为：

$$\sigma = \frac{R_H}{hc}\left(\frac{1}{n_1^2} - \frac{1}{n_2^2}\right) \tag{8-3}$$

式中，$\sigma = 1/\lambda$（λ 为波长）；$\frac{R_H}{hc} = 1.097 \times 10^7$ J；R_H 为 Rydberg 常量，其值为 2.18×10^{-18} J·s；n 为正整数，且 n_2 大于 n_1。

四、从枣糕模型到原子（电子）结构的量子力学模型的建立

（一）原子结构的认识发展史

人类对原子结构的认识经历了长期的探索，很多物理学家致力于微观世界的研究。随着对原子结构研究的不断深入，陆续产生了许多理论观点。早期代表性的有希腊唯物主义哲学家 Democritus 的"古原子学说"、19 世纪英国科学家 J. Dalton 的近代"化学原子论"。而到了 19 世纪末和 20 世纪初，电子、质子、中子、放射性等相继被发现。1858 年德国的 J. Plucker 在研究气体的低压放电现象时发现了阴极射线。1879 年，英国物理学家 W. Crookes 发现了阴

极射线是带电的粒子流。随后，在 1897 年英国剑桥大学卡文迪许实验室的 J. J. Thomson 用低压气体放电试验证实了阴极射线就是带负电荷的电子流，并测得电子的荷质比 $e/m = 1.7588 \times 10^8$ C·g^{-1}。1909 年，美国科学家 R. A. Millikan 通过著名的油滴实验，测出了一个电子的电量为 1.602×10^{-19} C，并计算出电子的质量 $m = 9.109 \times 10^{-28}$ g。而最终把导线内流动的电的基本单元称为电子的是英国科学家 G. J. Stoney。直到 1920 年人们才将带正电荷的氢原子核称为质子，1932 年英国物理学家 J. Chadwick 又发现穿透性很强但不带电荷的中子，并证实其也是组成原子核的粒子之一，从此确立了原子核的质子 - 中子模型。1904 年，J. J. Thomson 提出了第一个原子结构模型——"原子枣糕模型"。1911 年，Thomson 最得意的学生 E. Rutherford 又提出"原子行星模型"。著名的原子结构模型还有丹麦原子物理学家 N. Bohr 于 1913 年提出的"Bohr 氢原子模型"，为建立现代量子力学做出了卓越的贡献。

（二）Bohr 氢原子模型

对于解释氢原子光谱和原子的稳定性，Rutherford 的"行星模型"是无能为力的。按照经典电磁理论，绕核高速旋转的电子应不断地、连续地辐射出电磁波，得到的氢原子光谱应是连续光谱；同时，由于不断辐射出电磁波，电子的能量应逐渐减少，最后会坠入原子核，原子将不能稳定存在。

为了解释氢原子光谱和原子的稳定性，1913 年丹麦物理学家 N. Bohr 基于牛顿力学，在 Rutherford 原子模型、Planck 量子论和 Einstein 光子学说的基础上，提出了著名的 Bohr 氢原子模型。Bohr 氢原子模型包括以下三点假设。

（1）核外电子是在一些有确定能量值的轨道上运动。电子在围绕原子核的轨道上运动时，既不吸收能量也不辐射能量。在这些轨道运动的电子所处的状态称为原子的定态。能量最低的定态称为基态，其他能量较高的定态称为激发态。

（2）电子在不同的轨道上运动时可具有不同的能量。电子运动时所具有的能量只能取某些不连续的数值，也就是电子的能量是量子化的。氢原子的原子轨道的能量可由下式计算：

$$E = -\frac{R_H}{n^2}, \quad n = 1, 2, 3, 4, \cdots \tag{8-4}$$

式中，E 为能量；R_H 是常量，为 2.18×10^{-18} J（或 13.6 eV）；n 为量子数。

（3）只有当电子从一种定态向另一种定态跃迁时，原子才会以光子的形式吸收或发射电磁波（图 8-4）。处于激发态的电子不稳定，可以跃迁回低能量的轨道上，并以光子的形式释放能量，光子的频率决定于轨道的能量差：

$$\Delta E = |E_2 - E_1| = h\nu \tag{8-5}$$

随着 n 的增加，电子离核越来越远，电子的能量以量子化的方式不断增加。当 $n \to \infty$ 时，电子离核无限远，成为自由电子，脱离原子核的作用，能量 $E = 0$。

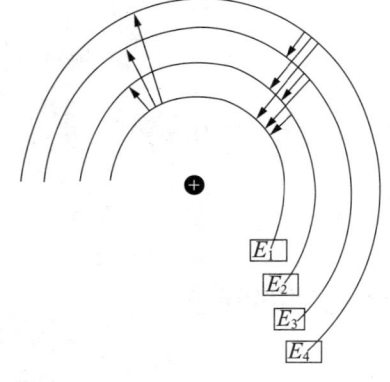

图 8-4　Bohr 氢原子模型

N. Bohr 对近代原子结构理论的贡献在于用能量变化的不连续性较成功地解释了氢原子光谱，指出了核外电子运动的量子化特征，并由此获得了 1922 年诺贝尔物理学奖。但是，由于他当时还不能完全摆脱经典物理学的束缚，仍然用宏观物体运动的固定轨道来描述原子中电子的运动状态，因而在解释多电子原子的光谱甚至是氢原子光谱的精细结构时，Bohr 理论遇到了难以克服的困难。Bohr 理论之所以出现这些不足之处，正是由于 N. Bohr 当时还没有认识到电子等微观粒子运动的"测不准原理"。

(三)氢原子结构的量子力学模型

为了描述具有波粒二象性的微观粒子的运动状态,1926 年,奥地利物理学家 Schrödinger 将驻波方程应用到氢原子的电子的运动状态,得到了著名的 Schrödinger 方程,这是个二阶偏微分方程:

$$\frac{\partial^2 \psi}{\partial x^2}+\frac{\partial^2 \psi}{\partial y^2}+\frac{\partial^2 \psi}{\partial z^2}+\frac{8\pi^2 m}{h^2}(E-V)\psi=0 \tag{8-6}$$

式中,m 是电子的质量;x、y、z 是电子在空间的坐标;E 是电子的总能量;V 是电子的势能;$(E-V)$ 是电子的动能;h 是 Planck 常数;Ψ 是波函数,是 Schrödinger 方程的解。

Schrödinger 方程有很多的解,每一个合理的解都有一个相应的能量值与之对应,即每一个 Ψ 对应一个能量值 E。波函数 Ψ 反映了电子运动的位置信息,称为原子轨道波函数,简称原子轨道。一般把电子出现概率在 99% 的空间区域的界面作为原子轨道的大小。

对于波函数 Ψ 的意义,Max Born 在 1926 年的论文《散射过程的量子力学》中指出,Schrödinger 方程中的波函数并非是物质性的波,而是描述电子在空间分布的概率波,也就是波函数 Ψ 本身没有物理实在性。而波函数 Ψ 绝对值的平方($|\Psi|^2$)正好表示了电子在核外空间出现的概率密度(probability density),即电子在某点周围微单位体积内出现的概率。电子在核外空间的概率密度也可以用小黑点的疏密来直观、形象地表示。小黑点密集的地方是概率密度大的地方,小黑点稀疏的地方是概率密度小的地方。这种密密麻麻的小黑点就像带负电荷的云雾笼罩在原子核周围,称为电子云(electron cloud),这种小黑点图就是电子云图。通过电子云图可以直观、形象地表现电子的概率密度分布。图 8-5 是氢原子的 1s 电子云示意图。

图 8-5A 是基态氢原子的 $|\Psi|^2$ 立体图形,图 8-5B 是其剖面图。处于不同运动状态的电子,它们的波函数 Ψ 各不相同,其 $|\Psi|^2$ 也当然各不相同,电子云图也就各不相同。

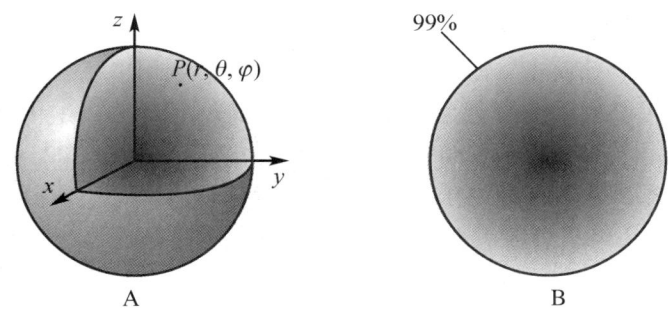

图 8-5　基态氢原子的电子云

(四)量子力学原理的实验验证

量子力学所揭示的微观世界超越了人们的通常思维,和人们在宏观世界的直观经验明显不同。Born 的"概率解释"、Heisenberg 的"不确定性原理"和 Bohr 的"互补原理"组成了量子论的"哥本哈根的诠释"的核心,现在已为多数物理学者接受并视为对量子力学的正统解释。但当时不少物理学家如 Albert Einstein 并不赞同波函数的统计诠释,他认为,物理学家应该能够给出一个实在模型来直接描述事件本身,而不是它们发生的概率。1935 年 Einstein、Podolsky 和 Rosen 提出"EPR 悖论"(因 EPR 悖论理论过于深奥,在这里不做详细介绍)来反驳哥本哈根的解释。Albert Einstein 说了著名的一句话:"上帝永远不会掷骰子"。EPR 的工作引起 Schrödinger 的巨大兴趣,受 EPR 论文的启发,Schrödinger 在论文《论量子力学的现状》中将 EPR 悖论的思想推广至宏观系统,提出了著名的"Schrödinger 猫佯谬"。

图 8-6 Schrödinger 猫佯谬

Schrödinger 设想将一只猫关在装有少量镭和氰化物的密闭容器里，镭发生衰变与不发生衰变的概率各占 50%（图 8-6）。如果发生衰变，会触发机关击碎装有氰化物的瓶子，导致猫中毒而死；如果不发生衰变，猫就能存活。根据宏观经验，盒中的猫要么活着，要么死了。猫的死活状态在观察者打开盒子前就已经是一种客观存在，和观察者是否打开盒子没有关系。然而，根据量子力学，盒子在被打开以前，猫的状态是"死"和"活"的两种相同的概率，只有在观察者打开盒子时，猫的状态才从两种可能性中不可逆地转变成"死"或"活"的实在结果。更不可思议的是，根据量子力学的状态叠加原理，猫还可以处于"死"和"活"的叠加状态，Schrödinger 用"纠缠"一词来形容这种古怪的宏观状态叠加。该思想实验巧妙地把微观物质在观测后是粒子还是波的存在形式和宏观的猫联系起来，试图从宏观尺度阐述微观量子世界的"测量原理"和"态叠加原理"的不合理性。

1964 年，英国物理学家 John Stewart Bell 在论文《论 EPR 佯谬》中从隐变量理论和定域实在论出发，提出了 Bell 不等式。Bell 不等式可以用来检验物理体系是遵从经典力学的定域理论还是遵从非定域的量子理论，相当于当了 Einstein 和哥本哈根学派的仲裁者。如果 Bell 不等式成立，则物理体系必像 Einstein 设想的那样是定域关联的，量子力学的"概率解释"和"不确定原理"是由于其理论不完备导致的假象；而如果 Bell 不等式不成立，则量子力学就是完备的理论，而"态叠加原理"和由此产生的"量子纠缠"现象就是超越经典物理描述范畴的一种物理实在。

1972 年，美国科学家 John Clauser 完成了首次对违反 Bell 不等式的实验观察；1982 年，法国物理学家 Alain Aspect 等在 Bell 本人的帮助下，改进了 John Clauser 的 Bell 定理实验，实验结果也同样违反 Bell 不等式，证明了量子力学的非局域性。1998 年，奥地利物理学家 Anton Zeilinger 等在奥地利因斯布鲁克大学完成 Bell 定理实验，第一次全面否定了定域性。2017 年，中国科学院潘建伟院士（博士师从 Zeilinger）团队利用"墨子号"量子科学实验卫星率先实现了地球上相距 1200 千米两个地面站之间的量子态远程传输，在 99.9% 置信度上确认了"Bell 不等式"不成立，为 Bohr 和 Einstein 百年之争做了完美收官。2022 年，Aspect、Clauser 和 Zeilinger 三位科学家因在"纠缠光子实验、验证违反 Bell 不等式和开创量子信息科学"方面所做出的贡献，荣获诺贝尔物理学奖。近年来，依靠量子纠缠兴起的量子信息技术，包括量子计算、量子通信和量子测量三大领域已成为未来信息通信技术演进和产业升级的研究焦点。

第二节　氢原子的电子结构

一、氢原子的波函数

氢原子核外仅有一个电子，用 Schrödinger 方程可以对其精确求解。为了方便求解，通常把直角坐标表示的 $\Psi(x, y, z)$ 变换成球极坐标表示的 $\Psi_{n,l,m}(r, \theta, \varphi)$。$r$ 为 P 点与原点的距离，θ、φ 分别为方位角（图 8-7）。

氢原子的波函数 $\Psi_{n,l,m}(r, \theta, \varphi)$ 及其相应能量列于表 8-1。

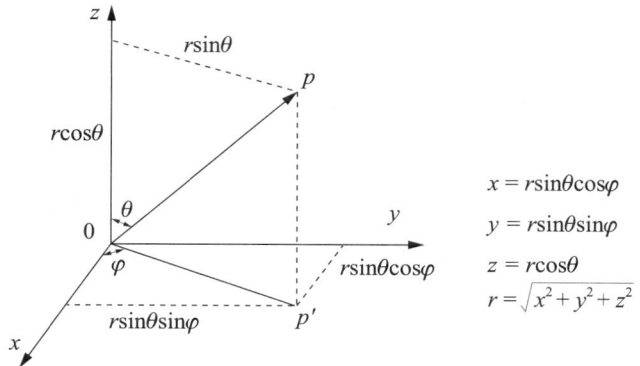

图 8-7 球极坐标与直角坐标的关系

表 8-1 氢原子的波函数 $\Psi_{n,l,m}(r, \theta, \varphi)$ 及其相应能量

轨道	$\Psi_{n,l,m}(r, \theta, \varphi)$	$R_{n,l}(r)$	$Y_{l,m}(\theta, \varphi)$	能量 (J)
1s	$A_1 e^{-Br} \sqrt{\dfrac{1}{4\pi}}$	$A_1 e^{-Br}$	$\sqrt{\dfrac{1}{4\pi}}$	-2.18×10^{-18} J
2s	$A_1 e^{-Br} \sqrt{\dfrac{1}{4\pi}}$	$A_2 r e^{-\frac{Br}{2}}$	$\sqrt{\dfrac{1}{4\pi}}$	$-\dfrac{2.18 \times 10^{-18}}{2^2}$ J
2pz	$A_3 r e^{-\frac{Br}{2}} \sqrt{\dfrac{3}{4\pi}} \cos\theta$	$A_3 r e^{-\frac{Br}{2}}$	$\sqrt{\dfrac{3}{4\pi}} \cos\theta$	$-\dfrac{2.18 \times 10^{-18}}{2^2}$ J
2px	$A_3 r e^{-\frac{Br}{2}} \sqrt{\dfrac{3}{4\pi}} \sin\theta\cos\varphi$	$A_3 r e^{-\frac{Br}{2}}$	$\sqrt{\dfrac{3}{4\pi}} \sin\theta\cos\varphi$	$-\dfrac{2.18 \times 10^{-18}}{2^2}$ J
2py	$A_3 r e^{-\frac{Br}{2}} \sqrt{\dfrac{3}{4\pi}} \sin\theta\sin\varphi$	$A_3 r e^{-\frac{Br}{2}}$	$\sqrt{\dfrac{3}{4\pi}} \sin\theta\sin\varphi$	$-\dfrac{2.18 \times 10^{-18}}{2^2}$ J
...	...	...	...	...

注：表中 A_1、A_2、A_3、B 均为常数

二、三个量子数描述一个原子轨道

在求解 Schrödinger 方程过程中，需要引入了三个参数：n、l、m。这三个参数称为量子数（quantum number），共同决定着电子及其所在原子轨道的量子化情况。

（一）量子数 n、l、m 的意义

1. 主量子数（principal quantum number） 用符号 n 表示。可以取任意正整数值，即 1、2、3……。在光谱学中分别用大写英文字母 K、L、M……等表示。它是决定轨道能量的主要因素，n 越小，能量越低。$n = 1$ 时，能量最低。氢原子或类氢离子核外只有一个电子，能量仅由主量子数决定，即

$$E = -\dfrac{Z^2}{n^2} \times 2.18 \times 10^{-18} \text{ J}$$

式中，Z 为核电荷数。主量子数还决定电子在核外空间出现概率最大的区域离核的平均距离，或者说决定原子轨道的大小。n 越大，电子离核平均距离越远，原子轨道也越大。在同一原子中，n 相同的电子，几乎是在距核的平均距离相近的空间范围内运动，被称为一"层"，即电子层（shell）（$n = 1, 2, 3, 4$……），分别称为 K、L、M、N……层。即具有相同主量子数的

轨道属于同一电子层。

2．轨道角动量量子数（orbital angular momentum quantum number） 用符号 l 表示。它决定原子轨道的形状，取值受主量子数 n 的限制。l 取 0、1、2、3……（$n-1$），共 n 个值，可给出 n 种不同形状的轨道，按光谱学习惯，用英文小写字母依次表示为 s、p、d、f、g……。

在多电子原子中，由于存在电子间的静电排斥，原子轨道能量还与角量子数 l 有关，故 l 又称为电子亚层（subshell 或 sublevel）。当 n 相同，即在同一电子层中，l 越大，轨道能量越高。量子数 (n、l) 组合与能级相对应。

对多电子原子：$E_{ns} < E_{np} < E_{nd} < E_{nf} < \cdots\cdots$。

对于氢原子：$E_{ns} = E_{np} = E_{nd} = E_{nf} = \cdots\cdots$。

3．磁量子数（magnetic quantum number） 用 m 表示。它决定原子轨道的空间取向。m 取值受 l 的限制，取 0、±1、±2……±l，共 $2l+1$ 个值。l 亚层共有 $2l+1$ 个不同空间伸展方向的原子轨道。m 的一个取值就是一个伸展方向，就是一个轨道。例如 $l=1$ 时，m 可以取 0、±1，表示 p 亚层有三种空间取向，或这个亚层有 3 个不同取向的 p 轨道。由于轨道的能量由量子数 n、l 决定，与磁量子数无关，故这 3 个 p 轨道的能量相等，处于同一能级。像这种能量相同、而伸展方向不同的同一亚层上的不同轨道称为简并轨道或等价轨道（equivalent orbital）。

3 个量子数 n、l、m 的组合规律见表 8-2。当 $n=1$ 时，l 和 m 只能取 0，说明 K 电子层只有一个能级，量子数组合只有 (1, 0, 0)，轨道波函数写成 $\Psi_{1,0,0}$ 或 Ψ_{1s}，也简称 1s 轨道。当 $n=2$ 时，l 可以取 0 和 1，所以 L 电子层有两个能级。当 $l=0$ 时，m 只能取 0，只有一个轨道 $\Psi_{2,0,0}$ 或 Ψ_{2s}；而当 $l=1$ 时，m 可以取 0、±1，有 $\Psi_{2,1,0}$、$\Psi_{2,1,1}$、$\Psi_{2,1,-1}$（或 Ψ_{2p_z}、Ψ_{2p_x}、Ψ_{2p_y}）三个轨道。L 电子层共有 4 个轨道。由此类推，每个电子层的轨道总数应为 n^2。

表 8-2　量子数组合和轨道数

主量子数 n	轨道角动量量子数 l	磁量子数 m	波函数 Ψ	同一电子层的轨道数 n^2
1	0	0	Ψ_{1s}	1
2	0	0	Ψ_{2s}	4
	1	0	Ψ_{p_z}	
		±1	Ψ_{p_x}, Ψ_{p_y}	
3	0	0	Ψ_{3s}	9
	1	0	Ψ_{p_z}	
		±1	Ψ_{p_x}, Ψ_{p_y}	
	2	0	$\Psi_{p_z^2}$	
		±1	$\Psi_{3d_{yz}}$, $\Psi_{3d_{xz}}$	
		±2	$\Psi_{3d_{xy}}$, $\Psi_{3d_{x^2-y^2}}$	

（二）原子中电子的独特性——用 4 个量子数描述原子中的一个电子

Bohr 理论成功解释了氢原子光谱的产生及其规律性。但在使用分辨率极强的分光镜研究氢原子光谱的精细结构时发现，每一条谱线又分裂为几条波长相差无几的谱线。例如，当电子由 2p 轨道跃迁至 1s 轨道时得到的是靠得很近的两条谱线，因 2p 和 1s 都只有一个能级，这种跃迁只能产生一条谱线，因此这一现象不但无法用 Bohr 理论解释，也无法用 n、l、m 三个量子数进行解释。该现象是由于电子作为一种费米子，是一个具有磁性的粒子，物质的磁性正是由核外电子的磁性产生的。前面已经介绍电子除围绕核运动形成轨道角动量外,还具有自旋角动量,电子自旋角动量在外磁场方向的分量 M_s 的大小由自旋量子数 s 决定。s 的取值只有两个,即 $s = \pm \frac{1}{2}$,因此电子的自旋方式只有两种,可用符号"↑"和"↓"表示。当两个电子自旋处于相同状态时称为自旋平行,可用符号"↑↑"或"↓↓"表示;反之,称为自旋反平行,用符号"↑↓"或"↓↑"表示。

综上所述,一个原子轨道需 n、l、m 三个量子数决定。但电子自身存在一个自旋量子数 s 的限定。因此,要确定原子中每个电子的运动状态,必须用 n、l、m、s 四个量子数来完整描述。四个量子数确定之后,电子在核外空间的运动状态也就确定了。

【例 8-3】 已知基态 Na 原子的价电子处于最外层的 3s 亚层,试用 n、l、m、s 四个量子数来描述该电子的运动状态。

解:最外层 3s 轨道 $n = 3$、$l = 0$、$m = 0$。该电子的运动状态可表示为 3,0,0,$+\frac{1}{2}$ 或 3,0,0,$-\frac{1}{2}$。

三、原子轨道与电子云的形状

(一)原子轨道的角度分布图

绘制原子轨道的图形对解释电子在原子核外空间的概率分布有直观的效果,并有助于理解共价键的方向性和分子几何结构等实际图像问题。可以画出 $\Psi_{n,l,m}(r, \theta, \varphi)$ 的完整图像,但在没有计算机的时代则非常困难。基于氢原子 Schrödinger 方程精确求解所得到的波函数 $\Psi_{n,l,m}(r, \theta, \varphi)$ 是空间坐标 r、θ、φ 三个自变量的函数,要画出 Ψ 和 r、θ、φ 关系的图像很困难。因此,可考虑将 $\Psi_{n,l,m}(r, \theta, \varphi)$ 进行变量分离,分离成函数 $R_{n,l}(r)$ 和 $Y_{l,m}(\theta, \varphi)$ 的积:

$$\Psi_{n,l,m}(r, \theta, \varphi) = R_{n,l}(r) \cdot Y_{l,m}(\theta, \varphi) \tag{8-7}$$

式中,$R_{n,l}(r)$ 称为波函数的径向部分或径向波函数(radial wave function),是电子离核距离 r 的函数,与 n 和 l 两个量子数有关。$Y_{l,m}(\theta, \varphi)$ 称为波函数的角度部分或角度波函数(angular wave function),是方位角 θ 和 φ 的函数,与 l 和 m 两个量子数有关,体现原子轨道在核外空间的形状和取向。对这两个函数分别做图,可以从波函数的径向和角度两个侧面观察电子的运动状态。表 8-1 列出了 K 层和 L 层氢原子轨道的径向波函数、角度波函数以及对应的能量。

在球极坐标内描绘角度分布时,首先要画一个三维直角坐标,将原子核放在原点。从原点向每一个方向 (θ, φ) 上引一直线,使其长度等于 $|Y|$ 值,然后连接各直线的端点,便成一个空间曲面,标上"+""−"号,就得到原子轨道的角度分布图。它反映 $Y_{l,m}(\theta, \varphi)$ 值随方位角 (θ, φ) 改变而变化的情况,并不代表电子离核的距离,与 r 的变化也无关。只要 l、m 相同,即使 n 不同的轨道,Y 函数角度分布图的形状也一致。

1. s 轨道角度分布图 s 轨道在各方向 (θ, φ) 上离核距离相等的点在空间连成一个球面,球面上各点 Y 值相等,图上标有"+"号,表示 Y 值的符号。图 8-8A 显示 s 轨道剖面图,图 8-8B 所示为其立体图形。

2. p 轨道角度分布图 p 轨道角度波函数值与方位角有关。以 p_z 轨道为例,$Y_{p_z} = \sqrt{\frac{3}{4\pi}} \cos\theta$,$Y_{p_z}$ 值随 θ 变化如表 8-3 所示。

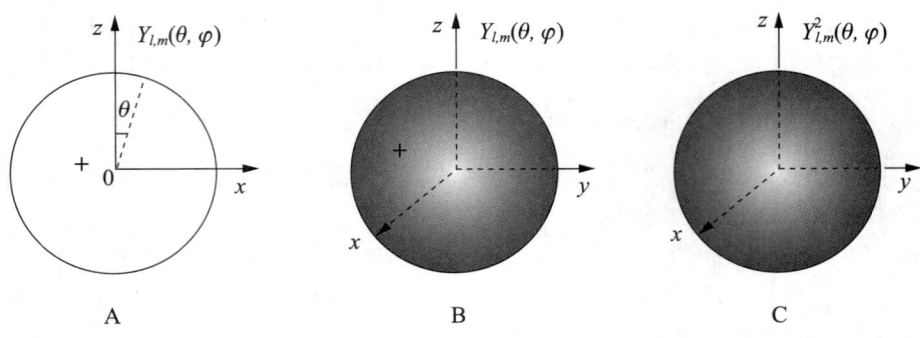

图 8-8 s 轨道和电子云的角度分布图

表 8-3 Y_{P_z} 值随 θ 变化情况

θ	0°	30°	60°	90°	120°	150°	180°
$\cos\theta$	1	0.866	0.5	0	−0.5	−0.866	−1
Y_{P_z}	0.489	0.423	0.244	0	−0.244	−0.423	−0.489

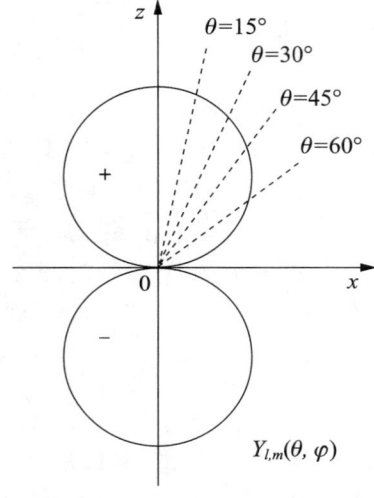

图 8-9 p_z 轨道的角度分布图

从原点向每一个方向（θ，φ）上引一直线，使其长度等于 $|Y_{P_z}|$ 值，然后连接各直线的端点，得到一双波瓣的图形，每一波瓣形成一个球体，图 8-9 为其剖面图。两波瓣沿 z 轴方向伸展，在 xy 平面上方 $Y_{P_z}>0$，标"+"号，下方 $Y_{P_z}<0$，标"−"号。两波瓣相对 xy 平面反对称。在 xy 平面上 Y 函数值为零，这个平面称为节面（nodal plane）。

p 轨道的轨道角动量量子数 $l=1$，磁量子数 m 可取 0、+1、−1 三个值，表明轨道在空间有三个伸展方向。通常定义 z 轴为磁场方向，因此 $m=0$ 的 p_z 轨道沿 z 轴方向伸展。$m=\pm1$ 时分别指示 p_x 和 p_y 轨道。p_x 和 p_y 轨道的角度分布图形状和 p_z 轨道相同，但两轨道分别沿 x 轴和 y 轴方向上伸展。图 8-10A 是三个 p 轨道的角度分布图。

3. d 轨道的角度分布图 如图 8-11A 所示，d 轨道的角度分布图形有四个橄榄形波瓣，各有两个节面。d_{xy}、d_{xz} 和 d_{yz} 的波瓣沿坐标轴夹角 45°方向伸展，包含坐标轴的平面（如 xz 面、yz 面、xy 面）为其节面。$d_{x^2-y^2}$ 分别沿 x 轴和 y 轴方向伸展，在坐标轴夹角 45°方向存在其节面。d_{z^2} 的图形看起来很特殊，形状犹如上下两个"气球"嵌在中间一个"轮胎"之中，在 $\theta=54°44'$ 及 $\theta=125°16'$ 方向上分别存在两个节面。

（二）电子云的角度分布图

概率密度与波函数一样，概率密度也可以分解为两个函数的乘积：

$$\psi_{n,l,m}^2(r,\theta,\varphi)=R_{n,l}^2(r)\cdot Y_{l,m}^2(\theta,\varphi) \tag{8-8}$$

式中，$R_{n,l}^2(r)$ 称为概率密度的径向部分，$Y_{l,m}^2(\theta,\varphi)$ 称为概率密度的角度部分。图 8-8C、图 8-10B、图 8-11B 分别是 s、p、d 电子云的角度分布图。因为 Y 小于 1，$|Y|^2$ 值都是正值且更小，所以电子云图形相对较瘦，没有"+""−"号。

原子轨道的角度分布图是数学函数图，没有明确的物理意义，而电子云的角度分布图表示

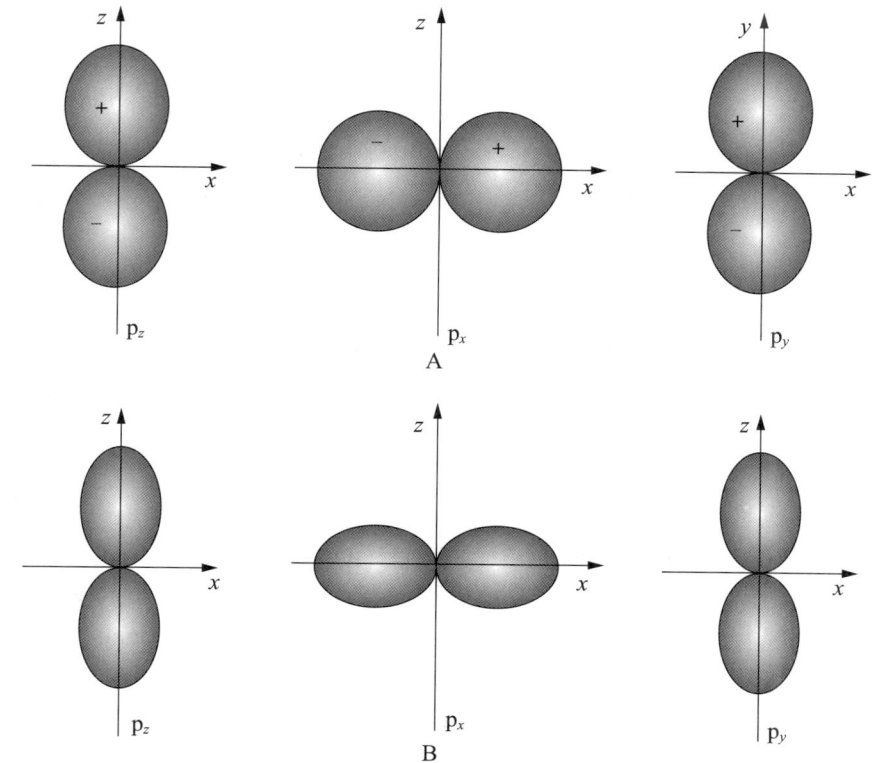

图 8-10 p 轨道角度波函数和电子云的角度分布图

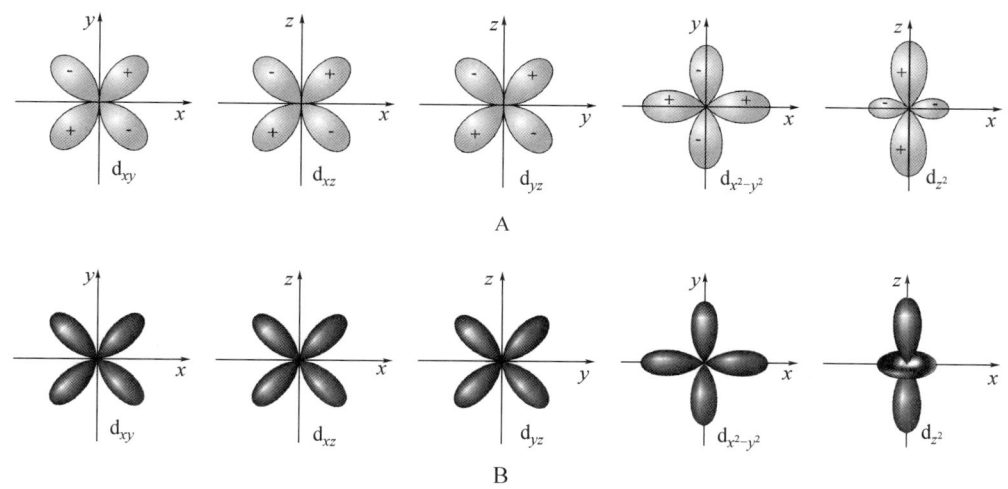

图 8-11 d 轨道角度波函数和电子云的角度分布图

电子在空间单位体积中出现概率的大小随角度 θ、φ 的变化。

(三)电子云的径向分布函数图

$Y_{l,m}^2(\theta,\varphi)$ 图只表示在不同方向 (θ,φ) 上电子出现的概率密度的变化情况,不表示电子出现的概率密度与核距离的关系。要进一步了解离核不同距离处电子出现的概率,还需利用概率密度的径向部分 $R_{n,l}^2(r)$。

对于一个离核距离为 r、厚度为 dr 的薄球壳,如图 8-12 所示。由于以 r 为半径的球面的表

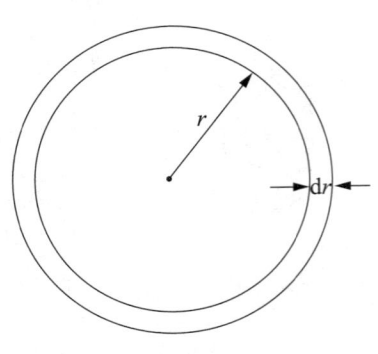

图 8-12 薄球壳示意图

面积为 $4\pi r^2$，球壳薄层的体积为 $4\pi r^2 \mathrm{d}r$，径向部分概率密度为 $R_{n,l}^2(r)$，故在这个球壳体积中电子出现的概率为 $4\pi r^2 R_{n,l}^2(r)\mathrm{d}r$。将 $4\pi r^2 R_{n,l}^2(r)\mathrm{d}r$ 除以厚度 $\mathrm{d}r$，即得单位厚度球壳中的概率 $4\pi r^2 R_{n,l}^2(r)$。

令
$$D(r)=4\pi r^2 R_{n,l}^2(r) \tag{8-9}$$

并将 $D(r)$ 定义为径向分布函数（radial distribution function），则 $D(r)$ 表示离核半径为 r 的单位厚度球壳内电子出现的概率，即：概率 $=D(r)\mathrm{d}r$。

$D(r)$ 有极大值，即为离核 r 处电子出现概率最大的地方，但该处 $|\Psi|^2$ 不一定极大。所以径向分布函数真正反映了离核不同 r 处电子出现的概率大小。

图 8-13 是 K、L、M 层原子轨道的径向分布函数图，从中可以看出：

1．在氢原子 1s 轨道径向分布函数图中，$r=52.9$ pm 处出现一个最高峰，表明电子在该处附近单位厚度球壳内出现的概率极大，此离核位置与运用 Bohr 理论计算得到 $n=1$ 层的轨道半径 $a_0=52.9$ pm 相吻合，但二者含义截然不同。从量子力学观点看，Bohr 半径只是基态氢原子在 1s 状态下，电子出现概率最大处离核的距离。

2．当 n、l 确定后，径向分布函数 $D(r)$ 应有 $(n-l)$ 个峰。每一个峰表示离核 r 处，电子出现概率的一个极大值，主峰表示电子出现在该 r 处概率的最大值。

3．对于 l 相同、n 不同的状态，n 越大时，主峰离核越远。可见量子力学还是肯定轨道有内外之分，但是它的次级峰可能出现在离核较近的空间，这样就产生了各轨道间相互渗透、交叉的现象，其实轨道间的相互渗透正是微观粒子波动性的表现。

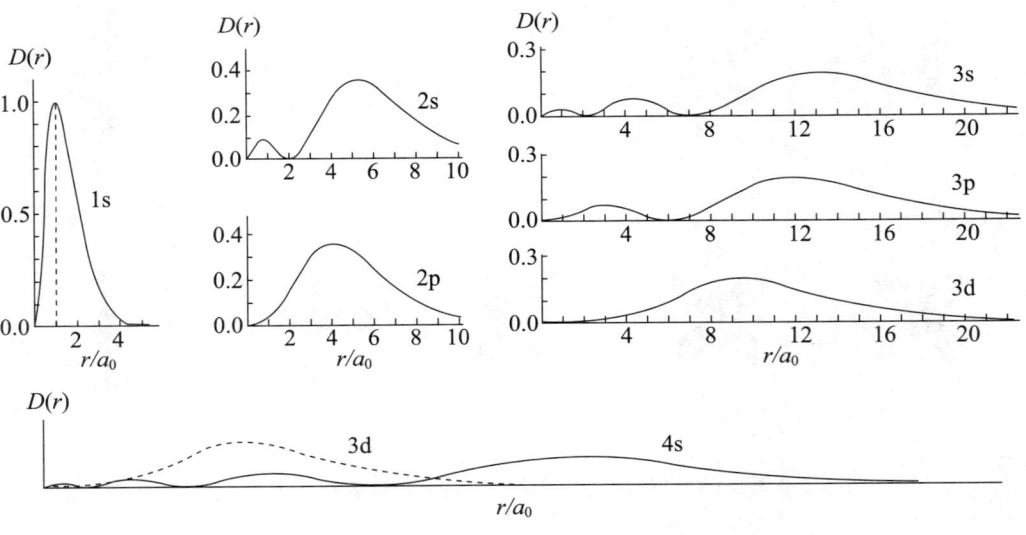

图 8-13 氢原子 K、L、M 层原子轨道的径向分布函数图

4．n 相同、l 不同时，l 越小，峰越多，而且它的第一个峰离核越近，说明离核较远的电子具有深入到核附近的能力，这种现象称为轨道的钻穿效应。在同一个电子层，ns 比 np 多一个离核较近的峰，np 比 nd 多一个离核较近的峰。最小峰与核的距离有：ns $<$ np $<$ nd $<$ nf。n 相同、l 不同时的钻穿能力顺序为：ns $>$ np $>$ nd $>$ nf $>$……。

5．在多电子原子中，原子轨道的 n 和 l 都不相同时，情况复杂一些。例如，4s 的第一个峰甚至钻到比 3d 的主峰离核更近的距离之内，即，钻穿能力 4s $>$ 3d。

第三节 多电子原子结构

对单电子体系，如氢原子和类氢离子（如 He^+）的核外只有1个电子，电子在核外运动的势能只受到原子核的吸引作用，原子轨道的能量只决定于主量子数 n。但对于多电子原子，核外有2个或2个以上的电子，电子除了受原子核的吸引作用，还受到其他电子的排斥作用，而且电子的位置瞬息万变，给精确求解多电子原子的波动方程带来困难。将氢原子结构的大部分结论（原子轨道的名称、数目、形状、角度分布图）近似用于多电子原子结构。多电子原子的能级是近似能级。

一、电子间相互作用对原子核-电子作用的干扰——屏蔽作用和钻穿效应

（一）屏蔽作用

在多电子原子中，例如锂原子，其第二层的一个电子除了受原子核对它的吸引力之外，还受到第一层2个电子对它的排斥力作用。在波函数的数学处理上，一个简化的方法是假设原子中其他电子对某电子 i 的排斥作用相当于屏蔽原子核，抵消了部分核电荷对电子 i 的吸引力，称为对电子 i 的屏蔽作用（screening effect），常用屏蔽常数（screening constant，σ）表示被抵消掉的这部分核电荷。因此，能吸引电子 i 的核电荷是有效核电荷（effective nuclear charge），以 Z' 表示，在数值上等于核电荷数 Z 和屏蔽常数 σ 之差：

$$Z' = Z - \sigma \tag{8-10}$$

以 Z' 代替 Z，近似计算电子 i 的能量 E：

$$E = -2.18 \times 10^{-18} \times \frac{Z'^2}{n^2} \text{ J} \tag{8-11}$$

多电子原子中电子的能量与 n、Z、σ 有关。n 越小或 Z 越大，能量越低。而 σ 越大，电子受到的屏蔽作用越强，能量越高。

1930年，美国理论化学家 J. C. Slater 根据光谱数据归纳出一套估算 σ 的方法。将核外电子按主量子数 n 和轨道角动量量子数 l 分组，除将 ns 和 np 合并为一组外，其余 n 和 l 不完全相同者均自成一组。分组如下：

(1s)(2s, 2p)(3s, 3p)(3d)(4s, 4p)(4d)(4f)(5s, 5p)(5d)(5f)(6s, 6p)(6d)(7s, 7p)

1. 外层电子对内层电子的屏蔽常数：$\sigma = 0$。
2. 次外层即 $(n-1)$ 层对最外层上的 ns、np 电子的屏蔽常数 $\sigma = 0.85$；更内层对最外层上的 ns、np 电子的屏蔽作用更强，屏蔽常数 $\sigma = 1.00$。
3. nd 和 nf 同组之间 $\sigma = 0.35$，而受到内层电子的屏蔽作用强，屏蔽常数均为1.00。
4. 同组之间的屏蔽作用弱，$\sigma = 0.35$，而 1s 之间，$\sigma = 0.30$。ns 对 np 屏蔽，np 对 nd 屏蔽，nd 对 nf 屏蔽，即 l 值小的对 l 值大的产生屏蔽。

由此可见 σ 与 n、l 均有关，而且屏蔽效应使电子的能量升高。

l 值相同、n 值不同时，n 越大的电子受到的屏蔽作用就越大，能量就越高。

$$E_{1s} < E_{2s} < E_{3s} < E_{4s} < \cdots\cdots$$
$$E_{2p} < E_{3p} < E_{4p} < E_{5p} < \cdots\cdots$$

基态 K 原子的电子层结构式是 $1s^22s^22p^63s^23p^64s^1$，而不是 $1s^22s^22p^63s^23p^63d^1$。可用屏蔽常数的计算加以说明。若 K 原子最后一个电子排布在 4s 轨道上，则原子核作用在核电子上的有效核电荷为：

$$Z^*(4s) = Z - \sum \sigma = 19 - (10 \times 1.00 + 8 \times 0.85) = 2.20$$

若 K 原子的最后一个电子排布在 3d 轨道上，则原子核作用在该电子上的有效核电荷为：

$$Z^*(3d) = Z - \sum \sigma = 19 - (1.00 \times 18) = 1.00$$

计算结果表明，原子核作用在 4s 电子上的有效电荷比作用在 3d 电子上大，所以 K 原子的最后一个电子应该填充在 4s 轨道上。

（二）钻穿效应

前面讨论了原子轨道径向分布函数图已知量子数为 n 和 l 的轨道，其径向分布函数有 $(n-l)$ 个极大值。n 相同，l 越小的轨道，峰数越多且第一个峰离核越近，电子在原子核附近出现的概率较大，可以较好地避免其他电子对它的屏蔽作用，受到的有效核电荷作用增大，因而其能量越低（$E_{ns} < E_{np} < E_{nd} < E_{nf} < \cdots\cdots$）。这种作用称为钻穿效应（penetration effect），钻穿效应使轨道的能量降低。

由于屏蔽效应和钻穿效应存在，原子轨道的能级出现内层 $n-1$ 轨道的能量高于外层 n 轨道的能量。这种现象称为"能级交错"现象，例如 3d 高于 4s 轨道、4f 高于 6s 轨道等。因此，在多电子原子中，轨道能量次序并不是单调变化的。

二、鲍林近似能级图

美国化学家 L. Pauling 根据光谱实验数据和理论计算结果，总结出多电子原子轨道的近似能级顺序或称多电子原子轨道的光谱序，如图 8-14 所示。轨道近似能级图用小圆圈代表原子轨道，按照能量从低到高的顺序排列，每个虚线方框代表一个能级组。相邻两个能级组之间的

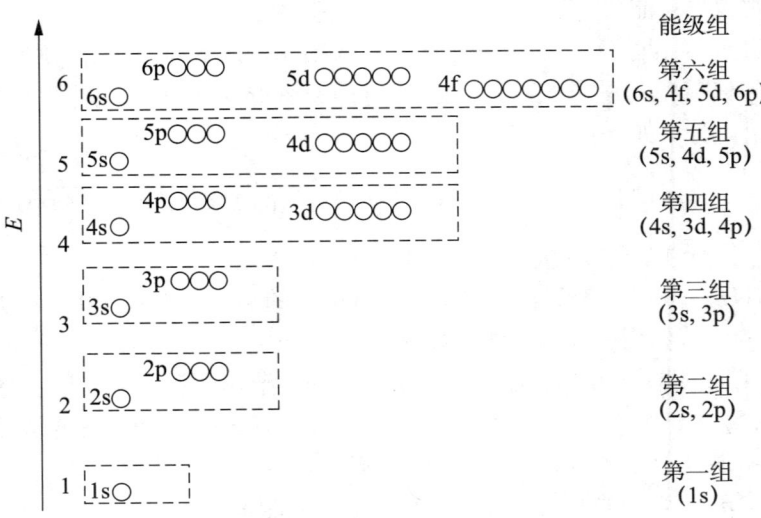

图 8-14　Pauling 原子轨道的近似能级图

能量差较大，而同一能级组内各轨道能级之间能量差别较小。

原子轨道近似能级顺序可以借助图 8-15 来帮助掌握。原子轨道能量按照高低的顺序排列，下方的轨道能量低，上方的轨道能量高。用斜线贯穿各原子轨道，由下而上就可以得到近似能级顺序。我国著名化学家徐光宪教授由光谱数据总结出基态电中性原子轨道的能级高低定量的近似规则，即轨道的 $n + 0.7l$ 值愈大，轨道能量越高。按照 $(n + 0.7l)$ 计算的整数部分相同的能级合并为一个能级组，与 Pauling 的近似能级顺序一致。

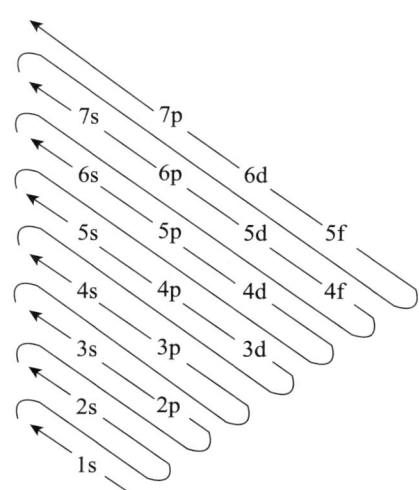

图 8-15　原子轨道近似能级顺序

需注意，上述近似能级顺序是指同一原子内的情况，不同原子间由于核电荷数的不同，相同标号原子轨道的能量存在巨大的差异，例如，由于各原子轨道的能量随原子序数增大，有效核电荷数增加而能量降低，H 原子的 1s 轨道能量为 –13.6 eV，而 K 原子的 1s 轨道能量则为 –4755.8 eV。美国当代化学家 F. A. Cotton 在总结前人的光谱实验和量子力学计算结果基础上，绘制出原子轨道能量随原子序数而变化的图——Cotton 原子轨道能级图。

三、原子的核外电子排布原则和基态原子的电子组态

原子核外电子在各原子轨道上的排布，称为原子的电子层结构或电子组态（electronic configuration）。基态原子的核外电子排布遵循以下经验规律。

（一）Pauli 不相容原理（Pauli exclusion principle）

1925 年奥地利物理学家 W. E. Pauli 提出：电子作为费米子，在同一原子中不可能存在四个量子数完全相同的 2 个电子。即如果两个电子在同一个原子轨道中（具有相同的 n、l、m 值），则自旋量子数 s 必不同，具有不同的自旋状态。由于电子的自旋状态只有两种，因此，一个原子轨道中最多只能容纳两个自旋相反的电子。一个电子层有 n^2 个原子轨道，最多可以容纳 $2n^2$ 个电子。

（二）能量最低原理

能量越低则系统越稳定，这是自然界的一个普遍规律，原子中电子的排布也遵循此规律。多电子原子在基态时，电子总是优先占据能量较低的轨道，只有当能量较低的轨道占满后，电

子才依次进入能量较高的轨道，这样的核外电子排布方式将会使体系总能量最低，这就是能量最低原理（lowest energy principle），又称构造原理（building-up principle，Aufbau principle）。

（三）Hund 规则（Hund rule）

1925 年，德国物理学家 F. Hund 在总结了大量光谱实验数据后指出："电子在能量相同的简并轨道上排布时，将尽可能分占不同的轨道，且自旋平行"。这种排布方式可使两个电子不必硬挤在同一轨道上，因而可以减小电子间排斥能，原子的能量也最低。例如，基态 $_7$N 原子的电子组态是 $1s^2 2s^2 2p_x^1 2p_y^1 2p_z^1$，三个 2p 电子的运动状态是：

$$2,\ 1,\ 0,\ +\frac{1}{2}\ ;\quad 2,\ 1,\ 1,\ +\frac{1}{2}\ ;\quad 2,\ 1,\ -1,\ +\frac{1}{2}$$

也可以用原子轨道表示式表示为

$$_7N\quad \underset{1s}{\boxed{\uparrow\downarrow}}\quad \underset{2s}{\boxed{\uparrow\downarrow}}\quad \underset{2p}{\boxed{\uparrow\ |\ \uparrow\ |\ \uparrow}}$$

光谱实验结果表明，Hund 规则存在一些例外，即在简并轨道上，电子全充满（如 p^6、d^{10}、f^{14}）、半充满（如 p^3、d^5、f^7）或全空（如 p^0、d^0、f^0）时，体系能量低、最稳定。因此，元素周期表第四周期中，基态 $_{24}$Cr 原子的电子组态是 $1s^2 2s^2 2p^6 3s^2 3p^6 3d^5 4s^1$，而非 $1s^2 2s^2 2p^6 3s^2 3p^6 3d^4 4s^2$；基态 $_{29}$Cu 原子的电子组态是 $1s^2 2s^2 2p^6 3s^2 3p^6 3d^{10} 4s^1$，而非 $1s^2 2s^2 2p^6 3s^2 3p^6 3d^9 4s^2$。半充满时，自旋平行的单电子数最多。

【例 8-4】 按电子排布的规律，写出 26 号元素 Fe 的基态电子组态。

解：Fe 的基态电子排布式为：

$$_{26}Fe：1s^2 2s^2 2p^6 3s^2 3p^6 3d^6 4s^2$$

为了书写方便，通常把内层已达到稀有气体电子层结构的部分，用稀有气体的元素符号外加方括号来表示，这部分称为原子实或原子芯（atomic core）。例如基态 $_{27}$Co 原子的电子组态 $1s^2 2s^2 2p^6 3s^2 3p^6 3d^7 4s^2$，可简化为 [Ar] $3d^7 4s^2$。

原子进行化学反应时，通常只有最外层的电子参与化学键的形成。这些电子称为价电子（valence electron），相应电子层称为价电子层或价层（valence shell），如 Fe 原子的价层电子构型是 $3d^6 4s^2$，Ag 原子的价层电子构型是 $4d^{10} 5s^1$。价层电子通常是原子芯以外的电子层，但对于长周期的 p 区元素，原子芯后面的电子排布则不一定都是价层电子构型，如基态 Se 原子的电子组态为 [Ar] $3d^{10} 4s^2 4p^4$，原子芯外的 3d 电子其实不是价层电子，基态 Se 原子的价层电子构型为 $4s^2 4p^4$。

离子的电子组态是在基态原子的电子组态基础上加上电子（负离子）或减去电子（正离子），例如 Fe^{2+}、Fe^{3+} 的电子组态分别为 [Ar] $3d^6$、[Ar] $3d^5$。

第四节 元素周期表

元素性质的周期性是随元素原子核外电子排布的周期性变化而变化。元素周期表是元素原子的电子层结构周期性变化和元素性质周期性变化的表现形式。元素的原子核外电子层结构的周期性变化是元素周期律的本质原因。

一、能级组与周期

能级组的形成是元素划分为周期的本质原因,每一个能级组对应元素周期表的一个周期(period)。根据多电子原子的原子轨道的光谱序或徐光宪的能级分组规则,可推知元素周期表中共七横行,即为七个周期。元素在周期表中的周期数等于该元素的电子层数。

二、价层电子组态与族

在元素周期表中,将基态原子的价层电子组态相似的元素归为一列,称为族(group),共16个族,其中主族、副族各8个。主族和副族元素的性质差异与价层电子组态密切相关。

(一)主族

主族包括ⅠA~ⅧA族,其中ⅧA族又称0族。主族元素的内层轨道全充满,最外层电子组态从$ns^{1~2}$到$ns^2np^{1~6}$,最外层同时又是价电子层。最外层电子总数等于族数。

(二)副族

副族包括ⅠB~ⅧB族,其中ⅧB族又称Ⅷ族。副族元素的电子结构特征一般是次外层$(n-1)d$或倒数第三层$(n-2)f$轨道上有电子填充,$(n-2)f$、$(n-1)d$和ns电子都是副族元素的价层电子。副族的ⅠB、ⅡB族由于其$(n-1)d$亚层已经填满,所以最外层ns亚层上的电子数等于其族数。ⅢB~ⅦB族,族数等于$(n-1)d$及ns轨道上电子数的总和;ⅧB族有三列元素,其$(n-1)d$及ns轨道的电子数之和达到8~10。第6、7周期中的镧系或锕系元素,各有15个元素,其电子结构特征是$(n-2)f$轨道被填充并最终被填满,$(n-1)d$轨道上电子数大多为1或0。

三、元素分区

根据价层电子组态的特征,将价层电子构型相似的元素合并成区(block),可将周期表中的元素分为5个区(图8-16)。

(一)s区元素

基态原子最后一个电子填充在ns亚层的元素属于s区元素,价层电子组态是ns^1和ns^2,包括ⅠA族(碱金属)和ⅡA族(碱土金属)。s区元素除H以外都是金属元素,在化学反应中容易失去价层电子形成+1或+2价离子。

(二)p区元素

基态原子最后一个电子填充在np亚层的元素属于p区元素,价层电子组态是$ns^2np^{1~6}$(除He为$1s^2$外),包括ⅢA~ⅧA族,大部分是非金属元素,ⅧA族是稀有气体。p区元素多有可变的氧化数,是化学反应中最活跃的成分。

(三)d区元素

基态原子最后一个电子填充在$(n-1)d$亚层的元素属于d区元素,价层电子组态是

$(n-1)$d$^{1\sim10}$n$s^{0\sim2}$,包括ⅢB～ⅧB族。d区元素都是金属元素,常有可变的氧化数且都含有未充满的d轨道,易成为配位化合物的中心原子。

(四) ds 区元素

价层电子组态为 $(n-1)$d^{10}n$s^{1\sim2}$,即次外层d轨道是充满的,最外层轨道上有1～2个电子的元素属于ds区元素,包括ⅠB和ⅡB族。ds区元素都是金属元素,有可变的氧化数。

(五) f 区元素

基态原子最后一个电子填充在 $(n-2)$f 亚层的元素属于f区元素,价层电子组态一般为 $(n-2)$f$^{0\sim14}$$(n-1)d^{0\sim2}ns^2$,包括镧系和锕系元素。f区元素的最外层电子数目、次外层电子数目大都相同,只有 $(n-2)$f 亚层电子数目不同,因此各元素化学性质极为相似,它们都是金属,也有可变氧化数,常见氧化数为+3。

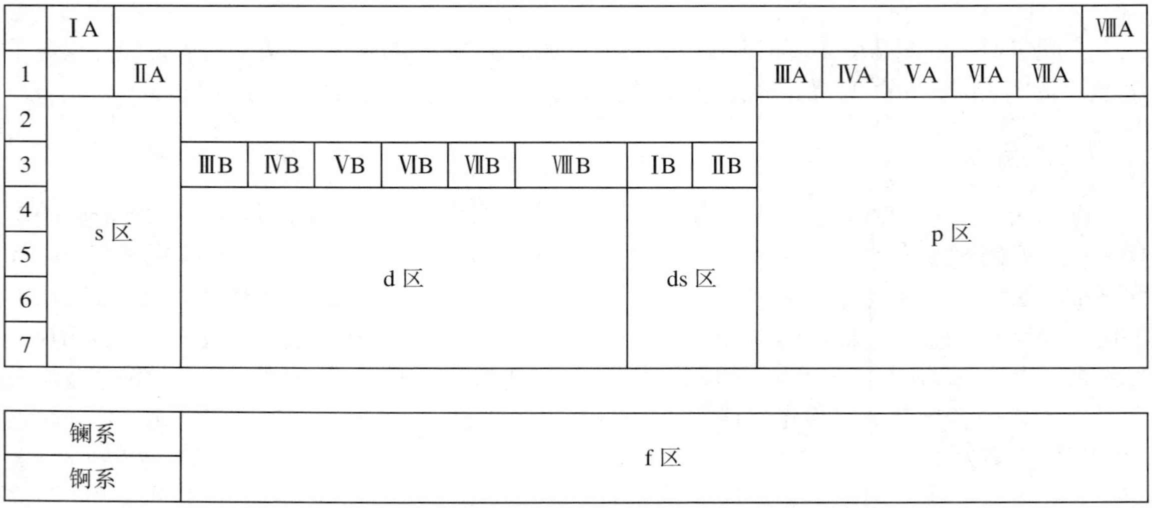

	ⅠA											ⅧA
1		ⅡA								ⅢA ⅣA ⅤA ⅥA ⅦA		
2	s 区									p 区		
3			ⅢB	ⅣB	ⅤB	ⅥB	ⅦB	ⅧB	ⅠB	ⅡB		
4					d 区				ds 区			
5												
6												
7												

镧系	f 区
锕系	

图 8-16 周期表中元素的分区

【例 8-5】已知某元素的原子序数为28。(1)试写出该元素基态原子的电子组态;(2)指出该元素在周期表中所属的周期、族和区。

解:(1)该元素基态原子应有28个电子,电子组态为 $1s^22s^22p^63s^23p^63d^84s^2$,或写成 [Ar]$3d^84s^2$。

(2)该元素最外层电子的主量子数 $n=4$,价层电子(最外层4s电子和次外层3d电子)总数为10,所以属于第四周期,ⅧB族,d区元素。

第五节 元素性质的周期性

元素性质的变化规律与原子结构的周期性递变有关。有效核电荷、原子半径、元素电离能、电子亲和能和电负性等,都随元素原子核外电子排布的变化而呈现周期性变化。

一、有效核电荷

多电子原子中,外层电子由于受到内层电子的屏蔽作用,吸引最外层电子的核电荷是有

效核电荷 Z'。例如，Li 原子的电子排布是 $1s^22s^1$。最外层的 1 个 2s 电子受到的有效核电荷为 $3 - 2 \times 0.85 = 1.3$。虽然核电荷数随原子序数的增加而逐一增加，但有效核电荷却呈现周期性的变化。

每增加一个周期，就增加一个电子层，但对最外层电子而言却增加了一层屏蔽作用大的内层电子，所以有效核电荷增加缓慢。如 Li 原子比氢原子多出 2 个电子，但有效核电荷仅增加 0.3。

同一周期中，随着核电荷的增加，核外电子逐渐增多，但增加的电子几乎都在同一层内，屏蔽作用较小。因此，外层电子受到的有效核电荷增加较快。短周期增长明显，长周期增长较慢，f 区元素几乎不增加。

二、原子半径

由于原子核外电子分布呈云雾状出现于全空间，不存在严格意义上的精确半径，单个孤立原子无法测量它的半径。通常所说的原子半径（atomic radius）实验测定值是根据晶体或气态分子中两个相邻原子核之间距离来确定的。这样，同一种元素的原子可以有多种半径，如共价半径（covalent radius）、van der Waals 半径（van der Waals radius）、金属半径（metallic radius）和离子半径（ionic radius）。

当两个同种原子以共价键结合时，原子核间距离的一半即为该原子的共价半径；金属半径是指金属单质的晶体中相邻两个原子核间距离的一半。例如，钠元素处于钠蒸气状态时，以双原子分子 Na_2 形式存在，就有一个共价半径；当钠元素以固体状态存在时，以密堆积方式互相接触，就有一个金属半径；当钠元素以 Na^+ 和 Cl^- 形成 NaCl 晶体时，根据 NaCl 的核间距和 Cl^- 的半径，可知 Na^+ 的离子半径。在分子晶体中，分子间以范德华力结合，相邻两原子核间距的一半，即为 van der Waals 半径。

四种半径中，共价半径和金属半径是原子处于键合状态的半径，比 van der Waals 半径要小得多。共价键还有单、双、三键之分，且相应的共价半径并不相等。例如碳原子的共价半径就包括：r（单）= 77 pm，r（双）= 67 pm，r（三）= 60 pm。如表 8-4 所示。

表 8-4 Cl 和 Na 原子四种半径的比较

原子	共价半径（pm）	金属半径（pm）	离子半径（pm）	van der Waals 半径（pm）
Cl	99	–	181	198
Na	157	186	99	231

同一周期的主族元素，随原子序数增加，新增电子填在最外层的 s 或 p 轨道上。相邻两元素，原子序数增加 1，即增加 1 个核电荷，最外层电子的屏蔽常数增加 0.30 或 0.35，有效核电荷至少增加 0.65，对外层电子的吸引力增加迅速，使原子半径明显逐次减小。

同一周期的过渡元素，随原子序数增加，新增电子大多填在价层的 $(n-1)$ d 或 $(n-2)$ f 轨道上，对应增加 1 个核电荷，外层电子的屏蔽常数增加 0.85 或 1.00，有效核电荷最多增加 0.15，对外层电子的吸引力增加较少，原子半径随原子序数增大而减小的幅度变小。内过渡元素有效核电荷变化不大，原子半径几乎不变。

同一主族的元素，从上到下电子层数增多，由于内层电子的屏蔽效应，有效核电荷增加缓慢，且最外层电子离核越来越远，导致原子半径明显增大。

三、元素的电离能

气态的基态原子失去电子成为气态正离子时所消耗的能量，称为电离能，可用以衡量元素原子或离子失去电子的难易程度。基态气体原子失去第一个电子成为气态 +1 价离子时所需的最低能量称为第一电离能（I_1），通常用于比较原子失去电子的倾向。

各元素原子的 I_1 也呈周期性变化，同一周期元素从左到右，原子半径减小、有效核电荷递增，I_1 逐渐增加。但也存在例外，例如，N 最外层 2p 轨道上三个电子是半充满，由于 Hund 规则，N 的 I_1 反而比 O 高，这种反常情况同样发生在 Be 和 B 之间。同一主族元素自上而下，电子层数增加，外层电子离核更远，而有效核电荷增加不多，故外层电子受核吸引力反而减小，使最外层电子的电离变得容易，I_1 逐渐减小。

四、元素的电子亲和能

气态的基态原子结合一个电子形成负一价气态离子所放出的能量，称为电子亲和能，它反映元素结合电子的能力。电子亲和能的变化与元素周期相关。总的来说，卤族元素的原子结合电子放出能量较多，易与电子结合；金属元素原子结合电子放出能量较少甚至吸收能量，难与电子结合成负离子。

五、元素的电负性

元素的电离能和电子亲和能只从一个方面反映某原子失电子或得电子的能力。实际上，有的原子既难失去又难得到电子，如 C、H 原子。所以单独用电离能或电子亲和能反映元素的金属、非金属活泼性有一定局限性，必须将元素化合时得、失电子的难易统一起来考虑。1932 年，Linus Carl Pauling 综合考虑电离能和电子亲和能，首先提出了元素电负性（electronegativity）的概念，用符号 χ 表示，并确定 F 的电负性最大为 $\chi_F = 4$，再依次定出其他元素的电负性值。用这个相对的数值量度分子中原子对成键电子吸引能力的相对大小，电负性大者，原子在分子中吸引成键电子的能力强，反之则弱。

同一周期主族元素从左至右电负性值逐渐增大；同一主族元素从上到下电负性值逐渐减小。副族元素的电负性没有明显的变化规律。电负性大的元素集中在周期表的右上角，如 F、O、Cl、N、Br、S、C 等非金属；电负性小的元素位于周期表的左下角，如 Cs、Rb、Ba 等碱金属、碱土金属（表 8-5）。

表 8-5 元素电负性

H 2.20																	He
Li 0.98	Be 1.57											B 2.04	C 2.55	N 3.04	O 3.44	F 3.98	Ne
Na 0.93	Mg 1.31											Al 1.61	Si 1.90	P 2.19	S 2.58	Cl 3.16	Ar
K 0.82	Ca 1.00	Sc 1.36	Ti 1.54	V 1.63	Cr 1.66	Mn 1.55	Fe 1.80	Co 1.88	Ni 1.91	Cu 1.90	Zn 1.65	Ga 1.81	Ge 2.01	As 2.18	Se 2.55	Br 2.96	Kr
Rb 0.82	Sr 0.95	Y 1.22	Zr 1.33	Nb 1.60	Mo 2.16	Tc 1.90	Ru 2.28	Ru 2.20	Pd 2.20	Ag 1.93	Cd 1.69	In 1.73	Sn 1.96	Sb 2.05	Te 2.10	I 2.66	Xe
Cs 0.79	Ba 0.89	La 1.10	Hf 1.30	Ta 1.50	W 2.36	Re 1.90	Os 2.20	Ir 2.20	Pt 2.28	Au 2.54	Hg 2.00	Tl 2.04	Pb 2.33	Bi 2.02	Po 2.00	At 2.20	

电负性是反映原子核吸引成键电子相对能力的一个综合标度，也是最重要的一个元素参数。在化学反应和组成分子时，原子电负性大者吸引成键电子的能力强，反之就弱。因此，电负性可以用来预测：

（1）化学反应中原子的电子得失能力。当一个电负性大的原子和电负性小的原子发生氧化还原反应时，电负性大的一方获得电子，电负性小的一方失去电子。因此，电负性大的原子氧化能力就强，而电负性小的原子还原能力就强。

（2）推测与比较元素的金属性。金属元素的电负性一般小于 2.0，而非金属的电负性则一般大于 2.0。因此可见，从周期表的左下角到右上角，金属性递减而非金属性递增。不过，在金属和非金属间并没有严格的界限划分。

（3）形成化学键的性质。电负性相接近的原子，其得失电子的能力接近，因而在反应时倾向于形成共价键。而共价键的极性随电负性差别的增加而增大；对于电负性差别较大的原子进行反应时，则倾向于完全的电子得失，从而形成离子和离子键化合物。对于电负性小的金属元素之间，一般形成金属键。

习 题

1．简述原子核外电子运动的特殊性。

2．试用量子数 n、l、m 对原子核外 $n=4$ 的所有可能的原子轨道分别进行描述。

3．写出下列各能级或轨道的名称，并将各能级按能量由低到高的顺序排列。

(1) $n=3$，$l=0$ (2) $n=4$，$l=1$ (3) $n=5$，$l=2$

(4) $n=2$，$l=1$，$m=-1$ (5) $n=4$，$l=0$，$m=0$

4．下列各组量子数中哪一组是正确的？将正确的各组量子数用原子轨道符号表示。

(1) $n=3$，$l=2$，$m=0$ (2) $n=4$，$l=-1$，$m=0$

(3) $n=4$，$l=1$，$m=-2$ (4) $n=3$，$l=3$，$m=-3$

5．N 原子的价电子排布是 $2s^2 2p^3$，试用 4 个量子数分别描述三个 $2p^3$ 电子的运动状态。

6．某原子在 $n=2$，$l=1$ 亚层上有 3 个电子，该亚层属哪个能级？共有多少个简并轨道？请用 4 个量子数描述这 3 个电子的运动状态。

7．已知 M^{3+} 离子 3d 轨道中有 5 个电子，试推出

(1) M 原子的核外电子排布；

(2) M 元素的名称和元素符号；

(3) M 元素在周期表中的位置。

8．基态原子价层电子排布式满足下列条件之一的是哪一类或哪一种元素？

(1) 具有 4 个 p 电子；

(2) 有 1 个量子数为 $n=4$、$l=0$ 的电子，有 5 个量子数为 $n=3$ 和 $l=2$ 的电子；

(3) 3d 轨道为全充满，4s 轨道只有 1 个电子的元素。

9．用 s、p、d、f 等符号表示下列元素的原子电子层结构（原子电子构型），判断它们属于第几周期、第几主族或副族、哪个分区。

(1) $_{20}$Ca   (2) $_{27}$Co   (3) $_{32}$Ge   (4) $_{48}$Cd   (5) $_{83}$Bi

10．基态原子的电子排布满足下列条件之一的是什么元素？

(1) +2 价正离子与 Ar 的电子构型相同

(2) +3 价正离子与 F^- 的电子构型相同

(3) +2 价正离子 3d 轨道全充满

11. 某元素在 Kr 之前，当它的原子失去 3 个电子后，其角量子数为 2 的轨道上的电子恰好是半充满，试推断该元素的名称。

12. 试讨论元素的周期与能级组之间的内在对应关系；指出元素所在的族数与其原子核外电子层结构的关系；说明元素周期表共分成几个区，各区分别包括哪些族元素。

13. 什么是元素的电负性？电负性在同周期中、同族中各有何规律性？

（胡密霞 王美玲）

第九章

生命元素与金属药物

第九章数字资源

第一节 生命元素与健康

生命元素是生物维持其正常的生理功能不可缺少的化学元素，其种类、含量是调控人体健康的重要因素。当微量元素摄入不足或过量时，可引起严重的健康问题，例如一些典型的地方病。克山病是缺硒引起的化学性地方病[①]，患者会出现急性和慢性心功能不全，心脏扩大，心律失常以及脑、肺和肾等脏器的栓塞等症状。地方性氟中毒是以氟骨症[②]和氟斑牙[③]为主要特征的慢性全身性疾病。地方性甲状腺肿（俗称大脖子病）和地方性克汀病都是因缺碘引起。地方性甲状腺肿会引起甲状腺肿大或颈部肿块；克汀病可造成儿童智力、体格发育障碍，其不良影响是终生的。因此，微量元素对人体的生命健康具有重要意义。研究微量元素与健康的关系是现代生命科学和现代医学的前沿课题之一。

一、生命元素的重要性及其生物学功能

（一）生命元素与地球环境的关系

地球上至少存在 90 种天然元素，几乎全部能在人体内找到。目前大多数科学家认为生命必需元素共有 29 种，它们是构成人体的基本成分，对人体的生长与发育、疾病与健康、衰老与死亡起重要作用。

在人体血液中有 70 多种化学元素含量与地壳中的元素含量有明显的相关性（图 9-1），这是生物链的传递结果，是人类在演变过程中逐渐适应环境平衡的结果，也是生命延续、保持健康的基础。因此，地球环境中某些化学元素含量异常时，人体的生理状态会相应地发生变化。

环境中微量元素的分布不平衡是导致人们患地方性疾病的一个重要原因。例如，中国有 72% 的地区受到缺硒的威胁。其中，东北、川藏和中间连线区域是严重的缺硒地带，当地居民的食物中硒含量低于 0.22 μg/g，是克山病、心脏病、大骨节病的高发地区。然而，享有"世界硒都"美誉的湖北恩施地区的居民却因富硒出现硒中毒现象，导致脱甲和脱发，当地俗称为"脱甲风"。

① 化学性地方病：又称为生物地球化学疾病。由于自然或人为的原因，某些元素/化合物在地球表面分布不均衡。这些过多或缺乏的元素/化合物会影响人体健康，造成在某一地区人群中出现特异的疾病，这就是化学性地方病。如本书中介绍的元素缺乏或过量引起的各种地方病；有机化合物的例子如马兜铃酸引起的巴尔干肾病等。
② 氟骨症：长期摄入过量氟化物累及骨组织引起的一种慢性侵袭性全身性骨病，主要临床表现是腰腿关节疼痛、关节僵直、骨骼变形以及神经根、脊髓受压迫的症状和体征。
③ 氟斑牙：又称斑釉，是由于饮用水中氟含量过高引起的牙齿疾病，严重影响健康、美观。

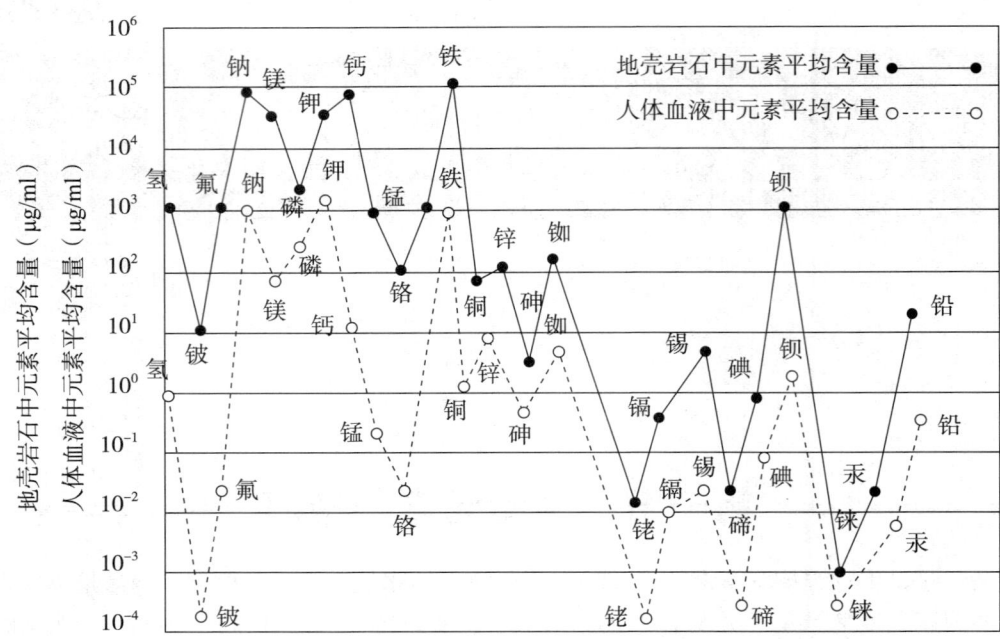

图 9-1 人体血液中与地壳岩石中元素的丰度相关性

（二）生命元素的分类与对人体的影响

1. 生命元素的分类　根据人体内含量的多少，可将生命元素分为常量元素和微量元素。一般将占人体总重量的 0.01% 以上的生命元素，如氧、碳、氢、氮、钙、磷、钾、硫、钠、氯、镁等称为常量元素，共占人体总重量的 99.95%。占人体总重量 0.01% 以下的生命元素，如铁、铜、锌、钴、锰、铬、硒、碘、镍、氟、钼、钒、锡、硅等称为微量元素，所有微量元素共占人体总重量的 0.05% 左右。常量元素中的碳、氢、氧、氮和硫是构成生命有机分子的主要元素；而钙、磷、钾、钠、氯、镁和所有微量元素都通常归入无机元素的范畴。

世界卫生组织（WHO）在 1973 年确认了 14 种人体微量元素：铁（Fe）、锌（Zn）、铜（Cu）、锰（Mn）、铬（Cr）、钼（Mo）、钴（Co）、硒（Se）、镍（Ni）、钒（V）、锡（Sn）、氟（F）、碘（I）、硅（Si）。不同微量元素对于生命活动的影响不同。根据微量元素对人体各器官的生物学意义，分为必需和非必需元素两大类，后者又可分为有益元素和有毒元素。

2. 生命元素对人体的影响　生命元素含量和分布在不同的人体组织器官中是不同的，例如在肌肉和脂肪等软组织中，主要包含碳、氢、氧、氮等无机元素；在骨组织中，钙、镁、钠、钾、磷的分布较多。而相同元素在不同组织中的分布也有很大差异，其原因和各组织的结构、功能和代谢差异有关。

微量元素在人体中的含量很少，但其作用不容小觑。它能够参与机体各种酶及活性物质的代谢，并维持机体内环境的平衡，在整个生命活动中能起到"四两拨千斤"的作用。通常人体能够通过吸收、代谢、存储和排出等调控作用维持生命元素含量在特定的范围（称为微量元素的内稳态），但若微量元素在机体长期缺乏或过量摄入，导致其内稳态异常，则会导致疾病的发生。例如儿童及青少年缺锌、铁会导致发育迟缓，缺硒会导致视力差，眼睛畏光、干涩等（表 9-1）。

表 9-1 微量元素含量对人体的影响

元素	功能	缺乏时病症	积累过多时病症
铁（Fe）	携氧、电子运转	贫血	血色素沉积症，损害基因的氧化作用
碘（I）	甲状腺激素组成成分	甲状腺肿，甲状腺功能抑制，克汀病	甲亢，甲状腺结节
铜（Cu）	氧化酶的组成成分，与铁相互作用，弹性硬蛋白的连接	贫血，骨化的改变，血清胆固醇可能升高	精神失常，威尔逊病
锌（Zn）	与能量代谢、复制、转化有关的多种酶的组成成分	发育停滞，抑制性成熟，降低免疫功能，味敏度改变	动脉粥样硬化，高血压，冠心病
硒（Se）	谷胱甘肽过氧化物酶的组成成分	地方性心肌病（克山病），大骨节病，近视	脱发，掉指甲，皮肤溃疡
钴（Co）	维生素 B_{12} 的组成成分	恶性贫血	红细胞增多症
锰（Mn）	糖胺聚糖代谢，超氧化物歧化酶的组成成分	骨骼变态，关节脆弱	运动失调，帕金森病
铬（Cr）	胰岛素的增效	糖尿病，动脉硬化	致肺癌
钼（Mo）	黄嘌呤、乙醛和硫化物氧化酶的组成成分	心肌坏死，食管癌，龋齿	痛风
氟（F）	牙齿的组成成分，可能也是骨的组成成分，可能的生长效应	龋齿，骨质疏松	氟斑牙，氟骨症
镍（Ni）	与铁吸收相互作用	血红蛋白和红细胞减少	致肺癌及鼻窦癌
钒（V）	促进红细胞生成，抑制胆固醇合成	贫血，冠心病，龋齿	头晕、头痛，自主神经功能紊乱
硅（Si）	可能在结缔组织中起钙化作用	骨质发育不良，动脉硬化，冠心病	硅沉着病，肾结石
锡（Sn）	促进蛋白质及核酸的合成，促进机体生长发育，影响血红蛋白的功能和促进伤口愈合	导致蛋白质和核酸的代谢异常，阻碍生长发育，严重者会患侏儒症	导致血清中钙含量降低，严重时可损害中枢神经

（三）生命元素的生物学功能

1. 常量元素是构建机体的基础 常量元素是构成人体结构的必备元素，在体内发挥着重要的生物学功能。人体的主要功能分子如核酸（DNA 和 RNA）、酶和其他蛋白质分子、脂肪、磷脂、维生素、辅酶和糖类等大小有机分子都是由碳、氢、氧、氮、磷、硫通过共价键形成的。而常量无机元素的作用则可分为：①维持人体体液等溶液系统的导电性和渗透压，如钠、钾、氯等；②构成骨骼，如钙、镁、磷元素，骨骼既是人体的支撑结构，同时又充当钙、镁、磷元素的存储部位；③辅酶或传递细胞信号的离子，如钙离子、镁离子和磷酸根离子。一种微量元素常可有多种功能，例如镁大部分积聚于骨骼中，一部分存储于骨骼肌、心肌、肝肾等组织细胞内，可以激活许多酶系统，参与糖、脂肪、蛋白质、核酸代谢，对心脏舒张和能量产生是必需的。体内充足的镁有助于降低血压、防止动脉痉挛、降低肾结石形成等；而镁缺乏可能引起心血管疾病、动脉硬化、糖尿病、肝硬化和胆囊炎等。

2. 微量元素是机体的必要因素 人体微量元素在体内主要发挥以下作用：①辅酶或蛋白

质的催化中心；②蛋白质分子的动态结构中心；③蛋白质等生物大分子的电子传递载体或氧化还原中心。以微量元素硒为例，硒作为人体必需微量元素，主要以含硒氨基酸的形式存在，包括硒代半胱氨酸和硒代甲硫氨酸两种。含硒氨基酸的蛋白质统称为硒蛋白或硒酶。谷胱甘肽过氧化物酶（glutathione peroxidase，GPx）是哺乳动物体内第一个被公认的硒酶，是人体中广泛存在的一种重要的过氧化物分解酶，能够催化还原型谷胱甘肽（GSH）将有毒的过氧化氢和其他过氧化物还原成无毒的羟基化合物，而 GSH 自身变成氧化型谷胱甘肽（GSSG）。GPx 对于保护细胞膜的结构及功能发挥关键的作用。

3．有毒元素对人体的影响　随着自然资源的开发利用和工业发展，愈来愈多的有毒元素通过大气、水和食物进入人体，成为人体的"污染元素"。其中，不少元素是有害的，尤其是毒性重金属元素，它们会在体内积累，干扰体内的代谢活动。表现在：①与人体内的 DNA、RNA 结合，可能导致基因突变，引发癌症；②与重要蛋白质或酶结合，导致其活性降低或失活，引发氧化应激等人体代谢功能紊乱。

例如汞（Hg）及其大部分化合物均有毒，主要危害中枢神经系统和肾。汞污染来源于化学工业、冶金工业、农药、杀菌剂等。曾经震惊世界的日本"水俣病"，是由于工厂排放的含汞废水导致海域汞污染，人们食用受污染的鱼贝而导致汞中毒，美国、瑞典也发生过类似的事故。再如铅（Pb）及其化合物会危害造血系统、心血管、神经系统和肾。由于儿童对铅排泄能力差，所以铅污染对儿童健康和智力发育具有极大威胁。铅中毒曾经是影响我国儿童健康智力的头号威胁。图 9-2 总结了部分有害金属对人体不同组织器官的危害。

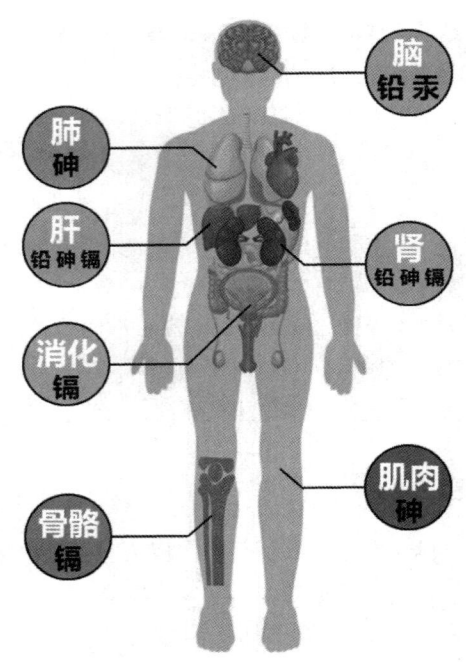

图 9-2　部分有害金属对人体不同组织器官健康的危害

二、微量元素的生物转化与代谢

微量元素通过在机体发生生物代谢与转化过程而实现其生理学效应，包括一系列有序而又复杂的物理、化学、生物过程。微量元素在人体的代谢过程主要包括：微量元素的吸收、组织分布和排出等，在此过程中总是伴随着微量元素的生物化学转化。

（一）微量元素的吸收

人体是一个开放系统，与环境中各类元素的接触途径多样，主要是通过消化道、呼吸道和皮肤接触来吸收微量元素。消化道吸收是日常生活摄入微量元素的主要途径。消化道吸收食物成分的主要机制是被动扩散，因此脂溶性物质较易被吸收。如对各种水溶性的镉化合物的吸收率仅为 0.4%，而对脂溶性的甲基汞的吸收率则高达 70% 以上。但对一些重要的微量元素如铁、铜和锌来说，消化道内有各自特定的转运蛋白来吸收，因此可有很高的吸收效率并可通过身体的需要精确控制这些元素的吸收效率。

呼吸道吸收主要通过元素的气溶胶（烟尘）或粉尘被吸入体内。汞金属蒸气可直达肺泡，穿过肺上皮细胞进入血液。在一些工业生产的过程中，污染的空气中的元素经肺摄入量仅次于静脉注射。这是由于人体肺泡壁的总面积高达 $50 \sim 100 \ m^2$，从而使空气中的有毒物质经肺吸收量有时会很高。此外，若粉尘沉积在肺泡内不被排出，可形成肺泡灰尘病灶或结节形成尘肺病，根据沉积的化合物种类可分为尘肺（硅酸盐）、铁肺（Fe_2O_3）、钡肺（$BaSO_4$）、铝肺（Al_2O_3）等。

皮肤在正常情况下是保护机体的有效屏障，只有少数元素及其化合物能通过皮肤吸收，如四乙铅、有机汞化合物、羰基化合物如 $Ni(CO)_4$、有机锡化合物等脂溶性好的物质。皮肤吸收为典型的被动扩散过程。化合物分子通过扩散透过皮肤进入皮下组织，进而被真皮层内的血管或淋巴管吸收进入血液。影响皮肤吸收的因素主要有两点：一是微量元素化合物的理化性质，二是皮肤的性状及完整性。

在吸收过程中，分子的跨细胞膜转运是一个核心步骤。细胞膜是由双层磷脂分子构成的二维结构，对各种分子都构成一个不能自由穿越的屏障。分子的跨细胞膜转运一般可分为简单（被动）扩散、易化扩散、主动转运和细胞吞吐几种类型。

简单扩散又称顺流转运。分子在膜一侧的浓度高，因此在浓度差形成的热力学势能的驱动下向低浓度一侧扩散，转运速率和细胞膜两侧的浓度差成正比。这个过程一般需要分子具有一定的脂溶性，先溶解于细胞膜的脂质成分，再扩散到另一侧。或者该细胞膜或其他生物膜上存在一些微小的孔洞，这样比此孔径小的分子可以通过这些微孔扩散。

易化扩散是细胞膜上存在一些由蛋白质分子构成的特定的分子通道。当这些通道蛋白开放时，能够通过此通道的分子可以通过扩散机制穿过细胞膜。这些分子通道具有特异性。例如钾通道可以允许钾离子通过，但其他离子如钠离子无法通过。但更多的膜通道的特异性并非很高，例如细胞膜的水通道可以允许水分子、甘油分子乃至尿素分子自由穿越；红细胞膜的阴离子通道则允许氯离子和碳酸氢根离子自由通过。

主动转运则依赖细胞膜上的特定蛋白质转运载体。这些载体可以结合特定结构的一种或结构相似的一类分子，然后将该分子逆浓度梯度转运跨膜。因此主动转运需消耗能量（能量来源可包括 ATP 水解、细胞膜电势和跨膜 pH 梯度等），对被转运的分子具有一定的选择性，并且当被转运分子在高浓度时会出现转运速率饱和的现象。此外，结构类似的分子在转运时会出现竞争性抑制现象。主动转运和易化扩散是体内必需微量元素吸收的主要途径，例如必需微量元素经肠道内吸收和经肝（胆汁）、肾（尿液）的排出等。

细胞吞吐是细胞的一种特殊行为。细胞膜在一些因素的刺激下可形成特殊的小泡——微囊泡，将细胞外的大分子或微粒包裹起来，内吞进入细胞。然后微囊泡中的分子经过细胞的特殊过程进入细胞；或者微囊泡在细胞内生成，然后携带着被包裹的所有成分被细胞吐出。这种方式对肺内巨噬细胞清除肺泡内的尘粒以及肝脾网状内皮系统清除血液中以胶体状态存在的微量元素有重要意义。

（二）微量元素的组织分布

微量元素在被人体摄入吸收后，又通过血液循环或淋巴系统分布到机体各个组织和器官。不同组织中的微量元素浓度有很大差别，微量元素的分布也有明显的器官选择性。微量元素的特异性分布与组织的生理功能对微量元素的需求有关，如甲状腺中的碘、红细胞内的铁、造血器官中的钴、脂肪组织中的钒、肌肉组织中的锌等。微量元素的非特异性组织分布差异则取决于组织的血液流量、微量元素化合物穿透细胞膜的能力及其与各组织的亲和力。

器官或组织内微量元素的分布与器官组织的血液供给量有关。血液供应越丰富的器官，微量元素分布越多。肝和肾是人体血液流量最大的器官，因此当一次性摄入大量某种微量元素时，肝和肾中该元素的含量短期内总是最大的。但随时间的延长，分布则越来越受微量元素与器官亲和力大小的影响，从而选择性地分布于某些器官内，这一过程就是再分布。

通常，大部分微量元素多在肝部位蓄积。这跟肝本身的结构有很大联系——肝是由众多肝小叶构成的，肝小叶则是由肝实质（肝细胞板）和它们之间的间隙（肝窦）构成的。肝窦可以被看成一种毛细血管，直径只有不到 15 μm，其中的血液流速不到动脉的 0.001，这导致血液及其中的各种物质在肝窦内的停留时间较长，并且更容易接触到肝窦内的细胞。此外，肝细胞的膜通透性较高，微量元素化合物更容易穿过膜进入细胞。

某些组织内的特殊成分与金属元素具有特异的亲和力，可使金属元素在体内有特殊的分布部位。骨骼是重金属离子盐通常容易蓄积的部位，如四乙铅初期在脑和肝含量最高，但经分解和转化为磷酸铅后，则主要积累在骨骼。实际上，钡（Ba）、金（Au）、锑（Sb）、铍（Be）、镉（Cd）等都容易在骨骼蓄积。

（三）微量元素的物种转化

微量元素进入人体后会在转运、存储和积累过程中参与水解、氧化、还原、结合等各种代谢过程，发生生物化学转化。接下来以硒（Se）为代表，介绍硒在体内转变为硒蛋白的化学和生物学过程。

硒是一种人体必需微量元素，主要通过体内 25 种硒蛋白发挥重要生理效应。人体多种疾病如心血管疾病、肿瘤、大骨节病、关节炎、胰腺纤维化、白内障等的发生发展都与硒蛋白失调有关。硒在自然界的存在方式主要是亚硒酸钠和硒酸钠。许多植物会摄取这些硒盐，然后转化为硒代氨基酸和纳米硒单质（植物存储硒的方式）。人体通过摄取硒盐和硒代氨基酸来合成生理所需的各种硒蛋白。

但人体却不会直接利用硒代氨基酸，各种硒化合物进入人体后经代谢转化为硒蛋白的过程大致分为三个步骤：首先是各种类型的硒化合物通过不同途径被代谢为硒化氢 H_2Se（生理 pH 下为硒氢根 HSe^-），然后 HSe^- 转化为硒磷酸 $H_2SePO_3^-$，最后在硒蛋白的生物合成时转化成硒代半胱氨酸残基。

对于硒代氨基酸来说，吸收后都先转化为硒代半胱氨酸，然后在硒代半胱氨酸 β-裂解酶的作用下转化为 HSe^-。对于硒无机盐来说，硒酸根先被还原成亚硒酸根，经体内的酶系统（主要包括硫氧还蛋白还原酶和谷胱甘肽-谷氧还蛋白）催化还原成 HSe^-。酶催化还原过程非常复杂，在未来的生物化学相关课程中会有具体介绍。总而言之，尽管每种硒化合物进入人体后的代谢途径是独特的，但基本都能被转化为 HSe^-。

各种硒化合物转化为 HSe^- 后，HSe^- 又能在硒磷酸合成酶 2（SPS2）的催化下和 ATP 反应转化为 $H_2SePO_3^-$。然后，$H_2SePO_3^-$ 与转运 RNA 结合的磷酸化的丝氨酸（PSer-tRNA）反应，通过硒转移酶（SEPSECS）将该丝氨酸转化为硒代半胱氨酸，进而插入蛋白质结构生成各种硒蛋白和硒酶。上述过程说明，人体利用微量元素有其内在的方式和途径。值得强调的是，微量元素的不同化学物种，其生理、药理和毒理学作用会有很大的差异。因此，化学物种及其体内转化对于微量元素的生物效应有着至关重要的意义。

（四）微量元素的排出

人体的微量元素含量都有一个安全和适宜的范围，即微量元素的内稳态。内稳态失衡将引发人体各种疾病。而内稳态的维持依赖微量元素吸收和排出的动力学平衡过程。

微量元素从体内排出的主要途径是经肾和经肠道。例如，人体从食物中摄入硒后，经过消化道吸收，并通过血液循环转运至全身细胞而储存。过量的硒经代谢后以三甲基硒离子的化学形式经肾由尿液排出体外。当摄入高剂量硒时，人体也将同时通过呼吸道排出二甲基硒化物。

汗液也可以排出一定量的金属元素。如铬（Cr）、铜（Cu）、镁（Mg）、钼（Mo）等元素可由汗液排出。汗液排出通常不占主要地位，但当大量出汗时，通过此途径排出大量各种元素的影响也不可忽视。

毛发也参与金属元素的排泄过程，但是其排出量很少，仅 Zn、Fe 略高。由于毛发的主要成分角蛋白富含巯基，因而可以浓缩部分亲巯的重金属。因此，毛发所含微量元素可以反映人体摄入微量元素的数量及代谢状况。头发中的微量元素含量可作为人体与环境中微量元素接触程度的参数或某些必需元素是否缺乏的诊断指标。

三、微量元素的平衡与重金属解毒

人类在漫长的进化历程中，逐渐形成了一系列平衡机制，以维持微量元素的内稳态。由于通常环境中可被生物利用的微量元素化学物种浓度很小，体内微量元素有一种自发地通过排出机制流失的趋势，因此，人体维持微量元素内稳态的关键是控制微量元素的吸收，即膳食微量元素的合理补充。

通过饮食补充微量元素时，要注意几点：①食物多样化。不同食物富含不同的微量元素，如马铃薯含有较多的钾，豆类含有丰富的钙和钼，茶叶含氟等。因此需要多样化膳食才能维持某些微量元素的平衡。②合理摄入精制食物。天然食物成分是均衡的，但在人为的精制过程中其元素分布的良好均态常常遭到了严重的破坏。例如糙米变成精米后丢掉了 80% 的镁、锌、锰、铬和铜等微量元素，长期食用精制食物使人血铬水平减少至原有的 1/7。以精制食物为主食时，易导致人体微量元素的缺乏。③针对性食补和膳食补充剂。例如在地区性碘缺乏的地方，应多吃紫菜、海带等含碘丰富的海产品，食用含碘盐等；在缺硒地区，可使用加硒食盐或服用硒酵母等富硒食品。④科学药补。对于严重的微量元素缺乏症患者，快速地补充微量元素需要使用特定药物。但药补时需要考虑药物-食物的相互作用。例如对人体进行补铁，由于铁以二价铁离子的形式吸收，因此需要服用亚铁盐而非更稳定的三价铁化合物，并且常常和还原剂维生素 C 配伍以促进铁吸收。此外，由于铁吸收过程中需要含铜的酶辅助，所以补铁的同时必须根据患者的情况适量补铜。

当因自然或环境污染原因造成某种微量元素特别是重金属元素摄入过量时，会引起急性或慢性疾病，如前面提到的儿童铅中毒等。重金属的毒性机理可以归结为以下四个方面：①与生物大分子活性位点的必需功能基团结合，导致该分子失活。如 Hg^{2+} 很容易与酶的半胱氨酸残基的—SH 结合，而—SH 基是很多酶的催化活性部位，Hg^{2+} 的结合会抑制这些酶的活性。②竞争性取代了生物分子中必需的金属离子，使它的活性下降。如 Be^{2+} 可取代 Mg^{2+}，从而使得 Mg^{2+} 激活的酶活性大半丧失。③改变了生物大分子的活性构象。如 Pt^{2+} 可与 DNA 碱基结合并交联在一起，从而无法进行转录和复制。④催化活性氧的产生，从而造成机体的氧化应

激损伤。

由于人体缺乏主动的金属排出机制，因此重金属解毒的关键是设法增加人体的金属排出。常用的有效方法就是螯合疗法，让重金属离子与特定试剂形成稳定的水溶性配合物，从而通过正常的肾排泄机制排出体外。例如螯合剂乙二胺四乙酸（EDTA）可与重金属离子螯合，形成超稳定的配合物排出体外。但直接使用 EDTA 容易造成人体正常微量元素的流失，所以常用 Ca-EDTA 配合物治疗，减轻微量元素流失。再如用普鲁士蓝治疗铊中毒。铊置换普鲁士蓝上的铁后可随胆汁分泌到消化道，进而随粪便排出。临床螯合疗法常见的螯合剂见表 9-2。

表 9-2　用于金属离子急性中毒的螯合剂

金属	螯合剂
铅（Pb）	Na_2Ca-EDTA，二羟基丙醇（BAL），青霉胺
汞（Hg）	二羟基丙醇（BAL），青霉胺
砷（As）	二羟基丙醇
镉（Cd）	Na_2Ca-EDTA
铜（Cu）	青霉胺，Na_2Ca-EDTA

第二节　人体必需微量元素简介

这里对世界卫生组织（WHO）在 1973 年确认的 14 种人体必需微量元素的重要化学性质和生物学功能进行简单介绍。

（一）硒（selenium，Se）

硒属于第四周期 VIA 族——氧族元素，核外电子排布为 [Ar] $3d^{10}4s^24p^4$。硒比同族元素硫多一层电子，但由于其 3d 电子的屏蔽作用，使得硒的有效核电荷数与硫接近，因而硒与硫的电负性、原子半径、离子半径（−2 价）等比较接近，导致硒的很多化学性质与硫也比较接近，比如都形成 −2 价的氢化物和 +2、+4、+6 价的含氧酸根。同时，硒可与硫可形成—S—Se—键，其性质与—S—S—键相似，都具有很好的氧化还原可逆性：

$$—S—S— \rightleftharpoons —SH + HS—$$

$$—S—Se— \rightleftharpoons —SH + HSe—$$

因此，在蛋白质分子中，硒可以替代硫的位置发挥各种生物活性，但 Se—H 键的标准电极电位明显低于 S—H 键：

$$Se(s) + 2H^+ + 2e^- \rightleftharpoons H_2Se(g) \qquad \varphi^\circ = -0.11\ V$$

$$S(s) + 2H^+ + 2e^- \rightleftharpoons H_2S(g) \qquad \varphi^\circ = +0.14\ V$$

因此含硒氧化还原酶的还原能力要明显强于相应的含硫氧化还原酶。

一般认为，食物中的硒盐和有机硒化合物经肠道吸收后，迅速随血液散布全身，经过代谢转化为细胞中的各种硒蛋白和硒酶。多余的硒在红细胞、肝、肾等组织内经历还原和甲基化过程，生成甲基化硒终产物。其中，二甲基硒随呼吸排出体外，三甲基硒则随尿液排出。

人体含硒总量为 14～21 mg。硒在体内以硒代氨基酸形式存在于各种硒蛋白中，发挥抗氧化酶的功能，从而调控机体的自由基代谢和氧化还原状态。绝大多数情况下，硒代半胱氨酸是承载硒元素最主要的方式,硒代半胱氨酸也因其重要性被称作第 21 个氨基酸,在哺乳动物体内参与蛋白组成,发挥着重要的生物学功能。谷胱甘肽过氧化物酶(GPx)是体内最主要的硒酶,其活性中心为硒代半胱氨酸,主要催化还原型谷胱甘肽(GSH)还原过氧化物和过氧化氢的反应,反应过程为:

$$GPx—SeH + R—O—OH(或 H_2O_2) \rightarrow GPx—Se—OH + R—OH(或 H_2O)$$
$$GPx—Se—OH + GSH \rightarrow GPx—Se—SG + H_2O$$
$$GPx—Se—SG + GSH \rightarrow GPx—SeH + GS—SG$$

总反应为:

$$R—O—OH(HO—OH) + 2GSH \rightarrow R—OH(H_2O) + GS—SG$$

和 GPx 一样,各种硒酶和硒蛋白的作用主要在于调控细胞的氧化还原状态,其生物活性主要体现在以下几个方面:①具有抗氧化作用。含硒酶具有清除细胞过氧化氢、过氧化物和特定自由基的作用,与其他抗氧化酶一起共同构成了一个保护细胞免受脂质过氧化作用等氧化应激损伤的高效系统。②以抗氧化作用为媒介,硒蛋白和硒酶发挥提高人体免疫功能、保护心血管系统、抗癌、拮抗有害重金属、保护视神经、减少白内障、保护和恢复胰岛功能等作用。

但过量的硒摄入也会造成人体硒中毒,主要包括职业性硒中毒和地方性硒中毒。过量的硒对皮肤、神经、消化及呼吸系统都有影响。硒化合物毒性作用的可能机制之一是攻击特定的脱氢酶系统,尤其是与琥珀酸脱氢酶所依赖的羟基基团结合而抑制了该酶的活性。在硒代谢中会大量消耗 S- 腺苷甲硫氨酸,过量的硒会造成 S- 腺苷甲硫氨酸耗竭。此外,亚硒酸盐被氧化时也可导致活性氧自由基的产生,因此过量的亚硒酸盐也会造成氧化损伤。不过,关于硒的毒性作用机制目前仍在争议中。

(二)铁(ferrum,Fe)

铁的原子序数是 26,平均相对原子质量为 55.845,是人体内含量最高的必需微量元素,核外电子排布为 $[Ar]3d^64s^2$。铁有 0 价、+2 价、+3 价、+4 价、+5 价和 +6 价,其中 +2 价和 +3 价较常见,+4 价、+5 价和 +6 价少见。人体中的铁约有 60% 以 +2 价的亚铁离子形式存在于血红蛋白内,是氧气的载体;5% 左右构成肌红蛋白,也结合着氧,是肌肉中的"氧库"。15% 构成各种细胞色素,称为功能性铁;20% 在肝细胞和脾的网状内皮系统巨噬细胞中以铁蛋白和含铁血黄素形式存在,称为贮存铁;还有少量的铁存在于血浆中,其中与转铁蛋白结合的铁含量仅在 3 mg 左右,虽然量很少,但是决定了铁在全身的转运。铁在正常情况下,基本上不被排出体外,而是进入全身的铁代谢池,可以无数次地被重新利用。

作为新的细胞死亡机制,铁死亡(ferroptosis)是近几年来的研究热点。铁死亡是一种铁依赖性的细胞程序性死亡方式。细胞中铁代谢异常导致游离的二价铁离子被释放,诱导生成以羟基自由基·OH 为代表的活性氧(reactive oxygen species,ROS)物质。ROS 可将膜脂过氧化,从而造成细胞功能丧失和细胞死亡。铁死亡的核心反应是 Fe^{2+} 与 H_2O_2 的芬顿反应:

$$Fe^{2+} + H_2O_2 \rightarrow Fe^{3+} + \cdot OH + OH^-$$

在细胞中,由于存在很多还原剂如超氧阴离子 $\cdot O_2^-$,可将生成的 Fe^{3+} 还原,重新生成 Fe^{2+}:

$$Fe^{3+} + \cdot O_2^- \rightarrow Fe^{2+} + O_2$$

从而可以持续产生·OH,导致细胞的不断氧化损伤。

(三) 锌 (zinc, Zn)

锌是第四周期ⅡB族的元素，核外电子排布为 [Ar] $3d^{10}4s^2$，常见价态为 +2 价。作为生物体中第二丰富的过渡金属元素，Zn 在生物学中的重要性仅次于 Fe，在生物体内都以 Zn^{2+} 形式存在。Zn^{2+} 不易被氧化或还原，但具有较强的吸引电子能力，是强的 Lewis 酸，可以与蛋白质中的氨基酸残基的咪唑氮原子、巯基硫原子、羧基氧原子等配位生成稳定和具有动态变化能力的结构中心。因此 Zn 常作为锌酶或锌蛋白广泛参与蛋白质、酶、核酸、糖类、脂类的代谢与基因转录调控等重要生物过程。锌是体内碳酸酐酶、DNA 聚合酶、RNA 聚合酶等许多酶的活性中心。处于生长发育期的儿童、青少年如果缺锌，会导致发育不良。缺乏严重时，将会导致侏儒症和智力发育不良。

(四) 铜 (cuprum, Cu)

铜是第四周期ⅠB族的过渡元素，价层电子结构为 $3d^{10}4s^1$，通常呈现 +1 价 ($3d^{10}$) 和 +2 价 ($3d^9$)。铜在细胞中不会以自由离子形式存在，而是与蛋白质形成稳定的配合物。不同价态的铜可以形成不同的配位结构，一价铜通常形成线性、平面三角形或四面体的结构；而二价铜则通常形成平面四边形、四角锥或八面体。按软硬酸碱分类，Cu(Ⅰ) 属于软酸，而 Cu(Ⅱ) 属于中间态酸。根据软硬酸碱理论，软酸与软碱或硬酸与硬碱具有较强的亲和性。因此，Cu(Ⅰ) 倾向于与半胱氨酸、甲硫氨酸配位，而 Cu(Ⅱ) 则倾向于与组氨酸配位。这些配位性质使得铜在蛋白质中有着三种特征性配位方式：① 四面体配位结构的Ⅰ型铜，其具有相对高的还原电势，通常与电子传递相关，质体蓝素便是属于这一类铜蛋白；② 平面四边形配位结构的Ⅱ型铜，铜锌超氧化物歧化酶、多巴胺氧化酶都是属于这一类的铜蛋白；③ 以双核铜为配位结构的Ⅲ型铜，通常结构为 $(His)_3Cu-X-Cu(His)_3$，在低等生物的氧载体——血蓝蛋白中，X 为 O_2 分子，血蓝蛋白就是通过这种形式来运输 O_2。

铜蛋白是体内重要的氧化还原酶。血浆铜蓝蛋白由肝细胞制造，包含 6 个铜离子，主要作用是进行铁和铜的氧化还原反应，属于亚铁氧化酶。反应时二价铜离子还原成一价，而把铁离子由二价 Fe^{2+} 氧化成三价 Fe^{3+}。Fe^{3+} 参与转铁蛋白合成，有利于铁的运输。缺铜时，也会造成铁吸收减少、铁代谢失序，从而血红蛋白合成受阻，引起贫血。

铜锌超氧化物歧化酶 (Cu,Zn-SOD) 则是生物体内最重要的一种抗氧化酶，其金属中心含有 Zn 和 Cu 两种金属离子，Zn 主要是起到结构稳定的作用，而 Cu 则主要起到催化作用。SOD 催化超氧化物阴离子 ($\cdot O_2^-$) 歧化为过氧化氢 (H_2O_2) 和氧气 (O_2)，催化机理为：

$$SOD\text{-}Cu^{2+} + \cdot O_2^- \rightarrow SOD\text{-}Cu^+ + O_2$$

$$SOD\text{-}Cu^+ + \cdot O_2^- + 2H^+ \rightarrow SOD\text{-}Cu^{2+} + H_2O_2$$

总反应为：

$$2\cdot O_2^- + 2H^+ \rightarrow O_2 + H_2O_2$$

值得一提的是，Cu,Zn-SOD 是体内催化速率最快的酶，其分解 $\cdot O_2^-$ 的速率几乎达到了分子扩散速率的极限值。

(五) 锰 (manganese, Mn)

锰是第四周期ⅦB族元素，核外电子排布为 [Ar] $3d^54s^2$。正常成人体内含锰 12～20 mg，成人每日需 2～5 mg。人体内 30% 的锰集中于肌肉内，20% 分布于肝中，肌肉（尤其是骨骼肌）是人体内含锰最高的部位。锰参与构成体内若干种有重要生理作用的酶，如锰超氧化物歧化酶（Mn-SOD），在细胞的抗氧化和抗衰老中发挥重要作用。

Mn-SOD 的催化作用是通过 Mn^{3+} 和 Mn^{2+} 的交替电子得失来实现的：

$$SOD\text{-}Mn^{3+} + \cdot O_2^- \rightarrow SOD\text{-}Mn^{2+} + O_2$$

$$SOD\text{-}Mn^{2+} + \cdot O_2^- + 2H^+ \rightarrow SOD\text{-}Mn^{3+} + H_2O_2$$

这个作用和 Cu,Zn-SOD 完全一样，但 Mn-SOD 催化效率远低于前者。同时两者细胞分布不一样，Cu,Zn-SOD 主要存在于细胞质内；而 Mn-SOD 主要存在于线粒体中。线粒体的内共生起源说认为，真核细胞的祖先吞入原始能量细菌后，经演化生成线粒体，这可能是细胞含有两种效率有差异的 SOD 的原因。但 Mn-SOD 并没有被更高效的 Cu,Zn-SOD 取代，这是个很有意义的课题，至少提示了包容性发展是生命体的一个重要特征。

除了形成抗氧化酶外，锰还是精氨酸酶、脯氨酸酶、丙酮酸脱羧酶、RNA 聚合酶等的组成成分。此外，锰参与了骨骼的发育和形成、软骨有机质合成、维持内耳骨及内耳结构正常、骨骼结缔组织的发展等多种生理活动。但是，若饮食或环境原因导致摄入过量锰，可引起锰中毒。锰中毒主要引起慢性神经系统病变，导致类帕金森病神经功能障碍（锰疯狂）乃至精神分裂。

（六）钴（cobalt，Co）

钴在周期表中位于第四周期Ⅷ族，核外电子排布为 $[Ar]3d^74s^2$，常见化合价为 +2 和 +3。钴在人体中约含 1.1 mg，遍布于人体的骨骼、肾、肝、脾、血液等组织中。钴是维生素 B_{12} 的组成部分。维生素 B_{12} 又称钴胺素（cobalamin），是唯一含金属元素的维生素。钴胺素是分子量最大、结构最复杂的维生素。在分子结构中，钴离子位于咕啉环中，6 个配位键中的 4 个由咕啉环的 N 原子提供；咕啉（corrin）的结构类似卟啉，但没有连接成完全的共轭结构。第五个配位键由二甲基苯并咪唑基团的 N 原子提供。第六个配位位点可以与不同的基团结合。根据第六个配体的不同，钴胺素通常有四种形式：与氰根 CN^- 结合的氰钴胺（图 9-3）、与羟基 OH^- 结合的羟钴胺、与甲基结合的甲钴胺，以及与 5′-脱氧腺苷结合的腺苷钴胺。腺苷钴胺和甲钴胺是维生素 B_{12} 的两种活性辅因子形式，天然存在于体内。氰钴胺因为稳定，常被用作食品添加剂；羟钴胺的 OH^- 容易被 CN^- 置换，因此常用作氰化物中毒的解毒剂。

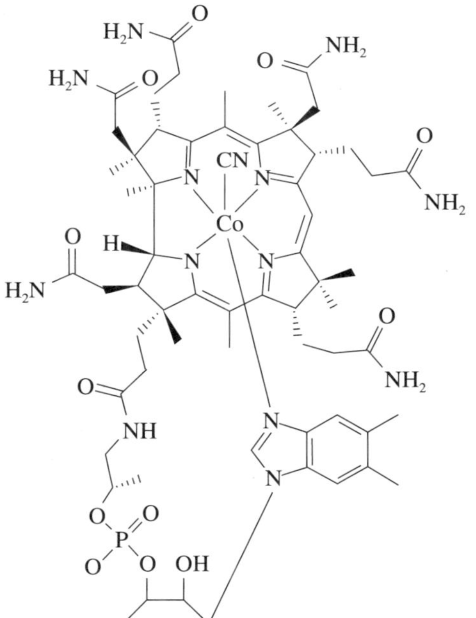

图 9-3 维生素 B_{12} 的食品添加剂成分氰钴胺的分子结构

辅酶 B_{12} 参与的最重要的反应是甲基转移反应，这是由于辅酶 B_{12} 的中心 Co^{2+} 可与烷基自由基·R 形成 Co—C 共价键，成为介导甲基转移等反应的活泼中间体。在甲硫氨酸合成酶催化的反应中，辅酶 B_{12} 从甲基四氢叶酸获得一个甲基，转移给同型半胱氨酸（Hcy）形成甲硫氨酸（Met），同时将甲基四氢叶酸转化成正常合成嘌呤和嘧啶必需的四氢叶酸。Met 进一步与 ATP 在 S-腺苷甲硫氨酸合成酶的催化下，形成 S-腺苷甲硫氨酸（S-AdoMet 或 SAM）。就像 ATP 是生物体内通用的能量供体一样，SAM 是体内通用的甲基供体，参与 DNA、RNA 和蛋白质的甲基化修饰。

因此，当食物中叶酸和维生素 B_{12} 任一发生不足时，将衍生出DNA 合成障碍、高同型半胱氨酸血症和某些表观遗传学变化。DNA 合成障碍会导致巨幼细胞贫血（megaloblastic anemia），而高同型半胱氨酸血症会引发血管病变等一系列健康问题。女性缺乏叶酸和维生素 B_{12}，可导致排卵功能异常、多囊卵巢综合征、流产、胎儿停育和出生缺陷等问题。

高等动植物不能制造维生素 B_{12}，自然界中的维生素 B_{12} 都是微生物合成的。对人类来说，虽然肠道细菌能合成一定量的维生素 B_{12}，但动物性食品是维生素 B_{12} 的主要来源。

（七）碘（iodine，I）

碘是卤族元素之一，在元素周期表中位于第五周期ⅦA族，核外电子排布为 $[Kr] 5s^2 5p^5$。卤族元素都能和碳形成单键，在有机化合物中可作为与—H类似的末端原子。但碘的氧化性远低于同族元素 F、Cl、Br 且原子量较大，更易与其他基团发生取代反应，因而含碘的有机分子通常有较强的生物活性。

碘在人体中的总量为 25～50 mg，其中约 30% 分布在甲状腺内，用于合成甲状腺激素。甲状腺激素包括甲状腺素（T_4）（图9-4）和三碘甲状腺原氨酸（T_3）。甲状腺激素能促进神经系统及组织的发育和分化、蛋白质的合成、糖的吸收和利用、脂肪的分解和氧化等。若在胎儿期缺碘，脑的发育将受到严重影响，使患者发生呆小病。成年人缺碘可引起甲状腺肿（俗称大脖子病），出现基础代谢率下降、体温降低、心率慢、肌肉无力等症状。但若摄入碘过多，可导致高碘性甲状腺肿，表现为甲状腺功能亢进（甲亢）及一些中毒症状。

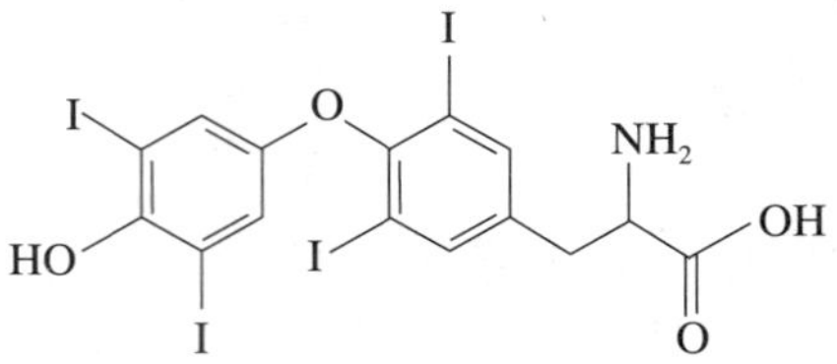

图 9-4　含碘的甲状腺素（T_4）

（八）铬（chromium，Cr）

铬在元素周期表中属第四周期ⅥB族，核外电子排布为 $[Ar] 3d^5 4s^1$。铬的化合价有 +2、+3、+6 价，其中 3 价铬容易形成惰性配合物。铬在成人体内约为 6 mg。铬的生理意义至今尚不清楚；而人体缺铬主要表现为糖耐量异常，附睾脂肪组织氧化葡萄糖明显受阻。葡萄糖耐量因子（GTF）是一种水溶性阳离子，其化学组成包含一个 3 价铬离子、两个烟酸分子和三个氨基酸（分别为甘氨酸、半胱氨酸和谷氨酸），分子量约为 500。GTF 可能是一种类胰岛素，可以像胰岛素一样激活细胞的胰岛素信号转导，从而降低血糖、降低血脂、提高糖耐量和减少高血糖损伤等。但过量的铬具有致癌性，现已确定 3 价铬、4 价铬、6 价铬都属于致癌物。

（九）钒（vanadium，V）

钒在元素周期表中属第四周期ⅤB族，核外电子排布为 $[Ar] 3d^3 4s^2$。在生理条件下，以 +3、+4 和 +5 价态存在，以 +4 价的氧钒阳离子 VO^{2+} 和 +5 价的含氧酸根 VO_4^{3-} 为主要存在形式。血液中约 95% 的钒与转铁蛋白结合为 VO^{2+} 而运输。钒可与 O、N 和 S 形成较强的配位键。VO_4^{3-} 与醇发生成酯反应：

$$H_2VO_4^- + HO-R \rightarrow R-O-VO_2(OH)^- + H_2O$$

由于钒的金属性，上述反应中形成的 RO—V 键具有配位键的性质。

一方面，VO_4^{3-} 和磷酸根 PO_4^{3-} 结构很相似；另一方面，VO_4^{3-}/VO^{2+} 电对与 Fe^{3+}/Fe^{2+} 很相似，具有催化单电子氧化还原的能力。这两个特性是大多数钒的生物化学作用的基础。钒具有广泛的生物学效应：①能促进骨骼和牙齿的形成，促进生长发育。钒酸根在磷灰石分子中可置换磷酸根，在牙釉质和牙质内均可增加羟基磷灰石的硬度，并增加有机物质和无机物质之间的黏合性，发挥预防龋齿的作用。②促进血红素的合成，刺激骨髓造血。③促进脂质代谢，降低胆固醇水平，有效防治心血管疾病。④增强胰岛素的作用，促进血糖的控制。

（十）氟（fluorine, F）

氟和碘同族，是第二周期ⅦA族卤族元素之一，核外电子排布为 [He] $2s^22p^5$。氟是电负性最大的原子，化学性质非常活泼。倾向于获得一个电子形成稳定的 -1 价化合物。F^- 和 OH^- 是等电子体，化学性质非常相似。氟在正常成人体内为 2～6 g，90%分布于骨骼、牙齿中。

F^- 可置换羟基磷灰石中的 OH^-，形成氟磷灰石，比羟基磷灰石溶解度更小，强度更大。牙釉质通过涂氟可在牙齿表面形成坚硬致密的保护层，抑制牙细菌的黏附，从而有效预防龋齿的发生。但是，过量的 F^- 置换可大大降低矿物质和有机质的黏合性，导致骨骼和牙齿的病理改变，如氟斑牙和氟骨病等。

（十一）钼（molybdenum, Mo）

钼和铬同族，在周期表中处第五周期第ⅥB族，核外电子排布为 [Kr] $4d^55s^1$。成年人体内含钼总量约 9 mg，广泛分布于人体各组织及体液中，其中以肝、肾、骨和皮肤中含量较高。钼具有多种生物学功能：①钼有 0～+6 多变的化合物价态，可作为氧化、还原反应的电子传递载体。钼作为哺乳动物 3 种金属硫蛋白（黄嘌呤氧化酶、醛氧化酶、硫化物酶）的辅基，在生物氧化反应中起催化作用，例如黄嘌呤氧化酶催化次黄嘌呤转化为尿酸，通过肾和尿液排出体外。②催化肝铁蛋白中的铁释放，促进红细胞发育和成熟。③催化硝酸盐和亚硝酸盐分解，保护心脏，调节心律，预防心血管疾病。④催化致癌物在体内的分解和排出，降低胃癌、食管癌等癌症的发生率。

（十二）镍（nickel, Ni）

镍和铁同族，位于第四周期第Ⅷ族，价电子排布为 $3d^84s^2$。成人体内含镍总量约为 10 mg，主要分布于肺、脑、脊髓、肾、软骨、结缔组织、皮肤等组织器官中，其中以肺含量最高。镍是多种酶的激活剂，如精氨酸酶、酸性磷酸酶、脱羧酶、脱氧核糖核酸酶等，在机体能量代谢中发挥作用。镍是尿素酶的活性中心，幽门螺杆菌正是依靠尿素酶得以在酸性极高的胃里存活。而铋离子可以置换尿素酶中的镍，从而让幽门螺杆菌不能存活。

（十三）硅（silicon, Si）

硅与碳同族，位于第三周期第ⅣA族，核外电子排布是 [Ne] $3s^23p^2$。硅是地壳中第二丰富的元素。由于硅的电负性小，具有一定的金属性，因此，硅与碳不同，无法形成有机物、构成有代谢能力的生命；硅基生命只是一种科学幻想，正是由于硅基化合物很难具备碳基化合物的代谢活性。但作为—C—C—链的一种补充，—Si—O—Si—链可将多糖和蛋白质之间更加稳固而有弹性地连结起来。因此，硅在皮肤及主动脉、气管与肌腱中最多，是骨组织、软骨组织、结缔组织和皮肤组织构成的一种必需微量元素，在人体内含量约为 18 mg。但高硅饮食的人易出现肾小球肾炎；吸入大量纤维状二氧化硅粉尘（如石棉和针状植硅体）会造成肺沉着病（矽肺）和癌症，严重影响人体健康。

（十四）锡（stannum, Sn）

锡是第五周期第ⅣA族元素，核外电子排布为 [Kr] $4d^{10}5s^25p^2$。锡的电负性低，是金属元素，化合价通常为 +2 价、+4 价。锡（铅）和碳同族，因此也能形成有生物活性的有机锡化合物。直到 20 世纪 70 年代，人们才发现锡也是人体必需微量元素之一，但仍然知之甚少。锡在胸腺中可以与类固醇或多肽结合形成化合物，参与胸腺免疫反应，发挥抗肿瘤和促进伤口愈合等功能。

第三节　金属元素药物

金属元素在临床上的应用具有悠久的历史。在世界范围内我国可能是应用矿物药（实质上含有微量元素）治病最早的国家之一。东汉末年成书的《神农本草经》是我国最早的药学专著。此书收载的矿物药有 46 种，占收载总数的 12.6%，而且对矿物药的性能、味道、来源、功效等有了初步的认识。长沙马王堆西汉墓出土的我国最古老医方——《五十二病方》记载了 242 种药物，其中矿物药 20 种，如丹砂、雄黄、长石、汞、铁等均有记载。明代伟大的医药学家李时珍所著的《本草纲目》收载药物 1892 种，其中矿物药 355 种，占收载药物总数的 19%。《本草纲目》记载："乳穴处流出之泉，人多取水作饮，酿酒，大有益处，久服肥健，体润不老。"这里所说的乳穴水，就是现在所说的含矿物质较丰富的矿泉水。当然，由于条件限制，古代医学家不可能指出矿物药中含有生命元素，并且这些元素主要是各种金属元素。

在现代药学中，以金属为中心具有药理活性的化合物称为金属药物，相关研究领域称为无机药物化学。金属药物在疾病诊断和治疗方面具有独特的优点和疗效，已经成为药物化学发展的前沿热点之一。本章将主要介绍铂类药物和一些重要的金属药物。有兴趣的读者可以深入阅读有关无机药物化学领域的综述文章，了解该领域最新的研究进展。

一、铂类抗癌药物

铂类药物是目前临床癌症化疗的主要治疗药物之一。顺铂是第一个被广泛应用的抗癌药，被称为"抗癌药里的青霉素"，常被用作抗癌药物的标准，用来衡量新药的活性。1965 年，美国密歇根州立大学生物物理学家罗森博格（B. Rosenberg）等在研究电场对细菌生长的影响时发现，在含氯化铵（NH_4Cl）的大肠埃希菌培养液中用铂电极通入直流电，大肠埃希菌细胞分裂就会受到抑制，长成相当于正常细胞 300 倍大的菌丝（图 9-5）。但更换其他电极就观察不到这种现象。进一步研究表明，电流使微量的铂进入培养液，生成顺二氯二氨合铂（cis-DDP，

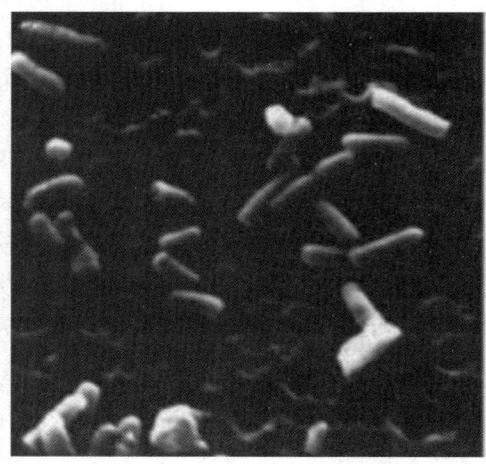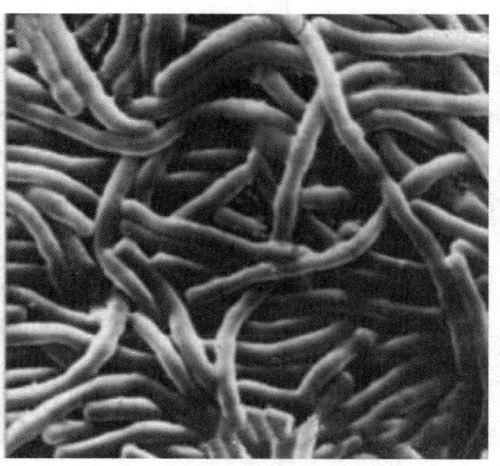

图 9-5　暴露在铂电极产生的电场中，大肠埃希菌（左图）的形态发生了明显改变（右图）

cis-[Pt(NH₃)₂Cl₂]，简称顺铂)，这种配合物对细胞分裂有强烈抑制作用。1969年，Rosenberg 在美国《自然》杂志上首次发表了他的研究成果，以抑制肿瘤细胞分裂为机制的顺铂由此问世。

但其实，顺铂早在1845年就被意大利化学家佩纶（Michel Peyrone）合成，所以历史上又称佩纶盐。顺铂的分子结构是在1893年被配位化学的创始人维尔纳（Alfred Werner）解析，但是他们都没有发现顺铂的医药用途。在随后的几十年中，顺铂一直在化学史上默默无闻。直至 Rosenberg 及其团队发现了顺铂的抗癌作用，此后基于铂（Pt）的抗肿瘤药物也受到了广泛的关注。1978年顺铂被美国食品和药品管理局（FDA）批准用于肿瘤化疗，自此第一代铂类抗肿瘤药物正式走上历史舞台。迄今为止，顺铂（图9-6）仍然是化疗效果最好的一线药物之一，其对睾丸癌的治愈率高达95%。

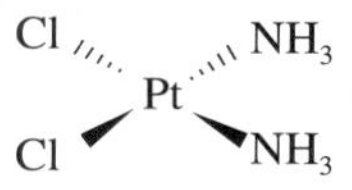

图 9-6 顺铂结构式

顺铂（顺式二氯二氨合铂（Ⅱ），cis-[Pt(NH₃)₂Cl₂]）的中心 Pt（Ⅱ）原子以 dsp^2 杂化方式形成平面四方形结构的配合物，因为两个氯原子和两个氨分子在同顺的一侧，所以称为顺铂。顺铂的抗癌机制目前还不完全清楚。目前的共识认为：顺铂分子经静脉注射进入人体后，由于顺铂的尺寸较小且为电中性，可通过简单扩散或某些微量元素吸收载体进入细胞。在细胞中，首先发生氯离子被水置换的反应，生成带正电的配离子 cis-[Pt(NH₃)₂Cl(H₂O)]⁺ 和 cis-[Pt(NH₃)₂(H₂O)₂]²⁺，因此与带负电荷的 DNA 发生静电作用结合，进而其配位的2个水分子被亲和力更强的 DNA 碱基（鸟嘌呤和腺嘌呤）的第7位的氮原子 N7 取代，形成 Pt-DNA 共价加合物。两个碱基一般来源于同一条 DNA 链内（俗称链内交联），少数也会分别来源于两条链（俗称链间交联）。Pt-DNA 共价加合物的形成会迫使 DNA 双链发生异常的弯曲变化。这种异常的结构会被含有高迁移率基团 HMG 结构域的蛋白质识别和结合（图9-7）。导致 DNA 的转录和复制的过程被阻断，从而肿瘤细胞的分裂和增殖被抑制。除此以外，顺铂药物的抗肿瘤作用的机制还包括与 RNA 的结合、诱导核糖体生物发生应激反应、蛋白质的结合损伤以及免疫原性作用等，其抗癌作用是所有作用的加合。

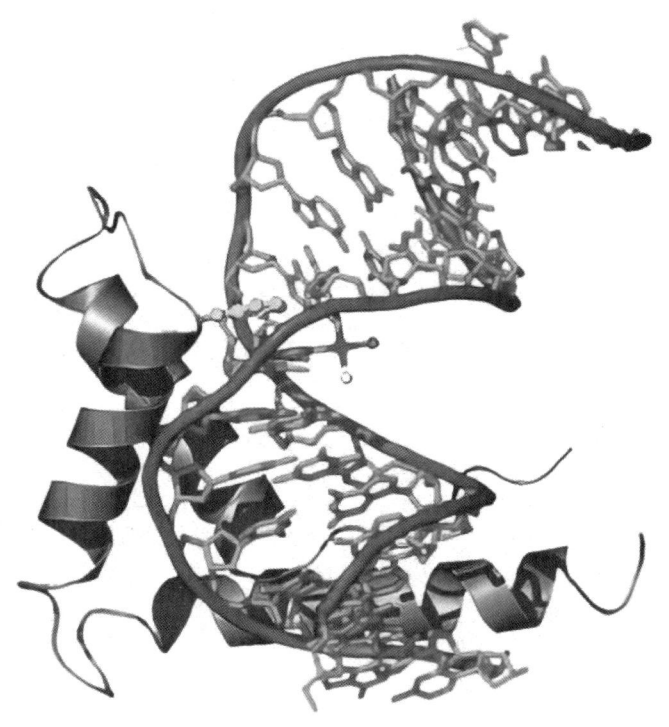

图 9-7 结构蛋白 HMG（灰色部分）插入顺铂（红色部分）和 DNA 结合部，导致 DNA 结构变化（彩图见书后）

和所有药物一样，顺铂药物的长时间使用会诱发肿瘤细胞的耐药性。此外，顺铂也具有肾毒性、神经毒性、耳毒性以及骨髓抑制等毒副作用。为了克服顺铂的毒副作用及耐药性，并进一步提高铂类药物的抗癌活性，在过去的几十年里，大量的新型铂类化合物被合成出来用以尝试改善顺铂的不足。1984年，英国癌症研究所和美国制药公司 Bristol-Myers Squibb Inc. 推出了第二代铂类抗肿瘤药物卡铂。卡铂的肾毒性和神经毒性比顺铂低，但卡铂和顺铂具有交叉耐药性。1996年，奥沙利铂作为第三代铂类抗肿瘤药物的代表，克服了顺铂相关耐药性，但其神经毒性依然较强，胃肠道不良反应明显。因此，寻找新型抗癌铂类化合物的研究依然在路上，期待未来更加伟大的药物发现。

二、其他金属药物

与种类繁多的有机化合物药物相比，金属药物在临床中的应用不多。除了顺铂外，一些主要的金属药物列于表9-3中。

表9-3 一些常见的金属药物

金属药物	靶分子/可能的作用机制	商品名称/用途
抗癌药物		
cis-$[Pt(NH_3)_2Cl_2]$	抑制肿瘤细胞DNA复制	顺铂（Cisplatin），对睾丸癌和卵巢癌最为有效
$(NH_3)_2Pt(CO_2)_2C_4H_7$	抑制肿瘤细胞DNA复制	碳铂或卡铂（Carboplatin），第二代低毒抗癌药物
As_2O_3	抑制端粒酶表达	Trisenox，对白血病（APL）特效
抗菌药物		
磺胺嘧啶银（Ⅰ）	（不明）	Flamazine，治疗严重烧伤
纳米金属银微粒	（不明）	治疗严重烧伤
胂凡纳明（arsenical salvarsan）	（不明）	俗称六零六，治疗梅毒和昏睡病
抗炎药物		
$(C_2H_5)_3P$-Au-S$(C_{14}H_{19}O_9)$	（不明）	金诺芬（Auranofin），风湿性关节炎，抗病毒
硝酸铈 $Ce(NO_3)_3$	（不明）	与磺胺嘧啶银联用，治疗严重烧伤
抗糖尿病药		
吡咯酸铬	增强胰岛素的作用	唐安一号，降糖食品添加剂
麦芽酚氧钒，乙酰丙酮氧钒	磷酸酶，ATP酶	类胰岛素口服降糖药物
精神药物		
Li_2CO_3	（不明）	Camcolit，抗抑郁病
消化道用药		
胶体次枸橼酸铋	抑制幽门螺杆菌生长	丽珠得乐（De-Nol），胃溃疡和十二指肠溃疡
碳酸镧	与磷酸根形成不溶性沉淀	Fosrenol，晚期肾病患者高磷血症
蒙脱石	吸附病毒及毒素	思密达（Smecta），急、慢性腹泻

（一）金药物

金（aurum）是一种质地柔软、色泽赤黄、耐腐蚀、永不泛色的稀有金属。在中世纪，由于金罕有及漂亮，被误认为对健康有益。即便在当今社会，人们认为金有治疗疾病的力量，并用作另类医疗。其实，金属状态的金对所有体内的化学反应呈现惰性反应，只有金的盐化合物才能被人体吸收和发挥药理作用。金诺芬是目前临床药物，是硫氧还蛋白还原酶（TrxR）的抑制剂，用于治疗风湿性关节炎，也发现具有抑制新冠病毒Sars-CoV-2复制的活性。

（二）银药物

银（Silver）是一种白色光泽的稀有金属，原子序数为47，位于第五周期第ⅠB族，属于d区金属。银是次于汞的杀菌金属。在19世纪中叶就已利用$AgNO_3$及胶态Ag处理伤口，用$AgNO_3$治疗儿童期视觉缺失，但发现有副作用。磺胺嘧啶银（Silver Sulfadiazine）软膏目前已被广泛用于治疗烧伤感染和传染性皮肤病，还能有效地抗真菌和抑制单纯疱疹病毒（HSV）感染。

（三）钌药物

钌（ruthenium）是一种硬而脆呈浅灰色的多价稀有金属，原子序数为44，位于第五周期的Ⅷ族，属于d区金属。国际上已普遍认为钌配合物是未来最有潜力替代铂类抗肿瘤药物的新药物。钌配合物的抗肿瘤机制与DNA结合无关，因此不会与铂类药物展现出交叉耐药性。同时钌配合物具有更低的毒副作用，更易被肿瘤组织吸收。目前以NAMI-A和KP 1019为主的钌金属配合物药物已进入了临床试验并取得了良好的效果。除此之外，还有许多钌配合物在实验室中已被证明具有良好的体外和体内抗癌活性，并且有望进入临床试验中。

（四）铋药物

铋（bismuth）位于第六周期的ⅤA族，即氮族，属于p区中的金属。铋化合物作为药物已经有200多年的历史，用于治疗胃溃疡、十二指肠溃疡、胃炎、消化不良、结肠和消化性溃疡病、中毒性腹泻、皮炎、痔疮、梅毒等多种疾病。目前应用较广的铋剂主要为胶体次枸橼酸铋（De-Nol）、碱式水杨酸铋盐（Pepto-Bismol）以及雷尼替丁枸橼酸铋等，它们集抗分泌、细胞保护和抗幽门螺杆菌等作用于一体。胶体果胶铋是由我国自主研发的新型铋剂，其能够增强对胃黏膜的保护能力，同时也对幽门螺杆菌具有较强的杀伤力；在与抗生素的联合治疗中，其可增加抗生素浓度与药效，更稳定地进行幽门螺杆菌治疗，由于短时间见效显著，也避免了耐药问题的发生。

实际上，氮族的金属元素都有抗菌、抗寄生虫和抗癌作用，常用的如治疗黑热病（利什曼虫感染）的特效药酒石酸锑钾和治疗急性早幼粒细胞白血病的三氧化二砷（俗称砒霜）等。

（五）钒药物

钒（vanadium）是第四周期ⅤB族元素，也是人体的一种必需微量元素。在生理条件下，钒主要以+5价钒酸根离子或+4价的氧钒离子配合物等形式存在。1899年，研究人员就发现糖尿病患者用钒酸钠治疗后，尿糖明显降低，并一定程度上改善了心脏功能。20世纪初，钒曾用于补充营养、预防牙病、治疗糖尿病感染以及贫血、风湿病、动脉粥样硬化结核病等多种疾病。钒最具吸引力的药理作用是其胰岛素增敏作用，可用于有效治疗1型和2型糖尿病并预防并发症的发生。钒药物很可能成为继顺铂类药物之外下一个临床成功和有重大影响的金属药物。

（六）锂药物

锂为人体的非必需微量元素，具有广泛调节生理功能的作用。锂主要分布于机体的整个水相中，但锂在整个水相中分布不均匀，例如脑蛋白、骨和甲状腺中的锂浓度约为血清浓度的2倍，而肝、脾中的锂浓度仅为血清浓度的一半。

锂盐对情感障碍的躁狂和抑郁症状均有治疗作用，且长期服用可预防情感障碍复发；锂盐也具有明显的胰岛素样作用，其能促进糖尿病大鼠的糖代谢，降低血糖浓度。另外，锂不仅作用于脑细胞，消除不良情绪，而且在病毒复制、细胞分裂、细胞信号、细胞调节和免疫应答中也起着非常重要的作用。目前锂药物除了治疗精神病之外，其还可用于治疗免疫性疾病、癌症、甲亢、艾滋病和急性细菌性痢疾等，并有治疗偏头痛的作用。

（七）稀土诊疗试剂

稀土元素是ⅢB族元素钪（Sc）、钇（Y）和镧系元素（包括La、Ce、Pr、Nd、Pm、Sm、Eu、Gd、Tb、Dy、Ho、Er、Tm、Yb、Lu）共17种的统称。中国是富含稀土矿物和稀土应用最广泛和深入的国家。20世纪60年代，人们就发现钛铁试剂和磺基水杨酸稀土是抗炎和杀菌药物。临床上把钛铁试剂钕、钐的化合物制成的软膏剂型，称为"phlog"，可广泛应用于湿疹皮肤炎、过敏性皮肤炎、牙龈炎、鼻炎、静脉炎等。但临床上更主要的应用是碳酸镧和硝酸铈，分别用于治疗高磷血症和烧伤。

镧系元素的电子构型是 $4f^{1 \sim 14}5d^{0 \sim 1}6s^2$，一般失去3个电子成为 Ln^{3+}。镧系元素重要的特征是其4f电子层，使原子/离子的外层电子拥有了多变的电子结构和空间分布。在物理性质上，Ln金属及化合物具有优异的磁学和发光性质。在医学磁共振成像中，为了更好地比较正常和疾病状态的MRI图像，常常需要使用造影剂，提高信号的反差。Gd^{3+} 的电子构型是 $[Xe]4f^7$，是外层具有7个单电子的离子，具有最高的顺磁性，因此，钆造影剂是应用最为广泛的制剂之一。1988年，二乙三胺五乙酸合钆（Gd-DTPA）作为第一个MRI造影剂被广泛应用于临床，从此磁共振成像进入了造影剂检查时代。目前临床应用的钆螯合物都为Gd-DTPA和Gd-DOTA及其衍生物。钆螯合物的应用发展极大地促进了磁共振造影技术的发展。此外，应用镧系元素优异的发光性质制备各种临床诊断和治疗一体化试剂是目前方兴未艾的研究领域。

习 题

1. 人体必需微量元素中含量最多的是
   A. Fe　　　　　B. Cu　　　　　C. I　　　　　D. Zn
2. 与硒缺乏有关的疾病是
   A. 贫血　　　　　　　　　　　B. 地方性甲状腺肿
   C. Wilson病　　　　　　　　　D. 克山病
3. 下列螯合物最常用作磁共振成像造影剂的稀土元素是
   A. 镧（La）　　B. 钆（Gd）　　C. 铈（Ce）　　D. 钕（Nd）
4. 什么是常量元素和微量元素？
5. 简述常见有害元素危害人体健康的机制是什么。遇到重金属元素中毒时送医前，可以采取什么应急措施？
6. 微量元素进出细胞膜的方式有哪些？有什么区别？
7. 肝的结构为什么能支持其成为代谢中心并积蓄微量元素？

（陈填烽）

第十章

分子结构和分子间作用力

第十章数字资源

分子是由原子组成,能够稳定存在并保持一定物理和化学性质的基本微粒,也是参与化学反应的基本单元。分子的化学性质主要取决于分子的电子结构,分子的三维立体结构对物质性质至关重要。

分子中原子间的强烈相互引力称为化学键(chemical bond),打破这种引力需要的能量称为键能,通常为每摩尔几十到几百千焦。分子与分子之间也存在着较弱的引力,包括范德华力(van der Waals force)和氢键(hydrogen bond)等,总称为分子间作用力(intermolecular force),分子间作用力通常比化学键小 1~2 个数量级。分子间作用力引导分子形成各种凝聚态的物质,其性质则是分子及其凝聚状态的综合结果。

依据成键时电子运动状态的差异,可将化学键分为离子键、共价键和金属键三种主要类型。由于金属键只在金属单质中存在,且成键理论较为复杂,在此不做介绍。本章将介绍离子键和共价键。

第一节 离子键和晶体结构

一、离子键的形成

1916 年,德国化学家 W. Kossel 根据惰性气体原子具有稳定结构的事实提出了离子键理论。他认为,当电离能较小的活泼金属原子与电子亲和能较大的非金属原子相互接近时,金属原子易失去外层电子成为阳离子,非金属原子易得电子成为阴离子,这样阴、阳离子便都具有类似稀有气体原子的稳定结构。这种阴阳离子通过静电引力结合形成的化学键称为离子键(ionic bond)。

氯化钠晶体是常见的离子晶体,其形成过程可用 Born-Haber 循环示意图来表示(图 10-1)。当金属钠和氯气反应时,首先固态钠原子吸收能量升华为气态钠原子,接着钠原子吸收其第一电离能的能量,失去一个电子,形成稳定结构的钠离子。气态氯分子吸收能量,解离成氯原子。氯原子接受钠原子提供的一个电子后形成稳定结构的氯离子,同时释放第一电子亲和能的能量。由图可知,此时释放的能量并不足以补偿此前所需要吸收的能量。而 Na^+ 和 Cl^- 离子以特定的密集堆积方式形成立方体离子晶体(图 10-2)时,会释放出很大的能量,称为晶格能(lattice energy),对体系能量降低贡献最大。氯化钠晶体中阴阳离子交错排列,每一个 Na^+ 周围等距离排列 6 个 Cl^-,每一个 Cl^- 周围也等距离排列 6 个 Na^+,正负电荷的静电吸引得到最大限度的利用。因此,离子键是离子晶体中阴阳离子间相互吸引的整体效果,同时决定离

子晶体的性质。

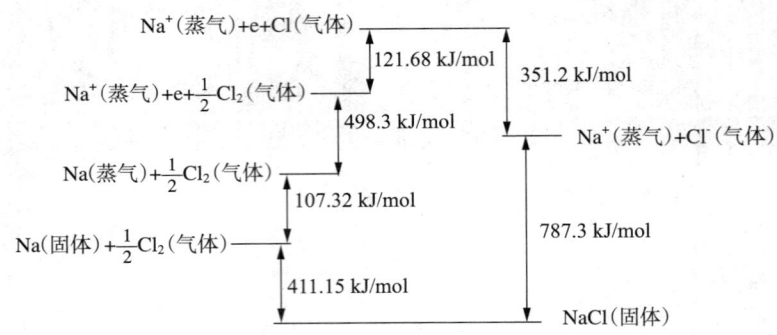

图 10-1　氯化钠生成过程的 Born-Haber 循环示意图

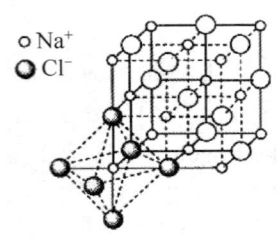

图 10-2　NaCl 晶体中阴阳离子的排列方式

二、离子键的本质和特点

在一定条件下，电负性差别较大的原子间可以发生电子转移，生成阴、阳离子，阴、阳离子通过静电引力作用，以特定的堆积方式形成离子晶体，使体系的能量大幅降低，从而形成离子键。

离子的电荷呈球形对称分布，可在空间任意方向与尽可能多的带相反电荷的离子相互吸引，尽量使体系能量处于较低状态，因此，离子键不具有方向性和饱和性。

在形成晶体的过程中，阴、阳离子根据半径的差异和电荷的匹配性自然选择特定的堆积方式，以获得最大密度的堆积，因此，每种晶体都具有独特、对称性的晶体结构。例如，NaCl 晶体为无色立方体，硫酸铜晶体为蓝色斜方晶体，碳酸钙晶体（方解石）为无色菱面体等。KCl 晶体也是立方体，与 NaCl 晶型相同，而 $MgCl_2$ 却是六角晶体。KCl 和 NaCl 不会形成复盐晶体，而 KCl 却可与 $MgCl_2$ 形成对称斜方双锥的复盐晶体（俗名光卤石）。

形成离子键的前提是两个成键原子的电负性差值比较大。在元素周期表中，大多数活泼金属原子（如碱金属与碱土金属原子）的电负性较小，活泼非金属原子（如卤素及氧族原子）的电负性较大，它们之间通过化学反应生成的卤化物、氧化物、氢氧化物等化合物中均存在离子键。两个原子的电负性差值越大，所形成的化学键中离子键成分也就越大。

三、晶体结构

固体物质是生物体的重要组成部分。固体物质可分为晶体（crystal）和非晶体（non-crystal）。晶体的特点是直观上有规则的几何外形，物理学性质上有确定的熔点和各向异性等，这些性质取决于内部结构的有序性和周期性。非晶体的内部结构不具备周期性有序排列。玻璃、塑料等非晶体物质的内部结构没有规律，与液体相似，可看作一种凝固的液体。反之，一些物质虽然具有液体的流动性，但内部结构却呈现周期性的有序排列，表现出各向异性的物理性质，这一类物质称为液晶（liquid crystal），生物体的细胞膜就是典型的液晶。

晶体内部的结构单元（原子、离子或分子）在三维空间按一定方式做有规则的周期性排列。每个结构单元的化学组成、原子排列方式及周围环境（不包括表面）都相同。这种周期性包括两个要素：一是周期性重复的结构单元，称为晶体的结构基元；二是周期性重复的方式，主要指重复周期的长度和方向。每个基元的内容可以是一个原子、离子或分子，也可以是若干个原子、离子或分子。例如在 NaCl 晶体中的每一个基元由一个 Na^+ 和一个 Cl^- 组成，而在复杂的蛋白质晶体中则可以包含若干个蛋白质分子。

如果把每个结构基元抽象成一个几何点，那么晶体结构就可以简化成具有方向性的点阵结构，即矢量点阵。这时，晶体结构的简化形式为"点阵 + 结构基元"，可使晶体学的计算和研究变得更为方便。

如果把晶体按内部排列的周期性划分成一个个平行六面体的单位，这种重复性的结构单位称为晶胞（图 10-3）。由于晶胞是平行六面体，整个晶体可由晶胞在三维空间周期性重复排列而成。晶胞的形状和大小由晶体的点阵结构决定，它可能包含晶体点阵的一个或多个结构基元，反映出晶体结构的对称性。重要的是，知道了晶胞的大小、形状和内容，就知道了相应晶体的结构。实际上，晶体结构的测定就是测定晶胞的大小、形状和其中各原子的位置。

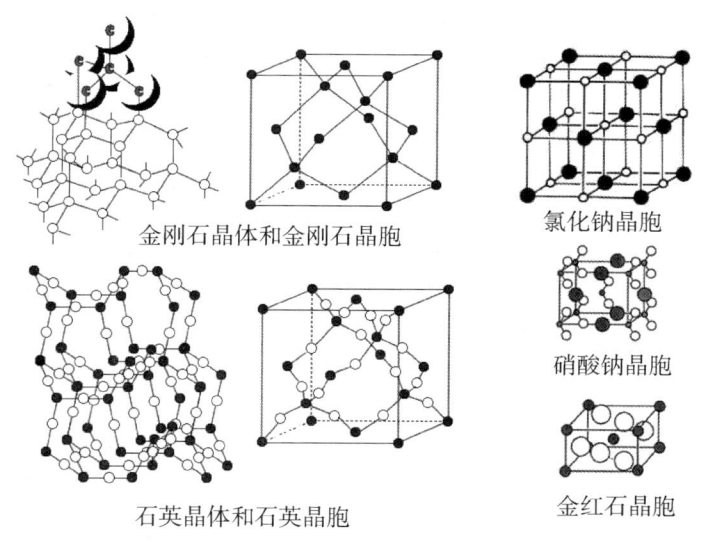

图 10-3　晶体的晶胞

描述晶胞的参数包括晶胞的三个边长 a、b、c 及其组成的三个夹角 α、β、γ（图 10-4）。根据晶胞参数和晶体对称性，可将晶体分为立方、四方、正交、三方、六方、单斜和三斜 7 种晶系。

以三个边为坐标轴，以三个边长为坐标轴的矢量单位来表示晶胞中原子的相对位置。例如 NaCl 晶体属于立方晶系，其晶胞参数 $a = b = c$，$\alpha = \beta = \gamma = 90°$，若以其中一个 Cl^- 为原点，则各离子的位置分别为：

Cl^-：$(0, 0, 0)$，$(\frac{1}{2}, 0, \frac{1}{2})$，$(0, \frac{1}{2}, \frac{1}{2})$，$(\frac{1}{2}, \frac{1}{2}, 0)$ ……

Na^+：$(\frac{1}{2}, 0, 0)$，$(0, \frac{1}{2}, 0)$，$(0, 0, \frac{1}{2})$，$(\frac{1}{2}, \frac{1}{2}, \frac{1}{2})$ ……

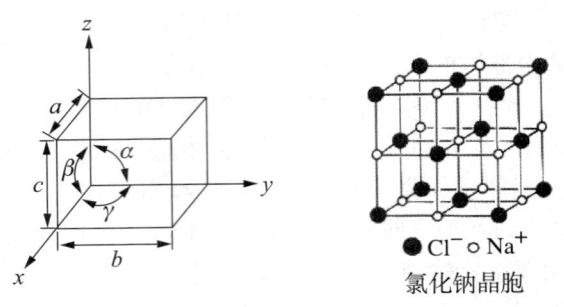

图 10-4　晶胞和晶胞参数示意图

晶面是晶体中原子（分子或离子）形成的一个个平行等间距的点阵平面。实际晶体外形的每个表面都与内部某一相应的晶面平行。晶面是晶体结构的一个重要参数。光彩夺目的钻石（金刚石）可制成 58 个刻面的形状。金刚石是硬度最大的物质，这些刻面是如何被切割出来的呢？早在 2000 多年前，工匠们就利用金刚石晶面的解离性质，选择金刚石的自然或人工造成的裂痕（如不断敲击或用另一块金刚石刻划），沿裂隙钉入楔子，使坚硬的金刚石晶体沿某个晶面分裂开，这也是加工其他各类宝石的基本技术原理。现在宝石加工业利用激光和计算机辅助设计等技术手段，可以将金刚石切割成 81 个刻面的形状。

单晶（single crystal）是一种具有完整周期性结构的晶体，其结构基元按照点阵模式堆砌而成。单晶具有各向异性，如方解石晶体可以区分光的偏振性。对单晶进行 X 射线衍射实验时，每一组晶面都在相应的方向上发生衍射。测定出所有晶面的距离和方向，就能确定晶胞中每个原子的位置。生物大分子的结构测定是结构生物学的基础，大多数生物大分子（如蛋白质分子）的结构都是通过单晶 X 射线衍射方法测定的。因此，单晶制备技术和 X 射线衍射技术是结构生物学的基础研究方法。

多晶是由很小的单晶以有序或无序方式结合而成的晶块或粉末体，美丽的雪花就是由许许多多微小的冰晶组成的多晶体。在多晶体中，小晶体的排列即使在某种程度上是有序的（如雪花），但总体上小晶体的取向是多样化的。也可用 X 射线衍射法研究多晶体，以获得晶面的距离等信息。多晶体内小晶体的排列方式会对晶体的性质产生影响，如冰块和雪花的差别。

根据晶体中质点间的作用力不同，可将晶体分成金属晶体、离子晶体、原子晶体（或共价晶体）和分子晶体四种基本类型。生物体内的矿物多数是离子晶体，如骨骼、牙齿、外壳等硬组织和感官晶体（如耳石、微磁体）。离子晶体易于被生物体所利用，一方面是由于离子晶体的生成方式容易被生物体所控制，另一方面是离子晶体具有较高的物理强度，特别是多晶体可以形成不同结构和功能的生物材料。

牙齿和骨骼主要由羟基磷灰石（hydroxyapatite，HAP）和基质蛋白组成，HAP 的主要成分是 $Ca_{10}(OH)_2(PO_4)_6$。在牙釉质中，HAP 含量高达 95%，其他是 1% 的釉蛋白及存在于牙釉质的结构缝隙和孔道中的水。骨骼中有机物含量为 20%～24%，而无机矿物含量约 65%，主要是 HAP，也含一些碳酸钙和其他形式的磷酸钙。骨骼中的结构空隙较大，含水量高达 15%。

羟基磷灰石晶体的晶胞参数 $a = b = 0.9375$ nm，$c = 0.6880$ nm；$\alpha = \beta = 90°$，$\gamma = 120°$。HAP 无法形成大颗粒晶体，只能形成纳米尺度的微晶，其形状为六面柱体。骨骼和牙齿都是纳米羟基磷灰石微晶构成的多晶体系，但两者的微晶的排列方式不同。

在牙釉质中，HAP 晶体沿长轴方向排列成行（图 10-5A），形成长长的釉柱（图 10-5B），釉柱的截面接近于六角形（图 10-5C），釉柱的延伸方向和牙齿表面基本垂直。在微晶和微晶之间、釉柱和釉柱之间填充着牙釉基质蛋白。如果将 HAP 用酸全部腐蚀掉，可以看到基质蛋白所形成的蜂巢状结构（图 10-5D）。这种组装和排列方式使牙釉质的结构致密，力学强度大，特别是釉柱的轴向方向，可以承受很大的咬合力量。虽然牙釉基质蛋白含量很少，但可以像混凝土中的钢筋一样，增加牙齿的韧性和机械强度。

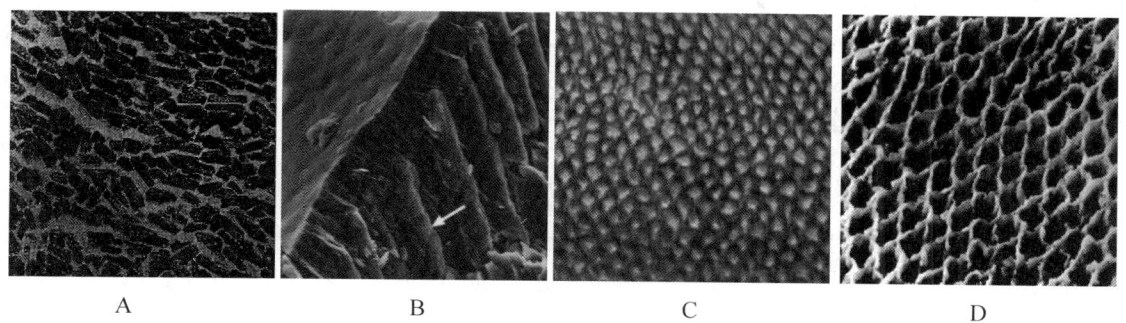

图 10-5　牙釉质的釉柱结构和羟基磷灰石排列方式

A．牙釉质中羟基磷灰石沿长轴方向排列的电子显微镜照片；B．牙釉柱结构的电子显微镜照片；C．光学显微镜下观察的牙釉柱的截面；D．牙釉质经酸蚀后剩下的基质蛋白结构的电子显微镜照片

在骨骼中，HAP 微晶呈层状堆积（图 10-6），微晶大小不一，不像在牙釉质中那样有序排列。HAP 微晶的层间填充着骨胶原蛋白等基质蛋白，这种层状结构赋予骨骼良好的弹性和蓄能能力。此外，这种层状结构使骨组织中存在大量的空隙，空隙结构使骨骼在不明显降低机械强度的条件下，大大减轻了自身的质量，有利于与骨骼生长有关的细胞在骨组织间的移动，也有利于骨组织自身的生长和变化。

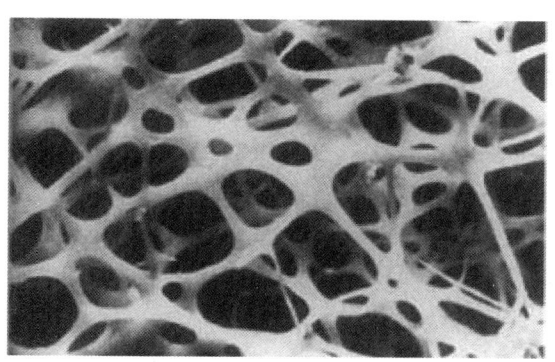

图 10-6　骨组织的多孔和片状结构

第二节　共价键的本质

前一节介绍了电负性相差较大的两种元素的原子通过电子转移而形成离子键，说明了离子晶体的基本结构和性质。那么电负性相近或相同的原子间又如何成键呢？

一、经典 Lewis 价键理论

1916 年，美国物理化学家 G. N. Lewis 等认为，同种原子或电负性相近的原子间可以共用电子对，使分子中的每一个原子具有稳定的惰性气体原子的电子结构，这种原子间通过共用电子对形成的化学键称为共价键（covalent bond），形成的分子称为共价分子。如果用黑点代表原子的价电子，则可用 Lewis 结构式来描述 HF 的共价键形成过程：

$$H\cdot + \cdot\ddot{\underset{..}{F}}: \longrightarrow H:\ddot{\underset{..}{F}}:$$

H 原子与 F 原子的单电子形成一对共用电子对后，两个原子均满足惰性气体的稳定电子结构，体系能量降低，生成稳定的 HF 分子。这种形成共价键的电子对称为成键电子对（bonding pair electrons）。原子中未参与成键的电子对称为孤对电子（lone pair electrons）。成键电子对还可用"—"代替，写成：

$$H\cdot + \cdot\ddot{\underset{..}{F}}: \longrightarrow H-\ddot{\underset{..}{F}}:$$

Lewis 结构式的这种写法称八隅体规则（octet rule）。两原子共用一对电子时形成单键（single bond），共用两对或三对电子时形成双键（double bond）或三键（triple bond）。因此，一些分子的 Lewis 结构可用如下两种形式表示：

（Lewis 结构式图示：F₂、O₂、N₂、H₂O、CCl₄ 的两种表示形式）

Lewis 共价键概念初步解释了一些简单非金属原子间共价分子的形成及其与离子键的区别，但在说明某些共价分子成键时却遇到了困难，如 BF_3 的中心原子 B 外层只有 6 个电子，PCl_5 的中心原子 P 外层却有 10 个电子，并没有达到 8 电子构型。显然，Lewis 的共价键概念没有阐明共价键的本质和特征，但共用电子对成键概念却为共价键理论奠定了基础。

二、共价键的量子力学理论

1927 年，德国化学家海特勒（W. Heitler）和伦敦（F. London）首先把量子力学应用到分子结构中，初步揭示了共价键的本质，并在此基础上发展为价键理论（valence bond theory）。

（一）氢分子的形成

海特勒和伦敦用量子力学来处理 H 原子形成 H_2 分子的过程，得到 H_2 分子的能量（E）与核间距离（r）的关系曲线，如图 10-7 所示（图中虚线为理论计算值，实线是实验值）。当两个氢原子相距很远时，彼此间的作用力可忽略不计，以此为体系能量的相对零点。当两个氢原子彼此接近时，它们之间的相互作用逐渐增大，系统的能量与电子的自旋状态密切相关。

当两个氢原子的电子自旋方向相反时，根据泡利不相容原理，随着核间距 r 减小，两个原子轨道发生重叠，核间电子云密度增大，将两个原子核强烈地吸引在一起，体系能量随之降低。直到核间距为 $r = 87$ pm 时，体系能量达到最低值。如果核间距进一步减小，原子核间的库仑斥力逐渐增大，又会使体系能量升高。因此，两个氢原子在核间距为 87 pm（实测值为 74 pm）时形成稳定的基态氢分子（图 10-7A），一对自旋相反的电子相当于 Lewis 结构中的一个单键，核间距为氢分子单键的键长，体系降低的能量就是氢分子的键能。

当两个氢原子的电子自旋方向相同时，根据泡利不相容原理，它们相互接近时，原子轨道相互重叠的结果是两个原子核的中间位置出现电子的机会减少，两个原子核之间相互排斥，使体系能量高于两个单独存在的氢原子能量之和。它们越靠近，能量越高，这样不能形成稳定的氢分子，最终自发解离成两个氢原子，这种不稳定的状态称为氢分子的排斥态（图10-7B）。

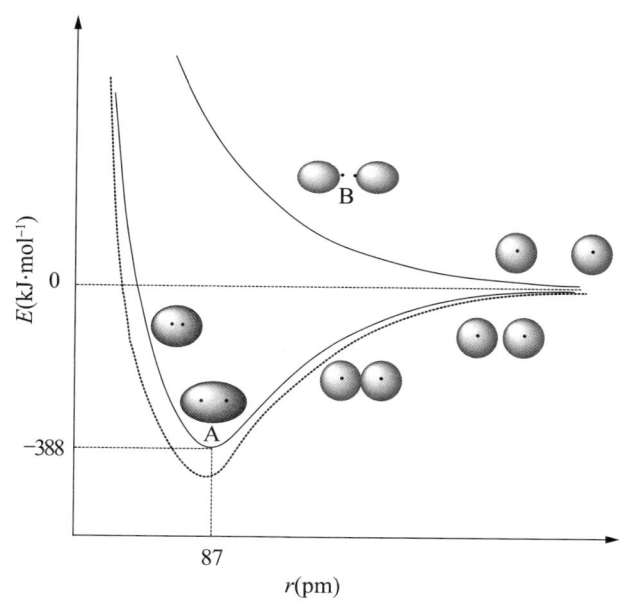

图 10-7 两个氢原子核间距与体系能量变化关系
A．基态；B．排斥态

由此可见，价键理论认为共价键的本质是由于原子相互接近时轨道重叠，原子间通过共用自旋相反的电子对使能量降低而成键。共价键本质上也是静电引力，但作用方式明显不同于离子晶体中阴阳离子间的静电作用。

（二）价键理论的要点

将氢分子形成共价键的研究结果推广到其他双原子分子或多原子分子，便可总结出价键理论的要点。

当两个原子相互接近时，只有自旋方向相反（或自旋配对）的单电子的原子轨道波函数才能发生正向重叠（峰-峰或谷-谷），电子云密集于两核之间，系统能量降低，形成稳定的共价键。

每个单键包含一对电子，换句话说，每个原子所能形成共价键的数目取决于该原子所含单电子的数目，因此，共价键具有饱和性。

两个原子轨道电子云重叠程度越大，两核间电子云密度越大，形成的共价键越牢固，这称为原子轨道最大重叠原理。除s轨道呈球形对称外，p、d等轨道都存在空间取向。形成共价键时，各原子轨道总是尽可能沿着电子出现概率最大的方向重叠成键，以降低体系能量，这就是共价键的方向性。例如，HCl分子成键时，H原子的1s轨道与Cl原子的$3p_x$轨道沿x轴接近，以实现轨道间最大程度的重叠，形成稳定的共价键（图10-8A）。其他方向的重叠（图10-8B和图10-8C）均不能实现轨道间的最大重叠，故不能成键。

（三）共价键的类型

1. σ键和π键 按原子轨道重叠方式的不同，共价键可分为σ键和π键。σ键的特点是沿成键方向存在一个对称轴。如果成键的两个原子以共价键为轴相互旋转，对共价键的强度不

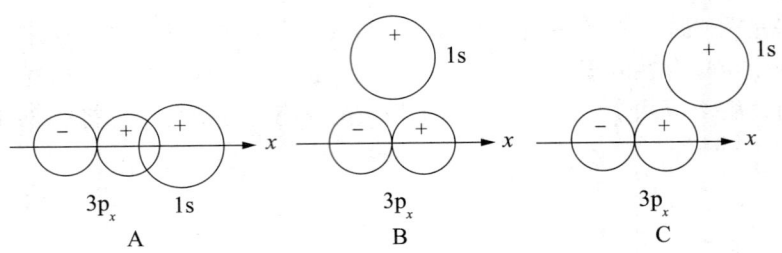

图 10-8 氯化氢分子成键示意图

会产生任何影响。而 π 键沿键轴有一个对称面，成键的两个原子若绕键轴转动任何角度，都将导致共价键的破坏。

s 轨道和 p 轨道可按不同重叠方式成键（图 10-9），简单描述如下：

（1）s 轨道为球形对称，s 轨道与 s 轨道按任意方向重叠，键轴都是对称轴，因此，s 轨道之间只能形成 σ 键，标记为 σ_{s-s}，角标表示轨道的类型。

（2）s 轨道与 p 轨道重叠时，若要满足轨道间的最大重叠，s 轨道只能沿着 p 轨道坐标轴方向与之重叠。这种以"头碰头"方式形成的共价键，其对称轴就是键轴，因此，s 轨道与 p 轨道之间形成的共价键仍是 σ 键，标记为 σ_{s-p}。

（3）p 轨道与 p 轨道有两种重叠方式。一种是两个轨道沿对称轴方向以"头碰头"方式成键，轨道的重叠部分沿键轴方向呈轴对称分布，其对称轴与键轴方向一致，故这种共价键是 σ 键，可标记为 σ_{p-p}。另一种是两个轨道沿着 p 轨道的对称面方向，以轨道侧面相重叠。轨道的重叠部分垂直于键轴并呈镜面对称分布。这种以"肩并肩"方式形成的共价键称为 π 键，标记为 π_{p-p}。π 键限制了成键原子间的自由转动。

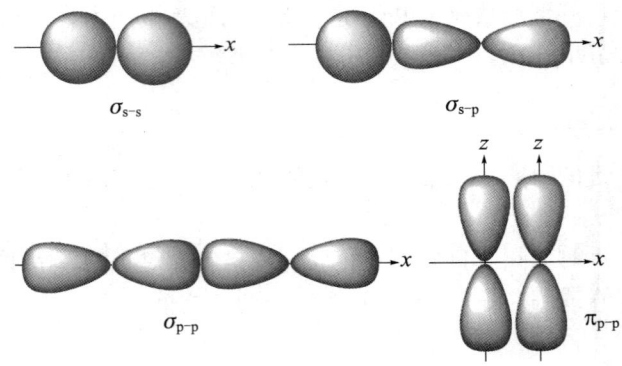

图 10-9 s 轨道、p 轨道的几种成键方式

以 N_2 分子为例，说明 σ 键和 π 键在分子中的相互关系（图 10-10）。N 原子的电子组态为 $1s^2 2s^2 2p_x^1 2p_y^1 2p_z^1$，三个单电子分别占据相互垂直的三个 p 轨道。当两个 N 原子相互靠近形成 N_2 分子时，两个 $2p_x$ 轨道沿键轴方向以"头碰头"方式重叠形成一个 σ 键，余下的两个 $2p_y$ 轨道和两个 $2p_z$ 轨道只能以"肩并肩"方式重叠，形成两个 π 键。共价键用"—"表示，N_2 分子结构式可写成 N≡N。

通常 σ 键比 π 键牢固，即 σ 键的键能一般比 π 键大。此外，由于 π 键不能自由旋转，受到外力作用时，比较容易断裂，化学活泼性更强。但 π 键是分子结构之刚性产生的原因，对分子性质具有更重要的意义。

当两个原子形成共价键时，总能先形成一个 σ 键，但两原子之间也只能形成一个 σ 键，

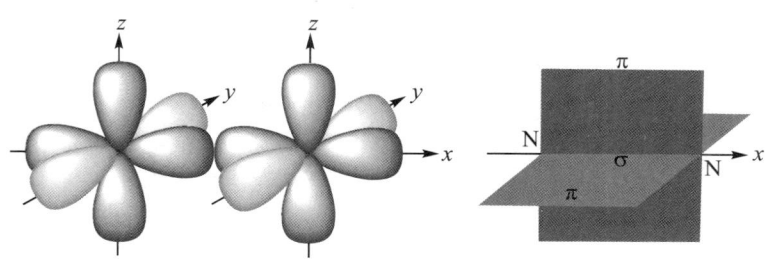

图 10-10　氮分子成键示意图

然后才能形成 π 键。因此，共价单键一定是 σ 键，而双键中存在一个 σ 键和一个 π 键，三键中有一个 σ 键和两个 π 键。

2. 特殊共价键——配位共价键　根据成键原子提供电子形成共用电子对方式的不同，共价键可分为正常共价键和配位共价键。如果由两原子各提供一个单电子成键，称为正常共价键（normal covalent bond），如 H_2、H_2O、HCl 等分子中的共价键。如果一个原子提供一对电子，而另一个原子提供一个空轨道而成键，称为配位共价键（coordination covalent bond），简称配位键（coordination bond）。为区别于正常共价键，配位键常用 "→" 表示，箭头从提供电子对的原子指向接受电子对的原子。以 CO 分子的成键过程（图 10-11）为例，C 原子的电子组态为 $1s^2 2s^2 2p_x^1 2p_y^1 2p_z^0$，价层的 $2p_x$ 和 $2p_y$ 轨道各有一个单电子，$2p_z$ 轨道没有电子，是空轨道；O 原子的电子组态为 $1s^2 2s^2 2p_x^1 2p_y^1 2p_z^2$，价层的 $2p_x$ 和 $2p_y$ 轨道各有一个单电子，$2p_z$ 轨道有一对电子。以 x 轴为键轴方向，两个 $2p_x$ 轨道以 "头碰头" 方式重叠形成一个 σ 键，两个 $2p_y$ 轨道以 "肩并肩" 方式重叠形成一个 π 键。在 xz 平面上，C 原子的 $2p_z$ 空轨道与 O 原子有一对电子的 $2p_z$ 轨道同样以 "肩并肩" 方式重叠，形成另一个 π 键，但其电子对只由一方提供，因此是配位键。一氧化碳分子的结构式可写成 C≡O。

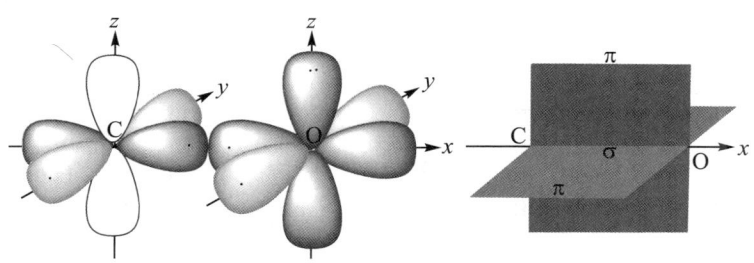

图 10-11　CO 分子成键示意图

配位键的生成需要满足两个条件：一个原子的价层存在孤对电子，另一个原子的价层有空轨道。与正常共价键不同，配位键是一个原子单方面提供电子对，其形成伴随了原子间电荷的转移。因此，配位键通常在有电荷的原子团间（如带正电的金属离子和带负电的配体），或者在强极性的共价键的基础上形成。这样配位键可作为一种分子电荷的负反馈，使分子总体更好地满足电中性的要求。

在 CO 分子中，对于两个正常共价键，由于 C 原子和 O 原子的电负性差别很大，电子云偏向于 O 原子，C 原子和 O 原子则分别带有一些正电荷和负电荷。而第三个配位键的形成则将更多的负电荷从 O 原子又转移到 C 原子，使 C 原子带负电荷，而分子总体的极性大大减小。

（四）键参数

表征共价键性质的物理量称为键参数（bond parameter）。共价键的键参数包括键能、键长、键角及键的极性。

1. 键能 键能（bond energy）是从能量角度衡量共价键强度的物理量，指某一共价键断裂时所吸收的能量。键能越大，共价键越牢固，越不容易断裂。

对于双原子分子，键能等于分子的解离能（D），以 H_2 为例：

$$H_2(g) \rightarrow 2H(g) \qquad D = 436 \text{ kJ/mol}$$

则 H—H 的键能为 436 kJ/mol。

对于多原子分子，键能是分子中相同化学键解离能的平均值，以 H_2O 分子为例：

$$H_2O(g) \rightarrow H(g) + OH(g) \qquad D_1 = 501.87 \text{ kJ/mol}$$

$$OH(g) \rightarrow H(g) + O(g) \qquad D_2 = 423.38 \text{ kJ/mol}$$

依据能量守恒原理，两次解离能的加和值应为键能的 2 倍，即键能为两次解离能的平均值。因此，H_2O 分子中 O—H 的键能为 462.62 kJ/mol。一些常见共价键的平均键能列于表 10-1。

表 10-1 常见共价键的平均键长和键能

共价键	键长（pm）	键能（kJ/mol）	共价键	键长（pm）	键能（kJ/mol）
H—H	74	436	C—Cl	177	335
C—H	109	413	C—N	148	305
O—H	98	463	Cl—Cl	199	247
N—H	101	391	O—O	148	146
Cl—H	127	414	C=C	134	610
Si—O	164	368	C=O	120	728
C—C	154	346	O=O	120	495
C—O	142	357	C≡C	120	835
C—S	182	272	N≡N	110	946

2. 键长 键长（bond length）是指分子中两个成键原子核间的平均距离。光谱和晶体衍射实验表明，同一种共价键在不同分子中键长稍有差别，但差别很小。例如金刚石中 C—C 键长为 154.2 pm，乙烷中为 153.3 pm，环己烷中为 153 pm。可以看出，C—C 在不同物质中的键长变化甚微。因此，可用不同化合物中同一种共价键键长的平均值代表该键的键长（表 10-1）。

键的强度和键长有关。键能越大，则键长越短。相同原子间形成的共价键，多重键的长度明显变短，单键键长＞双键键长＞三键键长。例如，C—C 键长为 154 pm，C=C 键长为 134 pm，C≡C 键长只有 120 pm。

3. 键角 键角（bond angle）是同一原子所形成的两个化学键之间的夹角。它是反映分子空间构型的一个重要参数。例如，水分子中两个 O—H 键的夹角为 104°45′，表明水分子呈 V 形结构；CO_2 分子中两个 C—O 键的夹角为 180°，表明 CO_2 为直线型分子。一般情况下，在给定键长和键角的测定值后就能确定分子的空间构型。

每个原子一般都有几种比较确定的成键方式，每种方式又有比较固定的键长和键角，因此键长和键角的信息有助于判断结构比较复杂分子的空间构型。

4. 键的极性 两个成键原子电负性不同时会导致键的极性（polarity）。两个相同原子形成共价键时，由于电负性相同，电子云均匀地分布在两核之间，两个原子核的正电荷重心与成键电子对的负电荷重心重合,这样的共价键称为非极性共价键(non-polar covalent bond)。例如 H_2、O_2、F_2 等分子的共价键都是非极性共价键。但两个不同原子形成共价键时,由于原子的电负性不同,成键电子对向电负性大的原子偏移,电负性较大的原子带部分负电荷(δ^-),电负性较小的原子带部分正电荷(δ^+),沿着键轴方向形成一个电场矢量——电偶极(electric dipole),这样的共价键称为极性共价键(polar covalent bond)。HCl 分子中的 H—Cl 键、CO_2 分子中的 C—O 键都是极性共价键。

成键原子间电负性差值越大,共价键的极性也越大。当成键原子电负性差值很大时,原子间会更倾向于电子对完全转移到电负性大的原子上,以形成离子键。从某种意义上说,极性共价键是离子键和非极性共价键之间的一种过渡类型(表10-2)。需要说明的是,能否形成离子键,决定性因素是能否形成阴、阳离子的密堆积以释放足够大的晶格能。例如,电负性差值为 1.9 的 HF 为极性共价键,而电负性差值为 1.8 的 Al_2O_3 和电负性差值小于 1 的 ZnS 却为离子键,这是由于 H^+ 仅为一个质子,半径过小,无法和 F^- 形成离子晶体结构,相反,Al_2O_3 和 ZnS 晶体结构堆积紧密,可以释放很大的晶格能。

表 10-2　键的极性与成键原子电负性差值的关系

物质	NaCl	HF	HCl	HBr	HI	Cl_2
电负性差值	2.1	1.9	0.9	0.7	0.4	0
键类型	离子键		极　性　共　价　键			非极性共价键

第三节　杂化轨道理论

海特勒和伦敦的价键理论阐明了共价键的成键本质,说明了共价键的方向性和饱和性,但在说明一些分子(特别是多原子分子)的空间构型时,理论推测与实验测得分子中的键角等数据往往不符。例如,基态 C 原子的价层电子组态为 $2s^2 2p_x^1 2p_y^1$,有 2 个未成对电子,按照价键理论,只能与 2 个 H 原子形成 2 个共价键,且键角为 90°。而实验测得 CH_4 分子的空间构型为正四面体,处于中心的 C 原子与 4 个 H 原子形成 4 个完全相同的共价键,键角均为 109°28′。在 BCl_3 和 $BeCl_2$ 等分子中也有类似的情况。1931 年美国化学家鲍林(L. C. Pauling)提出了杂化轨道理论(hybrid orbital theory)。后经鲍林和我国化学家唐敖庆的发展完善,杂化轨道理论可以很好地解释分子的成键能力和空间构型等性状。

一、态叠加原理和杂化轨道理论要点

电子运动具有波动性,各原子轨道都是电子运动的某个状态。根据量子力学的态叠加原理,原子轨道的线性组合也同样是电子运动的可能状态。原子在形成共价键时可采用原始的原子轨道,也可采用由原始轨道进行线性组合形成的新轨道,这取决于如何成键能使体系的能量更低,分子更稳定。根据这一原理,鲍林提出杂化的概念,杂化轨道理论的要点概括如下。

1. 在成键过程中,同一原子中的几个能量相近、不同类型的原子轨道(即波函数)可以线性组合,重新分配能量和空间方向,组成数目相等的新的原子轨道。这种轨道重新组合的过程称为杂化(hybridization),杂化后生成的新轨道称为杂化轨道(hybrid orbital)。

2. 杂化轨道的角度波函数在某个方向的值比杂化前大得多,更有利于轨道间以"头碰头"形式做最大程度的重叠,因此,杂化轨道比原来的轨道具有更强的成键能力。

3. 杂化轨道在空间取最大的夹角分布，使杂化轨道之间的静电排斥最低，生成的共价键更加稳定。参与杂化的轨道数目和类型不同，生成的杂化轨道的夹角就会不同，形成的相应分子的空间构型也不同。

二、轨道杂化类型及其几何构型

（一）sp 型和 spd/dsp 型杂化

按参与杂化的原子轨道的类型不同，可将轨道的杂化分为 sp 型和 spd/dsp 型。spd/dsp 型杂化将在配位化合物的性质［参见第十三章第二节中常见的杂化轨道类型及配合物的空间构型实例］中讨论，这里重点介绍 sp 型杂化。

同一电子层的 s 轨道和 p 轨道间的杂化称为 sp 型杂化。按参与杂化的 s 轨道和 p 轨道数目的不同，sp 型杂化又可分为 sp、sp^2 和 sp^3 三种杂化方式。

1. sp 杂化　由 1 个 s 轨道和 1 个 p 轨道组合成两个等同的 sp 杂化轨道的过程称为 sp 杂化，所形成的轨道称为 sp 杂化轨道。每个 sp 杂化轨道均含有 $\frac{1}{2}$ s 轨道和 $\frac{1}{2}$ p 轨道的成分。为使两个杂化轨道间的排斥能最低，轨道间的夹角是 180°。从能量角度看，同价层的 s 轨道的能量低于 p 轨道的能量，杂化后能量平均分配，新生成的 sp 杂化轨道的能量介于 s 和 p 轨道之间（图 10-12A），另外两个未参与杂化的 p 轨道能量不变。从轨道空间分布看，两个 sp 杂化轨道将尽可能远离，位于核两端的角度波函数的值达到最大（图 10-12B），电子云的分布更加突出，有利于形成更加牢固的 σ 共价键。

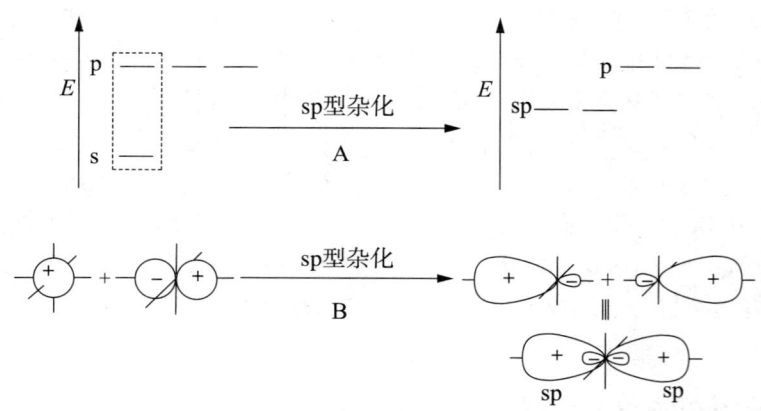

图 10-12　s 轨道和 p 轨道形成 sp 杂化轨道示意图

例如，实验表明，$BeCl_2$ 分子存在两个完全相同的 Be—Cl 键，键角为 180°，分子的空间构型为直线形，与杂化轨道理论的预测相符合（图 10-13）。

乙炔分子中 C 原子的 2s 轨道与 $2p_x$ 轨道进行 sp 杂化，形成夹角为 180° 的两个等同的 sp 杂化轨道，剩余两个 p 轨道保持原状（图 10-14A）。当两个 C 原子的 sp 杂化轨道以"头碰头"方式形成 C—C σ_{sp-sp} 键的同时，p_y 与 p_y、p_z 与 p_z 分别以"肩并肩"方式形成两个 π_{p-p} 键，每个 C 原子余下的 1 个 sp 杂化轨道分别与 H 原子的 1s 轨道各形成一个 σ_{s-sp} 键（图 10-14B、C）。

2. sp^2 杂化　由 1 个 s 轨道与 2 个 p 轨道组合成 3 个等同的 sp^2 杂化轨道的过程称为 sp^2 杂化。每个 sp^2 杂化轨道含有 1/3 的 s 轨道和 2/3 的 p 轨道的成分。三个 sp^2 杂化轨道呈正三角形分布，夹角为 120°。当 3 个 sp^2 杂化轨道分别与其他原子的轨道成键时，分子呈平面三角形。

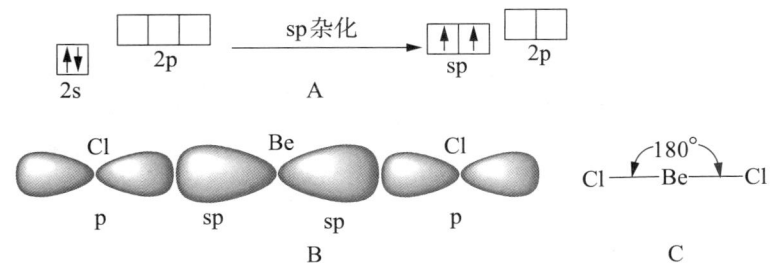

图 10-13　A. sp 杂化轨道的形成过程；B、C. BeCl₂ 分子的空间构型

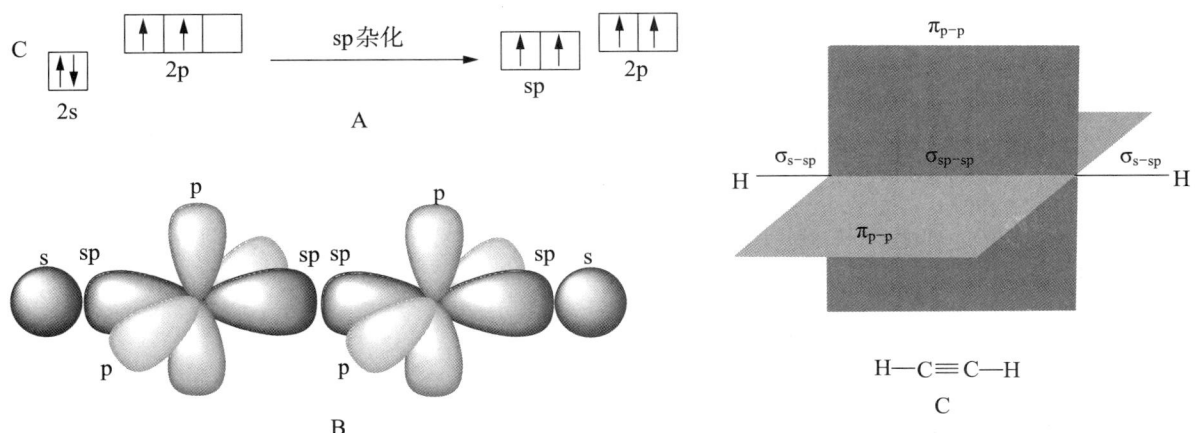

图 10-14　A. C 原子的 sp 杂化；B、C. 乙炔分子的空间构型和价键类型

实验测得 BF₃ 分子中存在 3 个完全相同的 B—F 键，键角为 120°，呈正三角形。中心原子 B 原子的价层电子组态为 $2s^22p^1$，一个 2s 轨道与两个 2p 轨道进行杂化，形成夹角为 120° 的 3 个完全等同的 sp^2 杂化轨道。当 3 个 sp^2 杂化轨道分别与 F 原子中含有单电子的 2p 轨道重叠时，生成 3 个完全相同的 σ_{sp^2-sp} 键（图 10-15），剩余 1 个未参与杂化的 2p 空轨道。

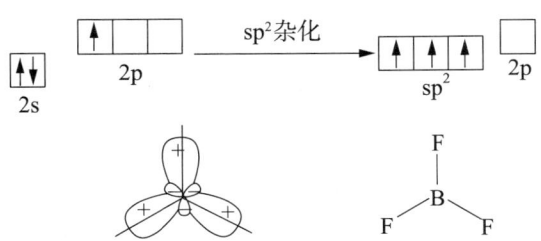

图 10-15　BF₃ 分子的成键过程和空间构型

乙烯分子中 C 原子的一个 2s 轨道与两个 2p 轨道进行 sp^2 杂化，生成完全等同的 3 个 sp^2 杂化轨道，未参与杂化的 p 轨道垂直于 sp^2 杂化轨道所在的平面。成键时，两个 C 原子各提供 1 个 sp^2 杂化轨道，以"头碰头"方式重叠，形成一个 $\sigma_{sp^2-sp^2}$ 共价键，同时，两个 C 原子中的 p 轨道从侧面重叠形成 π_{p-p} 共价键，其他 4 个 sp^2 杂化轨道各与 1 个 H 原子的 1s 轨道重叠生成 4 个 σ_{sp^2-s} 共价键。如图 10-16 所示，乙烯分子中的 6 个原子处于同一平面。

有机化合物中存在一类具有平面环状共轭结构的刚性分子，如苯、萘、蒽等分子。下面以苯分子为例加以说明。与乙烯分子类似，苯分子中 C 原子全部采取 sp^2 杂化，每个 C 原子的两个 sp^2 杂化轨道分别与另外两个 C 原子的一个 sp^2 杂化轨道以"头碰头"方式重叠形成 $\sigma_{sp^2-sp^2}$ 共价键，另一个 sp^2 杂化轨道与 H 原子的 1s 轨道重叠形成 σ_{sp^2-s} 共价键，这样，6 个 C 原子通

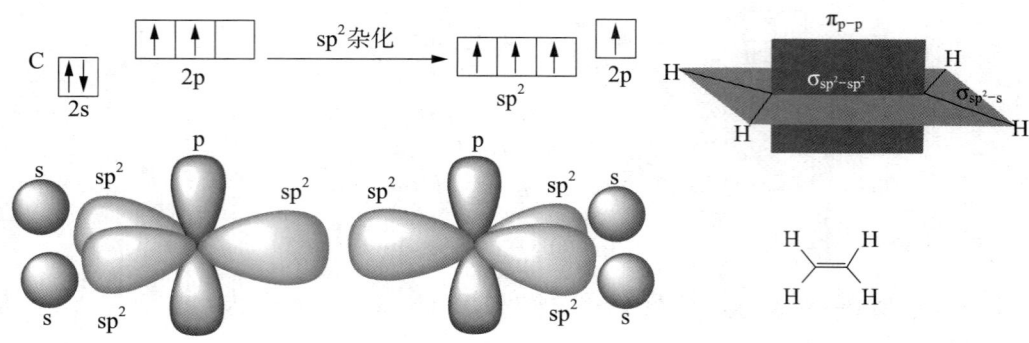

图 10-16 C 原子的 sp^2 杂化和乙烯分子的空间构型

过共价键首尾连接成六元环结构。垂直于此六元环所在平面的 6 个 p 轨道从侧面相互重叠，在平面上下各形成一个环状电子云密集区，生成一个环状 6 中心 6 电子大 π 键（图 10-17），通常用 π_6^6 表示，其中下角标数字表示成键原子的数目，上角标数字表示成键 p 电子的数目。这个大 π 键限制了 C 原子在六元环平面上的弯曲振动，使整个分子具有显著的刚性。

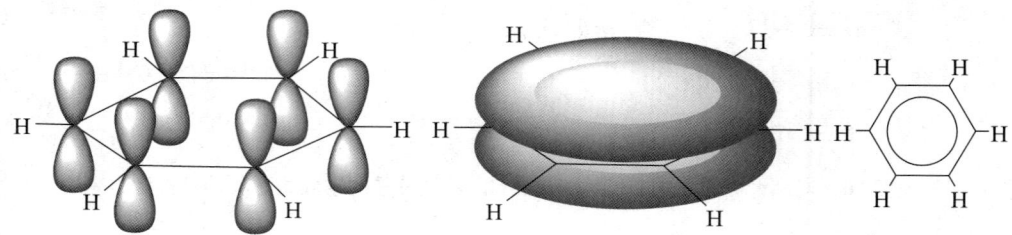

图 10-17 苯分子的成键过程和空间构型

3. sp^3 杂化 由 1 个 s 轨道和 3 个 p 轨道组合成 4 个 sp^3 杂化轨道的过程称为 sp^3 杂化。每个 sp^3 杂化轨道含有 1/4 的 s 轨道和 3/4 的 p 轨道的成分。为降低轨道间的排斥能，4 个 sp^3 杂化轨道会尽可能相互远离，指向正四面体的四个顶点，轨道间夹角为 109°28′。4 个 sp^3 杂化轨道可分别与其他原子的具有单电子的轨道重叠成键，形成具有四面体构型的分子。

甲烷分子具有正四面体的空间构型（图 10-18）。C 原子的 1 个 2s 轨道和 3 个 2p 轨道通过 sp^3 杂化组合成 4 个等同的 sp^3 杂化轨道，4 个杂化轨道分别与 H 原子的 1s 轨道重叠后生成 4 个完全相同的 σ_{sp^3-s} 共价键。

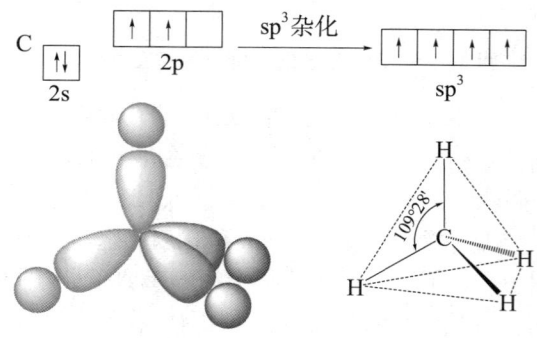

图 10-18 C 原子的 sp^3 杂化和甲烷分子的空间构型

（二）等性杂化和不等性杂化

按杂化后所形成的几个杂化轨道的能量是否相同，轨道的杂化可分为等性杂化和不等性杂化两种。

1. 等性杂化 通过杂化所形成的几个杂化轨道所含原来轨道成分的比例相等，能量完全相同，这种杂化称为等性杂化（equivalent hybridization）。当参与杂化的原子轨道都含有单电子或都是空轨道时，则杂化轨道能量相同，是等性杂化。如甲烷分子的 sp^3 杂化，杂化时 1 个 s 轨道和 3 个 p 轨道都含有一个单电子，形成的杂化轨道能量是平均化的，每个杂化轨道的能量都占有原轨道能量的 1/4，即 $(E_s + 3E_p)/4$。再如，配离子 $[Fe(CN)_6]^{3-}$ 的中心原子 Fe^{3+} 采取 d^2sp^3 杂化，参与杂化的全是空轨道，其杂化轨道的能量也是平均化的，所以这种杂化也是等性杂化。

2. 不等性杂化 通过杂化所形成的几个杂化轨道所含原轨道成分不同，能量也不相同，这种杂化称为不等性杂化（nonequivalent hybridization）。通常情况下，参与杂化的原子轨道中，某个轨道已被孤电子对占据，杂化轨道的能量就会出现分裂，使被孤电子对占据的杂化轨道能量降低。

NH_3 分子为三角锥形，N—H 键键角为 107°18′（图 10-19）。N 原子的价层电子组态为 $2s^2 2p_x^1 2p_y^1 2p_z^1$。N 原子的 2s 轨道与 3 个 2p 轨道采取 sp^3 杂化形成 4 个 sp^3 杂化轨道，1 个轨道被孤电子对占据，其他 3 个轨道分别被 3 个单电子占据。由于这个含有孤电子对的杂化轨道不参与后来的成键，其能量不能在成键后降低，因此在 4 个杂化轨道中，其轨道能量比另外 3 个杂化轨道的能量略低。因此，N 原子的 sp^3 杂化是不等性杂化。三个含有单电子的 sp^3 杂化轨道各与一个氢原子的 1s 轨道重叠，就会形成三个 σ_{sp^3-s} 键。由于孤对电子对成键电子的排斥作用比成键电子更大，因此 N—H 键键角被压缩至 107°18′。请想一想，如果氨分子与 H^+ 结合成键，NH_4^+ 离子会是怎样的空间构型？四个共价键是否存在差异？电荷如何分布？

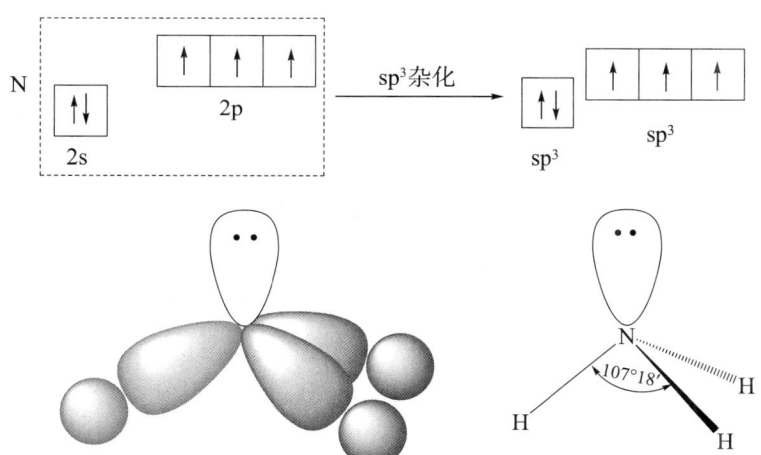

图 10-19　N 原子的不等性杂化和氨分子的空间构型

水分子中 O 原子的价层电子组态为 $2s^2 2p_x^2 2p_y^1 2p_z^1$。与 N 原子的杂化方式类似，在生成水分子的过程中，O 原子也形成 4 个 sp^3 不等性杂化轨道，其中两个轨道含有孤电子对。当两个含有单电子的 sp^3 杂化轨道各与一个 H 原子的 1s 轨道成键后，有两对孤电子对排斥成键电子，显然这种排斥作用比氨分子中的更大，使水分子的键角被压缩至 104°45′（图 10-20）。

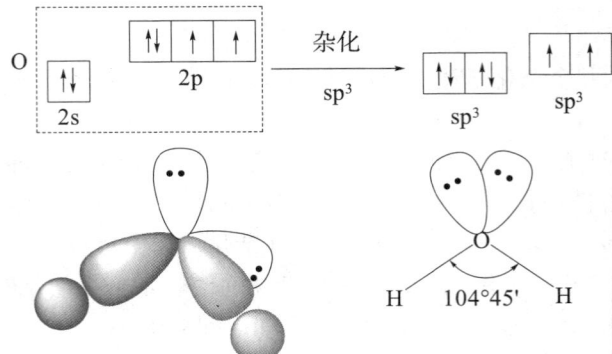

图 10-20 O 原子的不等性杂化和水分子的空间构型

第四节 分子几何形状的快速推测方法——价层电子对互斥理论

杂化轨道理论可对分子的成键过程做出合理的解释，但在预测分子的空间构型时过于麻烦。1940 年，英国化学家西奇威克（N. V. Sidgwick）提出了价层电子对互斥理论（valence shell electron pair repulsion theory，VSEPR）。VSEPR 是一个定性的理论，不需要量子力学的复杂计算，能够比较方便而有效地预测 AB_n 型分子或离子的空间构型。

价层电子对互斥理论认为，一个共价分子或离子的几何构型主要决定于中心原子的价层电子对数及电子对之间的排斥作用。价层电子对间应尽可能远离，以便彼此间的排斥能最低。这里价层电子对包括成键电子对和孤电子对。

应用 VSEPR 理论预测 AB_n（中心原子 A 和配位原子 B）分子空间构型的方法如下。

1．确定中心原子 A 的价层电子对数 中心原子的价层电子数和配位原子所提供的共用电子数之和除以 2，即为中心原子的价层电子对数。这里规定：①作为中心原子，卤素原子提供 7 个电子，氧族元素的原子提供 6 个电子；②作为配位原子，卤素原子和 H 原子均提供 1 个电子，氧族元素的原子不提供电子；③对于复杂离子，在计算时要加上负离子的电荷数或减去正离子的电荷数；④计算电子对数目时，若剩余 1 个电子，按 1 对电子处理；⑤双键、三键视为 1 对电子。

2．判断 AB_n 分子的空间构型 根据中心原子的价层电子对数，在表 10-3 中找到对应的价层电子对构型，再根据价层电子对中孤对电子的数目，确定分子的空间构型。这里需要注意，中心原子的价层电子对构型是指价层电子对在中心原子周围的空间排布方式，而分子的空间构型是指分子中的配位原子的空间排布，不包括孤对电子。当孤对电子数目为 0 时，二者完全一致；存在孤对电子时，分子的空间构型将发生相应的变化。

表 10-3 理想的价层电子对构型和分子构型

价层电子对数	价层电子对构型	孤对电子数	分子类型	分子构型	实例
2	直线	0	AB_2	直线	$HgCl_2$，CO_2
3	平面正三角形	0	AB_3	平面正三角形	BF_3，NO_3^-
		1	AB_2	V 形	$PbCl_2$，SO_2

续表

价层电子对数	价层电子对构型	孤对电子数	分子类型	分子构型	实例
4	正四面体	0	AB_4	正四面体	SiF_4，SO_4^{2-}
		1	AB_3	三角锥	NH_3，H_3O^+
		2	AB_2	V 形	H_2O，H_2S
5	三角双锥	0	AB_5	三角双锥	PCl_5，PF_5
		1	AB_4	变形四面体	SF_4，$TeCl_4$
		2	AB_3	T 形	ClF_3
		3	AB_2	直线	I_3^-，XeF_2
6	正八面体	0	AB_6	正八面体	SF_6，AlF_6^{3-}
		1	AB_5	四方锥	BrF_5，SbF_5^{2-}
		2	AB_4	平面正方形	ICl_4^-，XeF_4

例如 SO_4^{2-} 离子的空间构型：SO_4^{2-} 离子的负电荷为 2，按规定，中心原子 S 有 6 个价电子，O 原子不提供电子，所以 S 原子的价层电子对数为 $(6+2)/2=4$，价层电子对构型为正四面体。由于配位原子数也为 4，说明价层电子对中无孤电子对，故 SO_4^{2-} 离子应为正四面体构型。

再如 H_2S 分子的空间构型：中心原子 S 有 6 个价电子，配位原子为 2 个 H，各提供一个电子，所以 S 的价层电子对数为 $(6+2)/2=4$，价层电子对构型为正四面体。由于配位数为 2，说明价层存在 2 对孤电子对，故 H_2S 分子的空间构型为 V 形。

再如 XeF_4 分子的空间构型：中心原子 Xe 有 8 个价电子，每个 F 原子提供 1 个电子，价层电子对数为 $(8+4)/2=6$，价层电子对构型为正八面体。由于配位数为 4，说明价层存在 2 对孤电子对。由于孤电子对的排斥力更强，2 对孤电子对应尽可能彼此远离，在这里应为 180°。这样，预测 XeF_4 的分子构型为平面正方形。

将甲醛分子 $H_2C=O$（或 HCHO）中的双键视为一对成键电子，再加两个单键的成键电子对，共计 3 对电子，没有孤电子对，其几何构型为正三角形。因三个配位原子不完全相同，故分子为三角形。

第五节 分子轨道理论简介

价键理论特别是杂化轨道理论，在阐述分子结构和几何形状方面非常成功。但是由于分子波函数求解时仍忽略许多内容，因此在分子的性质如氧分子的顺磁性等方面遇到了困难。1932 年美国化学家马利肯（R. S. Mulliken）和德国化学家洪特（F. Hund）提出分子轨道理论（molecular orbital theory）。分子轨道理论更完整地应用量子力学，从更深层次揭示分子的完整结构，从而解释一些价键理论无法解决的问题。

分子轨道理论涉及了更多、更复杂的量子计算，本书仅介绍一些结构简单的双原子分子，了解分子轨道理论的基本思想和简单应用。

一、分子轨道理论要点

1. 分子轨道理论把分子看作一个整体，所有的电子都有贡献，分子中的电子不再从属于某个原子，而是在整个分子范围内运动。分子中电子的空间运动状态可用相应的分子轨道波函

数来描述。

分子轨道与原子轨道的主要区别：① 原子轨道是单核系统，电子的运动只受原子核的作用；分子轨道是多核系统，电子在所有原子核势场作用下运动。② 原子轨道名称用描述形状的符号 s、p、d 等表示，而分子轨道名称用描述成键类型的符号 σ、π、δ 等描述。

2．分子轨道是参与成键的原子轨道线性组合（linear combination of atomic orbitals，LCAO）。分子轨道的数目等于组成分子的各原子的原子轨道数目之和。原子轨道线性组合时，符号相同的原子轨道相叠加，核间电子概率密度增大，电子同时受两核吸引，能量低于原来的原子轨道，这样的分子轨道称为成键分子轨道（bonding molecular orbital），如 σ、π 轨道；符号相反的原子轨道相重叠，核间电子概率密度减小，能量高于原来的原子轨道，这样的分子轨道称为反键分子轨道（anti-bonding molecular orbital），如 σ^*、π^* 轨道。没有和其他原子轨道相结合，直接成为分子轨道的，由于对体系能量降低没有贡献，称为非键分子轨道（non-bonding molecular orbital）。

3．原子轨道进行有效线性组合形成分子轨道必须满足三条原则。

（1）对称性匹配原则：只有对称性匹配的原子轨道才能组合成分子轨道，即不同原子间的原子轨道必然沿着相同的对称轴或对称面进行组合，这与价键理论形成共价键的方式相似。如图 10-21A 所示，以 "头碰头" 方式沿对称轴方向组合重叠的原子轨道形成 σ 分子轨道；以 "肩并肩" 方式沿对称面方向组合重叠的原子轨道形成 π 分子轨道。图 10-21B 所示的两种轨道重叠方式对称性不匹配，故不能组合成分子轨道。

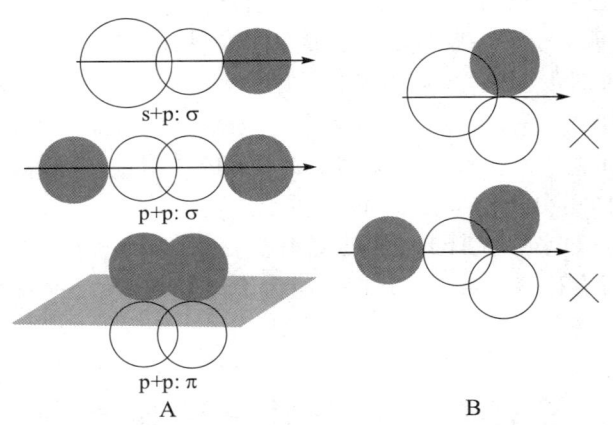

图 10-21　原子轨道对称性匹配示意图
A．原子轨道对称性匹配；B．原子轨道对称性不匹配

（2）能量近似原则：在对称性匹配的原子轨道中，只有能量相近的原子轨道才能组合成有效的分子轨道。能量近似原则对于判断不同类型原子轨道能否有效组合非常重要。以 H 原子和 F 原子组合成 HF 分子为例，H 原子的 1s 轨道的能量为 -1312 kJ/mol，F 原子的 1s、2s 和 2p 轨道的能量分别是 -67181 kJ/mol、-3870 kJ/mol 和 -1797 kJ/mol。在量子计算中，能量的零点是离核无限远处。按照对称性匹配原则，H 原子的 1s 轨道可以与 F 原子的 1s、2s 或 2p 轨道中的任意一个轨道相匹配，但根据能量近似原则，H 原子的 1s 轨道与 F 原子的 2p 轨道之间才是最有效的组合。

（3）轨道最大重叠原则：对称性匹配的两个原子轨道进行线性组合时，其重叠程度越大，组合成分子轨道的能量越低，化学键越牢固。

4．分子轨道中电子的排布同样需要遵守 Pauli 不相容原理、能量最低原理和 Hund 规则。在遵守三条规则的前提下，按照分子轨道由低到高的能级顺序填充电子。分子轨道的能级顺序可由分子光谱实验确定。

5. 在分子轨道中，用键级表示键的牢固程度。键级定义为：

$$键级 = \frac{1}{2}(成键轨道电子数 - 反键轨道电子数)$$

键级可以是整数或分数。一般来说，键级越高，键能越大，键就越牢固。键级为零，则表示原子没有结合成分子。

二、简单分子的分子轨道结构

（一）同核双原子分子的轨道能级图

以第二周期元素的原子生成同核双原子分子为例来说明分子轨道的能级顺序。按照原子的 2s 轨道和 2p 轨道能量差的不同，分子轨道的能级顺序大致可分为两种情况。

2s 轨道和 2p 轨道的能量差较大（> 1500 kJ/mol），组合成分子轨道时，2s 轨道和 2p 轨道间相互作用甚微，基本采取 s-s 和 p-p 轨道的线性组合。因此，由这些原子形成的同核双原子分子的分子轨道符合图 10-22A 的能级分布，能级顺序为：$\sigma_{1s} < \sigma_{1s}^* < \sigma_{2s} < \sigma_{2s}^* < \sigma_{2p_x} < \pi_{2p_y} = \pi_{2p_z} < \pi_{2p_y}^* = \pi_{2p_z}^* < \sigma_{2p_x}^*$。$O_2$ 和 F_2 分子符合此能级顺序。

2s 轨道和 2p 轨道的能量差较小（< 1500 kJ/mol），组合成分子轨道时，一个 2s 轨道与另一个 2s 轨道发生重叠的同时，还可与 2p 轨道重叠，这就造成了 σ_{2p_x} 分子轨道的能量超过了 π_{2p_y} 和 π_{2p_z} 的能量，如图 10-22B 所示，分子轨道的能级顺序变化为：$\sigma_{1s} < \sigma_{1s}^* < \sigma_{2s} < \sigma_{2s}^* < \sigma_{2p_y} = \pi_{2p_z} < \pi_{2p_x} < \pi_{2p_y}^* = \pi_{2p_z}^* < \sigma_{2p_x}^*$。$Li_2$、$Be_2$、$B_2$、$C_2$ 和 N_2 等分子符合此能级顺序。

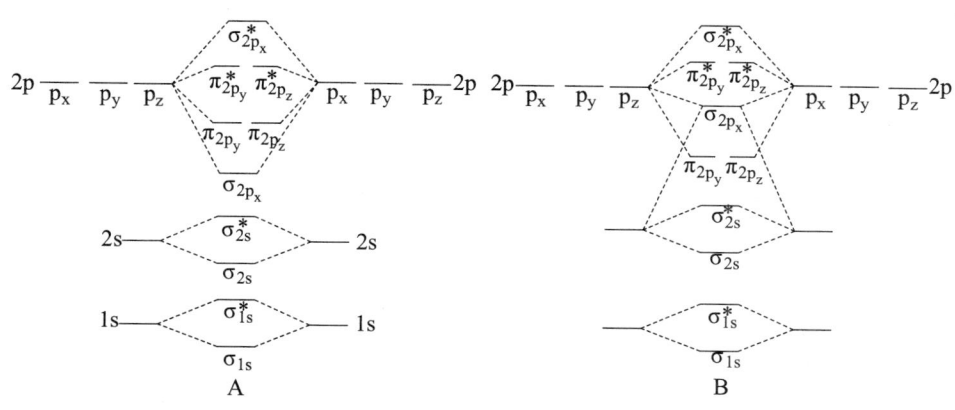

图 10-22 两种同核双原子分子的分子轨道能级

下面利用分子轨道理论对一些同核双原子分子进行简单分析。

H_2 的分子轨道最为简单。两个 H 原子的 1s 轨道组成一个成键 σ_{1s} 轨道和一个反键 σ_{1s}^* 轨道，如图 10-23A 所示。H_2 的分子轨道式可以写成 $(\sigma_{1s})^2$，右上角的 2 代表轨道中的填充电子数。H_2 分子的键级为 $(2-0)/2 = 1$，与价键理论中 H_2 分子中存在一个 σ 键相一致。H_2 分子失去一个电子成为 H_2^+ 后，如图 10-23B 所示，只有一个未成对电子填在成键轨道上，其键级为 $(1-0)/2 = 0.5$，小于 H_2 分子的键级 1。由键级可以判断，H_2^+ 明显不如 H_2 分子稳定。H_2^+ 离子的存在是价键理论不能解释的，但用分子轨道理论很容易理解。

He 原子的电子组态为 $1s^2$，两个 He 原子组合成分子时，分子轨道式为 $(\sigma_{1s})^2(\sigma_{1s}^*)^2$，键级为 $(2-2)/2 = 0$。也就是说，成键分子轨道 σ_{1s} 和反键分子轨道 σ_{1s}^* 均填满两个电子，成键

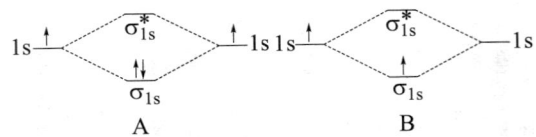

图 10-23 H_2 分子轨道 (A) 与 H_2^+ 分子轨道 (B)

轨道降低的能量与反键轨道升高的能量相互抵消，体系总能量没有改变，净成键作用为零，所以 He_2 不能存在。

F_2 的分子轨道符合图 10-22A 给出的能级顺序。分子中的 18 个电子依次填入分子轨道后，分子轨道式为

$$(\sigma_{1s})^2(\sigma_{1s}^*)^2(\sigma_{2s})^2(\sigma_{2s}^*)^2(\sigma_{2p_x})^2(\pi_{2p_y})^2(\pi_{2p_z})^2(\pi_{2p_y}^*)^2(\pi_{2p_z}^*)^2$$

内层的成键轨道和反键轨道相互抵消，对体系总能量未产生影响，因此，上式可简化为

$$KK(\sigma_{2s})^2(\sigma_{2s}^*)^2(\sigma_{2p_x})^2(\pi_{2p_y})^2(\pi_{2p_z})^2(\pi_{2p_y}^*)^2(\pi_{2p_z}^*)^2$$

其中 KK 是全充满的 K 层的两个分子轨道。F_2 分子的键级为 $(8-6)/2 = 1$，表明分子中存在一个单键。

N_2 的分子轨道符合图 10-22B 给出的能级顺序。分子中的 14 个电子依次填入分子轨道，分子轨道式为

$$KK(\sigma_{2s})^2(\sigma_{2s}^*)^2(\pi_{2p_y})^2(\pi_{2p_z})^2(\sigma_{2p_x})^2$$

分子的键级为 $(8-2)/2 = 3$，含有三重键，因此 N_2 分子非常稳定。三个成键轨道包括一个 σ 键和两个 π 键，这与价键理论的结论一致。

（二）异核双原子分子的轨道能级图

用分子轨道理论处理两种不同元素的原子组成的异核双原子分子时，同样需要遵守对称匹配性原则、能量近似原则和轨道最大重叠原则。

对第二周期元素的异核双原子分子或离子，可参照第二周期同核双原子分子的方法进行处理。影响分子轨道能级高低的主要因素是原子序数，具体方法如下。

1. 两个异核原子的原子序数之和大于 N 原子序数的 2 倍时，分子轨道的能级符合图 10-22A 的能级顺序。

2. 两个异核原子的原子序数之和小于或等于 N 原子序数的 2 倍时，分子轨道的能级符合图 10-22B 的能级顺序。

NO 分子中 N 原子和 O 原子的原子序数之和为 15，大于 N 原子序数的 2 倍，采用图 10-22A 的能级顺序，分子轨道式为

$$KK(\sigma_{2s})^2(\sigma_{2s}^*)^2(\sigma_{2p_x})^2(\pi_{2p_y})^2(\pi_{2p_z})^2(\pi_{2p_y}^*)^1$$

NO 的键级为 $(8-3)/2 = 2.5$。如果 NO 失去一个电子，应失去能量最高的 $\pi_{2p_y}^*$ 轨道中的电子，使之成为空轨道，则 NO^+ 的分子轨道式为

$$KK(\sigma_{2s})^2(\sigma_{2s}^*)^2(\sigma_{2p_x})^2(\pi_{2p_y})^2(\pi_{2p_z})^2$$

NO^+ 的键级为 $(8-2)/2 = 3$。可以看出，NO^+ 离子具有与 N_2 分子相同的分子轨道排布，从键级上看，NO^+ 要比 NO 稳定。

分子轨道理论在解释不同周期的异核双原子分子时，通常很难标注轨道的来源，所以直

接按顺序标注为 1σ、2σ、3σ……1π、2π、3π……等。例如 HF 分子，根据分子轨道组合的三条原则，HF 原子中 H 的 1s 轨道与 F 的 2p 轨道能级非常接近，可有效地组成一个成键分子轨道 3σ 和一个反键分子轨道 4σ，而 F 原子的其他原子轨道对形成分子轨道没有贡献，为非键轨道。在图 10-24 中，1σ、2σ 和 1π 均为非键轨道，分子的键级为 (2 − 0)/2 = 1，可见，分子中只有一个 σ 键。

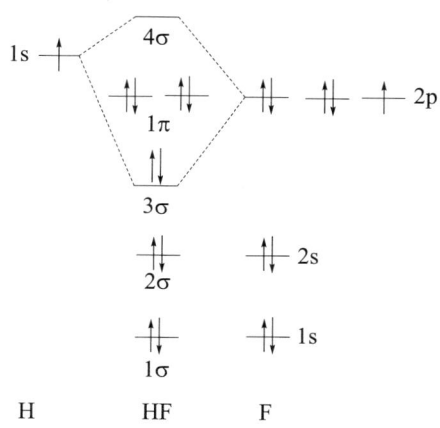

图 10-24 HF 的分子轨道能级及电子排布

三、O_2 分子结构和活性氧

呼吸作用是生命活动的基础，拉瓦锡很早就揭示了呼吸作用的本质是氧化过程。下面简单讨论在生命过程中具有重要意义的 O_2 分子及相关分子的结构。

O_2 分子是单质氧的最主要存在形式。O_2 分子轨道符合图 10-22A 的能级顺序，分子中的 16 个电子依次填入分子轨道后，其分子轨道式为

$$KK(\sigma_{2s})^2(\sigma_{2s}^*)^2(\sigma_{2p_x})^2(\pi_{2p_y})^2(\pi_{2p_z})^2(\pi_{2p_y}^*)^1(\pi_{2p_z}^*)^1$$

键级为 (8 − 4)/2 = 2。O_2 的反键轨道 $(\pi_{2p_y}^*)^1$、$(\pi_{2p_z}^*)^1$ 各有一个单电子，电子的总自旋量子数 $S = \frac{1}{2} + \frac{1}{2} = 1$，分子的自旋多重态为 $2S + 1 = 2 \times 1 + 1 = 3$，因此基态 O_2 分子也称为三重态氧（triplet oxygen），记作 $^3O_2$。具有单电子的分子都具有顺磁性质，O_2 分子反键轨道上存在单电子，因此 O_2 分子也是顺磁性分子。

受到光、电场或其他因素激发时，O_2 分子 $(\pi_{2p_z}^*)^1$ 轨道上的单电子发生自旋反转后被"挤进" $(\pi_{2p_y}^*)^1$ 轨道，此时氧的分子轨道式为

$$KK(\sigma_{2s})^2(\sigma_{2s}^*)^2(\sigma_{2p_x})^2(\pi_{2p_y})^2(\pi_{2p_z})^2(\pi_{2p_y}^*)^2(\pi_{2p_z}^*)^0$$

反键轨道 $(\pi_{2p_y}^*)^2$ 上电子成对，总自旋量子数 $S = \frac{1}{2} + (-\frac{1}{2}) = 0$，分子的自旋多重态变成 $2S + 1 = 2 \times 0 + 1 = 1$，称为单重态氧（singlet oxygen），记作 $^1O_2$。$^1O_2$ 是一种活性氧，具有很强的氧化能力。在生物体内，白细胞会产生 $^1O_2$，以杀伤外来生物体如细菌、病毒等。

大气中存在着氧的另一种分子，即臭氧分子 O_3。根据杂化轨道理论，中心 O 原子采取 sp^2 不等性杂化，其中一个 sp^2 杂化轨道上有一对孤对电子。含有单电子的两个 sp^2 杂化轨道各与一个其他 O 原子的 p 轨道形成 σ_{sp^2-p} 键；中心 O 原子的未参与杂化的 p 轨道（含有孤电子对）

与其余 2 个 O 原子的 p 轨道侧面重叠形成一个大 π 键,即 π_3^4 键。O_3 分子的大 π 键可以吸收阳光中的近紫外线。π_3^4 键的键级为 1,故 O_3 中 O—O 键的键级为 1.5。由于键级较低且分子为自旋单重态,与 $^1O_2$ 相似,臭氧分子的化学性质非常活泼,对生物体会造成伤害,幸运的是臭氧仅存在于大气上层。臭氧层可以有效地吸收紫外线,是地球生命的一道重要保护屏障,因此,对大气臭氧层的破坏会造成地球生态的严重破坏,也可能导致疾病的流行。

生物体能产生几种具有较强活性的含氧物质,统称为活性氧物种(reactive oxygen species,ROS)。这些物种可通过氧分子在体内的还原过程而生成。

$$O_2 \xrightarrow{e} \cdot O_2^- \xrightarrow{e} H_2O_2 \xrightarrow{e} \cdot OH \xrightarrow{e} H_2O$$

$\cdot O_2^-$ 在生物体内主要是从线粒体的呼吸过程中漏出的电子将 O_2 还原而形成的。$\cdot O_2^-$ 的分子轨道电子排布为

$$KK(\sigma_{2s})^2(\sigma_{2s}^*)^2(\sigma_{2p_x})^2(\pi_{2p_y})^2(\pi_{2p_z})^2(\pi_{2p_y}^*)^2(\pi_{2p_z}^*)^1$$

分子的键级降低到 1.5,分子中具有一个单电子。这种具有一个单电子的分子称为自由基(free radical)。含有自由基的分子容易发生反应速度很快的链式反应

$$R\cdot + A—B \rightarrow R—A + B\cdot \rightarrow \cdots\cdots$$

通过自由基链式反应,含氧自由基很容易导致生物分子的氧化分解,从而引起生物体损伤。$\cdot O_2^-$ 是一种含氧自由基,是导致生物体氧化应激(oxidative stress)的重要原因。在生物细胞内,超氧化物歧化酶(superoxide dismutase,SOD)可以将 $\cdot O_2^-$ 转化成 O_2 和 H_2O_2。

H_2O_2 分子中两个 O 原子均采取 sp^3 不等性杂化,2 个氧原子之间形成一个 $\sigma_{sp^3-sp^3}$ 单键,两个氧原子又分别与 H 原子形成 σ_{sp^3-s} 键,由此可见,H_2O_2 分子是一个"Z"形分子。H_2O_2 可在体内转化成杀伤能力很强的单重态 $^1O_2$ 分子或者活性氧自由基 $\cdot OH$,因此,细胞内的 H_2O_2 是一种潜在的具有危险性的分子,通常被含铁的过氧化氢酶(catalase)、含硒的谷胱甘肽过氧化物酶等多种细胞保护性酶所分解,其浓度被控制在 10^{-7} mol/L 以下。

第六节 分子间作用力

在一定条件下物质的相态可以发生变化,如气体液化、液体固化、固体蒸发,这些现象说明分子与分子间存在着相互作用力,即分子间作用力,也正是这种力决定了物质分子的聚集状态。细胞是构成生命体的最小单位,它本身就是许许多多分子的有序聚集体。从本质上说,生命个体都是由各种生命分子通过分子间作用力结合而成的。

一、分子的极性与分子的极化

根据分子中正、负电荷重心是否重合,分子可分为极性分子和非极性分子。正、负电荷重心重合的分子是非极性分子(non-polar molecule),正、负电荷重心不重合的分子是极性分子(polar molecule)。

对于双原子分子,分子的极性与键的极性一致。即由非极性共价键构成的分子一定是非极性分子,如 O_2、F_2、N_2 等分子;由极性共价键构成的分子一定是极性分子,如 HF、CO 等分子。

对于多原子分子,分子的极性不仅取决于键的极性,还与分子的空间构型紧密相关。以

CH$_4$ 和 NH$_3$ 分子为例,虽然 CH$_4$ 分子中每个 C—H 键都是极性键,但分子呈正四面体结构,键的极性相互抵消,整个分子正电荷重心与负电荷重心完全重合,因此 CH$_4$ 分子是非极性分子;NH$_3$ 分子中每个 N—H 键都是极性键,分子呈三角锥形,分子的正、负电荷重心不能重合,因此 NH$_3$ 分子是极性分子。

分子的极性用偶极矩(dipole moment)量度,用 μ 表示,定义为

$$\mu = q \cdot d$$

式中,q 为正电荷重心或负电荷重心上的电量;d 为正、负电荷重心的距离;μ 的单位为 C·m。偶极矩是一个矢量,在化学中一般规定其方向从正电荷重心指向负电荷重心。偶极矩为零的分子是非极性分子;偶极矩越大,分子的极性越大。偶极矩数据由实验给出,表 10-4 列出了部分分子的偶极矩实验值和空间构型。

表 10-4 一些分子的偶极矩实验值和空间构型

分子	μ (10^{-30} C·m)	空间构型	分子	μ (10^{-30} C·m)	空间构型
H$_2$	0	直线形	HCl	3.44	直线形
CO$_2$	0	直线形	H$_2$S	3.67	V 形
CO	0.40	直线形	SO$_2$	5.34	V 形
HI	1.27	直线形	NH$_3$	4.91	三角锥形
HBr	2.64	直线形	CH$_4$	0	正四面体

非极性分子偶极矩为零,但在外电场作用下,引起正、负电荷重心位移,分子发生变形,从而产生诱导偶极(induced dipole);极性分子本身存在一个永久偶极,在外电场作用下,正、负电荷重心距离增大,分子的偶极矩进一步增大,极性增强。这种在外电场作用下,使分子变形产生诱导偶极矩或使偶极矩增大的现象称为分子的极化(polarization)。

二、分子间引力与斥力

早在 1893 年,荷兰物理学家范德华(van der Waals)就注意到分子间作用力的存在并进行了深入研究,因此分子间作用力又称为范德华力。范德华发现,近距离的分子之间存在引力和斥力两种作用。随着分子间距离的增大,分子间引力会快速衰减;相反,当两个分子接近到一定程度才会表现出分子间斥力,随着距离的缩短,斥力会迅速增加。因此分子间存在一个距离,在此距离时,分子间的引力与斥力相等,此时分子间势能最低,这个距离称为分子或原子的范德华半径 r_0(图 10-25)。分子间作用力来源于分子的极性,本质上也是一种静电作用。

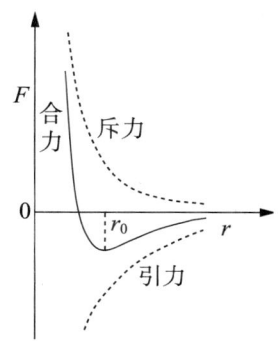

图 10-25 分子间作用力(F)与分子间距离(r)的关系

(一)分子间斥力

泡利不相容原理可解释分子间斥力的存在。一般来说,分子中的原子都具有闭壳层的电子结构,即电子都自旋成对。当分子距离逐渐减小时,两个相互接近的原子的闭壳层电子云相互重叠。根据泡利不相容原理,发生重叠的两个电子对的波函数一定是相互抵消的,两个靠近的原子核间电子云密度减小,因此发生静电排斥作用,产生斥力。两个分子的距离越近,闭壳层

的电子云发生重叠抵消的作用越强，分子间斥力越大。因此，只有分子间距离非常近的情况才产生分子间斥力。特别是气态的分子间，其距离一般不会到达如此近的情况，因此，在更多的情况下分子间表现为分子间引力。

（二）分子间引力——范德华力

从本质上讲，范德华力是一种静电引力，只要在静电力作用范围之内，分子间就始终存在着范德华力。范德华力包括取向力、诱导力和色散力。

1．取向力 取向力（orientation force）发生在极性分子之间，是极性分子间的静电引力。当两个具有永久偶极的分子接近时，一个分子的正极必然与另一个分子的负极相互吸引，分子将发生一定幅度的旋转，趋向按异极相邻的状态排列（图10-26）。在含有大量极性分子的体系内，由于取向力的存在，所有分子呈现定向排列。

2．诱导力 诱导力（inductive force）发生在极性分子与极性分子或极性分子与非极性分子之间。当极性分子与非极性分子靠近时，极性分子的永久偶极所产生的电场，使非极性分子的正、负电荷重心不再重合，产生一个诱导偶极（图10-27）。极性分子的永久偶极与非极性分子的诱导偶极之间的相互作用力是诱导力。在极性分子之间，由于它们的相互作用，每个分子也会由于变形而产生诱导偶极，使极性分子极性增加，从而使分子间的相互作用力也进一步加强。因此，极性分子之间除了取向力还存在着诱导力。

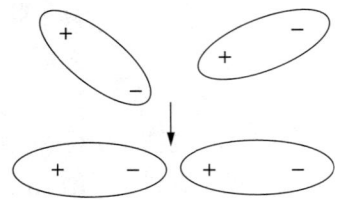

图 10-26　极性分子间的相互作用

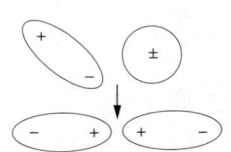

图 10-27　诱导偶极产生示意图

3．色散力 通常情况下，非极性分子的正、负电荷的重心是重合的，但分子中的电子处于不断运动之中，原子核也不断地振动，这样分子正、负电荷的重心就会不断地发生瞬间相对位移，从而产生瞬时偶极。这种瞬时偶极还可诱导相邻的分子产生瞬时诱导偶极，于是两个偶极处在异极相邻的状态，而产生分子间吸引力，这种由于分子不断产生瞬时偶极而形成的作用力称为色散力（dispersion force）。同时，在极性分子之间、极性分子与非极性分子之间也存在着色散力。

综上所述，在非极性分子与非极性分子之间只存在色散力；在极性分子与非极性分子之间，既有诱导力又有色散力；在极性分子与极性分子之间，既有取向力又有诱导力和色散力。表 10-5 以能量方式给出了一些分子的范德华力。从所列数据看，范德华力的大小既取决于分子永久偶极矩大小，又与分子的变形性密切相关，多数分子间的作用力以色散力为主。从 HCl 到 HI 顺序，分子的偶极矩逐渐减小，则取向力和诱导力也相应地减小；分子体积依次变大，变形性随之增强，色散力也就增大。HI 的三种力加和值最大，故 HI 的范德华力最大。因此，同系物的分子间力随分子量的增大而增大，同系物的沸点也将随着分子量的增大而升高。但是，与其他分子相比，水和氨的取向力异常地大，其原因将在氢键部分作出解释。

表 10-5 分子的范德华力分配情况　　　　　　　　　　　　　　　　　　　　　单位：kJ/mol

分子	取向力	诱导力	色散力	范德华力
Ar	0.000	0.000	8.49	8.49
CO	0.003	0.008	8.74	8.75
HI	0.025	0.113	25.86	26.00
HBr	0.686	0.502	21.92	23.11
HCl	3.305	1.004	16.82	21.13
NH_3	13.31	1.548	14.94	29.80
H_2O	36.38	1.929	8.996	47.31

范德华力与物质的理化性质密切相关。例如，分子晶体熔融成液体或液体蒸发成气体，都必须通过加热增加分子的动能来克服分子间作用力。分子间作用力越强，物质的熔点、沸点就越高。

溶质在溶剂中的溶解度与范德华力密切相关。例如，稀有气体在溶剂中的溶解主要依靠溶质与溶剂之间的瞬时偶极相互吸引（即色散力），即使在极性溶剂中，诱导偶极的作用也很小。从 Xe 到 He，原子半径依次减小，分子的变形性也依次减弱，因此，在溶剂中的溶解度也会逐渐减小。

三、氢键

由表 10-6 的数据可见，在氧族，氢化物 H_2O、H_2S、H_2Se、H_2Te 沸点递变规律中，H_2O 显得特殊；NH_3 在氮族氢化物中、HF 在卤族氢化物中都有类似情况，而 CH_4 在碳族氢化物中则不然。上述的特殊性即缘于 H_2O、NH_3、HF 分子间存在着氢键。

表 10-6 氢化物的沸点　　　　　　　　　　　　　　　　　　　　　　　　　　　　单位：K

碳族氢化物	沸点	氮族氢化物	沸点	氧族氢化物	沸点	卤族氢化物	沸点
CH_4	113	NH_3	240	H_2O	373	HF	293
SiH_4	153	PH_3	185	H_2S	212	HCl	188
GeH_4	185	AsH_3	218	H_2Se	232	HBr	206
SnH_4	221	SbH_3	255	H_2Te	271	HI	237

（一）氢键的形成和结构特点

当氢原子与电负性很大而半径很小的原子形成 H—X（X = F、O、N 等）共价键时，共价键极性非常强，共用电子对被强烈地吸引偏向 X 原子，使氢原子在另一侧几乎裸露出原子核，对其他电负性高且半径小的 Y 原子（如 F、O、N 等）的孤对电子产生强烈的吸引，形成 X—H⋯Y 结构，称为氢键。

氢键的作用力比化学键弱很多，但比范德华引力强，一般在 10 ~ 40 kJ/mol，按键能大小通常可分为较弱、中等、较强 3 种。氢键的强弱与 X、Y 原子的电负性及半径有关，X、Y 原子的电负性越大、半径越小，所形成的氢键就越强。常见氢键的强弱顺序为：F—H⋯F ＞ O—H⋯O ＞ N—H⋯F ＞ N—H⋯O ＞ N—H⋯N ＞ N—H⋯N。在某些蛋白质分子中，某些超强氢键的键能可以达到约 100 kJ/mol，接近一般共价键的键能，显示出共价键性。

关于氢键的本质是化学键还是分子间作用力，这个问题争议很久。近年来多项实验和理论研究揭示了氢键的奥秘。2021 年，存在于 [F—H ⋯ F]⁻ 离子中的短强氢键被证实是一种三中心原子共价键。2013 年，我国科学家利用原子力显微镜首次观察到氢键的电子密度图像，即形成的氢键的原子间存在微弱的电子云共享，说明氢键实际上是一种弱化学键形式，是化学键到分子间作用力的中间状态。但因此不同于范德华力，氢键具有了共价键的特性——饱和性和方向性。

氢键的饱和性是指每一个 X—H 共价键只能形成一个 X—H⋯Y 氢键。氢键的方向性是指以 H 为中心的 X—H⋯Y 结构中，三个原子要尽可能呈直线排列，这样可以确保 X、Y 原子间的斥力最小，形成的氢键也就最稳定。

氢键可分为分子间氢键与分子内氢键。一个分子的 X—H 键与另一个分子的 Y 原子相吸引而形成的氢键称为分子间氢键（intermolecular hydrogen bond）（图 10-28A）；一个分子的 X—H 键与该分子中的 Y 原子相吸引所形成的氢键称为分子内氢键（intramolecular hydrogen bond）（图 10-28B）。受到分子结构的限制，分子内氢键 X—H⋯Y 往往不能在同一直线上。如邻-硝基苯酚，虽然 O—H⋯O 不在同一条直线上，但生成了稳定的环状结构。

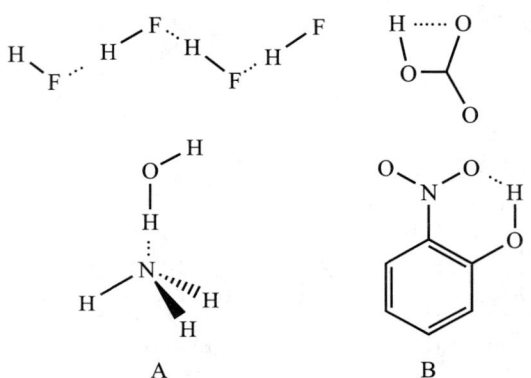

图 10-28　分子间氢键（A）和分子内氢键（B）实例

（二）氢键对物质性质的影响

尽管氢键比共价键弱得多，但却比范德华力强并具有方向性和饱和性，因此对物质的物理性质产生较大的影响。分子间氢键的形成会使物质（如 NH_3、H_2O、HF 等）的熔点和沸点明显升高，相反，分子内氢键常使其比同类化合物的熔点和沸点更低。例如，存在分子内氢键的邻硝基苯酚的熔点是 318 K，而存在分子间氢键的对硝基苯酚的熔点为 387 K，利用水蒸气蒸馏法可将邻硝基苯酚从两者的混合物中分离出来。

氢键还能对物质的溶解度产生影响。如果溶质分子与溶剂分子间能形成分子间氢键，将有利于溶质的溶解，如乙醇与水可以任意比互溶、NH_3 易溶于水。若溶质形成分子内氢键，则其在极性溶剂中的溶解度降低，在非极性溶剂中的溶解度增加。如邻位与对位的硝基苯酚在 293 K 水中的溶解度比值为 0.39，而在苯中该比值为 1.93。

由于氢键的存在，冰和水具有很多不寻常的性质。冰结构中每个水分子具有金刚石一样的四面体骨架结构（图 10-29），每个氧原子周围有 4 个氢，其中 2 个为氧原子以共价键结合的氢，另外 2 个是氧原子与其他水分子以氢键结合的氢。氢键的键长要大于共价键的键长，由此形成一个有很多"空洞"的结构，使冰的密度小于水，所以冰是浮在水面上的。当冰融化时，部分氢键断开，冰的主体骨架结构总体崩塌，刚融化的水中仍存在类似冰的小团簇。随着温度的升高,水中的小团簇也不断破坏,使水的体积进一步收缩,密度增大,在4℃时达到最大。但液态水中,水分子依然是靠氢键形成大小不一的水团。使水的介电常数远高于其他极性溶剂,成为无机盐类(带电荷离子)的良好溶剂。水和冰密度的差异对自然界具有重要的意义,试想,如果情况相反,寒冷的冬季里整条河流都将成为冰体,不会再有生机(关于氢键的知识拓展,请扫描本章二维码阅读详情)。

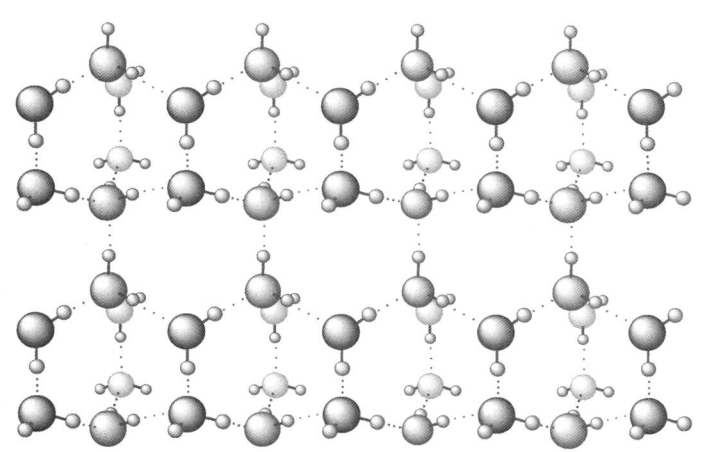

图 10-29　冰的结构

氢键在生物体内广泛存在,对生命过程有着特别的意义。1953 年,沃森和克里克解析了生物体内 DNA(脱氧核糖核酸)的独特双螺旋结构。在 DNA 结构中,骨架为脱氧核糖核酸,并在整个分子中按同样的方式重复,保持不变;可变部分为碱基顺序,正是碱基的精确序列携带了遗传信息。各种不同类型的 DNA,碱基的序列都是独一无二的。碱基只有四种,在 DNA 结构中,鸟嘌呤总是和胞嘧啶相互识别、相互配对形成含三组氢键的 G-C 碱基对;腺嘌呤总是和胸腺嘧啶相互识别配对,形成含两组氢键的 A-T 碱基对(图 10-30)。这些氢键的取向和距离能使碱基间相互匹配,产生最强的相互作用,具有几何上的固定能力。除此以外,在染色体的端粒结构中,四个鸟嘌呤以氢键形成一种特殊的鸟嘌呤环结构。

按照氢键的平均键能约 25 kJ/mol 估算,断开每一对碱基需要的能量在 50 ~ 75 kJ/mol。从动力学上,这个能量很好地保证了碱基对的稳定性和键的动态开合能力。巧合的是,生命过程中许多酶催化的化学反应多采用这一量级的活化能。此外,在组成生命的许多大分子如蛋白质、糖类等结构中,氢键也发挥了非常重要的作用,有关内容可参阅生物化学方面书籍。

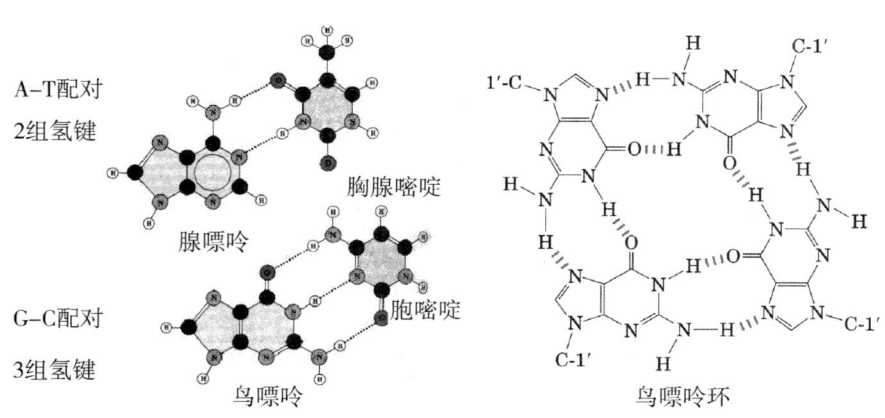

图 10-30　DNA 结构中互补碱基对的氢键(左)和端粒鸟嘌呤环的氢键(右)结构示意图

四、其他主要分子间作用力

除了范德华力和氢键,还有其他多种分子间作用力的形式,如疏水作用、离子键、π-π 堆积等。这里简单介绍在蛋白质相互作用中非常重要的离子键和疏水作用。

(一)离子键

离子键(ionic bond)是溶液中带有净的正或负电荷的分子或基团与相反电荷的分子或基团之间的静电吸引作用。离子键又称为溶液中的盐键。这种作用力与电荷电量的乘积成正比,与电荷距离的平方成反比,且随介质的介电常数的增大而降低。在水溶液中,由于溶剂水的介电常数较大,溶液中离子键的作用较弱;但在非水物相中,离子键的作用则会变得显著。例如在蛋白质分子中,其疏水的内部介电常数较小,带负电荷的酸性氨基酸残基可与带正电荷的碱性氨基酸残基强烈相互吸引,形成离子键(图10-31)。离子键对蛋白质的结构和相互作用非常重要。

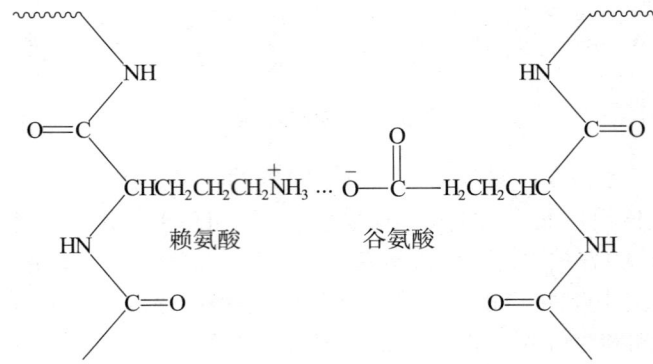

图 10-31　蛋白质分子中的离子键示意图

(二)疏水作用

非极性化合物如苯、环己烷在水中的溶解度非常小,在水中会成为两相,也就是说,非极性分子有离开水相自发进入非极性相的趋势,即所谓的疏水性(hydrophobicity)。在水溶液中,当非极性溶质相互接近到一定程度时,它们之间会产生聚集在一起的倾向,就像有一种力使非极性溶质相互吸引在一起,这种现象称为疏水作用(hydrophobic interaction)。实验证明,疏水作用的距离和范德华力相近,但强度要稍大于范德华力,每个疏水基团产生的键能在 10～20 kJ/mol。

分子间疏水作用是一个复杂的过程,其作用机制有待于进一步研究。常温下,非极性溶质溶于水时焓变通常较小,有时甚至是负的($\Delta H < 0$),溶解过程的焓变有利于溶解。但是非极性分子进入水中会诱导其周围水分子原有氢键结构的重排,导致体系的熵大幅降低($\Delta S < 0$),使吉布斯自由能成为正值($\Delta G > 0$)。可见,疏水作用实际上是一种熵驱动的热力学效应,并非像静电力一样是物理世界的一种真实作用力(关于分子间作用力的临床应用,请扫描本章二维码阅读详情)。

疏水作用是决定生物分子结构和性质的重要因素,特别是在蛋白质的折叠以及药物分子与受体(蛋白质、DNA等)的相互作用方面。

（三）主要分子间作用力及共价键的比较

分子间作用力与共价键相比（表 10-7），它们的键能均较小，但作用距离范围较大。

表 10-7　几种分子间作用力和共价键的比较

作用力种类	键能（kJ/mol）	作用距离（pm）
范德华力	0.4 ~ 10	300 ~ 600
氢键	10 ~ 40	150 ~ 300
离子键	20 ~ 50（蛋白质间）*	150 ~ 300
疏水作用	10 ~ 40	不计距离
共价键（单键）	100 ~ 500	70 ~ 250

* 作为对比，离子晶体内的离子键键能为 170 ~ 1500 kJ/mol。

思考题

1．离子键的本质是什么？有哪些特点？
2．什么是晶格能？决定晶格能大小的主要因素是什么？
3．共价键的键参数有哪些？这些参数如何决定分子的结构和性质？
4．共价键的本质是什么？如何理解共价键的饱和性和方向性？
5．试比较和评价用价层电子对互斥理论或杂化轨道理论来确定分子几何构型的优缺点，并用价层电子对互斥理论预测 BF_3 和 NF_3 分子的空间构型，再用杂化轨道理论解释各自的空间构型。

习　题

1．试画出下列各分子的路易斯结构式：
(1) HCl　(2) F_2　(3) N_2　(4) CO_2　(5) CO　(6) HNO_3
2．请区分下列概念：
(1) σ 键和 π 键　　　　　(2) 正常共价键和配位共价键
(3) 极性键和非极性键　　(4) 等性杂化和不等性杂化
3．下列每对分子中，哪个分子的极性较强？试简单说明原因。
(1) HCl 和 HI　　　　(2) H_2O 和 H_2S　　　(3) NH_3 和 NH_3
(4) CH_4 和 SiH_4　　(5) CH_4 和 $CHCl_3$　　(6) BF_3 和 NF_3
4．指出下列各分子中各个 C 原子的杂化类型：
(1) CH_4　　　　　(2) $CH_2=CH_2$　　　(3) $CH\equiv CH$
(4) HCOOH　　　(5) HCHO　　　　　(6) C_6H_6
5．试用杂化轨道理论说明下列分子或离子的中心原子可能采取的杂化类型及分子或离子的空间构型。
(1) PH_3　　　　　(2) BF_3　　　　　　(3) NH_4^+
6．试用价层电子对互斥理论，判断下列分子或离子的空间构型。
(1) CO_3^{2-}　　(2) H_2S　　(3) PCl_5　　(4) SF_4
(5) SF_6　　　(6) O_3　　(7) ICl_4^-　(8) NH_4^+

7. 试用分子轨道理论比较 CO 和 N_2 的成键类型和键级。

8. 人体内的 $\cdot O_2^-$ 与羟基结合后的产物会导致细胞 DNA 损坏，破坏人类机体功能。试用分子轨道理论说明 $\cdot O_2^-$ 能否存在。和 O_2 比较，其稳定性和磁性如何？

9. 按沸点由低到高的顺序依次排列下列两个系列中的各个物质，并说明理由。

(1) H_2，CO，Ne，HF　　　　　　(2) CI_4，CF_4，CBr_4，CCl_4

(3) CH_4，NH_3，H_2O，HF　　　　(4) CH_3OH，C_2H_5OH，CH_3OCH_3

10. 说明下列各组物质中存在哪几种分子间作用力。

(1) 苯和四氯化碳　　(2) 乙醇和苯　　(3) 乙醇和水　　(4) 液氨

11. 解释以下现象：

(1) 邻羟基苯甲酸的熔沸点低于对羟基苯甲酸。

(2) NH_3 极易溶于水，而 CH_4 难溶于水。

（杨宝华）

第十一章

溶胶、凝胶和纳米药物

第十一章数字资源

1861 年英国的 Graham 使用胶体（colloid）来描述扩散速度小、不能透过半透膜、溶剂蒸发后不结晶，而是形成胶状物的物质。Colloid 是词根 coll-（glue）+ 词缀 -oid（form），意思是胶状物。1901 年后，俄国科学家韦曼研究了 200 多种物质，证明任何能结晶的物质，在一定介质中用适当方法也能形成胶体，扩大了人们对胶体的认识。

胶体包括了液态或气态的溶胶以及固态的凝胶，但是一类特殊的分散系（分散系的分类详见第二章第一节）；由于胶体粒子的大小在纳米尺度，所以和纳米科学紧密联系在一起。胶体在医学上有很大的意义。机体的组织和细胞中的基础物质，如蛋白质、核酸、淀粉、糖原、纤维素等都形成胶体；血液、体液、细胞、软骨等都是典型的胶体系统。生物体的许多生理现象和病理变化与其胶体性质密切相关。凝胶制品在医学上有广泛的应用。如中成药"阿胶"是凝胶制剂；干硅胶是实验室常用的干燥剂；人工半透膜、皮革等则是干凝胶。在生命科学实验中常把凝胶作为支持介质用于电泳及色谱分析；纳米药物在生物医学诊断与治疗方面具有极大的应用前景。

第一节 溶 胶

一、胶体分散系的分类

胶体分散系的分散相粒子直径在 1 ~ 100 nm 之间，粒子的物相可以是气体、液体和固体三种状态。胶体粒子的重要特点就是其颗粒的尺寸。在 1 ~ 100 nm 之间大小的颗粒，被称为纳米颗粒。这样大小的颗粒具有许多独特的性质。胶体粒子能透过滤纸，但不能透过半透膜。比起粗分散系，胶体溶液相对稳定，外观上不浑浊、是透明的，但在超微显微镜下可以看到粒子与溶剂之间的相界面。蛋白质、淀粉、糖原溶液及血液、淋巴液等属于胶体溶液。

根据分散相粒子的结构特点，胶体分散系分为溶胶、高分子溶液和缔合胶体。本节着重讨论溶胶的结构和性质。溶胶的分散相粒子是各种固体粒子，这些粒子可以是分子、离子化合物、原子化合物或其混合物。溶胶是热力学上不稳定的、高度分散的非均相系统。

二、溶胶的性质和结构

胶体溶液在光学和电学性质上具有与其他分散体系相区别的特征性质。

（一）丁铎尔现象——溶胶的光散射性质

1869 年，英国物理学家丁铎尔发现：在暗室中，用一束会聚的可见光源照射溶胶，在与光束垂直的方向可以观察到一个圆锥形光柱（图 11-1），这种现象称为丁铎尔现象（Tyndall phenomenon）。

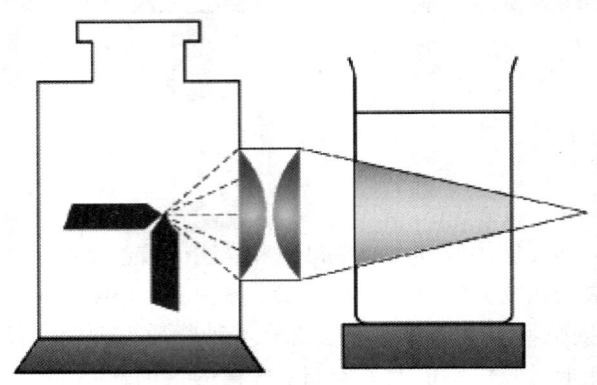

图 11-1　Tyndall 现象

Tyndall 现象是溶胶粒子对光的散射（scattering）作用产生的。光是一种电磁波，当光束通过分散体系时，一部分自由地通过，其余部分则被吸收、反射或散射。光的吸收作用主要取决于体系的化学组成，而光的反射或散射作用的强弱则与体系中的颗粒大小有关：①当粒子的直径大于入射光的波长时，粒子能起反射作用。②当粒子的大小和光波波长接近或稍小时，光波就被粒子向各个方向散射，称为散射光或乳光。③当粒子的直径远远小于入射光的波长时，将发生衍射效应，即光波绕过粒子前进不受阻碍。

可见光的波长在 380～760 nm 之间，而溶胶粒子的大小在 1～100 nm 之间，因此光波主要透过溶液，同时会少量发生散射。虽然溶液是整体透明的，但在暗背景下，可以看见一条散射光形成的光路。与之对照，对于粗分散体系，由于粒子粒径大于入射光的波长，主要发生反射，使体系呈现混浊；而对于真溶液，光则是完全透射，溶液是澄清而透明的。Tyndall 现象是区别溶胶与真溶液的基本特征。

1871 年，Rayleigh 研究了光的散射现象，得出以下散射公式：

$$I = \frac{24\pi^3 \nu V^2}{\lambda^4}\left(\frac{n_2^2 - n_1^2}{n_1^2 + 2n_2^2}\right)^2 I^0 \tag{11-1}$$

式中，I 和 I^0 分别为散射光和入射光的强度，λ 为入射光波长，V 为单个粒子的体积，ν 为单位体积内的粒子数，n_1 和 n_2 分别为分散相和分散介质的折射率。

从 Rayleigh 公式得出如下结论：①散射光强度和溶胶的浓度成正比。可以据此测定散射光强度求算溶胶的浓度，比如定量测定药物中的杂质和污水中悬浮杂质的量。②散射光强度和溶胶粒子的体积成正比。胶粒体积愈大，散射光愈强。③散射光强度与入射光波长的 4 次方成反比。入射光波长愈短，光被散射愈多。在可见光中，蓝光比红光易散射。所以，无色的溶胶体系会因散射光而常常透出淡淡的蓝色，但从透射光方向上看时，则呈现橙红色。晴朗的天空呈蓝色，日出和日落时的霞光呈红色也是同样的道理。④分散相与分散介质的折射率相差愈大，散射光也愈强。因此，无机溶胶的 Tyndall 现象比较明显，而有机高分子溶液（包括蛋白质溶液）由于分散相粒子与溶剂介质折射率相差小，很难观察到散射光。

(二)胶体粒子的热运动——布朗运动

当一个静止的固体不受外力作用时,总是保持静止状态和原始位置。那么一个静止放置的胶体溶液会发生什么呢?1827年,英国植物学家布朗(Brown)在显微镜下观察到悬浮在液面上的花粉微粒在不断地做不规则的折线运动,如图 11-2 所示。后来又发现许多其他物质,只要颗粒足够小,也都有类似的现象。人们将微粒的这种无规则运动称为布朗运动。微粒的布朗运动是不停地热运动的溶剂分子对微粒不断撞击的结果。在某一瞬间,微粒受到来自各个方向的力会不平衡,会随机在某一方向形成很小的净推动力。如果粒子足够小,那么微粒就被这一小力推动。而在下一时刻,微粒可能向另一方向移动,造成微粒的不规则运动。布朗运动使得溶胶粒子发生热运动,从而也会发生和小分子一样的从浓度较高处向浓度较低处的自发迁移,即扩散现象(diffusion)。由于胶体粒子比一般小分子的体积大得多,这使得它的扩散能力远远小于小分子溶质。小分子或离子的扩散系数约为 10^{-9} $m^2 \cdot s^{-1}$,胶体粒子的扩散系数在 $10^{-13} \sim 10^{-11}$ $m^2 \cdot s^{-1}$。在生物体内,扩散是物质输送或物质分子通过细胞膜的主要推动力之一。

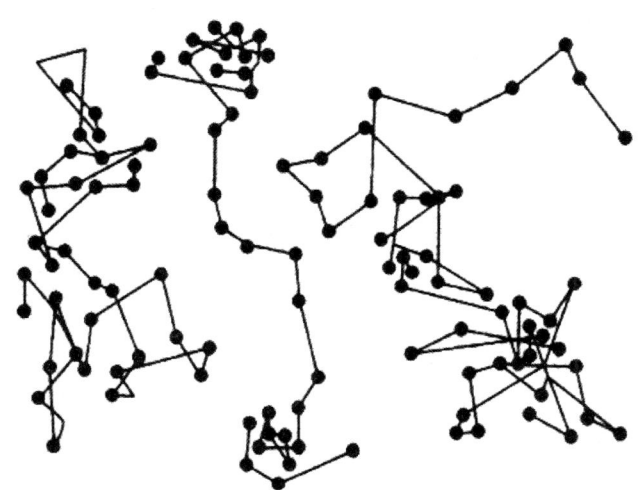

图 11-2 布朗运动示意图

(三)溶胶的电动力学性质

1. 溶胶颗粒的电泳 如图 11-3 所示,在 U 形管内装入有色溶胶,小心地在溶胶的液面上注入无色电解质溶液,使溶胶与电解质溶液间有清晰的界面。在电解质溶液中分别插入正、负电极,接通直流电,可以观察到一侧的界面上升而另一侧的界面下降,这表明有色溶胶在电场中发生了移动,说明胶粒是带电的。这种在外加电场作用下,带电粒子(胶粒、蛋白质分子和 DNA 分子等)在分散介质中

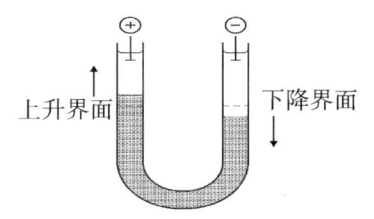

图 11-3 电泳示意图

定向移动的现象称为电泳(electrophoresis)。大多数金属氢氧化物溶胶如 Fe(OH)$_3$ 溶胶粒子带正电,向负极迁移,称为正溶胶;而大多数金属硫化物、硅酸及贵金属等胶粒带负电,向正极迁移,称为负溶胶。

生物化学常用电泳法来分离各种氨基酸、蛋白质和核酸等。临床上可以利用血清的"纸上电泳"来协助诊断患者是否患有肝硬化等疾病。电泳技术在生物化学分析和临床分析中的应用是十分广泛的。

2. 溶胶的电渗现象　电渗（electroosmosis）现象是指在电场作用下电解质溶液相对于和它接触的固定的带电荷的固相做相对运动的现象。

将一个内表面带电荷玻璃毛细管或者在一个 U 形管的中间填充了一段多孔的无机凝胶介质，在其两端加上一个电场，就会观察到毛细管中的溶液以某一速度流动（图 11-4A）；或者 U 形管正极的液面（在倾斜的毛细管的液面变化更明显）会上升（图 11-4B）。这种在电驱动下溶液的流动称为电渗流。电渗流产生的机制是：在普通的溶液中，当外加电场时，溶液中的正离子和负离子会在电场的驱动下做相反的运动。虽然离子的运动会带动水化层也跟着一起运动，但正负粒子的作用会相互抵消。而在带电荷毛细管或多孔凝胶介质中，固相上的电荷不能够移动，只有溶液中的反离子可以在电场的驱动下移动，于是沿着移动反离子的方向形成电渗流。

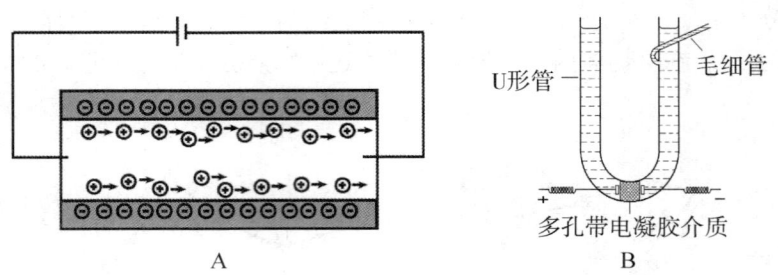

图 11-4　电渗示意图

电渗技术被广泛应用于海水淡化；工业废水处理，提取有价值成分；药物的除盐提纯等工业生产，食品加工及药物制剂各个领域。分析技术中的毛细管电色谱应用的也是电渗原理工作。

3. 胶粒带电的原因

（1）胶核的选择性吸附：胶粒由于是纳米尺度的粒子，比表面积很大，表面自由能很高。因此，依据自由能降低的趋势，胶核会自发吸附溶液中的特定正、负离子而获得电荷。当胶核吸附阳离子时，胶粒带正电荷；当胶核吸附阴离子时，胶粒带负电荷。胶粒带电多属于这种类型。

胶核吸附离子是有选择性的，优先吸附与胶核中化学组成相同或性质相近的某种离子，这一规则称为法扬斯规则（Fajans's rule）。例如，以 $AgNO_3$ 溶液和 KI 溶液为原料制备 AgI 溶胶时，如果 $AgNO_3$ 溶液过量，则溶液中含有 NO_3^-、K^+ 和少量 Ag^+，胶核（AgI）优先吸附 Ag^+ 而带正电荷，生成正溶胶；如果 KI 溶液过量，则溶液中含有 NO_3^-、K^+ 和少量 I^-，胶核优先吸附 I^- 而带负电荷，生成负溶胶。

若溶液中无相同离子，则首先吸附水合能力较弱的负离子。这样在胶粒表面上容易形成结晶层，使胶核不易溶解。阳离子的水合能力一般比阴离子强，往往留在溶液中，所以胶粒带负电的可能性比带正电的可能性大。所以自然界中的胶粒大多带负电，如泥浆、豆浆等都是负溶胶。

（2）胶粒表面分子的解离：溶胶的分散相粒子与分散介质接触时，表面分子发生解离，使分散相粒子带有电荷。例如硅酸溶胶的分散相粒子是由很多 $xSiO_2 \cdot yH_2O$ 分子组成的，硅酸溶胶的胶核表面的 H_2SiO_3 分子在水分子作用下发生解离。若溶液呈酸性，则解离反应为：

$$H_2SiO_3 \rightarrow SiO_2^+ + OH^-$$

SiO_2^+ 留在胶核表面，结果使胶粒带正电荷，形成正溶胶。若溶液呈碱性，则解离反应为：

$$H_2SiO_3 \rightarrow HSiO_3^- + H^+$$

$$HSiO_3^- \rightarrow SiO_3^{2-} + H^+$$

SiO_3^{2-} 留在胶核表面，结果使胶粒带负电，形成负溶胶。如蛋白质分子，表面有许多羧基和氨基，在 pH 较高的溶液中，离解生成 P—COO⁻ 离子而负带电；在 pH 较低的溶液中，生成 P—NH_3^+ 离子而带正电。

（3）晶格取代：主要是黏土矿物，在成矿过程中，有些 Al^{3+} 的位置被 Ca^{2+}、Mg^{2+} 所取代，正电荷减少，使其带有多余的负电荷，形成负溶胶。

三、溶胶的结构

溶胶粒子是带电荷的分子聚集体，颗粒大小在 1～100 nm。溶胶粒子的基本结构是纳米尺度的胶核和带电荷的表面层，一个非常重要的特征是胶核与分散介质之间存在明确的相界面。

1. 胶核 胶核属于纳米粒子。纳米是一种长度单位，1 nm 等于十亿分之一米（10^{-9} m）。蛋白质分子的直径在 1～100 nm；双螺旋 DNA 的直径约为 3 nm，虽然长度可以很长，但通常是以超螺旋的形式形成纳米尺度的凝聚体，如大多数病毒的直径约为 100 nm。因此，蛋白质、DNA 和病毒都属于纳米粒子。

当物质处于纳米尺度时，会表现出小尺寸效应、表面效应及量子效应等，使其拥有独特的光、声、热、磁、电等特殊性质：①小尺寸效应。当颗粒的尺寸与光波波长、德布罗意波长以及超导态的相干长度或透射深度等物理特征尺寸相当或更小时，颗粒晶体周期性的边界条件将被破坏，表面层附近的原子密度减小，导致新的声、光、电、磁、热、力学等性质。例如纳米粒子的熔点远低于块状本体。②量子尺寸效应。当粒子尺寸下降到某一值时，金属费米能级附近的电子能级由准连续状态变为离散状态，导致其光、热、磁、声、电等性质与常规材料有显著不同。例如由 ⅡB～ⅥB 或 ⅢB～ⅣB 族元素组成的半导体纳米颗粒是一种荧光量子点，受激后可以发射荧光，并可以通过调整粒子尺寸得到不同颜色的荧光。③表面效应。纳米粒子比表面积很大，表面原子数比例很高。表面原子的晶体场环境和结合能与内部原子不同。表面原子周围缺少相邻的原子，有许多悬空键，具有不饱和性质，易与其他原子相结合而稳定下来，因而表现出很大的催化活性和表面结合能力。④量子隧道效应。微观粒子具有贯穿势垒的能力称为隧道效应。微颗粒的磁化强度、量子相干器件的磁通量以及电荷等因此效应发生变化。如纳米磁性金属的磁化率是普通金属的 20 倍。⑤介电限域效应。当纳米粒子分散在异质介质中时，由各分散体的界面引起体系介电效应增强。

2. 胶团结构 以 $AgNO_3$ 溶液和 KI 溶液混合制备 AgI 溶胶为例，说明无机溶胶颗粒的一般结构。将 $AgNO_3$ 稀溶液与 KI 稀溶液混合后，发生的化学反应如下：

$$AgNO_3 + KI = AgI + K^+ + NO_3^-$$

多个 AgI 分子聚集生成 $(AgI)_m$ 固体粒子，一般 m 不超过 10^3 个，直径在 1～100 nm 范围，形成胶核。体系中存在多种离子，如 Ag^+、I^-、K^+、NO_3^- 等离子，胶核选择性地吸附与胶粒化学组成相同的离子，即 Ag^+ 或 I^-。在制备 AgI 溶胶时，如果 KI 过量，溶液中 I^- 浓度较大，那么胶核优先吸附 n 个 I^-（n 比 m 小得多）而带负电荷，之后通过静电引力在其周围进一步吸附少量带相反电荷的 $(n-x)$ 个 K^+，胶核所吸附的 n 个 I^- 和 $(n-x)$ 个 K^+ 一起形成吸附层，胶核和吸附层构成了胶粒。在吸附层中，I^- 比 K^+ 多 x 个，因此胶粒带 x 个负电荷。在吸附层外，还有 x 个游离的 K^+ 分布在胶粒周围形成扩散层，胶粒和扩散层构成了胶团。AgI 负溶胶的胶团结构如图 11-5A 所示。如果 $AgNO_3$ 过量，胶核则会优先吸附 n 个 Ag^+ 离子而形成正溶胶。AgI 正溶胶的胶团结构如图 11-5B 所示。

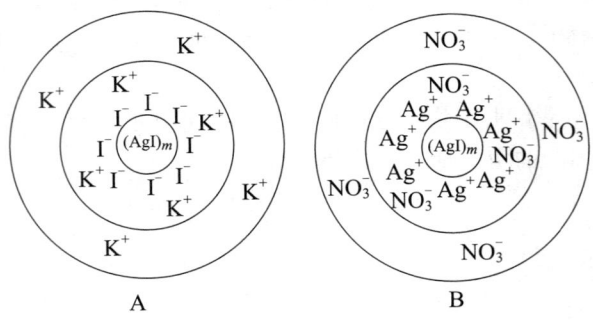

图 11-5　两种 AgI 溶胶的胶团结构

胶团结构也常用结构简式来表示，如上述两种 AgI 溶胶和 Fe(OH)$_3$ 溶胶对应的结构简式分别如下：

$$[(AgI)_m \cdot nI^- \cdot (n-x)K^+]^{x-} \cdot xK^+ \qquad [(AgI)_m \cdot nAg^+ \cdot (n-x)NO_3^-]^{x+} \cdot xNO_3^-$$

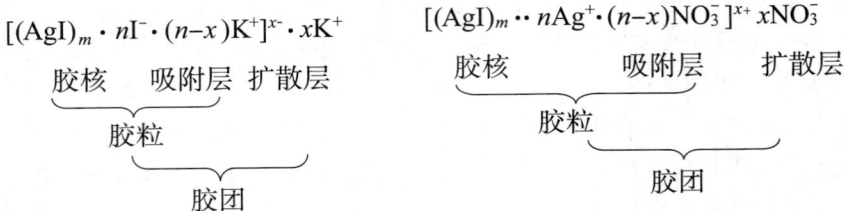

再如，$FeCl_3$ 水解形成氢氧化铁溶胶，发生的反应如下：

$$Fe^{3+} + 3H_2O \rightarrow Fe(OH)_3 + 3H^+$$

溶液中部分 $Fe(OH)_3$ 与 HCl 作用，形成 FeO^+ 离子：

$$Fe(OH)_3 + H^+ \rightarrow FeO^+ + 2H_2O$$

$Fe(OH)_3$ 胶团的结构式为：

$$\{[Fe(OH)_3]_m \cdot nFeO^+ \cdot (n-x)Cl^-\}^{x+} \cdot xCl^-$$

四、溶胶的稳定性

1. 胶体是动力学稳定的体系　溶胶是热力学不稳定系统，胶粒有自发聚集成大的颗粒而沉降析出的趋势。然而，经过纯化和表面处理后的溶胶往往可保持数月甚至数年也不会沉降析出，成为热力学不稳定但动力学稳定的体系。其动力学稳定性的原因有三。

（1）胶粒的带电：同一种溶胶的胶粒带有相同的电荷，当彼此接近时，由于同性电荷的相互排斥，阻止了胶粒间的靠近和聚集。胶粒荷电量越大，胶粒间斥力越大，溶胶越稳定。

将胶粒看作一个个的小电容，根据电容公式 $C = Q/U$，则知胶体的带电量和其荷电后的表面电位成正比，胶粒表面电位称为 ζ 电位。胶粒的 ζ 电位绝对值越大，则胶体越稳定。ζ 电位是表征胶粒稳定性最重要的一个参数。

（2）胶粒表面水合膜（或其他溶剂化膜）的保护作用：在水溶液中，胶粒吸附层的离子都可以溶剂化形成水合膜。水合膜犹如一层弹性的外壳，起到了防止运动中的胶粒在碰撞时胶核距离太近的作用，有利于溶胶的稳定性。溶胶的稳定性与胶粒的水合膜层厚度有密切关系。水合膜层愈厚，胶粒愈稳定。

向溶胶中加入足够多的某些大分子化合物如明胶、蛋白质、淀粉等，这些大分子也可以吸附于胶粒的表面。由于这些大分子中的亲水基团较多，可以增加胶粒水合膜的厚度，从而增加了溶胶的稳定性。例如胃肠道造影剂硫酸钡合剂常用阿拉伯胶来增加制剂的稳定性。

（3）胶粒的布朗运动：胶粒在不停地做布朗运动，使胶粒具有了扩散的能力而分散，并非聚集，能够在一定程度下克服重力场的影响，不会下沉。

2. 溶胶粒子的沉降 若溶胶粒子的比重大于介质，在重力场中，溶胶粒子受重力的作用而要下沉，这种现象称为沉降（sedimentation）。若胶体粒子半径为 r，密度为 ρ，分散介质的密度为 ρ_0，黏度为 η，重力加速度为 g，则溶胶粒子的沉降速度 v 为：

$$v = \frac{2r^2(\rho - \rho_0)g}{9\eta} \tag{11-2}$$

上式表明，粒子颗粒越大、密度比介质越大，则沉降速度越快。另外，重力场的加速度 g 越大则沉降越快。

溶胶粒子尺寸小，在普通的重力场中其沉降速度很慢。若想将纳米粒子从溶液中沉降下来，必须增加重力场的加速度。一个方法是使用离心力场；在离心机中，其产生的离心力加速度相当于重力加速度，但离心力场的加速度随转速的平方增加。超速离心机的转速可达到 $(1 \sim 1.6) \times 10^5$ rpm，其离心力最大可达重力场的 10^6 倍（1 000 000 g）。这样可以增加胶粒的沉降速度，使其沉淀下来。如蛋白质或病毒，它们在溶液中呈胶体或半胶体状态，在普通重力场下不沉降，可用超速离心机将它们分离出来，并可根据沉降速度估算它们的大小。超速离心机主要用于生物实验中分离和纯化各种细胞器以及蛋白质、核酸等生物大分子，并且测定大分子的相对分子质量，是医学、生物领域中的重要工具。

3. 溶胶的聚沉 溶胶的稳定性核心因素是电荷以及电荷形成的水合层。只要能消除胶粒的电荷，就能使胶粒聚集和析出。这使胶粒失去电荷，聚集成较大颗粒而沉淀的现象称为聚沉（coagulation）。电解质是常用的一种聚沉剂。在溶胶体系中加入电解质后，增加了体系中离子的浓度，将有较多的反离子"挤入"吸附层，从而减少甚至完全中和了胶粒所带电荷，导致胶粒聚集并从溶胶中聚沉下来。

不同电解质对溶胶的聚沉能力是不同的。通常用聚沉值（coagulation value）来衡量各种电解质的聚沉能力。所谓聚沉值是使一定量的溶胶在一定时间内完全聚沉所需电解质的最小浓度，其常用单位为 mmol·L^{-1}。聚沉值越大的电解质，聚沉能力越小；反之，聚沉值越小的电解质，其聚沉能力越强。表 11-1 表示不同电解质对几种溶胶的聚沉值。从表中可以总结出影响电解质聚沉能力的因素：

（1）反离子所带的电荷数：反离子的价数越高，聚沉能力越强，聚沉值越小。例如，聚沉负溶胶时，有关电解质的聚沉能力次序为 $AlCl_3 > MgCl_2 > NaCl$。聚沉正溶胶时，有关电解质的聚沉能力次序为 $K_3[Fe(CN)_6] > K_2SO_4 > KCl$。

（2）价数相同的离子的聚沉能力虽然接近，但也略有不同。通常反离子的水合半径越小，越易靠近胶体粒子，其聚沉能力越强。例如聚沉负溶胶时，有关电解质的聚沉能力的次序为：

$$H^+ > Cs^+ > Rb^+ > NH_4^+ > K^+ > Na^+ > Li^+$$

聚沉正溶胶时，有关电解质的其聚沉能力次序为：

$$F^- > H_2PO_4^{3-} > Cl^- > Br^- > I^- > CNS^-$$

(3) 一些有机物离子具有更强的聚沉能力。有机离子除了可以破坏胶粒的 ζ 电位外，还可以增加胶粒之间的疏水作用。因此，和同价的小离子相比，有机物离子的聚沉能力要大得多。如聚沉 AgI 负溶胶，$NaNO_3$ 的聚沉值是 140 mmol/L，$C_{12}H_{25}(CH_3)N^+Cl^-$ 的聚沉值是 0.01 mmol/L。

表 11-1 不同电解质对几种溶胶的聚沉值（mmol/L）

As_2S_2（负溶胶）	聚沉值	AgI（负溶胶）	聚沉值	Al_2O_3（正溶胶）	聚沉值
LiCl	58	$LiNO_3$	165	NaCl	43.5
NaCl	51	$NaNO_3$	140	KCl	46
KCl	49.5	KNO_3	136	KNO_3	60
KNO_3	50	$RbNO_3$	126	K_2SO_4	0.30
$CaCl_2$	0.65	$Ca(NO_3)_2$	2.40	$K_2Cr_2O_7$	0.63
$MgCl_2$	0.72	$Mg(NO_3)_2$	2.60	$K_2C_2O_4$	0.69
$MgSO_4$	0.81	$Pb(NO_3)_2$	2.43	$K_3[Fe(CN)_6]$	0.08
$AlCl_3$	0.093	$Al(NO_3)_3$	0.067		
$½Al_2(SO_4)_2$	0.096	$La(NO_3)_3$	0.069		
$Al(NO_3)_2$	0.095	$Ce(NO_3)_3$	0.069		

将两种带相反电荷的溶胶以适当的比例混合，也能发生聚沉现象，称为溶胶的相互聚沉。与电解质聚沉作用不同之处在于它要求的两种溶胶的浓度比较严格，只有两种溶胶的胶粒所带电荷完全中和时，才会完全聚沉，否则只能发生部分聚沉或者不聚沉。如明矾 $KAl(SO_4)_2·12H_2O$ 在水中水解生成 $Al(OH)_3$ 正溶胶。水中的杂质粒子一般为带负电的胶粒，可与 $Al(OH)_3$ 正溶胶发生相互聚沉。因此，在浑水中加入一定量的明矾，可以达到净化水的目的。

4. 气溶胶（aerosol）和空气净化 气溶胶是由极小的固体、液体或固液混合微粒悬浮在气体介质中所形成的分散系。气体介质通常指空气，微粒是多种多样的。如烟、雾、霾都是气溶胶，霾和烟是固体粒子分散在空气中的气溶胶，雾是系细小水滴分散在空气中的气溶胶。以空气为介质的气溶胶粒子粒径在 0.001～100 μm 之间，其中小于 10 μm 的气溶胶粒子（俗称 PM10）为飘尘，可以长期漂浮于空气中，很难沉降；而 PM2.5 则因为可以轻易吸入人体肺泡并进入血液循环而严重影响人体健康。

气溶胶与预防医学有密切联系。PM2.5 除了含有有毒化学污染物外，对人体健康影响重大的是微生物气溶胶（microbial aerosol），即由悬浮于空气中的病毒、细菌、真菌等以及它们的副产物形成的气溶胶体系，在呼吸道疾病（如流感和新冠病毒感染）的传播中发挥了主要的作用。

在流感和新冠病毒感染的传播中，病毒气溶胶的形成一般通过患者或携带者在喷嚏、咳嗽、大声说话和急促呼吸时首先生成飞沫。飞沫的粒径范围很宽，其中粒径大于 100 μm 的不能长时间悬浮，一般飞行距离不超过 1 m；而小于 100 μm 的飞沫经蒸发剩下的飞沫核，逐渐形成粒径为 0.02～0.3 μm 的带有病毒的气溶胶粒子，可以随风飘走，在人与人之间进行长距离快速的病毒传播。值得一提的是，马桶冲水时有可能因搅动过大，使粪便里面的病毒形成气溶胶。

不像溶胶粒子都带相同电荷，气溶胶带电荷的情况与其形成条件以及粒径大小有关；一般越小的气溶胶颗粒越倾向于携带正电荷。气溶胶的"凝并"一般先需要将溶胶粒子通过一个高压电场负载电荷，然后沉积在带相反电荷的集尘电极上。不过气溶胶的粒子比液溶胶要大，因此更常见的是用过滤加吸附的方式进行空气净化。口罩就是一个非常有效的空气净化和阻隔病毒飞沫/气溶胶传播的个人用品。

口罩的核心是多层聚丙烯喷熔布，通过电晕法驻极充电，在喷熔布中加注大量的以碳酸根离子和氧负离子为主的负离子并长期驻留。喷熔布纺织纤维本身可发挥机械过滤的作用，可以滤去大部分 0.5 μm 以上的气溶胶粒子。而驻留的负电荷则可以利用高达几百伏的表面静电压吸附截留大多数的带正电荷或中性病毒气溶胶粒子；此外，对少量带负电荷的病毒气溶胶粒子，喷熔布的负电荷也可通过强的静电排斥作用，大大增加了纺织纤维的阻拦作用。可见，留驻电荷对于口罩的防护效果至关重要。由于喷熔布留驻电荷在使用过程中会不断地被消耗，若要继续有效地防护，就必须及时更换新口罩。

第二节　其他常见溶胶体系

一、缔合溶胶和脂质体

缔合胶体是由胶束形成的溶液。胶束是表面活性剂分子的聚集体。表面活性剂分子结构的特点是具有一个亲水性的头和疏水性的尾。当表面活性剂溶解在水中时，根据浓度不同而存在状态不同（图 11-6）。当浓度很低时，表面活性剂绝大多数吸附在水/油（或水/空气）的界面，其亲水基团朝向水而亲油基团朝向油相（或空气相），形成有序排列的单分子层。在中学化学实验中，用硬脂酸来测定阿伏伽德罗常数正是利用了表面活性剂的这种性质。

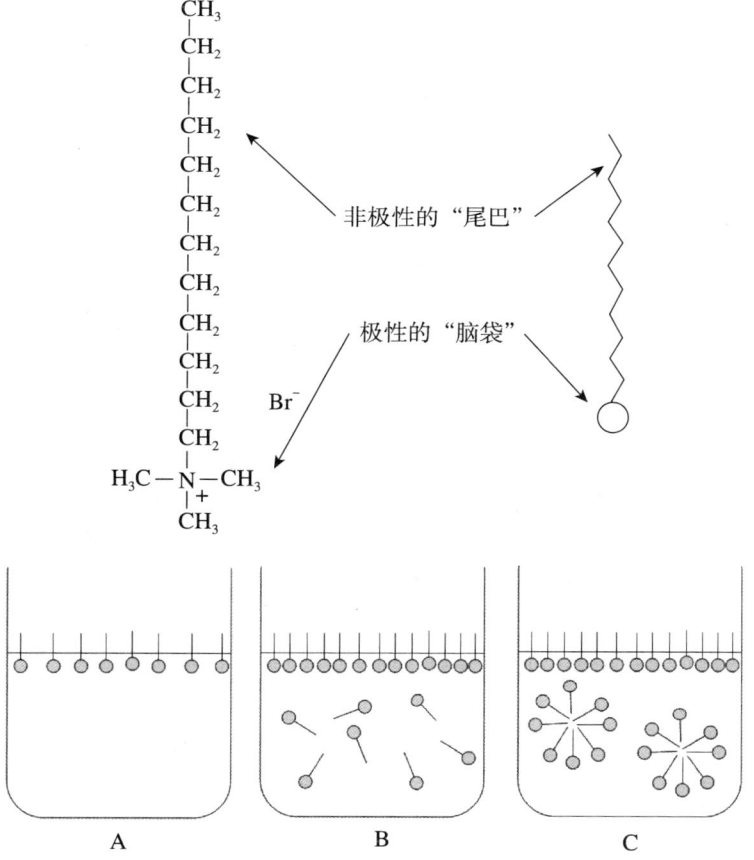

图 11-6　表面活性剂分子的结构特点和在溶液中的存在状态

A．低浓度时吸附在界面形成单分子层；B．浓度较高时，单分子层饱和，少量表面活性剂存在于溶液；C．浓度高于 CMC 时，形成缔合溶胶胶束当表面活性剂在油水表面的吸附到达饱和后,如果增加溶液中表面活性剂的浓度,则部分分子转入溶液中。当浓度超过某一临界浓度后,表面活性剂分子会聚集起来,形成缔合体,称为胶束(micelles)。在胶束中,表面活性剂分子的疏水基团向内、而亲水基团向外,形成各种胶束结构,形状有球状胶束、圆柱形胶束、空心球体如脂质体或层状如细胞膜的磷脂双层(图11-7)。各种形式的胶束溶液统称为缔合胶体。

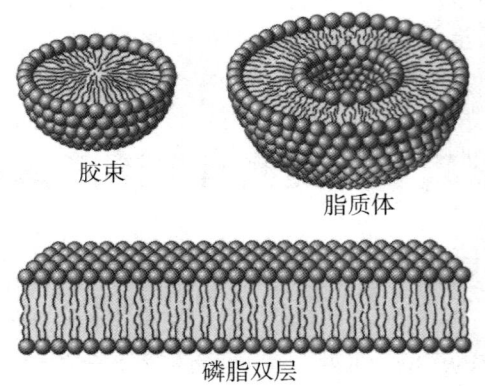

图 11-7 各种胶束形状示意图

表面活性剂缔合形成胶束的最低浓度称为临界胶束浓度(critical micelle concentration,CMC)。当表面活性剂浓度接近缔合胶体的 CMC 时,胶束基本呈球形结构。当表面活性剂浓度超过 CMC 较多时,胶束倾向形成圆柱形、板层形等复杂结构。形成细胞膜的磷脂的 CMC 非常小,因此磷脂很容易在溶液中形成封闭的脂双层结构——脂质体。细胞膜正是以脂双层膜为基础组装起来的一种超分子体系。而人工制作的脂质体可以包封各种药物,用以制作高效和靶向的各种新型药物递送体系(drug delivery system)。

二、高分子溶液

高分子(macromolecule)是相对分子质量大于 10^4 的化合物。自然界中存在着大量高分子化合物,如天然橡胶、淀粉、纤维、蛋白质、核酸等。合成高分子化合物如塑料在生活和医药领域都有非常广泛的应用。在生物学中,高分子如蛋白质、核酸等通常被称为生物大分子(biological macromolecule),有关性质将在生物化学和结构生物学中仔细讲解。

由于高分子溶液中溶质粒子的大小在 1~100 nm 之间,在胶体范围内,因此高分子溶液属于胶体分散系。高分子溶液具有某些与溶胶相似的物理化学性质,如二者的扩散速度都比较慢,且都不能通过半透膜,两种溶液在一定条件下都出现沉降现象。但高分子溶液与溶胶之间有着本质的差异,高分子溶液本质上属于真溶液,是均相的热力学稳定体系。表 11-2 列出了高分子溶液与溶胶性质的异同。

表 11-2 高分子溶液与溶胶性质的比较

高分子溶液	溶胶
溶质粒子扩散速度小	溶质粒子扩散速度小
溶质粒子不能透过半透膜	溶质粒子不能透过半透膜
均相分散系统	非均相分散系统
热力学稳定系统	热力学不稳定系统

续表

高分子溶液	溶胶
黏度和渗透压较大	黏度和渗透压小
表面张力比分散介质小	表面张力与分散介质接近
分散相与分散介质亲和力强	分散相与分散介质亲和力小
Tyndall 现象不明显	Tyndall 现象明显
电解质引起盐析	电解质导致聚沉
在一定条件下可形成凝胶	粒子聚结沉淀后不易再分散

1. 高分子溶液的性质

（1）稳定性：高分子溶液中，高分子是以单个的分子分散在溶剂中，高分子与溶剂有较强的亲和力，两者之间没有界面存在，本质上属于真溶液，在稳定性方面它与真溶液相似。另外，由于高分子化合物具有许多极性基团（如—OH、—COOH、—NH_2 等），当溶解在水中时，其极性基团与水分子结合，在高分子化合物表面形成了一层水合膜，分子之间不易靠近，增加了体系的稳定性。

（2）高黏度：高分子溶液的黏度很大，这是它的主要特征之一。高分子溶液的黏度与分子的大小、形状及溶剂化程度直接相关。高分子化合物在溶液中常形成线形、分枝状或网状结构，束缚了大量的溶剂分子，使部分溶剂失去流动性，故表现为高黏度。另外，在较高浓度的溶液中，高分子之间的相互作用也是具有高黏度的重要原因。

（3）高渗透压：高分子化合物形成溶液时，高分子表面和内部空隙束缚着大量溶剂分子，使得单位体积内溶剂的有效分子数明显减小，另外高分子可以在空间形成具有相对独立的结构域（即相当较小分子的结构单位），使得一个高分子相当于多个小分子。因此高分子溶液不是理想溶液，高分子溶液的渗透压比相同浓度的小分子溶液大得多。

2. 高分子溶液的盐析 虽然高分子溶液是热力学稳定体系，但如果向溶液中加入足够量的强电解质时，可使高分子化合物从溶液中析出，这就是盐析（salting out）。盐析作用的实质是由于强电解质离子具有更强的水合作用，强电解质的加入在一定浓度下可以使高分子化合物分子脱水。失去水合层后，高分子化合物的溶解度大大降低，因而会沉淀下来。盐析得到的高分子沉淀，当加入新的溶剂后，可以重新形成水合层，使沉淀溶解，再次形成溶液。

盐析原理常用于纯化蛋白质。蛋白质盐析时常用的强电解质盐是硫酸铵 $(NH_4)_2SO_4$。硫酸铵的溶解度很大，在 25℃ 时其饱和溶液浓度可达 4.1 mol/L，而且不同温度下饱和溶液的浓度变化不大。向蛋白质溶液中逐渐加入研磨得很细的硫酸铵粉末或饱和溶液，当溶液中硫酸铵达到一定的浓度时，所要的蛋白质就会沉淀下来，通过离心便可将蛋白质沉淀收集起来。盐析得到的蛋白质沉淀，蛋白质结构并没有被变性破坏，可以很方便地重新溶解得到具有生物活性的蛋白质。实际上，许多蛋白质分子在盐析沉淀状态更为稳定，因此商品蛋白质制剂常常被保存在一定浓度的硫酸铵溶液中。

不同的蛋白质分子，在盐析时需要的盐浓度不同。一般地，分子量大的蛋白质比分子量小的蛋白质更容易沉淀。例如，2.0 mol/L 硫酸铵可以使球蛋白从血清中析出，血清白蛋白此时仍然溶解在溶液中，当提高盐浓度至 3 mol/L 时，可以得到血清白蛋白的沉淀。而加入 $(NH_4)_2SO_4$ 即使到饱和程度，血红蛋白也不会析出。利用这一原理，可以用不同浓度的电解质溶液使不同蛋白质分别析出沉淀，这种分离蛋白质的方式称为硫酸铵分级沉淀法。

3. 高分子对溶胶的絮凝和保护作用 在溶胶中加入少量的可溶性高分子，可导致溶胶迅速生成棉絮状沉淀，这种现象称为高分子对溶胶的絮凝作用（flocculation）。高分子的絮凝作

用是由于高分子溶液浓度较低时，一个高分子长链可以同时吸附两个或更多的胶粒，把胶粒聚集在一起而产生沉淀。

在溶胶中加入足够量的高分子，能显著地提高溶胶的稳定性，这种现象称为高分子对溶胶的保护作用。产生保护作用的原因是高分子吸附在胶粒的表面上，包围胶粒，形成了一层高分子保护膜，阻止了胶粒之间及胶粒与电解质之间的直接接触，从而增加了溶胶的稳定性。

高分子对溶胶的保护作用在人的生理过程中具有重要的意义。例如，健康人血液中的碳酸钙、磷酸钙等难溶盐的浓度远远超过它们在水中的溶解度，但是并不产生沉淀。这是因为在血液中它们都是以溶胶的形式存在，并且被蛋白质等高分子保护着。当机体发生某种病变，使血液中的蛋白质等保护胶体浓度降低时，就失去了对难溶盐溶胶的保护作用，导致难溶盐溶胶发生聚沉，堆积在身体的各个部分，使新陈代谢发生障碍，形成某些器官的结石。

4．高分子电解质溶液 高分子电解质可以分为阳离子（如聚溴化 4-乙烯-N-正丁基吡啶）、阴离子（如聚丙烯酸钠）、两性离子（如蛋白质）三类。高分子电解质通常有许多个可解离的基团，这些基团处于同一个分子的狭小空间内，相互间的静电作用比较强，因此，其可解离基团的解离常数与这些基团单独存在时有较大差别，例如组氨酸侧链咪唑基的解离常数 pK_a 为 6.0，而在蛋白质分子中，pK_a 的大小可在 5～8 之间变化，因蛋白质种类和结构而不同。

比较特殊的是蛋白质这一类两性高分子电解质。在蛋白质结构中，同时含有弱酸性基团（—COOH）和弱碱性基团（—NH_2）。在水溶液中，—COOH 解离形成—COO^-，产生一个负电荷，其解离度随溶液的 pH 升高而升高；而—NH_2 解离形成—NH_3^+，产生一个正电荷，其解离度随溶液的 pH 升高而降低。因此，对蛋白质来说，在某一 pH 条件下，蛋白质所带正电荷与负电荷量相等。此时的溶液 pH 值就称为该蛋白质的等电点（isoelectric point），以 pI 表示。当将蛋白质置于 pH > pI 的溶液中时，蛋白质—COOH 基团的解离占优势，分子所带的负电荷多于正电荷的数目，因此蛋白质分子以阴离子状态存在；反过来，如果蛋白质溶液的 pH < pI，那么，蛋白质弱碱性基团—NH_2 的解离占优势，分子就以阳离子状态存在。

由于蛋白质分子上酸性基团和碱性基团的数量不同，其 pI 不同。例如人血清白蛋白的 pI 是 4.64，而血红蛋白的 pI 是 6.8。表 11-3 中显示了某些蛋白质的等电点值。

表 11-3　一些蛋白质的等电点

蛋白质	来源	等电点（pI）	蛋白质	来源	等电点（pI）
鱼精蛋白	鲑鱼精子	12.0～12.4	乳清蛋白	牛乳	5.1～5.2
细胞色素 C	马心	9.8～10.3	白明胶	动物皮	4.7～4.9
肌红蛋白	肌肉	7.0	卵白蛋白	鸡卵	4.6～4.9
血红蛋白	兔血	6.7～7.1	胃蛋白酶	牛乳	4.6
肌凝蛋白	肌肉	6.2～6.6	酪蛋白	猪胃	2.7～3.0
胰岛素	牛	5.3～5.35	丝蛋白	蚕丝	2.0～2.4

在等电点时，蛋白质处于净电荷为零的状态。此时，蛋白质分子之间的静电斥力最小，同时蛋白质分子的水合程度降低。因此，在等电点时，蛋白质的溶解度较其他 pH 为最小，在外加电场中不发生泳动。蛋白质纯化的方法如等电点沉淀法和等电点聚焦法正是根据等电点时蛋白质分子的上述两个特殊性质实现的。

第三节 凝 胶

某些溶胶粒子或高分子溶液，在浓度较高时，溶液中的高分子或胶粒会相互联结，形成一定的空间网状结构，网状结构一般存在大量的空隙，溶剂分子（或者其他分散介质）填充在空隙中。但整个溶液体系失去了流动性，变为有弹性的半固体状态，这种体系称为凝胶（gel）。凝胶结构中的分散介质是水，称为水凝胶，分散介质是空气的称为气凝胶（aerosol）。

一、凝胶的结构及分类

凝胶的结构特点如下：
1. 由高分子或胶粒形成的网络结构是相对固定的，这使凝胶具有固体的性质。
2. 凝胶的空隙结构中填充的分散介质是连续的、流动的，这使得凝胶又兼具液体（对气凝胶来说是气体）的性质。
3. 凝胶结构中有大量的空隙结构，空隙的大小与形成凝胶的高分子（或胶粒）的大小以及浓度有关，这些特定大小的空隙结构可以起到分子筛的作用。

根据凝胶固体网络结构的力学性质，凝胶分为弹性凝胶和刚性凝胶两大类。

（1）弹性凝胶：是由柔性线形高分子形成的，例如琼脂、明胶、肉冻等。这类溶胶经干燥后体积明显变小，如果将干凝胶再放到适当的溶剂中还可以溶胀，即自动吸收溶剂而使体积胀大；

（2）刚性凝胶：粒子间的交联强，网状骨架坚固，干燥后，网眼中的液体可驱出，但是其体积和外形基本不变，例如硅酸、氢氧化铁等形成的无机凝胶就属于刚性凝胶。

二、凝胶的性质及应用

（一）凝胶的性质

1. 溶胀 弹性干凝胶可在液体中吸收溶剂分子，发生溶胀现象。溶胀可分为有限溶胀和无限溶胀两类。如果溶胶在液体中溶胀进行到一定程度即停止，称为有限溶胀；如果溶胀作用可以一直延续下去，直到凝胶的网状骨架完全消失，最后成为溶液，这种溶胀称为无限溶胀。

影响溶胀的内因是凝胶的结构，它与高分子的柔性强弱和分子间连接力的强弱等性质有关。例如葡萄糖凝胶是以化学键连接成的网状骨架，由于连接的化学键比较牢固，在水中仅能有限溶胀。影响溶胀的外因有温度、介质的 pH 及溶液中的电解质等。升高温度会使分子热运动加强，会减小粒子间的连接强度，使得溶胀程度增加。当温度达到一定程度时，可使凝胶的骨架破裂而发生无限溶胀，例如动物胶在冷水中只发生有限溶胀，而在热水中则可以进行无限溶胀。介质的 pH 对蛋白质线形分子构成的凝胶影响很大，通常蛋白质在等电点时溶胀最小，pH 偏离等电点时溶胀作用增强，只有在某一最适宜的 pH 介质中，溶胶的溶胀才能达到最大程度。

在生理过程中，溶胀有着至关重要的作用。机体越年轻，溶胀能力越强，老年人的皱纹就是机体溶胀能力降低的结果；老年人血管硬化也与构成血管壁的凝胶溶胀能力下降有关；植物种子只有溶胀后才能发芽。

2. 离浆 凝胶在放置过程中，一部分液体可以自动地分离出来，使凝胶本身体积缩小，这种现象称为离浆或脱水收缩。例如，在密闭容器中放置一段时间的琼脂，会出现凝胶收缩而有水分离出来；血块在放置不动时，就有血清分离出来。离浆是溶胀的相反过程，是凝胶内部结构逐渐坍塌而形成的。

3. 结合水 凝胶溶胀时要吸收水分，其中一部分水与凝胶结合得很牢固，这部分水称为结合水。结合水的性质不同于一般的水，例如结合水在0℃时不结冰，在100℃时不沸腾；普通水的介电常数数值为81，而结合水的介电常数值只有2.2。

结合水的研究对于生物学和医学具有重要意义，例如热带植物的耐热和寒带植物的抗寒是由于结合水的沸点很高或凝固点很低。人体中的结合水已经受到临床医学研究的关注。人的年龄越大，结合水就越少；此外，结合水也会因患某些疾病而改变。

（二）凝胶的应用

凝胶的独特结构使之具有了很多优异的物理化学特性，从日常生活到生命科学等领域有着很多卓越的应用。

1. 豆腐、果冻和细菌培养基 豆腐是大豆蛋白质形成的凝胶体，是易消化的重要的非动物蛋白质食品。果冻（jelly）是一种可以咀嚼的果汁，吃果冻比直接饮用相同成分的果汁口感要好。使果汁凝固下来的方法是加入约1%的生物高分子胶，这些高分子胶在煮沸时完全溶解于水，形成高分子溶液。加入了高分子胶的果汁在一定温度下冷凝后，便形成了外观晶莹、色泽鲜艳、口感软滑、清甜滋润的"食物冻"凝胶。

用来制作果冻的大分子胶主要有两种，一种是动物来源的明胶（gelatin），是一种蛋白质，通过水煮动物的皮、骨或韧带组织而制成；另一种是植物来源的卡拉胶和甘露胶，它们都是天然植物高分子多糖。

和果冻类似的是凝固的肉汤——皮冻。肉汤含有丰富的营养，是各种细菌生长的良好介质。但细菌如果生长在液体的肉汤中，则会混杂在一起，并且难以分离出来。肉汤的凝胶是培养和筛选细菌的理想培养基。现在的生物实验室中常用的固体培养基是琼脂培养基——肉汤的琼脂凝胶。琼脂也是一种植物高分子多糖，其优点是形成的凝胶有非常好的机械性能。

2. 气凝胶玻璃 凝胶内部的空腔结构使凝胶成为一种非常良好的隔热材料。电影特技中一些人体着火燃烧的镜头，是由于这些特技演员身上都涂有保护性凝胶。不过相对于水凝胶来说，气凝胶的隔离（热和声音）性能非常优越。

硅气凝胶也称为气凝胶玻璃，是将二氧化硅的水凝胶用超临界干燥技术将溶剂除去而制成。气凝胶玻璃在透明度方面逊色于普通玻璃，但许多优点却是普通玻璃远不及的。例如热稳定性，即使从1300℃高温状态下将它放入水中，也不会破裂；它的比重很小，仅为0.07～0.25 g/cm^3，是普通玻璃的几十分之一；隔热保暖性能绝好，导热系数仅为普通玻璃的1/12，在两层普通玻璃中间夹一层气凝胶玻璃，导热系数从3 $W/(m^2 \cdot K)$下降到0.5 $W/(m^2 \cdot K)$。它不燃烧，是良好的防火材料；还具有良好的隔音性能，比一般金属和玻璃高4倍以上。

3. 凝胶吸水剂和尿不湿 一些干凝胶的吸水膨胀可以非常迅速，而且吸收相当于干凝胶体积几十倍的水分。婴儿用的尿不湿纸尿片正是使用了这些凝胶来快速吸收尿液。在堵车非常严重的地方，有公司为司机们生产了方便尿袋，也是应用了这种吸水凝胶。

三、凝胶色谱和凝胶电泳

凝胶色谱技术是20世纪60年代初发展起来的一种快速而又简单的分离技术，在生物大分子如蛋白质和核酸的分离中应用非常广泛。凝胶色谱的基本原理是利用凝胶结构中空隙的分子筛效应。将凝胶制作成小颗粒，填充在一个色谱柱中。凝胶颗粒的内部结构中具有空隙结构，空隙的孔径大小可以通过控制制备凝胶的方法调节。当被分离样品溶液流经色谱柱时，小于凝胶内部微孔大小的分子容易陷入微孔、被滞留在凝胶中，而大分子则被排阻于凝胶颗粒外。这样，当样品溶液向前流动的过程中，大分子在色谱柱内停留时间短，首先流出色谱柱；小分子物质在色谱柱内停留时间长，落后于大分子物质出来。因此，这些流经色谱柱的分子就会按照分子大小的顺序，先大分子、后小分子依次流出色谱，达到分离的目的。

蛋白质和核酸等生物分子都是带电荷的分子，在电场下会发生电泳。这些分子电泳速度的快慢取决于分子的大小、形状以及所带电荷的多少。因此通过在电场中进行电泳，可以将不同的蛋白质或核酸分子按照一定的方式（如大小）区分出来。当这些生物分子的电泳结束后，如果没有一定的介质支撑并限制蛋白质分子的自由扩散运动，那么已经被分开的不同蛋白质分子就会重新混合起来。因此在蛋白质电泳时，需要一个兼有液体和固体性质而且内部有很多空隙的支持介质。显然，中性的凝胶非常适合。

两种凝胶常用来进行生物分子的电泳分离。琼脂糖凝胶非常适合分离核酸。常用作蛋白质电泳的是聚丙烯酰胺凝胶。聚丙烯酰胺凝胶是由单体丙烯酰胺（acrylamide）聚合形成，在制备凝胶时通常加入一些 N,N- 甲叉双丙烯酰胺（N,N-methylene-bisacylamide）交联剂来增加凝胶的机械强度。在进行蛋白质电泳时，蛋白质样品一般会用十二烷基磺酸钠（SDS）处理，这种表面活性剂处理可以使蛋白质分子的结构伸展开，这样在电泳时分子的电泳迁移率主要取决于它的分子大小。蛋白质的 SDS- 聚丙烯酰胺凝胶电泳（简称 SDS-PAGE）是目前生物化学中的一个常规分析手段。

第四节 纳米药物

如前所述，胶核是一种纳米颗粒，而纳米尺度的粒子具有特殊的物理化学性质，可以应用于药物的制备上。纳米药物指利用纳米制备技术将原料药等制成具有纳米尺度的颗粒，或以适当载体材料与原料药结合形成具有纳米尺度的颗粒及其最终制成的药物制剂。其活性成分或载体粒子的尺寸是纳米药物的首要特征，也是药物所呈现纳米效应的重要基础。2021年发布的《纳米药物质量控制研究技术指导原则（试行）》中指出，纳米药物的最终产品或载体材料的粒径在 1000 nm 以下，而在外部尺寸、内部结构或表面结构中具有纳米尺度和明显的尺度效应。纳米药物的理化性质、药效学、药动学性质显著优于常规制剂。

一、纳米药物分类和基本表征

纳米药物基本分为两大类：纳米化药物、纳米载体药物。

1. 纳米化药物 采用特定制备方法将原料药等加工成纳米尺度的颗粒，然后再制成适用于不同给药途径的剂型。药物纳米化有自上而下和自下而上两种途径。自上而下常通过研磨等方法，将大颗粒药物分散成小颗粒；自下而上则将药物先溶解于良溶剂，通过快速注射入不良溶剂等方法析出所需大小和分布的纳米颗粒。常见的纳米化药物类型为纳米混悬液（nanosuspension）。纳米化药物与其普通晶型制剂相比具有溶出快、溶解度和生物利用度高的优点。

2. 纳米载体药物 纳米载体是指以天然或合成的高分子聚合物（以下简称聚合物）、脂质材料、蛋白类大分子、无机材料等制成纳米尺度的药物递送载体，然后将药物通过包载、分

散、物理吸附或化学结合的方式与载体形成具有特定功能（如智能缓释、定位或靶向释放等）的纳米药物。常用的纳米载体有脂质体、有机或无机纳米颗粒等。

脂质体是研究最多的纳米药物载体之一。脂质体既可以包载水溶性药物，又可以包载脂溶性药物，提高药物稳定性。同时通过对脂质体表面的化学修饰，可使药物具有特定的靶向性和良好的控制释放性质。2018 年 FDA 批准的首个 RNAi（干扰/沉默 RNA）新药 Patisiran 使用的就是脂质体载体。

白蛋白微球是目前应用较多的有机纳米载体，比如 2005 年上市治疗乳腺癌、非小细胞肺癌和胰腺癌的白蛋白结合型紫杉醇。无机的碳纳米材料（如氧化石墨烯）、金纳米材料、二氧化硅纳米粒、磁性纳米颗粒等也是被研究应用较多的纳米载体。由于无机纳米材料常常有良好的光、电、磁性质，可进一步开发诊断和治疗一体化的诊疗药物。

二、微量元素纳米药物

在生命元素一章中，讨论过微量元素与健康密切相关，在预防疾病、改善人体健康方面发挥着重要作用。通过什么形式安全有效地为人体补充所需的微量元素，始终是一个挑战。而纳米药物提供了一个新的途径。以下对一些纳米微量元素药物的发展概况与医学应用做简要介绍。

1．纳米银 银盐是一个传统的非抗生素类杀菌剂。纳米银的渗透能力强，可由毛孔迅速渗入皮下，作为新一代的制剂具有更稳定的理化性质和广谱强效的杀菌能力。目前已有多种纳米银产品应用于临床，如纳米银凝胶、纳米银敷料、纳米银导管等。其中纳米银凝胶在临床上的应用尤为广泛，在治疗宫颈炎、阴道炎、痔疮、鼻炎等方面效果显著。研究显示，纳米银材料的抗菌性能与其尺寸有着很大关系。比较三种不同尺寸的银纳米颗粒（平均粒径约为 5 nm、15 nm 和 55 nm）抑制厌氧口腔病原菌的生长效果发现，小粒径（5 nm）的银纳米颗粒表现出最高的抑菌活性。

2．纳米铁 铁是人体必需的微量元素，由于营养失衡和疾病等原因，缺铁性贫血在当代依然是一种常见病。2009 年美国 FDA 批准了 Feraheme 作为一种新的注射用补铁剂。Feraheme 是一种半合成超顺磁性氧化铁纳米粒子，最初是作为磁共振成像造影剂开发的。磁共振成像（MRI）是一种空间分辨率高、创伤性小的临床成像技术。但由于正常组织和病变组织的图像对比度不大，大约 1/3 的 MRI 图像需要使用造影剂增强病变组织的影像反差。铁磁性物质是 MRI 常用的负像造影剂。四氧化三铁（Fe_3O_4）磁性纳米粒子因此受到研究人员的广泛关注。除了诊断应用外，Fe_3O_4 纳米粒子在外部磁场的诱导下表现出十分出色的响应能力，在外部磁场的作用下可实现肿瘤的特异性靶向递送。此外，Fe_3O_4 纳米粒子有光热效应，在近红外激光的辐射下能迅速产生热量杀死肿瘤细胞。因此，磁性纳米颗粒作为肿瘤等疾病诊断、药物递送和物理治疗一体化的药物体系具有很广阔的应用前景。

3．纳米硒 硒也是人体健康必不可少的微量元素。研究发现，硒纳米颗粒可以作为非常有效的硒补充剂，且其毒性低于现有的无机硒和有机硒物种。此外，通过对纳米硒表面进行功能化修饰，可改变其物理化学性质和药动学性质。可通过利用靶向配体如叶酸（folic acid，FA）和转铁蛋白（transferrin，Tf）等对其进行功能化修饰，使其具有肿瘤靶向功能，成为一种新的抗肿瘤药物载体。另外，通过调控纳米硒的表面化学性质，如利用多糖等进行修饰，还可实现其对多种免疫细胞如自然杀伤细胞和树突状细胞等的高效激活，有效诱导免疫反应的发生，抑制肿瘤恶性进展。

4．锰纳米材料 锰是人体中可能必需的微量元素。近年来发现锰离子（Mn^{2+}）可以有效激活 cGAS-STING 细胞信号通路。cGAS-STING 可以感受胞质中异常存在的双链 DNA（不区分病原体感染带来的外源 DNA 或细胞自身损伤泄漏的内源 DNA），从而启动人体的先天免疫应答。因此，锰纳米材料可成为一种新的免疫调节剂，具有很广阔的开发前景。相比目前使用的铝佐剂，锰纳米材料可同时高效激活细胞免疫和体液免疫反应；而传统的铝佐剂仅可有效激活体液免疫。

5．介孔硅纳米载体 介孔硅纳米粒子具有有序的孔隙结构，孔洞大小可精确调控，比表面积和孔体积大，吸附性强，是优异的通用药物载体材料。此外，硅材料表面很容易被化学修饰，据此可设计增加如 pH 响应等各种控制负载药物定位、定时、定量释放的调控机制，从而获得理想的纳米药物体系。

思 考 题

1．丁铎尔现象的本质是什么？为什么溶胶会产生丁铎尔现象？

2．溶胶是热力学不稳定系统，但是它在相当长的时间内可以稳定存在，其主要原因是什么？

3．为什么晴朗的天空呈现蓝色，而旭日及夕阳附近的天空呈橘红色？

4．将 NaCl 溶液和 $AgNO_3$ 溶液混合制备 AgCl 溶胶时，或者使 NaCl 溶液过量，或者使 $AgNO_3$ 溶液过量，试写出这两种情况下所制得溶胶的胶团结构简式。胶核吸附离子时有何规律？

5．对淀粉、蛋白质等高分子溶于水形成的分散系，为什么有时称其为溶液，有时又称其为胶体？

6．请简要描述纳米药物的定义。

习 题

1．将 0.02 mol/L 的 KCl 溶液 12 ml 和 0.05 mol/L 的 $AgNO_3$ 溶液 100 ml 混合以制备 AgCl 溶胶，试写出此溶胶胶团结构简式，并指出胶粒的电泳方向。

2．为制备 AgI 负溶胶，应该向 25 ml 0.016 mol/L 的 KI 溶液中最多加入多少 0.005 mol/L 的 $AgNO_3$ 溶液？

3．有未知带何种电荷的溶胶 A 和 B 两种，A 中只需要加入少量的 $BaCl_2$ 或多量的 NaCl，就有同样的聚沉能力；B 种加入少量的 Na_2SO_4 或多量的 NaCl 也有同样的聚沉能力。问 A 和 B 两种溶胶，原带有何种电荷？

4．用等体积的 0.0008 mol/L KI 溶液和 0.0010 mol/L $AgNO_3$ 溶液制成的 AgI 溶胶。下列电解质溶液对此溶胶的聚沉能力如何？

（1）$AlCl_3$　　　（2）Na_3PO_4　　　（3）$MgSO_4$

5．何谓等电点 pI？当溶液的 pH 大于、等于或小于 pI 时，对高分子电解质的带电情况、电泳方向及稳定性有何影响？

6．将人血清蛋白（pI = 4.64）和血红蛋白（pI = 6.90）溶于一缓冲溶液中（组成：0.05 mol/L KH_2PO_4 和 0.02 mol/L Na_2HPO_4），在电场中进行电泳，试确定两种蛋白的电泳方向。

7．属于零维纳米材料的是

　　A．金纳米颗粒　　　　　　　　B．碳纳米管
　　C．氧化石墨烯　　　　　　　　D．二硫化钼纳米片

8. 影响纳米材料生物学效应的因素有
    A．粒径
    B．形貌
    C．表面化学性质
    D．制备方法
9. 以下属于一维纳米材料的是
    A．金纳米棒（15 nm×60 nm）
    B．碳纳米管（10 nm×400 nm）
    C．硅纳米线（10 nm×100 nm）
    D．碳量子点
10. 纳米材料进入人体的途径有
    A．呼吸暴露
    B．皮肤接触
    C．血液循环
    D．经口食入
11. 纳米材料与蛋白质分子的相互作用方式主要包括
    A．静电吸附
    B．范德华力
    C．共价键
    D．疏水作用
12. 影响纳米材料与生物体相互作用的因素有
    A．纳米材料的粒径
    B．纳米材料的形貌
    C．纳米材料的表面化学性质
    D．纳米材料进入生物体的方式
13. 主动靶向的方式有
    A．靶向肿瘤细胞
    B．靶向肿瘤血管
    C．靶向肿瘤间质细胞
    D．利用EPR效应实现靶向

（孙 革）

第十二章

沉淀 – 溶解平衡

第十二章数字资源

根据强电解质在水中溶解度的大小，可以把强电解质分为易溶强电解质和难溶强电解质。通常把 298.15 K 时在水中的溶解度小于 0.1 g/L 的强电解质称为难溶强电解质。在难溶强电解质的饱和溶液中，存在着难溶强电解质（固相）与其溶解产生的阳离子和阴离子（液相）之间的多相平衡，这种平衡称为沉淀 - 溶解平衡（precipitation-dissolution equilibrium），属于化学平衡的一种。

在医药学中，沉淀 - 溶解平衡有着广泛的应用，如人体内尿结石的形成、龋齿的产生与防治、某些难溶电解质药物的制备及药品质量控制等，都涉及沉淀 - 溶解平衡的有关知识。因此，有必要研究沉淀溶解理论，掌握沉淀和溶解的规律及条件的控制。

第一节 沉淀 – 溶解平衡和溶度积常数

一、溶度积常数的概念

难溶强电解质固体的溶解过程和沉淀过程是两个相反的过程。在一定温度下，把难溶强电解质 A_aB_b 固体放入水中：刚开始时，溶液中的 A^{m+} 和 B^{n-} 的浓度很小，溶解速率大于沉淀速率。随着溶解过程的进行，溶液中的 A^{m+} 和 B^{n-} 的浓度逐渐增大，阳离子与阴离子回到固体表面的概率增大，沉淀的速率逐渐增大。当固体溶解的速率与离子沉淀的速率相等时，就达到了沉淀 - 溶解平衡，此时的溶液为难溶强电解质的饱和溶液。虽然沉淀和溶解两个相反的过程仍在继续进行，但溶液中 A^{m+} 和 B^{n-} 的浓度（严格为活度）不再发生变化，在难溶强电解质 A_aB_b 的饱和溶液中建立了如下动态平衡。

$$A_aB_b(s) \rightleftharpoons aA^{m+}(aq) + bB^{n-}(aq)$$

式中，$m+$、$n-$ 分别为阳离子与阴离子的电荷数。

上述反应标准平衡常数表达式为

$$K_{sp}^{\ominus} = \left(\frac{[A^{m+}]}{c^{\ominus}}\right)^a \cdot \left(\frac{[B^{n-}]}{c^{\ominus}}\right)^b \tag{12-1}$$

式中，$K_{sp}^{\ominus}$ 称为标准溶度积常数，简称溶度积常数（solubility product constant）；$[A^{m+}]$ 和 $[B^{n-}]$ 分别为 A^{m+} 和 B^{n-} 的平衡浓度。因为 $c^{\ominus} = 1$ mol/L，所以略去它并不影响浓度项的数值。为简化书写，常略去溶度积常数表达式中的 $c^{\ominus}$，$K_{sp}^{\ominus}$ 也常简写成 K_{sp}。于是，式（12-1）可表示为

$$K_{sp} = [A^{m+}]^a \cdot [B^{n-}]^b \tag{12-2}$$

溶度积常数表达式表明：在一定温度下，难溶强电解质达到沉淀-溶解平衡时，各组分离子浓度幂的乘积为一常数。溶度积常数是难溶强电解质溶解程度的特征常数。K_{sp} 既反映了难溶强电解质在水中溶解能力的大小，也反映了生成难溶强电解质沉淀的难易程度。K_{sp} 与温度和难溶强电解质的本性有关，而与溶液中离子的浓度和未溶解固体的量无关。不同的物质有不同的溶度积常数；不同温度下，同一物质的溶度积常数也不同。某些难溶强电解质的溶度积常数列于书后附录五中。

【例 12-1】 298.15 K 时，$Mg(OH)_2$ 在水中达到沉淀-溶解平衡时，溶液中 Mg^{2+} 和 OH^- 的浓度分别为 1.12×10^{-4} mol/L 和 2.24×10^{-4} mol/L，计算该温度下 $Mg(OH)_2$ 的溶度积常数。

解： $Mg(OH)_2$ 为难溶强电解质，根据式（12-2），其溶度积常数为

$$\begin{aligned} K_{sp}[Mg(OH)_2] &= [Mg^{2+}] \cdot [(OH^-)]^2 \\ &= 1.12 \times 10^{-4} \times (2.24 \times 10^{-4})^2 \\ &= 5.62 \times 10^{-12} \end{aligned}$$

二、溶度积常数与溶解度的关系

溶度积常数和溶解度（solubility）都可表示难溶强电解质的溶解能力的大小，两者既有联系又有区别。溶度积常数是在一定温度下，难溶强电解质饱和溶液中阳离子、阴离子平衡浓度幂的乘积；而溶解度（用 s 表示）是指在一定温度下，难溶强电解质饱和溶液的浓度。溶度积常数和溶解度之间存在着定量关系，彼此之间可以进行换算。在换算时，需注意溶解度的单位应以 mol/L 表示。

在一定温度下，难溶强电解质在溶液中存在沉淀-溶解平衡：

$$A_aB_b(s) \rightleftharpoons aA^{m+}(aq) + bB^{n-}(aq)$$

设该温度下难溶强电解质 A_aB_b 在水中的溶解度为 s mol/L，$[A^{m+}] = as$，$[B^{n-}] = bs$。则难溶强电解质 A_aB_b 的溶度积常数和溶解度之间的关系为

$$\begin{aligned} K_{sp} &= [A^{m+}]^a \cdot [B^{n-}]^b = (as)^a \cdot (bs)^b \\ &= a^a b^b s^{a+b} \end{aligned} \tag{12-3}$$

$$s = \sqrt[a+b]{\frac{K_{sp}}{a^a b^b}} \tag{12-4}$$

式（12-3）、式（12-4）是难溶强电解质 A_aB_b 的溶解度与其溶度积常数的定量关系式。

【例 12-2】 298.15 K 时，Ag_2CrO_4 的溶解度为 6.5×10^{-5} mol/L。试计算该温度下 Ag_2CrO_4 的溶度积常数。

解： Ag_2CrO_4 为难溶强电解质，存在下列沉淀-溶解平衡：

$$Ag_2CrO_4(s) \rightleftharpoons 2Ag^+(aq) + CrO_4^{2-}(aq)$$

根据式（12-3），其溶度积常数为

$$\begin{aligned} K_{sp}[Ag_2CrO_4] &= [Ag^+]^2 \cdot [CrO_4^{2-}] = 2^2 \times 1^1 \times s^{2+1} = 4s^3 \\ &= 4 \times (6.5 \times 10^{-5})^3 = 1.1 \times 10^{-12} \end{aligned}$$

【例 12-3】 已知 298.15 K 时，$K_{sp}[Cd(OH)_2] = 7.2 \times 10^{-15}$，试计算该温度下 $Cd(OH)_2$ 在水中的溶解度。

解： $Cd(OH)_2$ 为难溶强电解质，存在下列沉淀 - 溶解平衡：

$$Cd(OH)_2(s) \rightleftharpoons Cd^{2+}(aq) + 2OH^-(aq)$$

根据式（12-4），其溶解度为

$$s = \sqrt[3]{\frac{K_{sp}[Cd(OH)_2]}{4}} = \sqrt[3]{\frac{7.2 \times 10^{-15}}{4}} = 1.2 \times 10^{-5} \text{ mol/L}$$

从式（12-4）可以发现难溶强电解质 A_aB_b 的溶解度与其溶度积常数的关系。对于 a、b 相同的同类型的难溶强电解质，在相同温度下，溶度积常数越大，溶解度也越大。但对于 a、b 不同的不同类型的难溶强电解质，不能直接用溶度积常数来比较溶解度的大小，必须通过计算进行判断。

表 12-1 的数据表明，相同类型的难溶强电解质 AgCl 的溶度积比 AgBr 的溶度积大，其溶解度也比 AgBr 的溶解度大。而不同类型的难溶强电解质 AgCl 和 Ag_2CrO_4 则不能直接比较，因为 AgCl 的溶度积比 Ag_2CrO_4 的溶度积大，但其溶解度却比 Ag_2CrO_4 的溶解度小。

表 12-1 溶度积、溶解度与难溶强电解质类型的关系（298.15 K）

难溶强电解质	溶度积 K_{sp}	溶解度 s（mol/L）
AgCl	1.77×10^{-10}	1.33×10^{-5}
AgBr	5.35×10^{-13}	7.32×10^{-7}
Ag_2CrO_4	1.12×10^{-12}	6.54×10^{-5}

第二节 沉淀 – 溶解平衡的移动

与其他化学平衡一样，难溶强电解质的沉淀 - 溶解平衡也遵循 Le Chatelier 原理。如果改变平衡的条件，沉淀 - 溶解平衡就会发生移动，直至建立新的平衡。

一、溶度积规则

根据化学热力学原理，等温、等压、不做非体积功的条件下，利用反应的摩尔吉布斯自由能变（$\Delta_r G_m$）作为化学反应方向的判据，因此利用沉淀 - 溶解反应的 $\Delta_r G_m$ 也可以判断沉淀 - 溶解反应进行的方向。对于难溶强电解质的沉淀 - 溶解反应，有

$$A_aB_b(s) \rightleftharpoons aA^{m+}(aq) + bB^{n-}(aq)$$

沉淀 - 溶解反应中反应商 Q 又称为离子积（ion product，IP），IP 的表达式为

$$IP = c(A^{m+})^a \cdot c(B^{n-})^b \tag{12-5}$$

离子积 IP 可以是任意数；K_{sp} 是饱和溶液的 IP。

沉淀 - 溶解反应的摩尔吉布斯自由能变为

$$\Delta_r G_m = -RT\ln K_{sp} + RT\ln IP = RT\ln(IP/K_{sp}) \tag{12-6}$$

从式（12-6）可以得出以下结论：

1. 当 $IP > K_{sp}$ 时，$\Delta_r G_m > 0$，表示溶液过饱和，沉淀-溶解反应逆向进行，溶液中有沉淀析出，直至 $K_{sp} = IP$ 时达到沉淀-溶解平衡。

2. 当 $IP = K_{sp}$ 时，$\Delta_r G_m = 0$，表示溶液刚好饱和，沉淀-溶解反应处于平衡状态，此时的溶液为难溶强电解质的饱和溶液。

3. 当 $IP < K_{sp}$ 时，$\Delta_r G_m < 0$，表示溶液未达到饱和，沉淀-溶解反应正向进行。若溶液中有难溶强电解质固体，则固体溶解，直至 $K_{sp} = IP$ 时达到沉淀-溶解平衡。

上述结论称为溶度积规则（rule of solubility product）。利用溶度积规则，可以判断溶液中沉淀的生成和溶解。可以看出，在一定温度下，沉淀的生成和溶解这两个方向相反的过程之间的相互转化条件是离子浓度，控制离子浓度，可以使沉淀-溶解反应向我们需要的方向转化。

溶度积规则的运用也是存在一定条件的，下列几种情况溶度积规则就不适用：①根据溶度积规则，只要 $IP > K_{sp}$ 就应该有沉淀产生，但是人肉眼观察到混浊现象的极限是每升含 10^{-5} g 固体，因此实际能观察到有沉淀生成所需要的离子浓度往往比理论计算值要高；②有时由于生成过饱和溶液，虽然 $IP > K_{sp}$，但由于缺少结晶中心，可能观察不到沉淀的生成；③有时由于加入过量的沉淀剂而生成配离子，沉淀也不会产生；④由于副反应的发生，致使按照理论计算所需沉淀剂的浓度与被沉淀离子的浓度之积不能大于 K_{sp}，因此溶液中实际的沉淀剂离子的浓度小于理论计算值，沉淀也不会产生。因此，在运用溶度积规则时要注意具体情况。

二、沉淀的生成和分步沉淀

（一）沉淀的生成

根据溶度积规则，如果 $IP > K_{sp}$，溶液中就会有难溶强电解质的沉淀生成。

【例 12-4】 已知 298.15 K，$K_{sp}(AgBr) = 5.35 \times 10^{-13}$。将 4.0×10^{-4} mol/L $AgNO_3$ 溶液与 2.0×10^{-4} mol/L KBr 溶液等体积混合，根据溶度积规则判断有无沉淀生成。

解：两种溶液等体积混合后，Ag^+ 和 Br^- 的浓度分别为

$$c(Ag^+) = (4.0 \times 10^{-4})/2 = 2.0 \times 10^{-4} \text{ mol/L}$$
$$c(Br^-) = (2.0 \times 10^{-4})/2 = 1.0 \times 10^{-4} \text{ mol/L}$$

混合后离子积为

$$IP = c(Ag^+) \times c(Br^-) = 2.0 \times 10^{-4} \times 1.0 \times 10^{-4} = 2.0 \times 10^{-8}$$

由于 $IP > K_{sp}(AgBr)$，反应向生成 AgBr 沉淀的方向进行，所以两种溶液混合后有 AgBr 沉淀生成。

（二）分步沉淀

如果溶液中同时含有两种或两种以上离子，都能与某种沉淀剂生成难溶强电解质沉淀，当加入该沉淀剂时就会先后生成几种沉淀，这种先后沉淀的现象称为分步沉淀（fractional precipitation）。例如，向含有相同浓度 I^- 和 Cl^- 的混合溶液中逐滴加入 $AgNO_3$ 溶液时，先生成黄色的 AgI 沉淀，后生成白色的 AgCl 沉淀。

加入适当过量的沉淀剂，会使沉淀反应趋于完全。所谓完全，并不是指溶液中被沉淀离子的浓度等于零，而是要求溶液中被沉淀离子浓度不超过 1.0×10^{-5} mol/L，即认为这种离子沉淀

完全。

实现分步沉淀的最简单方法是控制沉淀剂的浓度。

【例 12-5】 298.15 K 时，在 0.001 mol/L Cl^- 和 0.001 mol/L CrO_4^{2-} 混合溶液中滴加 $AgNO_3$ 溶液，会生成 AgCl 和 Ag_2CrO_4 沉淀。哪一种沉淀先析出？当第二种沉淀析出时，溶液中第一种离子的浓度为多少？是否已经沉淀完全？（忽略溶液体积的变化）

解： 查表可知 $K_{sp}(AgCl) = 1.77 \times 10^{-10}$，$K_{sp}(Ag_2CrO_4) = 1.12 \times 10^{-12}$。由各自的 K_{sp} 值可以计算 AgCl 和 Ag_2CrO_4 开始沉淀所需要的 Ag^+ 最低浓度。

AgCl 开始沉淀时所需 Ag^+ 的最低浓度为

$$c(Ag^+) = \frac{K_{sp}(AgCl)}{c(Cl^-)} = \frac{1.77 \times 10^{-10}}{0.001} = 1.77 \times 10^{-7} \text{ mol/L}$$

Ag_2CrO_4 开始沉淀时所需 Ag^+ 的最低浓度为

$$c(Ag^+) = \sqrt{\frac{K_{sp}(Ag_2CrO_4)}{c(CrO_4^{2-})}} = \sqrt{\frac{1.12 \times 10^{-12}}{0.001}} = 3.35 \times 10^{-5} \text{ mol/L}$$

可见沉淀 Cl^- 所需的 Ag^+ 浓度仅为 1.77×10^{-7} mol/L，所以 AgCl 先沉淀。

在 AgCl 沉淀的过程中，Ag^+ 的浓度随着 Cl^- 浓度的减小而逐渐增大。此过程中，由于 AgCl 沉淀平衡的存在而将维持下列关系。

$$[Ag^+][Cl^-] = K_{sp}(AgCl) = 1.77 \times 10^{-10}$$

随着 $AgNO_3$ 溶液的不断滴加，当 Ag^+ 浓度增加到 3.35×10^{-5} mol/L 时，开始生成 Ag_2CrO_4 沉淀。在这种情况下，$[Ag^+]$、$[Cl^-]$ 和 $[CrO_4^{2-}]$ 同时满足 AgCl 和 Ag_2CrO_4 的溶度积常数表达式，即下列关系同上面的浓度关系一起存在。

$$[Ag^+]^2[CrO_4^{2-}] = K_{sp}(Ag_2CrO_4) = 1.12 \times 10^{-12}$$

于是可以计算出 Ag_2CrO_4 开始沉淀时的 Cl^- 浓度为

$$[Cl^-] = \frac{K_{sp}(AgCl)}{[Ag^+]} = \frac{1.77 \times 10^{-10}}{3.35 \times 10^{-5}} = 5.28 \times 10^{-6} \text{ mol/L}$$

Ag_2CrO_4 开始沉淀时，Cl^- 浓度低于 1.0×10^{-5} mol/L，已经沉淀完全。

当溶液中同时存在几种离子，都能与加入的沉淀剂生成沉淀时，生成沉淀的先后顺序取决于 IP 与 K_{sp} 的相对大小，首先满足 $IP > K_{sp}$ 的难溶强电解质先沉淀。掌握了分步沉淀的规律，根据实际情况，适当控制条件就能达到分离离子的目的。

实现分步沉淀的另一种方法是控制溶液的 pH，这种方法只适用于难溶强电解质的阴离子是弱酸酸根或 OH^- 的情况。

三、沉淀的溶解和转化

（一）沉淀的溶解

根据溶度积规则，在含有难溶强电解质沉淀的饱和溶液中，要使难溶强电解质的沉淀-溶解平衡向着溶解的方向移动，就必须降低该饱和溶液中有关离子的浓度，以使其 $IP < K_{sp}$。

降低难溶强电解质离子浓度的方法有：生成弱电解质、发生氧化还原反应、生成稳定的配离子等。

1. 生成弱电解质 在含有难溶强电解质沉淀的饱和溶液中加入某种电解质，它能与难溶强电解质中某种离子生成难解离的弱电解质，从而使 $IP < K_{sp}$，则难溶强电解质的沉淀-溶解平衡向溶解方向移动，导致难溶强电解质沉淀溶解。

例如，难溶于水的氢氧化物如 $Zn(OH)_2$、$Fe(OH)_3$、$Al(OH)_3$、$Cu(OH)_2$ 等都能溶于酸。这是因为酸解离产生的 H_3O^+ 与难溶氢氧化物溶解产生的 OH^- 生成弱电解质 H_2O，降低了溶液中的 OH^- 的浓度，从而使 $IP < K_{sp}$，则难溶氢氧化物的沉淀-溶解平衡向溶解方向移动，导致难溶氢氧化物沉淀溶解。其反应示意如下：

$$M(OH)_z(s) \rightleftharpoons M^{z+}(aq) + zOH^-(aq)$$

平衡移动方向 ↓ +

$$zH_3O^+(aq) \rightleftharpoons 2zH_2O(l)$$

因此，许多难溶电解质的溶解性受溶液酸度的影响，其中以氢氧化物沉淀和硫化物沉淀最典型。除了 H_3O^+ 可以和 OH^- 反应生成水，使难溶于水的氢氧化物溶解外，H_3O^+ 还可以和弱酸酸根离子（如 CO_3^{2-}）反应，降低弱酸酸根离子浓度，而使沉淀溶解。

例如，$CaCO_3$ 可溶于 HCl，溶液中的 CO_3^{2-} 与 H_3O^+ 生成难解离的 H_2CO_3。其反应示意如下：

$$CaCO_3(s) \rightleftharpoons Ca^{2+}(aq) + CO_3^{2-}(aq)$$

平衡移动方向 ↓ +

$$2H_3O^+(aq) \rightleftharpoons CO_2(g) + 3H_2O(l)$$

【例 12-6】 298.15 K 时，欲使 0.010 mol ZnS 溶于 1.0 L 盐酸中，求所需盐酸的最低浓度。已知 $K_{sp}(ZnS) = 2.93 \times 10^{-25}$，$K_{a1}(H_2S) = 8.9 \times 10^{-8}$，$K_{a2}(H_2S) = 7.1 \times 10^{-15}$。

解：沉淀-溶解反应的离子方程式为

$$ZnS(s) + 2H^+(aq) \rightleftharpoons Zn^{2+}(aq) + H_2S(aq)$$

沉淀-溶解反应的标准平衡常数为

$$K^\ominus = \frac{[Zn^{2+}] \cdot [H_2S]}{[H^+]^2}$$

$$= [Zn^{2+}] \cdot [S^{2-}] \cdot \frac{[H_2S]}{[HS^-] \cdot [H^+]} \cdot \frac{[HS^-]}{[S^{2-}] \cdot [H^+]}$$

$$= \frac{K_{sp}(ZnS)}{K_{a1}(H_2S) \cdot K_{a2}(H_2S)} = \frac{2.93 \times 10^{-25}}{8.9 \times 10^{-8} \times 7.1 \times 10^{-15}} = 4.6 \times 10^{-4}$$

由反应式可知，当 0.010 mol ZnS 恰好溶解在 1.0 L 盐酸中时，溶液中 Zn^{2+} 和 H_2S 的平衡浓度均为 0.010 mol/L。此时溶液中 H^+ 的相对浓度为

$$[H^+] = \sqrt{\frac{[Zn^{2+}] \cdot [H_2S]}{K^\ominus}}$$

$$= \sqrt{\frac{(0.010)^2}{4.6 \times 10^{-4}}} = 0.47 \text{ mol/L}$$

所需盐酸的最低浓度为：$c(HCl) = [H^+] + 2[H_2S]$

$$= 0.47 + 2 \times 0.010 = 0.49 \text{ mol/L}$$

2. 发生氧化还原反应 在含有难溶强电解质沉淀的饱和溶液中加入某种氧化剂或还原剂，使其与难溶强电解质的阳离子或阴离子发生氧化还原反应，降低了阳离子或阴离子的浓度，则 $IP < K_{sp}$，导致难溶强电解质的沉淀-溶解平衡向沉淀溶解的方向移动。

金属硫化物的 K_{sp} 值相差很大，故其溶解情况也大不相同。ZnS、PbS、FeS 等 K_{sp} 值较大的金属硫化物都能溶于盐酸，而 HgS、CuS 等 K_{sp} 值很小的金属硫化物就不能溶于盐酸，在这种情况下，只能通过加入氧化剂，使 S^{2-} 被氧化成为单质硫，从而降低 S^{2-} 浓度，致使 $IP < K_{sp}$，沉淀-溶解平衡向溶解的方向移动，达到沉淀溶解的目的。

例如，CuS（$K_{sp} = 1.27 \times 10^{-36}$）沉淀溶于硝酸溶液。其反应示意如下：

$$CuS(s) \rightleftharpoons Cu^{2+}(aq) + S^{2-}(aq)$$

平衡移动方向 +

$$HNO_3(aq) \rightarrow S(s) + NO(g)$$

总反应式为

$$3CuS(s) + 8HNO_3(aq) = 3Cu(NO_3)_2(aq) + 3S(s)\downarrow + 2NO(g)\uparrow + 4H_2O(l)$$

3. 生成稳定的配离子 在含有难溶强电解质沉淀的饱和溶液中加入配体或金属离子，配体与难溶强电解质的阳离子生成配离子或金属离子与难溶强电解质的阴离子生成配离子，使难溶强电解质的阳离子浓度或阴离子浓度降低，致使 $IP < K_{sp}$，沉淀-溶解平衡向溶解方向移动，导致难溶电解质沉淀溶解。例如 $AgCl$ 沉淀溶于氨水的反应示意如下：

$$AgCl(s) \rightleftharpoons Ag^+(aq) + Cl^-(aq)$$

平衡移动方向 +

$$2NH_3(aq) \rightleftharpoons [Ag(NH_3)_2]^+(aq)$$

再如 $PbSO_4$ 沉淀。在 $PbSO_4$ 沉淀中加入 NH_4Ac，Pb^{2+} 能形成可溶性但难解离的金属配合物 $Pb(Ac)_2$，使溶液中 Pb^{2+} 浓度降低，沉淀溶解，反应示意如下：

$$PbSO_4(s) \rightleftharpoons Pb^{2+}(aq) + SO_4^{2-}(aq)$$

平衡移动方向 +

$$2Ac^-(aq) \rightleftharpoons Pb(Ac)_2(aq)$$

（二）沉淀的转化

向含有某一沉淀的饱和溶液中加入适当的试剂，使之转化为另一种沉淀的过程，称为沉淀的转化（inversion of precipitate）。沉淀转化反应的进行程度，可以利用反应的标准平衡常数来衡量。沉淀转化反应的标准平衡常数越大，沉淀转化反应就越容易进行。若沉淀转化反应的标准平衡常数太小，则沉淀的转化将是非常困难的，甚至是不可能的。

【例 12-7】 利用 1.0 L Na_2CO_3 溶液将 0.010 mol $BaSO_4$ 沉淀转化为 $BaCO_3$ 沉淀，计算此 Na_2CO_3 溶液的最低浓度。

解：沉淀转化反应为

$$BaSO_4(s) + CO_3^{2-}(aq) \rightleftharpoons BaCO_3(s) + SO_4^{2-}(aq)$$

沉淀转化反应的标准平衡常数为

$$K^{\ominus} = \frac{[\text{SO}_4^{2-}]}{[\text{CO}_3^{2-}]} = \frac{K_{sp}(\text{BaSO}_4)}{K_{sp}(\text{BaCO}_3)} = \frac{1.1 \times 10^{-10}}{2.6 \times 10^{-9}} = 4.2 \times 10^{-2}$$

0.010 mol $BaSO_4$ 沉淀完全溶解后，SO_4^{2-} 浓度为 0.010 mol/L，则 CO_3^{2-} 的浓度为

$$[\text{CO}_3^{2-}] = \frac{[\text{SO}_4^{2-}]}{K^{\ominus}} = \frac{0.010}{4.2 \times 10^{-2}} = 0.24 \text{ mol/L}$$

此 Na_2CO_3 溶液的最低浓度为

$$c(\text{Na}_2\text{CO}_3) = [\text{CO}_3^{2-}] + [\text{SO}_4^{2-}] = 0.24 + 0.010 = 0.25 \text{ mol/L}$$

在生产实践中，有很多沉淀转化的应用。例如，锅炉中锅垢的主要成分是 $CaSO_4$，它的导热能力很小，不但会降低燃料的利用率，还会影响锅炉的使用寿命，造成安全隐患，所以必须定期清除。$CaSO_4$ 很难直接用酸溶的办法除去，但可用沉淀转化原理，加入 Na_2CO_3 溶液，使其转化为疏松且能溶于酸的 $CaCO_3$ 沉淀，这样就可以将锅垢除掉。

四、同离子效应和盐效应

（一）同离子效应

在难溶强电解质 A_aB_b 的饱和溶液中加入含有 A^{m+} 或 B^{n-} 的易溶强电解质，溶液中 A^{m+} 或 B^{n-} 浓度增大，则 $IP > K_{sp}$，难溶强电解质的沉淀-溶解平衡向生成 A_aB_b 沉淀的方向移动，降低了 A_aB_b 的溶解度。

在难溶强电解质饱和溶液中加入与难溶强电解质含有相同离子的易溶强电解质，使难溶强电解质的溶解度降低的现象称为沉淀-溶解平衡中的同离子效应。

【例 12-8】 已知 298.15K 时，AgCl 的溶度积常数为 1.77×10^{-10}，试计算：
(1) AgCl 在纯水中的溶解度；
(2) AgCl 在 0.010 mol/L NaCl 溶液中的溶解度。

解： AgCl(s) 在水中的沉淀-溶解平衡为

$$\text{AgCl (s)} \rightleftharpoons \text{Ag}^+ \text{(aq)} + \text{Cl}^- \text{(aq)}$$

(1) AgCl 在水中的溶解度为

$$s_1 = \sqrt{K_{sp}(\text{AgCl})} = \sqrt{1.77 \times 10^{-10}} = 1.33 \times 10^{-5} \text{ mol/L}$$

(2) 设 AgCl 在 0.010 mol/L NaCl 溶液中的溶解度为 s_2，则

$$[\text{Ag}^+] = s_2, \quad [\text{Cl}^-] = 0.010 + s_2 \approx 0.010 \text{ mol/L}$$

AgCl 在 0.010 mol/L NaCl 溶液中的溶解度为

$$s_2 = [\text{Ag}^+] = \frac{K_{sp}(\text{AgCl})}{[\text{Cl}^-]} = \frac{1.77 \times 10^{-10}}{0.010} = 1.77 \times 10^{-8} \text{ mol/L}$$

计算结果可见，由于相同离子 Cl^- 的加入，AgCl 的溶解度由原来的 1.33×10^{-5} mol/L 降低到了 1.77×10^{-8} mol/L。

（二）盐效应

在含有难溶强电解质沉淀的溶液中加入不含相同离子的易溶强电解质，将使难溶强电解质的溶解度增大，这种现象称为沉淀-溶解平衡中的盐效应。

这是由于加入易溶强电解质后，溶液中阴离子和阳离子的浓度均增大，溶液的离子强度增加，离子的活度减小，使表观溶解度增加。

在难溶强电解质溶液中加入含有相同离子的易溶强电解质，在产生同离子效应的同时，也能产生盐效应。由于盐效应的影响较小，盐效应可忽略不计。

第三节　沉淀的形态和形成过程

一、沉淀的形态

按照沉淀颗粒的大小和物理性质不同，将沉淀分为三类：晶形沉淀、无定形沉淀和凝乳状沉淀。

（一）晶形沉淀

沉淀的结构为晶体。晶体中离子有规则地排列，结构紧密，比表面积较小。沉淀颗粒直径通常在 0.1～1 μm 之间。由于颗粒一般较大，晶形沉淀极易沉降于容器的底部。例如 $BaSO_4$ 属于晶形沉淀。

（二）无定形沉淀

无定形沉淀的内部离子排列杂乱无章，并且包含有大量水分子。沉淀颗粒很小，其直径大约在 0.02 μm 以下。但因为沉淀的结构疏松，沉淀的体积较大，有很大的比表面积。例如 $Fe(OH)_3$ 和 $Al(OH)_3$ 等就属于无定形沉淀，因此也常写成 $Fe_2O_3 \cdot nH_2O$ 和 $Al_2O_3 \cdot nH_2O$。

（三）凝乳状沉淀

凝乳状沉淀颗粒大小介于晶形沉淀与无定形沉淀之间，其直径在 0.02～0.1 μm 之间，微粒本身是结构紧密的微小晶体。从本质上讲，凝乳状沉淀也属晶形沉淀，但与无定形沉淀相似，凝乳状沉淀也是疏松的，比表面积较大，因此它的性质也介于二者之间，属于二者之间的过渡形。例如 AgCl 就属于凝乳状沉淀。

生成的沉淀属于哪种类型，首先取决于沉淀物的热力学性质，但是沉淀形成的动力学机制和环境条件也是非常关键的决定因素。

二、沉淀的形成过程

沉淀形成的微观动力学过程是极其复杂的，一般可将沉淀的形成大致分为三个阶段：晶核的形成、晶粒的成长和后续沉淀过程。后续沉淀过程主要包括晶粒的聚集和内部晶体结构转化。

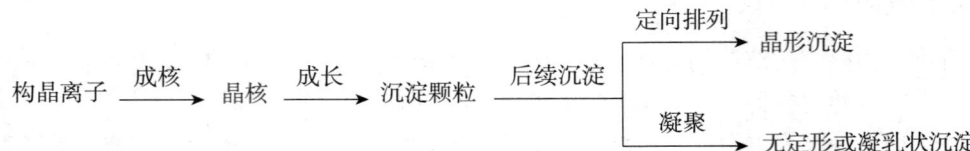

(一)成核阶段

过饱和溶液中离子相互结合形成沉淀微粒,于是溶液中形成了沉淀。

在沉淀微粒的大小比临界晶核小时,这时的沉淀微粒比表面自由能太大,是不稳定的,将自发地溶解缩小,不会形成沉淀。只有微粒的大小超过临界晶核,固体沉淀才会出现,即从溶液中一旦析出晶粒,其大小必然大于临界晶核。最初出现的晶粒称之为晶核,晶核是晶粒的最小极限值,是热力学不稳定系统,它具有自发长大的趋势。当晶核逐渐成长,微粒的大小超过一定程度后,系统才成为热力学稳定系统,这时的晶粒是稳定的。

如果要降低晶核形成的活化能,提高晶核和沉淀形成的速度,有两种可供选择的方式:一是提高过饱和度,二是降低比表面自由能。向过饱和溶液中加入其他固体微粒作为晶种,使晶核在固体微粒的表面形成,这样便可很大程度地降低比表面自由能,从而降低成核过程的活化能。在一些沉淀反应的实验中,经常用玻璃棒摩擦器壁以促进沉淀生成。摩擦器壁可以产生细小的玻璃微粒,进入溶液后,这些微粒成为晶种,从而诱导沉淀的发生。

(二)成长阶段

晶核形成后,晶体微粒将自发成长为大颗粒晶体。研究表明,晶粒的成长速率主要取决于溶液的过饱和程度。过饱和度是一个可以影响成核速率和晶粒成长速率的重要因素。有效地控制过饱和度就可以调节成核速率和成长速率的比例,从而获得所需的晶体大小。在晶形沉淀形成过程中,如果成核速率大于成长速率,则得到非常细小的结晶;而如果成长速率大于成核速率,则得到较大的晶体。在药物制剂中,对药物晶体的大小控制是很重要的,较小的药物晶体可以提高药物溶出速率,增加药效,但在回收及再加工方面可能存在问题。在实际操作中,药物的结晶通常是控制药物溶液的冷却速度,从而控制药物溶液的过饱和程度。一般在开始阶段,过饱和度比较小,然后逐渐升高,成核速率大于成长速率;当结晶继续析出至一定程度时,再使溶液过饱和度下降,所以,得到的结晶粒子较大而数量较少。

(三)后续沉淀过程

最初形成的难溶盐的微小晶体因吸附溶液中的离子而带电。如果晶粒较小(≤100 nm)和带较多的电荷,则可能形成稳定的胶体溶液,如前面所述的 $Fe(OH)_3$ 和 AgI 溶胶。但当晶粒的体积达到一定程度,表面电荷不足以支持晶粒的悬浮时,晶粒沉淀下来,形成晶形沉淀;或者因其他原因(如溶液中存在一定浓度的电解质等),导致晶粒表面电荷减少,于是悬浮的颗粒会聚集而沉淀,根据不同的聚集方式形成晶形、无定形或凝乳状沉淀。

在后续沉淀过程中,常常会发生晶体构型的转化。例如将磷酸根离子和钙离子在中性条件下混合,最初形成的一般是磷酸八钙晶粒 $[Ca_8H_2(PO_4)_6]$,但磷酸八钙晶粒逐渐地转变为更稳定、溶解性更小的羟基磷灰石 [碱式磷酸钙,$Ca_{10}(OH)_2(PO_4)_6$]。

第四节 生物矿物的沉淀－溶解平衡

生物矿物（biomineral）最早是在20世纪矿物学家研究"活组织形成的矿物"时命名的。由生物体通过生物大分子的调控生成无机矿物的过程称为生物矿化（biomineralization）。被生物摄入的金属离子，除构成一些具有生物活性的配合物外，还通过形成生物矿物成为构成骨骼等硬组织的重要成分。如羟基磷灰石、方解石、文石等，从组成和晶体类型上看，与自然界岩石相同，因此称为"生物矿物"。

自然界选择了钙来构建岩石圈，并利用钙所形成的难溶于水的盐类支撑生物体。至今已知的生物体内矿物有60多种，含钙矿物约占总数的一半，其中碳酸盐是最为广泛利用的无机矿物，磷酸盐次之。磷酸钙（包括羟基磷灰石、磷酸八钙和无定形磷酸钙）主要构成脊椎动物的内骨骼和牙齿；碳酸钙主要构成无脊椎动物的外骨骼。和组成相同的天然矿物相比，由于生物矿物受控于特殊的生物过程和特殊的生物环境，常常具有极高的选择性和方向性，因而所生成的晶体表现出特殊的性能，如具有极高的强度、良好的断裂韧性、减震性能以及特殊的功能等。生物矿物除了具有保护和支持两大基本功能外，还有很多其他的特殊功能。例如碳酸钙矿物中，方解石是三叶虫的感光器官，而在哺乳动物内耳里则作为重力和运动感受器；文石在头足类动物的贝壳里作为浮力装置，但大多数情况下和方解石一样存在于软体动物的外骨骼中。除了构成生物体外，一些生物矿物则是生物体病理过程的产物，如草酸钙是人体泌尿结石的主要矿物成分。

生物矿物的形成非常复杂。人体内羟基磷灰石和草酸钙的形成反应都涉及一些沉淀－溶解平衡的有关原理。

一、羟基磷灰石

（一）羟基磷灰石的成因

羟基磷灰石是骨骼和牙齿的组成成分。那么羟基磷灰石是如何从溶液中沉淀出来的呢？在生理条件下，磷酸根离子的主要存在形式为 HPO_4^{2-} 和 $H_2PO_4^-$。

$$H_2PO_4^- + H_2O \rightleftharpoons HPO_4^{2-} + H_3O^+$$

在生理系统中（pH = 7.4±0.2），HPO_4^{2-} 是主要的存在形式，因此在生物化学中 HPO_4^{2-} 常被称为正磷酸根（简写成 Pi），其与 Ca^{2+} 的可能反应包括以下几种。

$$Ca^{2+} + HPO_4^{2-} + 2H_2O \rightleftharpoons CaHPO_4 \cdot 2H_2O \downarrow$$

$$3Ca^{2+} + 2HPO_4^{2-} + 2OH^- \rightleftharpoons Ca_3(PO_4)_2 \downarrow + 2H_2O$$

$$8Ca^{2+} + 6HPO_4^{2-} + 4OH^- + H_2O \rightleftharpoons Ca_8H_2(PO_4)_6 \cdot 5H_2O \downarrow$$

$$10Ca^{2+} + 6HPO_4^{2-} + 8OH^- \rightleftharpoons Ca_{10}(OH)_2(PO_4)_6 \downarrow + 6H_2O$$

根据难溶强电解质沉淀的 K_{sp} 可以计算出各种形式的沉淀在不同 pH 条件的溶解度（以 Ca^{2+} 浓度表示），如图 12-1 所示。

从图 12-1 中可以看到，羟基磷灰石 $[Ca_{10}(OH)_2(PO_4)_6]$ 的溶解度是最小的，是热力学最稳定系统。然而，热力学稳定性仅仅是形成沉淀的一个基本前提。如果一种反应物分子可以

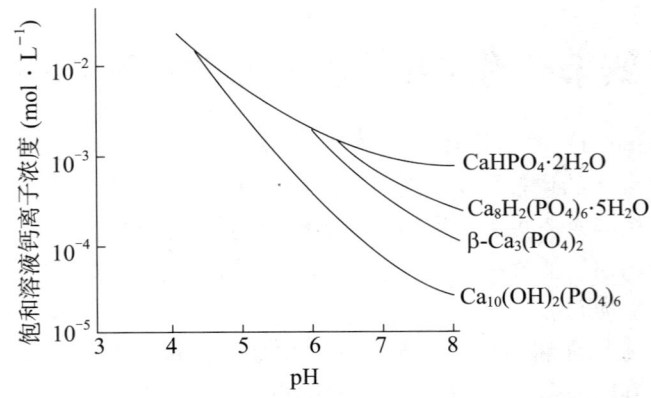

图 12-1　几种主要磷酸钙难溶盐在不同 pH 条件下的溶解度

同时发生几种不同的反应，则哪个反应的速度快？哪个反应将占主导地位？因此，在生理条件下究竟主要生成哪种沉淀，不仅要考虑 K_{sp}，还要考虑沉淀形成速率。如果一个溶液对于几种盐都为过饱和的，先析出的并不一定是热力学角度上反应趋势最大的，而往往是先析出成核和晶体成长速率最快的。即过饱和度是决定哪种沉淀形成的最重要因素。实验研究表明，在 37℃、pH = 7.4 的条件下，当浓度较大的 Ca^{2+} 和磷酸根离子混合时，由于沉淀反应的速率问题，首先生成动力学上形成沉淀速率较快但热力学上相对稳定性较低的磷酸八钙或无定形磷酸钙，而不是羟基磷灰石。然而在放置过程中，磷酸八钙或无定形磷酸钙会自发地经历晶体构型转化，形成羟基磷灰石。

体内的情形究竟是怎样的呢？在骨骼形成过程中，成骨细胞负责骨骼的生物矿化过程。成骨细胞向形成骨组织的部位分泌钙离子和磷酸根离子，此外成骨细胞和其他形成骨骼有关的细胞也同时分泌一些基质蛋白分子。这些基质蛋白主要有两种作用：①促进沉淀晶核的形成，使沉淀较快地进行；②基质蛋白可以自发组装成一些特殊的超分子结构，指导形成的羟基磷灰石晶粒按照一定的方式聚集形成骨骼的结构。在骨骼和牙本质中，羟基磷灰石晶粒排列形成层状结构，而在牙釉质中，晶粒则纵向排列形成一个个的釉柱。其中，牙釉质形成过程的假设机制如图 12-2 所示。

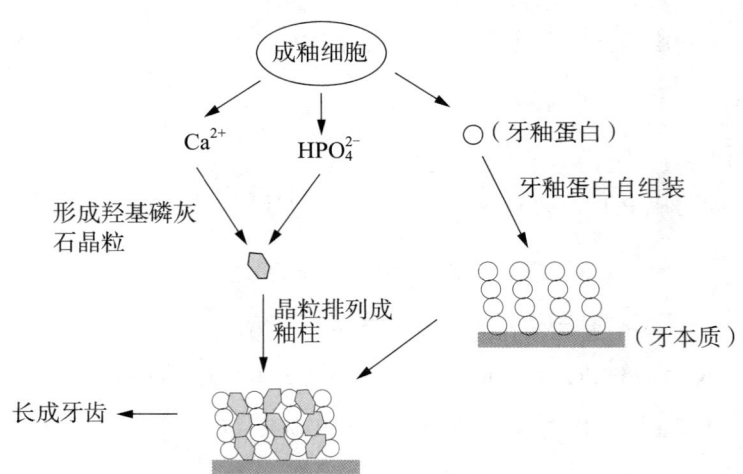

图 12-2　牙釉质形成过程的假设机制

(二)羟基磷灰石的沉淀-溶解平衡

影响羟基磷灰石沉淀-溶解平衡的因素是什么?羟基磷灰石的沉淀-溶解平衡为

$$Ca_{10}(OH)_2(PO_4)_6(s) \rightleftharpoons 10Ca^{2+}(aq) + 6PO_4^{3-}(aq) + 2OH^-(aq)$$

根据沉淀-溶解平衡原理可知,影响羟基磷灰石溶解的主要因素有以下几点:①溶液中作为 Ca^{2+} 配体的浓度,如柠檬酸根。Ca^{2+} 与各种配体形成配合物降低了溶液中游离 Ca^{2+} 的浓度,从而使沉淀-溶解平衡向右移动。②溶液的酸度(pH)。这是由于磷酸是弱酸($pK_{a1} = 2.12$,$pK_{a2} = 7.21$,$pK_{a3} = 12.67$),PO_4^{3-} 容易与 H_3O^+ 结合。因此溶液酸度增加将降低 PO_4^{3-} 的浓度。此外,酸度增加会降低溶液 OH^- 的浓度。因此,溶液酸度增加会显著影响羟基磷灰石的溶解度。如图 12-1 所示,当溶液的 pH 降低到 5.0 以下时,羟基磷灰石的溶解度增加上百倍。因此溶液的酸度是影响羟基磷灰石沉淀-溶解平衡的最重要因素。

根据羟基磷灰石的沉淀-溶解平衡可以得出保护骨骼和牙齿的如下启示。

在医学中,羟基磷灰石的沉淀和溶解是非常重要的生理过程,因为骨骼的成长是在不断的沉淀和溶解过程中进行的。此外,羟基磷灰石溶解涉及很多病理过程,例如龋齿和骨质疏松等。龋齿的原因是牙釉质(通常包括一部分的牙本质)溶解。羟基磷灰石溶解的主要原因是由于酸的腐蚀。而口腔中酸的来源是细菌分解食物残渣,特别是食物中的糖分。由于釉柱是竖向排列,因此龋齿的发生是由牙齿表面的一点开始,逐渐深入到牙齿内部,由于牙骨质比釉质疏松,更易被酸蚀形成内部空洞,然后空洞由内部向外侵蚀到达牙齿表面。

既然侵蚀牙齿的酸是由细菌分解糖分而来,减少吃糖或使用不能被细菌分解的糖类如木糖醇就可以有效地降低龋齿的发生率。也许有人认为,将口腔中的细菌全部杀死应该是预防龋齿的手段,其实这完全没有必要。实际上,健康人口腔中的细菌形成一个多样性的群落,虽然一部分细菌分解糖而产生有机酸,而另一部分细菌则正好利用并分解这些酸性物质,从而使口腔中的 pH 保持在正常的范围内。口腔中残留的糖分过多,产酸量超过了分解这些酸的能力,才会导致口腔局部或整体的酸度过高,造成牙齿腐蚀。因此,在正常情况下没有必要使用消毒液漱口来预防龋齿;相反,保持口腔中细菌的微环境平衡对于人体健康是有益的。从羟基磷灰石的沉淀-溶解平衡来看,预防龋齿发生的最关键因素是保持口腔和牙齿的清洁,令食物特别是糖分不在口腔中残留。

二、草酸钙的形成与尿结石

泌尿系结石俗称尿结石或肾结石,是一种世界范围的常见病、多发病。尿结石的类型有很多种,多数尿结石的主要成分是草酸钙。草酸钙结石在肾结石中最为常见,发达国家中 70%~80% 的肾结石病例由它引起。草酸钙的沉淀-溶解平衡为

$$CaC_2O_4(s) \rightleftharpoons Ca^{2+}(aq) + C_2O_4^{2-}(aq)$$

由草酸钙的 K_{sp}(2.32×10^{-9})可知,草酸钙的溶解能力很小,在水中的溶解度仅为 1.2×10^{-5} mol/L。正常的尿液中,Ca^{2+} 的表观浓度约为 5×10^{-3} mol/L,$C_2O_4^{2-}$ 的浓度约为 1×10^{-5} mol/L。按照此浓度计算,则尿中草酸钙的离子积 $IP = 5 \times 10^{-8} > K_{sp}$,此时溶液是草酸钙的过饱和溶液,应该形成草酸钙沉淀。那么为什么正常人没有形成尿结石呢?

尿结石之所以成为疾病,其原因是结石附着于肾组织并逐渐长大,难以通过输尿管或尿道。这样造成尿路阻塞或随着结石在尿路移动,引起患者剧烈的疼痛。理论上,如果结石的颗粒很小,可以轻易随尿液排出体外,不会引起任何病痛。

前面计算表明，正常人与结石患者的尿液中草酸钙的离子积均超过其溶度积常数，均可生成草酸钙沉淀。在正常人和结石患者尿液中，确实都存在草酸钙沉淀，但是其晶体类型却大不一样。草酸钙沉淀有三种形式：一水草酸钙（$CaC_2O_4 \cdot H_2O$，COM）、二水草酸钙（$CaC_2O_4 \cdot 2H_2O$，COD）、三水草酸钙（$CaC_2O_4 \cdot 3H_2O$，COT）。其中 COM 是热力学上最稳定的，COD 次之，而 COT 是热力学上最不稳定的。在正常人尿液中，草酸钙微晶包括 COM 和 COD 两种类型，但含有较多的是 COD 晶体，而在结石患者尿液中，则多为更稳定的 COM 晶体。COT 晶体在正常人与结石患者的尿液中都非常少见。

从图 12-3 可以看出，正常人尿液中形成的草酸钙结晶小而形状圆钝，而结石患者尿液中形成的草酸钙结晶大而棱角分明，和生理盐水中析出的结晶类似。研究表明，COM 结晶比 COD 对细胞膜有更强的亲和力，更容易附着在肾小管细胞表面；此外，COM 由于颗粒较大和晶形整齐，就更容易聚集和沉淀。因此，正常人尿液中并不是不会形成草酸钙沉淀，只是形成的是小颗粒、容易悬浮并与肾组织亲和力小的晶体，这些小颗粒可以随尿液排出体外。而在结石患者的尿液中，大颗粒的草酸钙结晶容易附着而停留在尿路中，从而逐渐聚集和长大形成，可以引起患者巨大痛苦的结石。

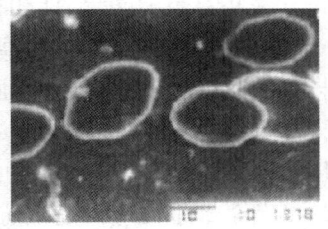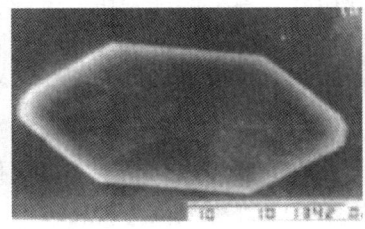

图 12-3 正常人（左）与结石患者（中）的尿液中以及生理盐水（右）中形成的草酸钙晶体的电镜图

形成 COM 结晶的条件是什么呢？影响晶核形成和晶体生长的一个重要因素是溶液的过饱和度。实验表明，当初始过饱和度比较低时，容易形成 COD 晶体；而过饱和度较大时，有利于形成 COM 晶体。正常的尿液中含有大量柠檬酸根、焦磷酸根、葡胺聚糖（GAGs）和一些蛋白质等阴离子，它们可与钙离子结合，降低了游离钙离子的浓度，从而降低了草酸钙的过饱和度；此外这些离子也能令小颗粒的草酸钙晶体保持稳定，使它们在尿液中悬浮而不聚集。因此，正常尿液中不易形成草酸钙沉淀或形成容易排出体外的 COD 和小颗粒悬浮晶体。而在结石患者尿液中，可能由于 Ca^{2+} 和 $C_2O_4^{2-}$ 的浓度过高或者缺乏上述阴离子的因素，容易形成大量的大颗粒的草酸钙结晶。

由草酸钙沉淀的形成机制可知：首先，为了治疗和预防尿结石，对于结石患者和有结石形成倾向的人，应当减少草酸的摄入量，即少吃含草酸丰富的韭菜和菠菜等食物。从而降低尿液中草酸浓度，进而降低尿液中草酸钙的过饱和度，这样将有利于 COD 晶体的形成。需注意的是，为预防结石形成而降低 Ca^{2+} 摄入量是不正确的，因为尿中 Ca^{2+} 的浓度已经较高，有限度地降低 Ca^{2+} 摄入量对尿液中钙离子的浓度影响有限；相反，如限制 Ca^{2+} 的摄入将促进肠道对草酸盐的吸收，引起高草酸尿症，反而增加了尿液中草酸钙的过饱和度。因此，事实表明，减少 Ca^{2+} 摄入量反而促进了结石的形成和增加结石的复发率。其次，要预防结石形成，应当适当补充有利于络合 Ca^{2+} 和促进 COD 晶体形成的分子如柠檬酸盐和一些中草药物等。美国食品和药品管理局于 1985 年批准了柠檬酸钾治疗低柠檬酸尿性草酸钙结石、尿酸结石及轻中度高尿酸尿性草酸钙结石。作为临床药物，柠檬酸盐具有无毒、价廉、副作用小、可长期服用等优点而被广泛应用。

思考题

1. 简述下列基本概念
(1) 标准溶度积常数和溶解度
(2) 分步沉淀和沉淀转化
2. 是否可以根据难溶强电解质的标准溶度积常数的大小直接比较难溶强电解质的溶解度的大小？为什么？
3. 什么是同离子效应和盐效应？同离子效应和盐效应对难溶强电解质的溶解度有何影响？
4. 如何利用溶度积规则判断沉淀的生成和溶解？
5. $Mg(OH)_2(s)$ 难溶于水，但溶于 NH_4Cl 溶液，试解释其原因。
6. 为什么 $AgCl(s)$ 在水中的溶解度比在稀 HCl 溶液中的溶解度大？而在稀 KNO_3 溶液中的溶解度又比在水中的溶解度大？

习 题

1. 已知 298.15 K 时，$K_{sp}[Mg(OH)_2] = 5.61 \times 10^{-12}$。试计算 298.15 K 时：
(1) $Mg(OH)_2(s)$ 在水中的溶解度；
(2) $Mg(OH)_2(s)$ 在 0.010 mol/L NaOH 溶液中的溶解度；
(3) $Mg(OH)_2(s)$ 在 0.010 mol/L $MgCl_2$ 溶液中的溶解度。

2. 298.15 K 时，$Sr_3(PO_4)_2$ 的溶解度为 1.0×10^{-6} mol/L。试计算该温度下 $Sr_3(PO_4)_2$ 的溶度积常数。

3. 298.15 K 时，将 100 ml 0.045 mol/L $AgNO_3$ 溶液与 200 ml 0.075 mol/L NaCl 溶液混合，生成 AgCl 沉淀后溶液中 Ag^+ 的浓度为 5.06×10^{-9} mol/L，计算 AgCl 的溶度积常数。

4. 将浓度均为 0.1 mol/L $MgCl_2$ 溶液和 NaOH 溶液等体积混合，试通过计算说明溶液中有无 $Mg(OH)_2$ 沉淀生成。已知 298.15 K 时，$K_{sp}[Mg(OH)_2] = 5.61 \times 10^{-12}$。

5. 已知 298.15 K 时，$K_{sp}(PbCl_2) = 1.70 \times 10^{-5}$。将 $Pb(NO_3)_2$ 溶液与 NaCl 溶液混合，混合溶液中 $Pb(NO_3)_2$ 的浓度为 0.01 mol/L。试通过计算回答：
(1) 当混合溶液中 NaCl 的浓度为 1.0×10^{-3} mol/L 时，是否有 $PbCl_2$ 沉淀生成？
(2) 混合溶液中 NaCl 的浓度为多少时才能生成 $PbCl_2$ 沉淀？
(3) 若混合溶液中 Cl^- 浓度为 0.10 mol/L，混合溶液中剩余的 Pb^{2+} 浓度为多少？

6. 在含有 0.010 mol/L I^- 和 0.010 mol/L Cl^- 混合溶液中，逐滴加入 $AgNO_3$ 溶液（忽略溶液体积的变化），会生成 AgCl 和 AgI 沉淀。哪一种沉淀先析出？当第二种离子刚开始沉淀时，溶液中第一种离子是否已经沉淀完全？已知 298.15 K 时，$K_{sp}(AgCl) = 1.77 \times 10^{-10}$，$K_{sp}(AgI) = 8.52 \times 10^{-17}$。

7. 298.15 K 时，某酸性溶液中，Fe^{3+} 和 Zn^{2+} 的浓度均为 0.10 mol/L，增大溶液 pH，哪种离子先生成氢氧化物沉淀？如何利用氢氧化物沉淀分离 Fe^{3+} 和 Zn^{2+}？已知 $K_{sp}[Fe(OH)_3] = 2.79 \times 10^{-39}$，$K_{sp}[Zn(OH)_2] = 3.0 \times 10^{-17}$。

8. 人的牙齿表面有一层釉质，组成为羟基磷灰石 $Ca_{10}(OH)_2(PO_4)_6$（$K_{sp} = 6.8 \times 10^{-37}$）。为了防止龋齿，人们常使用含氟牙膏，其中的 F^- 可使羟基磷灰石转化为氟磷灰石 $Ca_{10}F_2(PO_4)_6$（$K_{sp} = 1.0 \times 10^{-60}$）。写出含氟牙膏使羟基磷灰石转化为氟磷灰石的离子方程式，并计算此转化反应的标准平衡常数。

9. 298.15 K 时，$K_{sp}(PbSO_4) = 2.53 \times 10^{-8}$，$K_{sp}(PbCrO_4) = 2.8 \times 10^{-13}$。试计算 298.15 K 时

下列沉淀转化反应的标准平衡常数。

$$PbSO_4(s) + CrO_4^{2-}(aq) \rightleftharpoons PbCrO_4(s) + SO_4^{2-}(aq)$$

当沉淀转化反应达到平衡时，若 SO_4^{2-} 的浓度为 0.010 mol/L，溶液中 CrO_4^{2-} 的浓度为多少？

10. 298.15 K 时，$K_{sp}(BaSO_4) = 1.08 \times 10^{-10}$。请计算 $BaSO_4$ 在纯水和 0.01 mol/L Na_2SO_4 溶液中的溶解度。

（程　艳）

第十三章

配位化合物

第十三章数字资源

配位化合物（coordination compound）简称配合物，是一类广泛存在、结构较为复杂、在理论研究和实际应用中都十分重要的化合物。配合物不仅在化学领域得到了广泛的应用，而且与生物和医药学的关系也极为密切。生物体内许多必需的金属元素大都以配合物形式存在，它们在生命的各种代谢活动、能量的转化、氧的运输等方面发挥着至关重要的作用。例如，输送氧气的血红蛋白是铁的配合物，生长和代谢必需的维生素 B_{12} 是钴的配合物，清除超氧自由基的超氧化物歧化酶含有铜、锌等金属离子。有些药物本身就是配合物或通过在体内形成配合物来发挥其预防、诊断及治疗疾病的作用，例如作为抗癌药物的铂类化合物、治疗重金属中毒的乙二胺四乙酸二钠钙（$Na_2[CaY]$）、用于磁共振成像（MRI）造影剂的钆配合物。因此，对生物和医学专业的学生来说，学习有关配合物的基本知识是十分必要的。

第一节 配位化学发展简史和配合物的基本概念

一、配位化学发展简史

最早的配合物可以追溯到 1597 年，德国的利巴维阿斯（A. Libavius）发现铜盐与过量氨水作用会形成一种异乎寻常的深蓝色溶液，现在知道这是由 $[Cu(NH_3)_4]^{2+}$ 离子所致。1704 年，由德国柏林颜料制造商狄斯巴赫（H. Diesbach）制得一种蓝色染料——普鲁士蓝，其化学式为 $KFe[Fe(CN)_6]$。许多世界名画用到了大量的普鲁士蓝，如梵高的《星夜》、毕加索的《蜷坐的乞丐》等。1798 年，法国分析化学家塔萨尔特（B. M. Tassaert）在向 $CoCl_2$ 溶液中加入过量氨水，制得了橙黄色的 $CoCl_3 \cdot 6NH_3$[①]，并在杂志上发表，标志着配合物研究的真正开始，但当时也不知道它是什么类型的化合物。1847 年，根特（F. A. Genth）进一步研究了 $CoCl_3$ 与 NH_3 之间生成的几种化合物，并分析了它们的组成。发现这些化合物不仅因氨分子的数量不同而有不同的颜色，而且这些化合物中氯的行为也有所不同。例如，往新配制的 $CoCl_3 \cdot 6NH_3$ 溶液中加入 $AgNO_3$ 溶液可以使 3 个 Cl^- 全部沉淀出来，$CoCl_3 \cdot 5NH_3$ 中有 2 个 Cl^- 可以沉淀出来，而 $CoCl_3 \cdot 4NH_3$ 中仅有 1 个 Cl^- 可以沉淀出来。这些实验结果列于表 13-1 中。

[①] 此时钴已经由 Co（Ⅱ）被空气氧化成 Co（Ⅲ）。该工作发表于最早的化学期刊（创刊于 1989 年，法国）*Annakes de chimie*，1799，28，106。

表 13-1 Co(III)氯氨化合物沉淀为 AgCl 的氯离子数

化学式	颜色	沉淀的 Cl^- 数	化学结构式
$CoCl_3 \cdot 6NH_3$	橙黄	3	$[Co(NH_3)_6]Cl_3$
$CoCl_3 \cdot 5NH_3$	紫红	2	$[CoCl(NH_3)_5]Cl_2$
$CoCl_3 \cdot 4NH_3$	绿	1	$trans\text{-}[CoCl_2(NH_3)_4]Cl$
$CoCl_3 \cdot 4NH_3$	紫	1	$cis\text{-}[CoCl_2(NH_3)_4]Cl$ [①]

19 世纪 50 年代，经典原子价理论已经确立并得到了广泛应用。按经典原子价理论，$CoCl_3$ 和 NH_3 都是原子价已经饱和的稳定化合物，这二者为何还会按确定的比例相互化合形成新的稳定化合物？它们是怎样结合的？这一切都无法用经典原子价理论加以说明。在此情况下，人们把 H_2O、NH_3、$CoCl_3$、CH_4 等原子价已经饱和的化合物称为简单化合物（simple compound），而把由简单化合物按确定比例进一步结合而形成的稳定化合物称为复杂化合物（complex compound），中文译作**络合物**。

1893 年，瑞士年仅 26 岁的化学家维尔纳（A. Werner）在前人和他本人研究的基础上提出了配位理论，他认为这类化合物中存在两种原子价：①主价，即可电离价；②副价，即不可电离价。在 $CoCl_3 \cdot 6NH_3$ 中，3 个 Cl^- 作用于主价，可电离，6 个 NH_3 作用于副价，不可电离，与 Co^{3+} 形成稳定的络离子；$CoCl_3 \cdot 5NH_3$ 中 2 个 Cl^- 可电离，5 个 NH_3 和 1 个 Cl^- 是不可电离的；而 $CoCl_3 \cdot 4NH_3$ 中 1 个 Cl^- 可电离，4 个 NH_3 和 2 个 Cl^- 是不可电离的。它们的化学式分别为 $[Co(NH_3)_6]Cl_3$、$[CoCl(NH_3)_6]Cl_2$ 和 $[CoCl_2(NH_3)_6]Cl$ [②]。维尔纳提出的主价是金属原子的氧化数，副价是金属原子的配位数，它们指向金属离子周围空间的确定位置。维尔纳的配位理论是认识络合物本质的第一个里程碑，他也因此获得了 1913 年诺贝尔化学奖。

事实上，深入理解配合物结构和键合本质是在量子力学、价键理论以及分子轨道理论确立之后。1931 年，美国化学家鲍林（L. Pauling）把杂化轨道理论应用到配合物上，提出了配合物的价键理论，至此才较好地解释了配合物的结构、磁性和稳定性，并更加精确地定义了配合物。为此，鲍林荣获 1954 年诺贝尔化学奖。这是配合物发展的第二个里程碑。20 世纪 50 年代后，把物理学家贝特（H. Bethe）和范弗莱克（J. H.Van Vleck）提出的晶体场理论，以及美国化学家莫利肯（R. S. Mulliken）和德国物理学家洪特（F. Hund）提出的分子轨道理论应用到配合物，成功地解释了过渡金属配合物的光谱以及配合物的许多已知性质（构型、稳定性、磁性、光学性质和反应机理）。

随着科学技术的发展，X 线衍射和各种近代波谱用于结构分析，特别是 20 世纪 50 年代后，高速大型计算机出现，大多数复杂分子的结构和化学键相继清楚，配位化学得到了迅速发展，配合物的范围也越来越宽。1951 年，Wilkinsen 和 Fisher 合成出二茂铁夹心化合物，突破了传统配位化学的概念，并带动金属有机化学的迅速发展。随后，人们发现中心原子不一定是金属离子，还可以是中性金属原子、高氧化数的非金属原子甚至阴离子等。特别是近年来迅速发展的主客体化学和超分子化学，将原先维尔纳建立的中心原子概念扩展到了无机、有机和生物中的各种阳离子、阴离子、中性分子。新型配体如冠醚可以与碱金属离子、铵离子形成配合物；环糊精可以包络各种化合物分子，改变被包络物质的理化性质。有些配合物内已经找不到给出孤对电子的配体，也没有接受的孤对电子的金属离子，它们的成键方式也不是配位键，显然配合物的范围大大拓展了，这些配合物被称为非经典配合物。

本书仅介绍经典配合物。

---

① cis 表示顺式几何异构体，trans 表示反式几何异构体。后面会具体讲解。
② 把稳定的络离子写在中括号内，后面会详细介绍。

二、配合物的组成

配合物是指金属原子或离子与无机、有机的阴离子或中性分子通过配位键（coordination bond）结合而成的一类化合物。金属原子或离子称为中心原子，中性分子或阴离子称为配体，二者之间形成配位键。这种由中心原子与几个配体以配位键相结合而形成的结构单元称为配位单元。配位单元可以是离子，如 $[Co(NH_3)_6]^{3+}$ 和 $[CoCl(NH_3)_5]^{2+}$ 称为配阳离子，$[Fe(CN)_6]^{3-}$ 和 $[NiCl_4]^{2-}$ 称为配阴离子。配位单元也可以是中性分子，称为配位分子，如 $[CoCl_3(NH_3)_3]$、$[PtCl_2(NH_3)_2]$、$[Ni(CO)_4]$ 等。含有配离子的化合物和配位分子统称为配合物。

现以 $[Co(NH_3)_6]Cl_3$ 为例说明配合物的组成，其组成如下图所示：

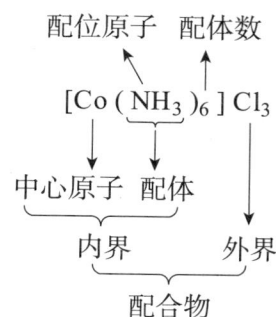

1．内界和外界　配合物的内界（inner sphere）是指配离子，由中心原子和一定数目的配体组成，是配合物的特征部分，通常写在方括号"[ ]"之内。配合物中与配离子带相反电荷的离子称为配合物的外界（outer sphere）。配合物的内界与外界之间以离子键结合，在水溶液中容易解离，而配离子是一个非常稳定的结构单元，很难解离。如：

$$[Co(NH_3)_6]Cl_3 \rightarrow [Co(NH_3)_6]^{3+} + 3Cl^-$$

若配合物的内界不带电荷，则是配位分子，配位分子没有外界。

2．中心原子　在配离子（或配位分子）中，具有空的价层轨道、可接受孤对电子的离子或原子，称为中心原子（central atom，用 M 表示）。中心原子位于配离子的中心位置，是配合物的核心部分，通常为过渡金属离子或原子，它们空的 d 轨道可以接受来自配体的电子对，形成配位键。例如 $[Co(NH_3)_6]^{3+}$ 中的 Co^{3+}、$[Cu(NH_3)_4]^{2+}$ 中的 Cu^{2+}、$[Fe(CO)_5]$ 中的 Fe，都是中心原子。

3．配体和配位原子　在配离子中，与中心原子以配位键结合的阴离子或中性分子称为配体中性分子或阴离子称为配体（ligand①，用 L 表示）。如 $[Co(NH_3)_6]^{3+}$ 中的 NH_3、$[Fe(CN)_6]^{3-}$ 中的 CN^-，都是配体。配体中直接向中心原子提供孤对电子的原子称为配位原子（ligating atom），如 F^-、NH_3 中的 N、CN^- 中的 C 等。配位原子通常为ⅣA～ⅦA族元素，如 C、N、O、S 和卤素离子（F^-、Cl^-、Br^-、I^-，常用 X^- 表示），含有孤对电子。

根据配体中所含配位原子的数目，可将配体分成单齿配体（monodentate ligand）和多齿配体（multidentate ligand）。单齿配体仅含一个配位原子，如 NH_3、CO、X^- 等。多齿配体含有两个或两个以上配位原子，如乙二胺（en）和草酸根（ox）为双齿配体，乙二胺四乙酸根（EDTA 或 Y^{4-}）为六齿配体。一些常见的配体列于表 13-2。

---

① 来自拉丁语，即"捆绑或绑定"的意思。

表 13-2　一些常见的配体及配位原子

齿数	实例	配位原子
单齿	CN^-、CO	C
	NH_3、NC^-、NO_2^-、NCS^-、RNH_2、吡啶（C_5H_5N, py）	N
	H_2O、OH^-、ONO^-、CO_3^{2-}、$RCOO^-$	O
	SCN^-、$S_2O_3^{2-}$、RSH	S
	F^-、Cl^-、Br^-、I^-	X
双齿	$H_2NCH_2CH_2NH_2$（乙二胺, en） （联吡啶，bipy） （邻菲罗啉，phen）	N
	$^-OOCCOO^-$（草酸根, ox） $CH_3CCH_2CCH_3$（乙酰丙酮, acac）	O
三齿	$H_2NCH_2CH_2NHCH_2CH_2NH_2$（二乙基三胺, dien）	N
四齿	（氨三乙酸根, NTA）	N、O
六齿	（乙二胺四乙酸根, EDTA 或 Y^{4-}）	O、N

有些配体虽然有两个或多个原子可作为配位原子，但是由于它们靠得太近，无法同时与一个中心原子结合，只能选择其中一个原子作为配位原子与中心原子配位，它们仍属单齿配体，称为两可配体（ambidentate ligand）[①]，如硫氰酸根 SCN^-（配位原子为 S）和异硫氰酸根 NCS^-（N 为配位原子）、亚硝酸根 ONO^-（O 为配位原子）和硝基 NO_2^-（N 为配位原子）、氰根 CN^-（C 为配位原子）和异氰根 NC^-（N 为配位原子）。

有时，多齿配体、两可配体或者一个配位原子具有不只一对孤对电子的单齿配体可同时与两个中心原子键合，这类配体称为桥联配体（bridging ligand），简称桥基。如在 $[(Fe(H_2O)_4)_2(OH)_2](SO_4)_2$ 中，OH^- 为桥联配体，连接两个中心原子 Fe，其结构如下：

$$[(H_2O)_4Fe\underset{OH}{\overset{OH}{\diamond}}Fe(H_2O)_4](SO_4)_2$$

在上面的结构中，配合物含有两个中心原子，这种含有两个或多个中心原子的配合物称为多核配合物。通常中心原子之间通过桥联配体连接起来。多核配合物在生物体内也很常见。

[①] 书写两可配体的化学式时，把配位原子写在前面。

4. 配位数 在配合物中，直接与中心原子结合的配位原子的总数称为中心原子的配位数 (coordination number)。配位数本质上就是中心原子和配位原子形成的配位键的数目。若配体为单齿配体，配体数就是配位数。如在配离子 $[CoCl(NH_3)_5]^{2+}$ 中，配体数是6，配位数亦为6。若配体为多齿配体，则配位数大于配体数。在 $[Co(en)_3]^{2+}$ 中，en 为双齿配体，1个 en 分子中有2个 N 原子与 Co^{2+} 键合，因此，Co^{2+} 的配位数是 $2 \times 3 = 6$。

一般中心原子的配位数为2、4、6，尤以4、6居多。表13-3 中列出了一些常见金属离子的特征配位数。需要说明的是，某金属离子形成配合物时，其配位数不是固定不变的，它与中心离子的电子构型、电荷、半径以及配体的大小、电荷都有关系。各种中心离子都有其常见的特征配位数。

表 13-3　常见金属离子的配位数

配位数	金属离子	示例
2	Ag^+、Cu^+、Au^+	$[Ag(NH_3)_2]^+$、$[Au(CN)_2]^-$
4	Cu^{2+}、Zn^{2+}、Cd^{2+}、Hg^{2+}、Al^{3+}、Sn^{2+}、Pb^{2+}、Co^{2+}、Ni^{2+}、Pt^{2+}、Fe^{3+}、Fe^{2+}	$[Cu(NH_3)_4]^{2+}$、$[ZnCl_4]^{2-}$、$[HgI_4]^{2-}$、$[PtCl_2(NH_3)_2]$
6	Cr^{3+}、Al^{3+}、Pt^{4+}、Fe^{3+}、Fe^{2+}、Co^{3+}、Co^{2+}、Ni^{2+}	$[Co(NH_3)_6]^{3+}$、$[AlF_6]^{3-}$、$[Fe(CN)_6]^{3-}$、$[CrCl_2(NH_3)_4]^+$、$[PtCl_6]^{2-}$

5. 中心原子的氧化数 中心原子的氧化数可以根据配离子的电荷和配体的总电荷进行计算。如在 $[Fe(CN)_6]^{3-}$ 中，每个 CN^- 带1个负电荷，而配离子带3个负电荷，所以 Fe 的氧化数为 $-3-6\times(-1)=+3$。再如 $[CoCl(NH_3)_5]Cl_2$，外界是2个 Cl^- 离子，故配离子带2个正电荷，CN^- 带1个负电荷，NH_3 是中性分子，所以 Co 的氧化数为 $+2-(-1)=+3$。

根据中心原子的氧化数可计算其价层电子的数目，并推测 d 轨道上电子的排布情况，这对解释配合物的结构和性质极为重要，后面的价键理论和晶体场理论会详细讨论。

6. 生物体内的配体 生物体内的微量金属元素主要以配合物的形式存在。这些金属离子本身是没有生物活性的，只有和配体结合形成特定结构的配合物，才具有了特定的生物活性和生理功能。如血红蛋白中的血红素是铁的配合物，叶绿素是镁的配合物，维生素 B_{12} 是钴的配合物，还有许多生物催化剂——酶，也是含有各种金属离子的配合物。生物体内能与这些金属离子配位结合的分子或离子称为生物配体 (biological ligand)。生物配体主要包括卟啉类化合物、蛋白质、多肽、核酸、糖、糖蛋白、脂蛋白等大分子，也包括一些无机、有机离子如氢氧根、磷酸氢根、柠檬酸根等。在广义范围内，一氧化碳分子和氧分子也属于生物配体。这里主要介绍卟啉类化合物、蛋白质、核酸等生物配体。

（1）卟啉类化合物：卟啉 (porphyrin) 的基本骨架是卟吩 (porphine)。卟吩是由4个吡咯环的 α-碳原子通过次甲基 (═CH—) 相互连接而形成的一个大环共轭体系。它的吡咯环顶点上的氢原子被其他基团取代，可形成各种卟啉类化合物。大环内的4个氮原子可与金属离子配位，形成金属卟啉。血红素 (heme) 就是铁卟啉的总称。人体内有三种血红素，分别称为血红素 a、血红素 b 和血红素 c，它们在氧的运输、贮存、电子传递等过程中发挥重要功能。铁与原卟啉Ⅸ结合形成的血红素 b（图13-1A）是血红蛋白、肌红蛋白、细胞色素 b、细胞色素 P450、过氧化氢酶和过氧化物酶的辅基。血红素 a 是细胞色素 a 的辅基，血红素 c 是细胞色素 c 的辅基，二者均为线粒体电子传递链的重要组成部分。另外，叶绿素是含镁的卟啉化合物，维生素 B_{12} 是含钴的咕啉化合物（类卟啉化合物，与卟啉相比，其中两个吡咯环之间少了一个次甲基）（图13-1B），它们对生物体均有重要作用。

A．血红素B

B．维生素B_{12}（甲基钴胺素）

图 13-1　血红素 b 和维生素 B_{12} 的结构

(2) 蛋白质：蛋白质是由 20 种 α-氨基酸按一定顺序通过肽键连接而成的多肽链，多肽链进一步折叠卷曲，从而形成具有特定空间构象的高级结构。蛋白质中氨基酸上的官能团如氨基（—NH_2）、羟基（—OH）、巯基（—SH）、羧基（—COOH）、杂环氮等均可以与金属离子配位结合。生物体内有超过三分之一的蛋白质需要结合金属离子来执行它们的生物功能。

血红蛋白中的 Fe 除了与卟啉环上 4 个氮原子配位以外，还与蛋白链上组氨酸的咪唑氮原子结合形成第五个配位键，第六配位位置是结合氧分子的位置；而在线粒体电子传递链上的细胞色素 c 中，铁与卟啉环上 4 个氮原子配位，第五配位原子为蛋白链上的组氨酸的咪唑氮，第六配位为蛋白链上的甲硫氨酸的硫原子。这些结构特征使得血红蛋白和细胞色素 c 分别具有运输氧和传递电子的功能。它们的结构见图 13-2。

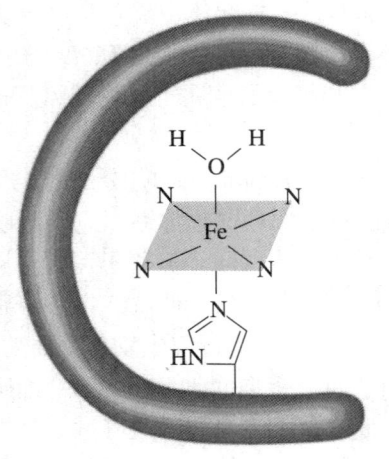 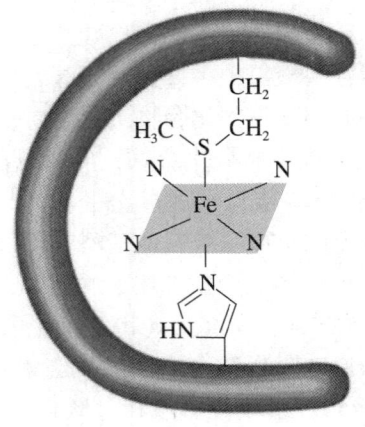

图 13-2　血红蛋白（左）和细胞色素 c（右）的结构

铁硫蛋白（iron-sulfur protein，简写为 Fe-S）是生物体内一种与电子传递有关的蛋白质，主要以（1Fe-0S）、（2Fe-2S）或（4Fe-4S）的形式存在。它们的结构见图 13-3。在铁硫蛋白分子的中心 Fe 结合的不是血红素，而是硫原子，称为铁-硫中心（iron-sulfur center）。例如，（2Fe-2S）中含有两个铁离子和两个活泼的无机硫原子，无机硫作为桥联配体将两个铁离子连接起来，铁离子除了与无机硫配位，还与蛋白质中半胱氨酸的巯基硫配位，形成四面体的空间构型。铁硫蛋白存在于线粒体的电子传递链上，通过 $Fe^{3+} \longleftrightarrow Fe^{2+}$ 变化起传递电子的作用。

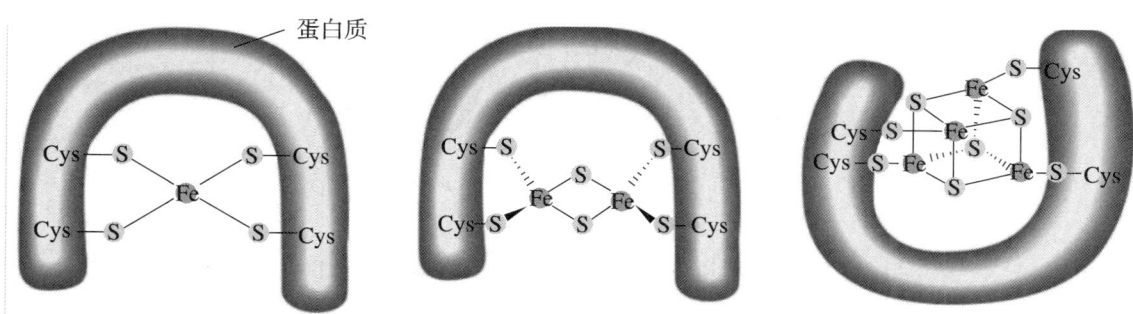

图 13-3　铁硫蛋白的结构

超氧化物歧化酶（SOD）是生物体内一类重要的抗氧化酶，通常含有金属铜、铁或锰。如在铜锌超氧化物歧化酶（Cu,Zn-SOD）（图 13-4）中，Cu 与蛋白中的 4 个组氨酸的咪唑氮原子配位，构成酶的活性中心，催化超氧阴离子（$\cdot O_2^-$）生成 H_2O_2 和 O_2。Zn 与 3 个组氨酸咪唑氮和 1 个天冬氨酸的羧基氧配位，起着稳定 SOD 结构和功能的作用。

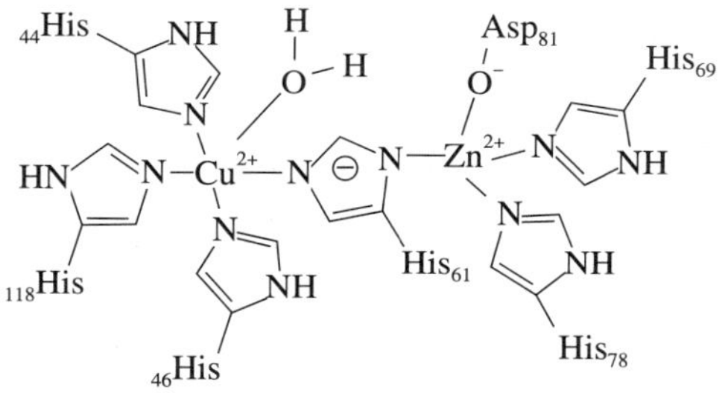

图 13-4　Cu,Zn-SOD 活性中心的结构

阿尔茨海默病（Alzheimer disease，AD）是一种退行性脑部疾病，也是老年性痴呆的最常见原因。该疾病的特征通常是在细胞外有淀粉样蛋白-β（Aβ）的难溶性聚集肽，这些聚集肽形成淀粉样斑块，在 AD 病理学中起关键作用。近年来，对 AD 患者大脑的尸检表明，在淀粉样斑块的核心和外围发现了高浓度的金属离子，例如 Cu^{2+}、Fe^{3+} 和 Zn^{2+} 等。这些金属离子被认为在淀粉样蛋白的聚集和错误折叠机制中起重要作用。

（3）核酸：核酸即核糖核酸（RNA）和脱氧核糖核酸（DNA），是生物体最重要的遗传物质。核苷酸是组成核酸的基本结构单元，每一个核苷酸又由五碳糖（核糖或脱氧核糖）、磷酸基和含氮碱基（嘌呤和嘧啶）构成。相邻的两个核苷酸之间以核糖或脱氧核糖 3′ 和 5′ 的羟基分别与两个磷酸基形成 3′ 和 5′-磷酸二酯键连接在一起，形成聚核苷酸链。两条聚核苷酸链通过碱基之间的氢键形成双螺旋结构。

核酸是重要的生物配体，其结构中的磷酸基和碱基上的 O 和 N 原子均可作为金属离子的配位基团。Ca^{2+}、Mg^{2+}、Cu^{2+}、Mn^{2+} 和 Zn^{2+} 等都可以和核酸配位，在核酸的生物合成、构象维持、遗传信息的存储和传播等方面起着重要的作用。金属与核酸的作用的研究也是开发抗癌药物的基础。其最著名的是抗癌药物顺铂（cis-[$PtCl_2(NH_3)_2$]），其作用机制为 Pt^{2+} 能与 DNA 链上的鸟嘌呤或腺嘌呤碱基的 N 原子配位，破坏 DNA 的结构和功能，促进癌细胞死亡（图 13-5）。

图 13-5 *cis*-[PtCl$_2$(NH$_3$)$_2$] 与 DNA 链上鸟苷酸的作用

三、配合物的命名

与一般简单化合物相比，配合物的组成和结构较为复杂。配合物的命名是由国际纯粹与应用化学联合会（IUPAC）制定标准，各国依据这些标准并结合各自的语言文字进行命名。中国化学会无机化学学科委员会制订的配合物的命名原则如下：

1. 配位单元的命名

（1）中心原子和配体之间以"合"字连接，且配体名称列在中心原子名称之前。中心原子名称之后用加括号的罗马数字标注中心原子的氧化数。配体数目用汉语数字二、三、四等数字表示；较复杂的配体，其名称要加括号以免混淆。即：

配体数 — 配体名称 —"合"— 中心原子名称（氧化数）

例如，[NiCl$_4$]$^{2-}$　　　　　四氯合镍（Ⅱ）离子

　　　　[Co(NH$_3$)$_6$]$^{3+}$　　　六氨合钴（Ⅲ）离子

　　　　[Fe(NCS)$_6$]$^{3-}$　　　六（异硫氰酸根）合铁（Ⅲ）离子

（2）若配体不只一种，配体排列顺序为：阴离子配体名在先，中性分子配体名在后；先无机配体，后有机配体；同类配体按配位原子元素符号的英文字母顺序排列。不同的配体名称之间用圆点"·"隔开。

例如，[PtCl$_2$(NH$_3$)$_2$]　　　　二氯·二氨合铂（Ⅱ）

　　　　[Co(NH$_3$)$_2$(en)$_2$]$^{3+}$　　二氨·二（乙二胺）合钴（Ⅲ）离子

　　　　[Co(NH$_3$)$_4$(H$_2$O)$_2$]$^{2+}$　四氨·二水合钴（Ⅱ）离子

2. 离子型配合物的命名　　配合物的命名服从一般无机化合物的命名原则。若外界为简单阴离子，如 Cl$^-$、OH$^-$ 等，则称为"某化某"；若外界为 H$^+$，则称为"某酸"；若阴离子为含氧酸根或配离子，则称为"某酸某"。

例如，[Ag(NH$_3$)$_2$]OH　　　　氢氧化二氨合银（Ⅰ）

　　　　H$_2$[SiF$_6$]　　　　　　　六氟合硅（Ⅳ）酸

　　　　Na$_3$[Ag(S$_2$O$_3$)$_2$]　　　二（硫代硫酸根）合银（Ⅰ）酸钠

　　　　[Cu(NH$_3$)$_4$]SO$_4$　　　硫酸四氨合铜（Ⅱ）

还应该指出的是：①对于配位分子，可不必标出其中心原子的氧化数。例如，[Ni(CO$_4$)]：四羰基合镍；[Fe(CO)$_5$]：五羰基合铁。②某些常见的配合物有其习惯上沿用的名称。例如，[Ag(NH$_3$)$_2$]$^+$ 称为银氨配离子，[Cu(NH$_3$)$_4$]$^{2+}$ 称为铜氨配离子，K$_3$[Fe(CN)$_6$] 称为铁氰化钾或赤血盐，K$_4$[Fe(CN)$_6$] 称为亚铁氰化钾或黄血盐。

四、配合物的异构现象

异构现象（isomerism）是指化合物的化学组成相同而结构和性质不同的现象，这些化合物互称为同分异构体（isomer）。在配合物中，异构现象相当普遍，且具有很重要的实际意义。

（一）结构异构

化学组成相同而化学键不同所引起的异构，称为结构异构（structural isomerism），如同种配体所用的配位原子不同、配体自身有异构体、配体在内界和外界分配不同，或者配体在配阳离子和配阴离子中分配不同等。如前面讲的 SCN^- 是两可配体，既可以用 S 配位，也可以用 N 配位。在 $[Ag(SCN)_2]^-$ 中，配位原子是 S；而在 $[Fe(NCS)_6]^{3-}$ 中，配位原子是 N。金属离子对配位原子的选择取决于二者的软硬酸碱性，该部分内容会在后面详细介绍。

（二）立体异构

化学组成和化学键都相同，只是配体在中心原子周围空间排布方式不同而引起的异构，称为立体异构（stereoisomerism）。立体异构又分为几何异构和旋光异构。

1．几何异构 在配合物中，中心原子处于中央位置，配体按照一定的方式排布在中心原子周围。配体的排布方式不同则形成不同的几何结构，即几何异构体（geometrical isomer）。配位数为 4 的平面正方形和配位数为 6 的八面体配合物中常会出现几何异构体。最典型的代表是 $[PtCl_2(NH_3)_2]$，4 个配体形成平面四方形，2 对配体（2 个 Cl^-、2 个 NH_3）有两种排布方式：两个 Cl^- 可以相邻，也可以相对，分别称为顺式（用 *cis* 表示）或反式（*trans*），如图 13-6 所示。所以，几何异构体也常被称为顺反异构。

cis-$[PtCl_2(NH_3)_2]$　　*trans*-$[PtCl_2(NH_3)_2]$

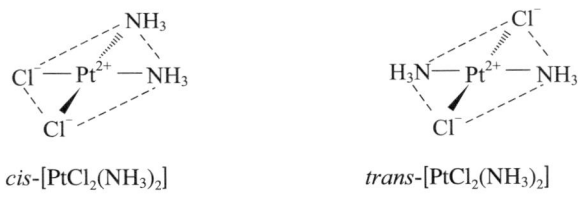

图 13-6　$[PtCl_2(NH_3)_2]$ 的顺反异构体

cis-$[PtCl_2(NH_3)_2]$ 简称顺铂（cisplatin），是一种广泛应用的抗癌药，但反式异构体 *trans*-$[PtCl_2(NH_3)_2]$ 简称反铂（transplatin），没有抗癌活性。

几何异构也存在于 6 配位的八面体配合物中。例如，在 $[CoCl_2(NH_3)_4]^+$ 配离子中，2 个 Cl^- 要么在同侧、具有 90° 的 Cl—Co—Cl 键角，要么在对角、具有 180° 的 Cl—Co—Cl 键角（图 13-7）。*cis*-$[CoCl_2(NH_3)_4]^+$ 是紫色的，而 *trans*-$[CoCl_2(NH_3)_4]^+$ 是绿色的。

cis-$[CoCl_2(NH_3)_4]^+$　　*trans*-$[CoCl_2(NH_3)_4]^+$

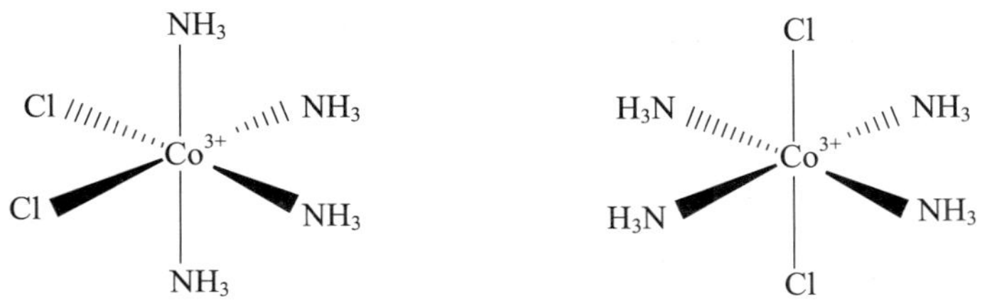

图 13-7　$[CoCl_2(NH_3)_4]^+$ 的几何异构体

2. 旋光异构

旋光异构是指两个或多个分子由于构型上的差异而表现出不同旋光性能的现象。这些分子互为旋光异构体（enantiomer），它们具有相等的旋光能力，但旋光方向相反。两种异构体的对称关系类似于一个人的左手和右手，互成镜像关系，该特征称为物质的手性。

以 $[CoCl_2(en)_2]Cl$ 为例讨论，2 个 Cl^- 有两种排布方式：顺式异构体中相邻的键合位置和反式异构体中对角的键合位置，其中顺式异构体见图 13-8A。$cis\text{-}[CoCl_2(en)_2]^+$ 配离子是手性的：它有一个与之不同的镜像（图 13-8B）。二者的不同之处在于：无法旋转镜像使它的所有原子准确地对准原配离子的相应原子。换句话说，这两个结构不能重叠。化学家们称这类不能重合的立体异构体为对映异构体。因对映异构体的旋光性不同，所以又称为旋光异构体[①]。

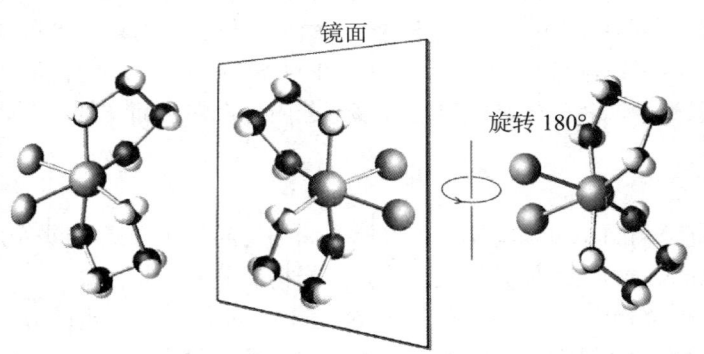

A. $cis\text{-}[CoCl_2(en)_2]^+$　　B. $cis\text{-}[CoCl_2(en)_2]^+$ 的镜像　　C. 旋转180°后的镜像

图 13-8　$cis\text{-}[CoCl_2(en)_2]^+$ 的两种旋光异构体

一般来说，旋光异构体具有相同的物理和化学性质，它们仅有的差别是旋转偏振光平面的方向不同。值得注意的是，有时一对旋光异构体的生理作用有很大的差异。旋光异构体在生物体内十分重要，许多生物配体具有旋光活性。例如，天然存在于烟草中的左旋尼古丁的毒性要比实验室制得的右旋尼古丁的毒性大得多。许多药物也存在着旋光异构现象，而且通常仅有一种异构体有效，而另一种无效，甚至是有害的。如左旋多巴为抗帕金森病药物，而右旋多巴无生理活性；左旋 R 构型氯霉素的抗菌活性是右旋 S 构型氯霉素的 250 倍；R 构型的沙利度胺止吐，而 S 构型的沙利度胺致畸性。因此，如果能拆分这些药物中的旋光异构体，则有可能降低药物的毒副作用和用药量。

第二节　配合物的化学键理论

配合物中的化学键一直是化学家十分感兴趣的问题。自 19 世纪末瑞士化学家 Werner 创立了配位学说，提出了配位键的概念之后，经过化学家一百多年的探索，特别是到了 20 世纪，在对原子结构和分子结构深入认识的基础上，配合物的结构理论得到了迅速发展。关于配合物的结构理论主要有价键理论（valence bond theory，VBT）、晶体场理论（crystal field theory，CFT）和配位场理论（ligand field theory，LFT）。由于价键理论和晶体场理论简单清晰、使用方便，在研究配合物的结构和性质时得到了广泛使用。因此，这里主要介绍价键理论和晶体场理论。

[①] 这两种旋光异构体使偏振光平面旋转的程度是一样的；不过一种使偏振光平面右旋，称为右旋（d）异构体，另一种使偏振光平面左旋，称为左旋（l）异构体；混合物称为消旋体，分离消旋体称为拆分。

一、配合物的价键理论

1931 年，美国化学家鲍林（L. Pauling）把杂化轨道理论应用到配合物上，提出了配合物的价键理论，主要用于讨论配合物中配位键的形成，并对配合物的空间构型、磁性及稳定性做出了合理解释。

（一）价键理论的基本要点

1. 中心原子与配体之间以配位键结合，中心原子提供空轨道，配体中的配位原子提供孤对电子。中心原子是电子的受体（acceptor），配位原子是电子的给体（donor）。因此，根据酸碱电子理论，中心原子又称为 Lewis 酸，配体又称为 Lewis 碱。

2. 中心原子所提供的空轨道在配位键形成之前必须首先进行杂化，形成能量相同、具有一定空间伸展方向的杂化轨道。有多少原子轨道参与杂化，就形成等数目的杂化轨道。

3. 杂化轨道接受配位原子提供的孤对电子而形成配位键。杂化轨道可以提高成键能力，并形成特定结构的配合物。

4. 中心原子的杂化类型取决于中心原子的价电子构型和配体的数目、种类。杂化类型决定配合物的空间构型、磁性和相对稳定性。

之前讨论的如 H_2O 和 NH_3 等分子，主要是中心原子的 s 轨道和 p 轨道之间的各种杂化（见第十章）。在配合物的形成过程中，中心原子通常为过渡金属离子，除了 s 轨道和 p 轨道，往往还需要 d 轨道的参与。配合物中常见的杂化类型有 sp、sp^3、dsp^2、sp^3d^2 或 d^2sp^3 等。表 13-4 主要列出了常见的配合物中心原子的轨道杂化类型与配合物空间构型的关系。

表 13-4　常见的配合物中心原子的轨道杂化类型与配合物空间构型的关系

配位数	杂化类型	空间构型	结构示意图	实例
2	sp	直线形 (linear)	L—M—L	$[Ag(NH_3)_2]^+$、$[Ag(CN)_2]^-$、$[CuCl_2]^-$
4	sp^3	四面体 (tetrahedron)		$[NiCl_4]^{2-}$、$[Zn(NH_3)_4]^{2+}$、$[Zn(CN)_4]^{2-}$、$[Cd(NH_3)_4]^{2+}$、$[HgI_4]^{2-}$
4	dsp^2	平面正方形 (square planar)		$[Ni(CN)_4]^{2-}$、$[Cu(H_2O)_4]^{2+}$、$[PtCl_2(NH_3)_2]$、$[PtCl_4]^{2-}$
6	sp^3d^2 d^2sp^3	八面体 (octahedron)		$[FeF_6]^{3-}$、$[Fe(H_2O)_6]^{2+}$、$[Fe(H_2O)_6]^{3+}$、$[CoF_6]^{3-}$、$[Ni(NH_3)_6]^{2+}$ $[Fe(CN)_6]^{3-}$、$[Fe(CN)_6]^{4-}$、$[PtCl_6]^{2-}$、$[Co(NH_3)_6]^{3+}$、$[Co(en)_3]^{2+}$

从表中可以看出，二配位的杂化类型为 sp 杂化，配离子的空间构型为直线形；四配位的杂化类型有 sp^3 和 dsp^2 两种类型，分别为四面体和平面正方形；六配位的杂化类型有 sp^3d^2 和 d^2sp^3 两种类型，均为八面体构型。

除了表中所列出的常见的轨道杂化类型外，还有 sp^2 杂化（三角形）、dsp^3 杂化（三角双锥形）以及 dsp³（四方锥形）杂化等类型，因不太常见，在此不作介绍。

（二）常见的杂化轨道类型及配合物的空间构型实例

配合物的中心原子通常为过渡金属离子。过渡金属元素的价层电子构型为 $(n-1)d^{0\sim10}ns^{1\sim2}$，失去价电子形成的金属离子的空轨道包括 $(n-1)d$、ns、np 和 nd 轨道。这里主要介绍配位数为二、四和六的配合物的形成过程。

1. 二配位配合物 以 $[Ag(NH_3)_2]^+$ 配离子的形成为例。中心原子 Ag^+ 的价电子构型为 $4d^{10}$，5 个 4d 轨道为全满，但 5s 和 5p 轨道均为空轨道。当 Ag^+ 与 NH_3 形成 $[Ag(NH_3)_2]^+$ 时，Ag^+ 的 1 个 5s 和 1 个 5p 轨道进行杂化，形成 2 个能量相等的 sp 杂化轨道，每个空 sp 杂化轨道接受 1 个 NH_3 中的 N 原子提供的一对孤对电子，形成 2 个配位键。由于 sp 杂化轨道夹角为 180°，所以 $[Ag(NH_3)_2]^+$ 为直线形离子。其形成过程如下：

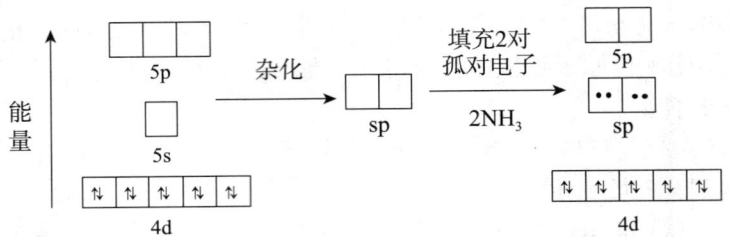

2. 四配位配合物 在 $[Ni(NH_3)_4]^{2+}$ 配离子中，中心原子 Ni^{2+} 的价层电子构型为 $3d^8$，3 个 d 轨道全满，2 个 d 轨道各有 1 个单电子，这些轨道均无法接受孤对电子。其外层的 4s 和 4p 轨道为空轨道。1 个 4s 和 3 个 4p 轨道进行杂化，形成 4 个 sp^3 杂化轨道，4 个 sp^3 轨道指向正四面体的 4 个角。每个 sp^3 轨道接受 1 个 NH_3 提供的一对孤对电子，形成正四面体的 $[Ni(NH_3)_4]^{2+}$。其形成过程如下：

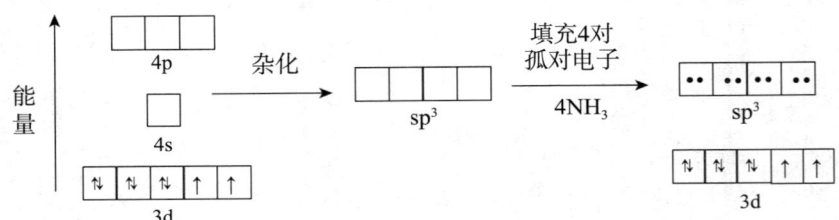

与 $[Ni(NH_3)_4]^{2+}$ 不同的是，在 $[Ni(CN)_4]^{2-}$ 配离子中，中心离子 Ni^{2+} 的价层电子构型为 $3d^8$，Ni^{2+} 与 4 个 CN^- 配位时，其 3d 轨道中的电子发生重排，8 个电子共占据 4 个轨道，空出 1 个 d 轨道。这个 d 轨道与 1 个 4s、2 个 4p 轨道发生 dsp^2 杂化，形成平面正方形的构型。每个 dsp^2 轨道接受 1 个 CN^- 中的 C 原子提供的一对孤对电子，形成 4 个配位键，从而得到平面正方形的 $[Ni(CN)_4]^{2-}$。

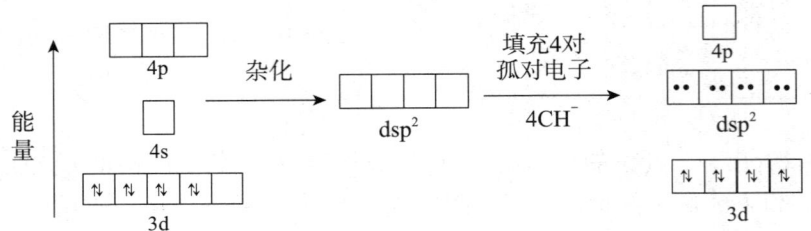

3. 六配位配合物 以 $[FeF_6]^{3-}$ 为例。中心原子 Fe^{3+} 的价层电子构型为 $3d^5$，5 个 3d 轨道

各填充 1 个单电子。Fe^{3+} 以 1 个 4s、3 个 4p 和 2 个 4d 轨道进行 sp^3d^2 杂化，形成 6 个空的杂化轨道，分别接受 F^- 提供的 1 对孤对电子，形成 6 个配位键，所形成的 $[FeF_6]^{3-}$ 为八面体构型。

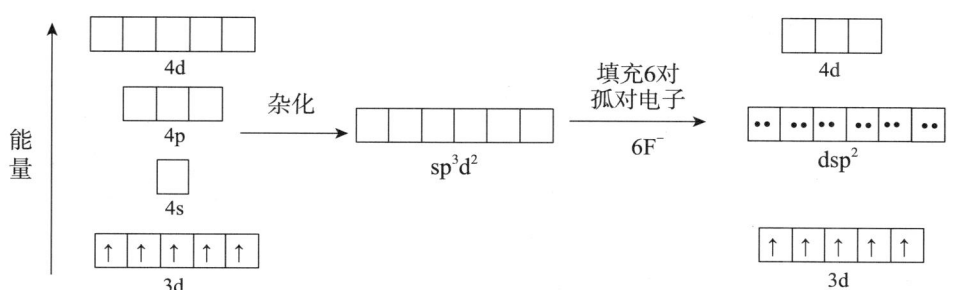

与配位数为 4 的配离子的情形相似，配位数为 6 的配合物的中心原子除了发生 sp^3d^2 杂化之外，还可以发生 d^2sp^3 杂化，后者使用了次外层的 d 轨道，如 $[Fe(CN)_6]^{3-}$ 配离子中的 Fe^{3+}。在 $[Fe(CN)_6]^{3-}$ 中，Fe^{3+} 的 5 个 3d 电子在轨道中发生重排，其中 4 个电子两两成对，占据 2 个 3d 轨道，1 个单电子占据 1 个 3d 轨道，空出 2 个 3d 轨道。这 2 个 3d 空轨道与 1 个 4s 轨道和 3 个 4p 轨道进行 d^2sp^3 杂化，形成 6 个杂化轨道。每个杂化轨道接受 1 个 CN^- 中的 C 原子提供的一对孤对电子，形成 6 个配位键，从而得到了八面体构型的 $[Fe(CN)_6]^{3-}$。

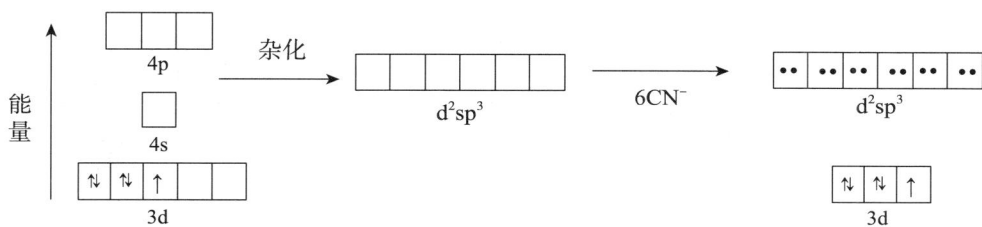

由此可见，同一中心原子与不同配体结合时，可采用不同的杂化类型。在杂化过程中，中心原子的外层或次外层的 d 轨道都有可能参与杂化，从而决定中心原子的杂化类型以及配合物的空间构型。

（三）外轨型配合物和内轨型配合物

在形成配合物时，中心原子若全部使用外层的 ns、np、nd 空轨道进行杂化成键，则形成外轨型配合物（outer-orbital coordination compound）；若中心原子除了用外层的 ns、np 空轨道外，还使用了次外层 $(n-1)d$ 空轨道进行杂化成键，则形成内轨型配合物（inner-orbital coordination compound）。形成外轨型配合物还是形成内轨型配合物，由中心原子的价层结构和配体的性质共同决定，中心原子的 $(n-1)d$ 轨道上的电子数目决定可能空出的 d 轨道数目以及杂化类型。

1. 当中心原子的 $(n-1)d$ 轨道为全充满（d^{10}），如 Zn^{2+}、Cd^{2+}、Hg^{2+}、Ag^+ 等离子，由于没有可利用的 $(n-1)d$ 空轨道，只能形成外轨型配合物，如 $[Zn(NH_3)_4]^{2+}$、$[Cd(CN)_4]^{2-}$、$[HgI_4]^{2-}$、$[Ag(NH_3)_2]^+$ 等均为外轨型配合物。

2. 当中心原子的 $(n-1)d$ 电子数不超过 3 个时，至少有 2 个空的 $(n-1)d$ 轨道，所以总是形成内轨型配合物。如 Cr^{3+} 有 3 个 3d 电子，有 2 个空的 3d 轨道，因此 $[Cr(NH_3)_6]^{3+}$ 和 $[CrCl_3(NH_3)_3]$ 均为内轨型配合物。

3. 当中心原子具有 $d^4 \sim d^8$ 价层电子构型时，既可以形成外轨型配合物，又可以形成内轨型配合物，这时配体就成为决定配合物类型的主要因素。一般来说，若配体中的配位原子的电负性大（如 F 和 O），不易给出孤对电子，电子的离域能力弱，难以深入中心原子内层轨道，只能填充到其最外层空轨道上，形成外轨型配合物，如 [NiCl$_4$]$^{2-}$ 和 [FeF$_6$]$^{3-}$ 等。若配体中的配位原子的电负性小（如 CO 和 CN$^-$ 中的 C），容易给出孤对电子，电子的离域能力强，可以深入到中心原子内层，使 $(n-1)$d 电子发生重排，空出 $(n-1)$d 轨道，从而形成内轨型配合物，如 [Ni(CN)$_4$]$^{2-}$ 和 [Fe(CN)$_6$]$^{3-}$ 等。由于 $(n-1)$d 轨道比 nd 轨道的能量低，同一中心原子所形成的内轨型配合物比相应的外轨型配合物要稳定，例如 [Fe(CN)$_6$]$^{3-}$ 比 [FeF$_6$]$^{3-}$ 的稳定性好。

因此，可以基于中心离子的电子构型和配位原子的电负性大小，推断配合物属于外轨型还是内轨型，以及配合物的相对稳定性。

（四）配合物的磁性

磁性是物质在外磁场作用下表现出来的性质。物质的磁性与其内部是否存在单电子直接相关。如果物质中电子均已成对，电子自旋所产生的磁效应相互抵消，这种物质的磁矩为零，称为抗磁性物质。抗磁性物质在外磁场中会产生一个与外磁场方向相反的诱导磁矩而受到外磁场的排斥。若物质内部有单电子，电子自旋产生的磁效应不能抵消，净磁矩大于零，称为顺磁性物质。顺磁性物质在外磁场中则产生一个与外磁场方向一致的磁矩，从而受到外磁场的吸引。因此，在外磁场中，顺磁性物质会变重（图 13-9B），而抗磁性物质会变轻（图 13-9C）。

A. 无磁场　　　　　　B. 顺磁性物质　　　　　　C. 抗磁性物质

图 13-9　磁场中的顺磁性物质和抗磁性物质

物质磁性的强弱用磁矩（μ）来衡量，磁矩的大小与其内部单电子数（n）有关，二者之间存在如下近似关系：

$$\mu = \sqrt{n(n+2)}$$

磁矩的单位是玻尔磁子（Bohr magneton，B.M.）[①]。$\mu = 0$ 的物质，其内部电子都已成对，具有抗磁性；$\mu > 0$ 的物质，其内部含有单电子，具有顺磁性。单电子数越多，μ 值越大。表 13-5 列出了含不同单电子数的物质磁矩的近似值。

表 13-5　含不同单电子数的物质的磁矩近似值

n	0	1	2	3	4	5
μ（B.M.）	0.00	1.73	2.83	3.87	4.90	5.92

物质的磁矩可以用磁天平进行测量。通过测定配合物的磁矩可以推断单电子的数目，了解中心原子的价层电子排布情况，确定配合物是内轨型还是外轨型，判断配合物的结构和性质。

---

① 1 B.M. = 9.274 × 10^{-24} J/T

【例 13-1】 实验测得 $[Fe(C_2O_4)_3]^{3-}$ 和 $[Co(NH_3)_6]^{3+}$ 配离子的磁矩分别为 5.75 B.M. 和 0，试推测它们的：(1) 空间构型；(2) 单电子数；(3) 中心离子的轨道杂化类型；(4) 属于内轨型还是外轨型配合物。

解：(1) $[Fe(C_2O_4)_3]^{3-}$ 配离子中，$C_2O_4^{2-}$ 为双齿配体，故中心离子 Fe^{3+} 的配位数为 6，因此，$[Fe(C_2O_4)_3]^{3-}$ 配离子的空间构型为八面体。$[Co(NH_3)_6]^{3+}$ 配离子中，NH_3 为单齿配体，中心离子 Co^{3+} 的配位数为 6，配离子的空间构型也为八面体。

(2) 根据 $\mu = \sqrt{n(n+2)}$，当 $\mu = 5.75$ 时，解得 $n = 4.84$；当 $\mu = 0$ 时，解得 $n = 0$。一般按磁矩公式求得的 n 取其最接近的整数，即为单电子数。这样，$[Fe(C_2O_4)_3]^{3-}$ 中的单电子数为 5，$[Co(NH_3)_6]^{3+}$ 的单电子数为 0。

(3) 自由离子 Fe^{3+} 的价层电子构型为 $3d^5$，含有 5 个单电子，分占 5 个 3d 轨道。$[Fe(C_2O_4)_3]^{3-}$ 中的单电子数也是 5，也占据 5 个 3d 轨道。因此，$[Fe(C_2O_4)_3]^{3-}$ 的杂化类型为 sp^3d^2。

自由离子 Co^{3+} 的价层电子构型为 $3d^6$，含有 4 个单电子。$[Co(NH_3)_6]^{3+}$ 的单电子数应为 0，说明 Co^{3+} 的 6 个电子全部成对，空出了 2 个 3d 轨道。因此，$[Co(NH_3)_6]^{3+}$ 的杂化类型为 d^2sp^3。

(4) $[Fe(C_2O_4)_3]^{3-}$ 为外轨型配合物，$[Co(NH_3)_6]^{3+}$ 为内轨型配合物。

生物体内的氧合血红蛋白和去氧血红蛋白在结构和磁性上有显著差别。血红蛋白由 4 个亚基组成，每个亚基包含一个血红素，血红素中的铁与卟啉环的 4 个 N 原子配位，在轴向位置与蛋白质的组氨酸的咪唑 N 原子连接，第六配位位置可以结合氧。未与氧结合之前，血红蛋白中的血红素铁是五配位，其空间构型为四角锥，Fe^{2+} 呈高自旋状态，具有顺磁性，Fe^{2+} 离子半径稍大于卟啉环上 4 个 N 原子围成的孔穴，因而 Fe^{2+} 离子位于卟啉环平面上方（距离卟啉环平面 0.04 nm），血红蛋白分子结构处于一种紧张状态（T state）。与氧结合后，O_2 参与配位，血红素铁变为六配位，空间构型为八面体，Fe^{2+} 转为低自旋状态，抗磁性，Fe^{2+} 离子半径稍有缩小，可进入卟啉环的孔穴中，进而牵动蛋白质侧链移动，使蛋白质的构象发生改变，血红蛋白分子处于一种相对的松弛状态（R state）（图 13-10）。

光谱实验结果表明，血红素结合 O_2 后，Fe^{2+} 将 1 个电子传递给 O_2 分子，形成 $Fe^{3+}-\cdot O_2^-$。当将 O_2 卸载后，血红素中的 Fe^{3+} 又回到 Fe^{2+} 的状态。血红蛋白运载 O_2 依赖中心铁离子的可逆价态之间的变化，Fe^{2+} 与 O_2 之间发生了电子的表观转移：

$$Fe^{2+} + O_2 \rightleftharpoons Fe^{3+}-\cdot O_2^-$$

配合物的价键理论简单明晰，能够很好地解释配合物的空间构型、磁性和稳定性，在配位化学的发展过程中起了很大的作用。但是，由于价键理论只孤立地看到配体与中心原子之间的成键，忽略了配体对中心原子的作用，对配合物的特征吸收光谱和颜色无法给出合理解释。事

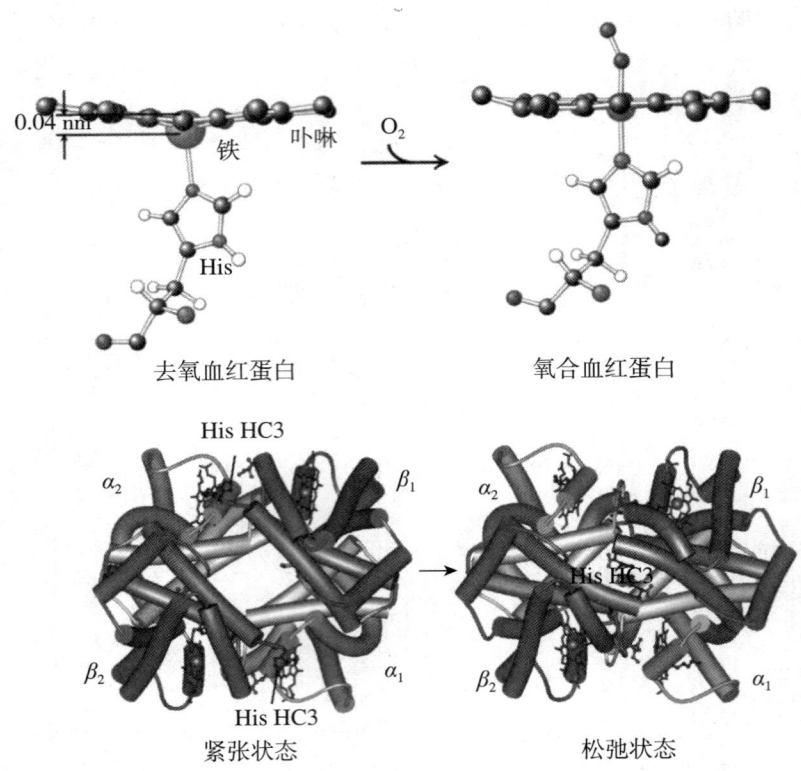

图 13-10 氧合前后血红蛋白的结构变化

实上，配体对中心原子 d 轨道存在非常大的影响，特别是对 d 轨道能量的影响，而正是这种能量变化与配合物的性质有着密切关系。自 20 世纪中期，配合物的价键理论逐渐被晶体场理论和配位场理论所代替。

二、配合物的晶体场理论

1923—1935 年，物理学家贝特（H. Bethe）和范弗莱克（J. H.Van Vleck）提出了晶体场理论（CFT）。该理论是在静电理论的基础上，结合量子力学和群论的一些观点，研究配体对中心离子 d 轨道的影响。晶体场理论成功地解释了配合物的吸收光谱、磁性及稳定性等一系列性质。

（一）晶体场理论的基本要点

1．中心原子与配体之间以静电引力相互作用。中心原子带正电，配体是负的点电荷或偶极子。它们之间的作用类似于离子晶体中正负离子之间形成的离子键。配体围绕在中心离子周围，形成具有一定几何形状的负电荷场，称为晶体场（crystal field）。

2．中心原子在配体所形成的晶体场作用下，原来能量相同的 5 个简并 d 轨道能量整体升高，但升高的程度不完全相同，有些 d 轨道能量升高得偏多，有些则偏少，从而产生能级分裂现象。

3．中心原子的 d 电子在分裂后的轨道上发生重新排布，使体系的总能量降低。d 电子的排布情况决定了配合物的颜色、磁性等性质。

（二）晶体场中的 d 轨道能级分裂

这里主要以正八面体构型的配合物为例，讨论 d 轨道的能级分裂。

配合物的中心原子大多为过渡金属离子，其价层中 5 个简并 d 轨道的空间取向不同，所以在不同对称性的配体负电场的作用下，这些 d 轨道将受到不同的影响。假设配体的负电荷均匀分布在以中心原子为球心的球面上，则中心原子的 5 个 d 轨道受到球形对称的负电场的排斥力相等，与没有受到负电场作用的自由金属离子相比，5 个 d 轨道的能量会同等程度地升高。

实际上，在正八面体中，6 个配体所形成的负电场并不是球形场。如图 13-11 所示，设想中心离子处在一个三维直角坐标系的原点，6 个配体沿着坐标轴的正、负两个方向（$\pm x$、$\pm y$、$\pm z$）接近中心原子，其中 $d_{x^2-y^2}$ 和 d_{z^2} 轨道的电子云极大值方向正好与配体负电荷迎头相碰，受到的排斥力较大，因此能级升高较多；而 d_{xy}、d_{xz} 和 d_{yz} 轨道的电子云正处于配体之间的空隙中，受到的排斥力较小，因而能量升高较少。与球形场中的情况不同，正八面体场中的 5 个 d 轨道分裂成两组：一组是能量较高的 $d_{x^2-y^2}$ 和 d_{z^2}，为二重简并轨道，称为 d_γ 或 e_g 能级 ①，高于球形场中 d 轨道的能量；另一组是能量较低的 d_{xy}、d_{xz} 和 d_{yz}，为三重简并轨道，称为 d_ε 或 t_{2g} 能级，低于球形场中 d 轨道的能量（图 13-12）。

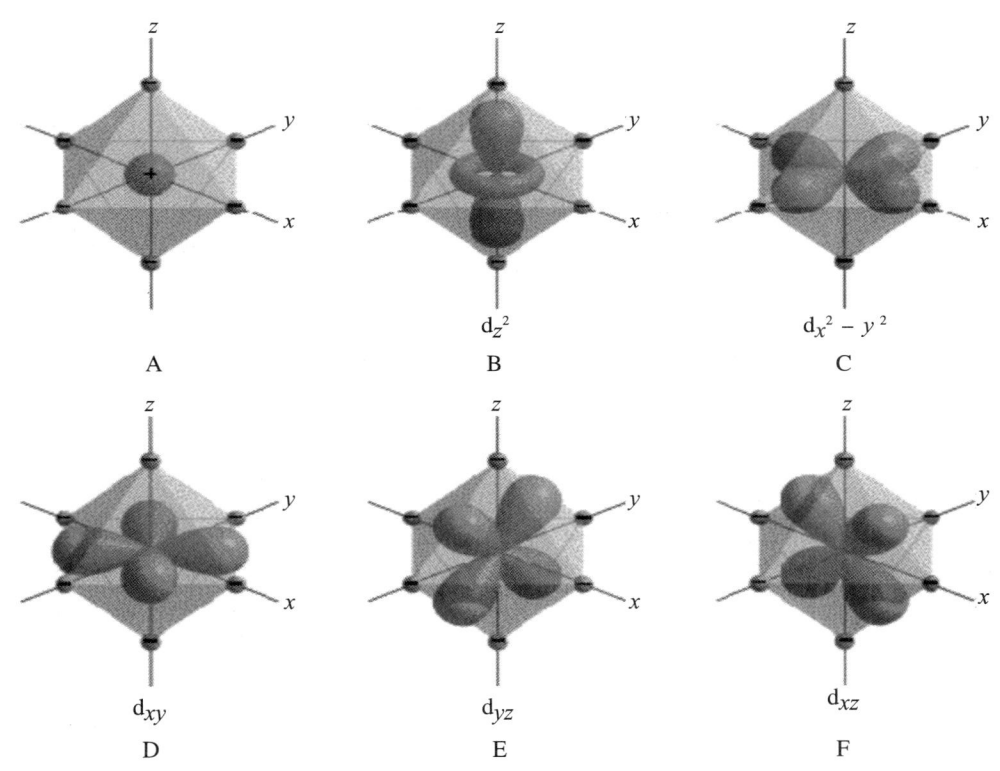

图 13-11 正八面体配合物的中心原子 d 轨道与配体的相对位置

分裂后的两组轨道之间的能量差称为分裂能（splitting energy），用符号 Δ 表示。八面体的分裂能符号为 Δ_o ②。有些书用 Dq 为单位表示分裂能，$\Delta_o = 10$ Dq。在数值上 Δ_o 相当于 1 个电子从 t_{2g} 跃迁到 e_g 所需要的能量。根据量子力学原理，可以计算分裂后的 t_{2g} 和 e_g 能级的相对能量。由于 d 轨道分裂过程中总能量保持不变，即 e_g 两个轨道能量增加值等于 t_{2g} 三个轨道能量降低值，若以球形场中 d 轨道的能量为零点，则有

---

① d_γ 和 d_ε 是晶体场理论中使用的符号，e_g 和 t_{2g} 是群论中使用的符号。
② 下标 o 是英文 octahedron（八面体）的首字母。

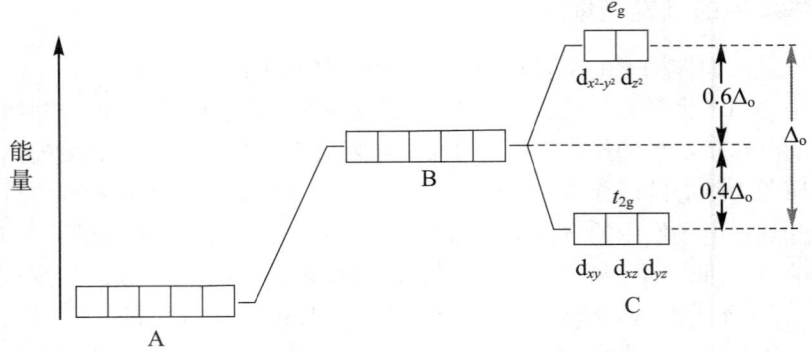

图 13-12　正八面体场的中心原子 d 轨道的能级分裂
A. 自由离子的 d 轨道；B. 球形场中的 d 轨道；C. 正八面体场中的 d 轨道

$$E(e_g) - E(t_{2g}) = \Delta_o$$
$$2E(e_g) + 3E(t_{2g}) = 0$$

解此方程组得

$$E(e_g) = +0.6\Delta_o$$
$$E(t_{2g}) = -0.4\Delta_o$$

即相对于球形场中的 d 轨道能量，在正八面体场中，e_g 能级中每个轨道能量上升 $0.6\Delta_o$，而 t_{2g} 每个轨道能量下降 $0.4\Delta_o$。

在正四面体场中，中心离子的 5 个 d 轨道也分裂成两组：一组是能量较高的 d_{xy}、d_{xz} 和 d_{yz}（t_2 能级），另一组是能量较低的 $d_{x^2-y^2}$ 和 d_{z^2}（e 能级①）。此外，其分裂能 Δ_t② 较小，为八面体分裂能 Δ_o 的 4/9（图 13-13）。

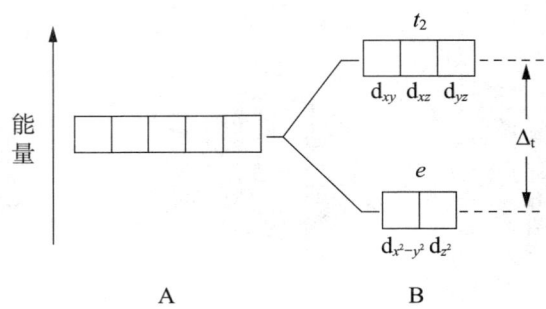

图 13-13　正四面体场中 d 轨道的能级分裂
A. 球形场中的 d 轨道；B. 正四面体场中的 d 轨道

（三）影响分裂能大小的因素

晶体场分裂能的大小除了前面讨论的与配合物的空间构型有关外，还与配体的性质、中心原子所带电荷和半径密切相关。

1. 配体的场强　对于同一中心原子，分裂能的大小与配体的种类有关。表 13-6 列出了一些八面体配合物的分裂能。

---

① 没有下标 g。
② 下标 t 表示四面体（tetrahedron）。

表 13-6　一些八面体配合物的分裂能（cm^{-1}）

中心离子	Cl⁻	H₂O	NH₃	en	CN⁻
$Cr^{3+}(d^3)$	13700	17400	21500	21900	26600
$Mn^{2+}(d^5)$	7500	8500	—	10100	30000
$Fe^{3+}(d^5)$	11000	14300	—	—	35000
$Fe^{2+}(d^6)$	—	10400	—	—	32800
$Co^{3+}(d^6)$	—	20700	22900	23200	34800
$Rh^{3+}(d^6)$	20400	27000	34000	34600	45500

从表中数据可以看出，不同配体导致不同大小的分裂能。习惯上，将配体导致分裂能大小的能力称为配体的"场强"。配体的场强越大，分裂能就越大。把能产生较大分裂能的配体称为强场配体（strong-field ligand），而产生较小分裂能的配体称为弱场配体（weak-field ligand）。强场配体比弱场配体的配位能力强。根据光谱数据，总结出了配体导致分裂能大小的顺序，称为光谱化学序列（spectrochemical series）。其中部分配体序列如下：

$I^- < Br^- < S^{2-} < SCN^- < Cl^- < ONO^- < F^- < OH^- < C_2O_4^{2-} < H_2O < EDTA < NCS^- < NH_3 < en < bipy < phen < NO_2^- < CN^- \approx CO$

左端的为弱场配体，如 I^-、F^-、$C_2O_4^{2-}$ 等；右端的为强场配体，如 CN^-、CO 等。上述光谱化学序列中通常将配位原子相同的放在一起，如 OH^-、$C_2O_4^{2-}$、H_2O 的配位原子均为 O；又如 NH_3、en 的配位原子均为 N。可以粗略地按配位原子来推断分裂能的大小：$I^- < Br^- < Cl^- < F^- < O < N < C$。

2．中心原子的电荷和半径

（1）当配体相同时，同一中心原子所带电荷越多，吸引配体的能力越强，则中心原子与配体之间的距离越近，配体对中心原子价层 d 轨道的排斥作用越强，分裂能就越大。例如：

$[Fe(H_2O)_6]^{2+}$　$\Delta_o = 10400\ cm^{-1}$；　$[Fe(H_2O)_6]^{3+}$　$\Delta_o = 14300\ cm^{-1}$
$[Co(H_2O)_6]^{2+}$　$\Delta_o = 9300\ cm^{-1}$；　$[Co(H_2O)_6]^{3+}$　$\Delta_o = 20700\ cm^{-1}$

（2）同种配体与相同氧化数的同族过渡金属离子形成同构型的配合物时，分裂能随中心原子所在周期数的增加而增大。例如：

$[Co(NH_3)_6]^{3+}$　$\Delta_o = 22900\ cm^{-1}$；　$[Rh(NH_3)_6]^{3+}$　$\Delta_o = 34000\ cm^{-1}$
$[Co(en)_3]^{3+}$　$\Delta_o = 23200\ cm^{-1}$；　$[Rh(en)_3]^{3+}$　$\Delta_o = 34600\ cm^{-1}$

这是由于同族的中心原子随着周期增加，电子层数增多，d 轨道伸展范围越大，它与配体间的相互排斥作用越强，从而导致较大的分裂能。

（四）晶体场中的 d 电子排布

在晶体场中，中心原子的 d 电子在分裂后的轨道中重新排布。排布原则和前面讲的原子内电子排布原则相同。以正八面体场为例说明：

1．能量最低原理　中心原子的 d 电子首先填充在能量较低的 t_{2g} 轨道，然后再填充能量较高的 e_g 轨道。每个轨道最多填 2 个电子，且这 2 个电子自旋相反。

2．Hund 规则　在能量相等的简并轨道中，电子优先以自旋平行的方式分占不同的轨道。中心原子 d 电子数为 1～3 时，电子分占不同的 t_{2g} 轨道且自旋平行。

3．分裂能与成对能　当中心原子 d 电子数为 4 时，第四个电子存在两种排布方式：一种是第四个电子克服分裂能 Δ_o 填充到高能级的 e_g 轨道，另一种是这个电子进入低能级的 t_{2g} 轨道，与其中一个电子成对（图 13-14）。选择哪种方式，取决于分裂能和成对能的相对大小。当轨道中已有一个电子，第二个电子进入并与之成对时，需要给予一定的能量来克服电子间的相互排斥作用，这种能量称为电子成对能（electron pairing energy），用 P 表示。

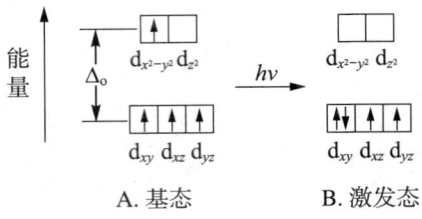

图 13-14　d^4 电子构型的高自旋（A）和低自旋排布（B）

若 $\Delta_o < P$，第四个电子克服 Δ_o 进入 e_g 轨道，生成单电子数较多的高自旋配合物（high-spin coordination compound）。弱场配体造成的分裂能小于成对能。

若 $\Delta_o > P$，第四个电子克服成对能进入 t_{2g} 轨道，生成单电子数较少的低自旋配合物（low-spin coordination compound）。强场配体造成的分裂能大于成对能。

同理，中心原子 d 电子数为 5～7 时，也存在高自旋和低自旋两种排布方式。而对于 d 电子数为 8～10 的中心原子，无论是强场配体还是弱场配体，其 d 电子只有一种排布方式，无高、低自旋之分。表 13-7 给出了一些正八面体配合物的分裂能和电子成对能的数据。

表 13-7　一些正八面体配合物的分裂能、电子成对能和自旋状态

d 电子数	中心离子	配体	Δ_o（cm^{-1}）　P（cm^{-1}）[①]	自旋状态
3	Cr^{3+}	H_2O	17400 < 23500	高自旋
5	Mn^{2+}	H_2O	7800 < 21700	高自旋
	Mn^{2+}	CN^-	30000 > 21700	低自旋
	Fe^{3+}	H_2O	14300 < 26500	高自旋
	Fe^{3+}	CN^-	35000 > 26500	低自旋
6	Fe^{2+}	H_2O	10400 < 15000	高自旋
	Fe^{2+}	CN^-	32800 > 15000	低自旋
	Co^{3+}	F^-	13000 < 17800	高自旋
	Co^{3+}	H_2O	20700 > 17800	低自旋
	Co^{3+}	NH_3	22900 > 17800	低自旋
	Co^{3+}	en	23200 > 17800	低自旋
	Co^{3+}	CN^-	34800 > 17800	低自旋
7	Co^{2+}	H_2O	9300 < 19100	高自旋
	Co^{2+}	NH_3	10100 < 19100	高自旋
	Co^{2+}	en	11000 < 19100	高自旋

总之，在八面体场中，中心原子 d 电子数为 1～3 和 8～10 时，无论配体是强场配体还是弱场配体，其 d 电子都只有一种排布方式。当中心原子外层 d 电子数为 4～7 时，d 电子排布需要考虑 Δ_o 与 P 的相对大小：同一中心原子与强场配体形成低自旋配合物，与弱场配体形成高自旋配合物。

---

① Δ_o 或 P 以波数（cm^{-1}）为单位，1 cm^{-1} = 11.96 J/mol。

对于四面体配合物，其分裂能 Δ_t 比较小，只有八面体场分裂能 Δ_o 的 4/9，这种情况下 Δ_t 总是小于 P，因此，所有四面体配合物都是高自旋的。

（五）晶体场稳定化能

在晶体场中，中心原子 d 轨道发生能级分裂，进入分裂后 d 轨道上的电子总能量通常比未分裂前（即球形场中）的 d 电子总能量低，这部分降低的能量就称为晶体场稳定化能（crystal field stabilization energy，CFSE）。CFSE 的大小与 d 电子数有关，也与晶体场的强弱有关。对于正八面体场来说，CFSE 可按下式计算：

$$\text{CFSE} = (y \times 0.6 - x \times 0.4)\Delta_o + (n_2 - n_1)P$$

式中，x 和 y 分别为 t_{2g} 和 e_g 轨道上的电子数，n_1 和 n_2 分别为球形场和正八面体场的中心原子 d 轨道上的电子对数，P 为电子成对能。通常 CFSE 的绝对值越大，配合物越稳定。

（六）晶体场理论的应用

应用晶体场理论可以解释或推测配合物的磁性、颜色、稳定性等性质。如根据配体在光谱化学序列中的位置，可以推测分裂能与成对能的相对大小，进而确定电子在分裂后的 d 轨道中的排布，判断配合物的磁性。另外，若已知配合物的磁矩，也可以直接判断 d 电子的排布情况。然后再根据 d 电子的排布，计算晶体场稳定化能，判断配合物的稳定性。

【例 13-2】 用晶体场理论解释 $[CoF_6]^{3-}$ 的顺磁性和 $[Co(CN)_6]^{3-}$ 的反磁性，通过计算 CFSE 比较二者的相对稳定性。

解：（1）Co^{3+} 的价层电子构型为 d^6。对于 $[CoF_6]^{3-}$，F^- 为弱场配体，$\Delta_{o,w} < P^{①}$，所以其 3d 电子排布方式为：

可见有 4 个单电子，为高自旋状态，配合物表现为顺磁性；

而在 $[Co(CN)_6]^{3-}$ 中，CN^- 为强场配体，$\Delta_{o,s} > P$，所以其 3d 电子排布方式为：

可见没有单电子，为低自旋状态，配合物表现为抗磁性。

（2）在球形场中，Co^{3+} 的 3d 电子排布为：

电子对数目为 1。

对于 $[CoF_6]^{3-}$，其 Co^{3+} 的 3d 电子对数目为 1，所以晶体场稳定化能为：

$$\text{CFSE}_1 = (2 \times 0.6 - 4 \times 0.4)\Delta_{o,w} + (1-1)P = -0.4\Delta_{o,w}$$

对于 $[Co(CN)_6]^{3-}$，其 Co^{3+} 的 3d 电子对数目为 3，所以晶体场稳定化能为：

---

① 分裂能 Δ 下角标的 w 和 s 分别表示弱场和强场。

$$\text{CFSE}_2 = -6 \times 0.4\Delta_{o,s} + (3-1)P = -2.4\Delta_{o,s} + 2P = -0.4\Delta_{o,s} - 2(\Delta_{o,s} - P)$$

因为 $\Delta_{o,s} > \Delta_{o,w}$，$\Delta_{o,s} > P$，所以

$$|\text{CFSE}_1| < |\text{CFSE}_2|$$

显然，晶体场稳定化能的值越负，其绝对值越大，系统释放的能量越多，形成的配合物越稳定。因此，$[\text{Co(CN)}_6]^{3-}$ 比 $[\text{CoF}_6]^{3-}$ 更稳定。

晶体场理论的另一个重要应用是解释配合物的特征吸收光谱和颜色。

物质的颜色是物质对不同波长的可见光（400~760 nm）具有选择性吸收的结果。当物质选择性地吸收某一波段的光，则该物质呈现出与吸收光互补的颜色。例如当白光通过硫酸铜溶液时，水合铜离子选择性地吸收了黄色光，硫酸铜溶液便呈现出其互补色即蓝色。图 13-15 是可见光的颜色及其互补色之间的关系。

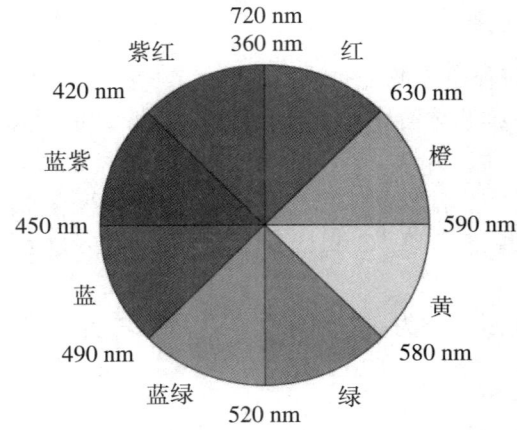

图 13-15　可见光的颜色及其互补色（彩图见书后）

配合物的中心原子大多是过渡金属离子，它们具有各种特征吸收和颜色（表 13-8）。晶体场理论认为，对于 $d^1 \sim d^9$ 电子组态的过渡金属离子，d 轨道没有全充满，d 电子可以吸收某一段波长的光从能量较低的 t_{2g} 轨道跃迁到能量较高的 e_g 轨道，称为 d-d 跃迁（d-d transition）。

实际上，发生 d-d 跃迁所吸收的能量就是晶体场分裂能，一般为 10000 ~ 30000 cm^{-1}[①]，几乎全部落在可见光区。分裂能大小不同，电子发生 d-d 跃迁所吸收的光的波长就不同，配合物就会呈现出不同的颜色。同一金属离子与不同配体形成的配合物具有不同的分裂能，从而具有不同的颜色。配体场强越强，则分裂能越大，d-d 跃迁吸收的光的能量越大，即波长越短。

表 13-8　第一过渡系列金属离子水合物的颜色和吸收光

d 电子	d^1	d^2	d^3	d^5
配离子	$[\text{Ti(H}_2\text{O})_6]^{3+}$	$[\text{V(H}_2\text{O})_6]^{3+}$	$[\text{Cr(H}_2\text{O})_6]^{3+}$	$[\text{Mn(H}_2\text{O})_6]^{2+}$
颜色	紫红	绿	紫	浅粉
吸收光波数（cm^{-1}）	20300	17700	17400	7800
d 电子	d^6	d^7	d^8	d^9
配离子	$[\text{Fe(H}_2\text{O})_6]^{2+}$	$[\text{Co(H}_2\text{O})_6]^{2+}$	$[\text{Ni(H}_2\text{O})_6]^{2+}$	$[\text{Cu(H}_2\text{O})_6]^{2+}$
颜色	淡绿	粉红	绿	蓝
吸收光波数（cm^{-1}）	10400	9300	8500	12600

① 波长与波数的换算：$10^7/\lambda(\text{nm}) = $ 波数（cm^{-1}）

对于电子组态为 nd^{10} 的离子（如 Zn^{2+}、Ag^+ 等），由于 d 轨道为全满状态，无法发生 d-d 跃迁，因此它们的配合物一般都是无色的。

综上，配合物呈现出特征颜色必须具备以下两个条件：①中心原子的价层 d 轨道未填满；②分裂能必须在可见光的能量范围内。

【例 13-3】 配离子 $[Ti(H_2O)_6]^{3+}$、$[Ti(en)_3]^{3+}$ 和 $[TiCl_6]^{3-}$ 在可见光区表现出特征吸收，利用晶体场理论比较三个配离子吸收光波长的大小。

解：三种配离子的中心离子是 Ti^{3+}，价层电子构型为 $3d^1$。在正八面体晶体场中，基态 Ti^{3+} 的 $3d^1$ 单电子填充在 t_{2g} 轨道上。电子吸收一定波长的光发生 d-d 跃迁。在光谱化学序列中，三个配体 Cl^-、H_2O、en 的强场依次增大，它们所导致的分裂能也是由小到大。分裂能越大，d-d 迁移所吸收的光能量就越大，波长就越小。因此，这些配离子吸收光的波长由小到大的顺序为 $[Ti(en)_3]^{3+} < [Ti(H_2O)_6]^{3+} < [TiCl_6]^{3-}$。

晶体场理论强调中心原子与配体是通过类似离子键的静电作用相互结合在一起，同时也考虑了配体对中心原子 d 轨道的影响。晶体场理论成功地解释了配合物的一系列性质：利用分裂能和电子成对能的相对大小解释配合物的自旋状态和磁性，利用晶体场稳定化能推测配合物的稳定性，利用电子在分裂后的 d 轨道中的跃迁解释配合物的颜色等。但由于晶体场理论过于强调中心原子与配体间的静电作用，而忽略了其共价性，因而无法解释不同配体影响分裂能大小的变化次序，如为什么光谱化学序列中不带电荷的水分子和氨分子比许多负电荷的阴离子配位能力还强？配位场理论则在晶体场理论的基础上，将分子轨道理论用来处理配合物的成键作用，它在解释配合物的能级分裂现象方面更为成功。

第三节 配位平衡

中心原子与配体生成配离子的反应称为配位反应，配离子解离出中心原子和配体的反应称为解离反应。在配合物的溶液中既存在着配离子的生成反应，同时又存在着配离子的解离反应，生成和解离达到平衡时，称为配位平衡（coordination equilibrium）。

一、配位平衡常数

在 $CuSO_4$ 溶液中加入过量的氨水，形成深蓝色的 $[Cu(NH_3)_4]^{2+}$ 配离子，其反应式为：

$$Cu^{2+} + 4NH_3 \rightarrow [Cu(NH_3)_4]^{2+}$$

该反应即为配位反应。

向 $[Cu(NH_3)_4]^{2+}$ 溶液中滴加少量 Na_2S 溶液，有黑色 CuS 沉淀生成。这说明 $[Cu(NH_3)_4]^{2+}$ 发生了下列反应：

$$[Cu(NH_3)_4]^{2+} \longrightarrow Cu^{2+} + 4NH_3$$

$$Cu^{2+} + S^{2-} \longrightarrow CuS \downarrow$$

上述第一步为配离子的解离反应，解离出的金属离子与沉淀剂生成难溶沉淀。

当配位反应与解离反应的速率相等，$[Cu(NH_3)_4]^{2+}$ 体系达到平衡状态，即为配位平衡。

$$Cu^{2+} + 4NH_3 \rightleftharpoons [Cu(NH_3)_4]^{2+}$$

根据化学平衡原理，其平衡常数表达式为[①]：

$$K_S = \frac{[Cu(NH_3)_4^{2+}]}{[Cu^{2+}][NH_3]^4}$$

式中，K_s 为配位平衡的平衡常数，称为配合物的稳定常数（stability constant）。

对于 ML_n 型配离子（为方便省略了电荷）的形成和解离：

$$M + nL \rightleftharpoons ML_n$$

达到平衡时，稳定常数的表达式为：

$$K_S = \frac{[ML_n]}{[M][L]^n}$$

K_s 表示配离子的稳定程度。K_s 值越大，表示配离子生成的趋势越大，则配合物越稳定[②]。一般配合物的 K_s 值都很大，为方便起见，常用 $\lg K_s$ 表示。有时也用配离子的不稳定常数或称解离常数（dissociation constant，K_d）来表示配离子的稳定性。K_d 越大，表示配离子越容易解离。稳定常数与解离常数互为倒数：$K_d = 1/K_s$。

配合物的生成是分步进行的，如 ML_n 配离子的生成过程如下：

第一步：$M + L \rightleftharpoons ML$

$$K_{s1} = \frac{[ML]}{[M][L]}$$

第二步：$ML + L \rightleftharpoons ML_2$

$$K_{s2} = \frac{[ML_2]}{[ML][L]}$$

第三步：$ML_2 + L \rightleftharpoons ML_3$

$$K_{s3} = \frac{[ML_3]}{[ML_2][L]}$$

……

第 n 步：$ML_{n-1} + L \rightleftharpoons ML_n$

$$K_{sn} = \frac{[ML_n]}{[ML_{n-1}][L]}$$

每一步平衡都对应一个平衡常数，K_{s1}、K_{s2}、K_{s3}……K_{sn} 称为逐级稳定常数（stepwise stability constant），若将第一和第二两步平衡式合并，得

$$M + 2L \rightleftharpoons ML_2$$

其平衡常数用 β_2 表示，称为二级累积稳定常数

$$\beta_2 = \frac{[ML_2]}{[M][L]^2} = \frac{[ML]}{[M][L]} \times \frac{[ML_2]}{[ML][L]} = K_{s1} \cdot K_{s2}$$

相应地，

$$\beta_3 = K_{s1} \cdot K_{s2} \cdot K_{s3}$$
$$\beta_n = K_{s1} \cdot K_{s2} \cdot K_{s3} \cdot \cdots \cdot K_{sn}$$

---

① 用方括号表示配离子的平衡浓度时，配离子的电荷常写在方括号内，表示配合物内界的可省略不写。
② 这里的稳定性指的是热力学稳定性。

β_3 和 β_n 分别称为三级累积稳定常数和 n 级累积稳定常数，显然，最后一级累积稳定常数 β_n 与配离子的稳定常数 K_s 相等。在实际工作中，一般总是使用过量的配体，这时金属离子基本上处于最高配位数的状态，而其他低配位数的各级离子可忽略不计。若求未配位的金属离子的浓度，只需用总反应的 K_s 进行计算，不必考虑逐级平衡。

在用稳定常数比较配离子的稳定性时，只有同种类型（配位数和空间构型相同）的配离子才能直接比较。如 $[Ag(CN)_2]^-$ 的 K_s 大于 $[Ag(NH_3)_2]^+$ 的 K_s，则 $[Ag(CN)_2]^-$ 比 $[Ag(NH_3)_2]^+$ 稳定。

【例 13-4】 将 20.0 ml 0.10 mol/L $AgNO_3$ 溶液与 20.0 ml 1.0 mol/L 氨水混合，计算反应达平衡时溶液中游离的 Ag^+ 浓度；若以 20.0 ml 1.0 mol/L NaCN 溶液代替氨水，平衡后溶液中 Ag^+ 的浓度又是多少？已知 $K_s\{[Ag(NH_3)_2]^+\} = 1.1 \times 10^7$，$K_s\{[Ag(CN)_2]^-\} = 1.3 \times 10^{21}$。

解：（1）$AgNO_3$ 溶液与氨水等体积混合后，二者均被稀释 1 倍。反应达到平衡后，设溶液中 Ag^+ 的浓度为 x mol/L，则

$$Ag^+ + 2NH_3 \rightleftharpoons [Ag(NH_3)_2]^+$$

起始浓度（mol/L）　　　0.050　　　0.50　　　　　　0

平衡浓度（mol/L）　　　x　　0.50 − 2×(0.050 − x)　　0.050 − x

因为 $[Ag(NH_3)_2]^+$ 的 K_s 较大，且溶液中存在过量的 NH_3，所以绝大部分的 Ag^+ 转变为 $[Ag(NH_3)_2]^+$ 配离子，即 $0.050 − x \approx 0.050$，$0.40 + 2x \approx 0.40$。

代入平衡常数表达式，

$$K_s\{[Ag(NH_3)_2]^+\} = \frac{[Ag(NH_3)_2^+]}{[Ag^+][NH_3]^2} = \frac{0.050}{x(0.40)^2} = 1.1 \times 10^7$$

解得 $x = [Ag^+] = 2.8 \times 10^{-8}$ mol/L

（2）同样方法可计算得到含过量 NaCN 溶液中 Ag^+ 的平衡浓度，设 $[Ag^+] = y$ mol/L，则

$$Ag^+ + 2CN^- \rightleftharpoons [Ag(CN)_2]^-$$

$$K_s\{[Ag(CN)_2]^-\} = \frac{[Ag(CN)_2^-]}{[Ag^+][CN^-]^2} = \frac{0.050}{y(0.40)^2} = 1.3 \times 10^{21}$$

解得 $y = [Ag^+] = 2.4 \times 10^{-22}$ mol/L

计算结果表明，$[Ag(CN)_2]^-$ 溶液中的 Ag^+ 浓度远远小于 $[Ag(NH_3)_2]^+$ 溶液中的 Ag^+，因此 $[Ag(CN)_2]^-$ 比 $[Ag(NH_3)_2]^+$ 更稳定。

但是，对于不同类型的配离子，不能直接用 K_s 比较它们的稳定性，正如不能用溶度积比较不同类型的难溶盐的溶解度一样。要通过 K_s 的表示式计算溶液中金属离子的浓度，金属离子浓度小的配离子比较稳定。

【例 13-5】 已知 25 ℃ 时，$[Cu(en)_2]^{2+}$ 和 $[CuY]^{2-}$ 的 K_s 分别为 1.0×10^{20} 和 6.3×10^{18}，从配合物的稳定常数出发能否说明 $[Cu(en)_2]^{2+}$ 比 $[CuY]^{2-}$ 稳定？为什么？

解： 由于 $[Cu(en)_2]^{2+}$ 和 $[CuY]^{2-}$ 属于不同类型的配离子，因此，不能直接用 K_s 比较它们的稳定性，而是通过计算溶液中金属离子的浓度进行比较。

设 $[Cu(en)_2]^{2+}$ 和 $[CuY]^{2-}$ 的浓度均为 0.20 mol/L，对于 $[Cu(en)_2]^{2+}$ 溶液，设溶液中 Cu^{2+} 的浓度为 x mol/L，则

$$Cu^{2+} + 2en \rightleftharpoons [Cu(en)_2]^{2+}$$

起始浓度（mol/L）　　　　　0　　0　　0.20
平衡浓度（mol/L）　　　　　x　　$2x$　　$0.20-x$

$$K_s\{[Cu(en)_2]\} = \frac{[Cu(en)_2]}{[Cu^{2+}][en]^2} = \frac{0.20-x}{4x^3} = 1.0 \times 10^{20}$$

解得 $x = 7.9 \times 10^{-8}$

对于 $[CuY]^{2-}$ 溶液，设溶液中 Cu^{2+} 的浓度为 y mol/L，则

$$Cu^{2+} + Y^{4-} \rightleftharpoons [CuY]^{2-}$$

起始浓度 / (mol/L)　　　　　0　　0　　0.20
平衡浓度 / (mol/L)　　　　　y　　y　　$0.20-y$

$$K_s\{[CuY^-]\} = \frac{[CuY^-]}{[Cu^{2+}][Y^-]} = \frac{0.20-y}{y^2} = 6.3 \times 10^{18}$$

解得 $y = 1.8 \times 10^{-10}$

计算结果表明，尽管 $[CuY]^{2-}$ 的稳定常数小于 $[Cu(en)_2]^{2+}$，但 $[CuY]^{2-}$ 溶液中游离的 Cu^{2+} 浓度比 $[Cu(en)_2]^{2+}$ 中的低，说明 $[CuY]^{2-}$ 比 $[Cu(en)_2]^{2+}$ 更稳定。

在研究医药问题时，配合物的稳定性固然重要，但更应关注的是在配体存在时游离金属离子的浓度。临床上评价各种配体药物对金属离子的清除能力时，不能只看它们形成的配合物的稳定常数，而是要通过稳定常数计算游离金属离子的浓度。

二、影响配合物稳定性的因素

（一）螯合效应

多齿配体中的两个或两个以上配位原子可与同一个中心原子配位，形成具有环状结构的配合物，称为螯合物（chelate compound）。能与中心原子形成螯合物的多齿配体称为螯合剂（chelating agent）。同一金属离子与一种螯合剂形成的螯合物，比具有相同配位原子的单齿配体形成的配合物要稳定，这种特殊的稳定性是由于成环产生的，因此把这种由于螯合环的形成所产生的稳定性增高称为螯合效应（chelate effect）。

例如图 13-16 中，在螯合物 $[Cd(en)_2]^{2+}$ 的结构中，乙二胺（$H_2NCH_2CH_2NH_2$，en）中的 2 个配位原子 N 同时与 Cd^{2+} 配位形成五元环（图 13-16 右）。虽然 $[Cd(CH_3NH_2)_4]^{2+}$ 也含有 4 个 Cd ← N 配位键（图 13-16 左），但 CH_3NH_2 是单齿配体，无法形成环状结构，而乙二胺中的 2 个 N 原子犹如一对蟹钳螯住了中心原子，形成了 2 个五元环，导致两种配离子的稳定常数也明显不同。$[Cd(CH_3NH_2)_4]^{2+}$ 的稳定常数 K_s 为 9.39×10^6，而 $[Cd(en)_2]^{2+}$ 的 K_s 为 1.23×10^{10}，后者比前者大 10^4 倍。

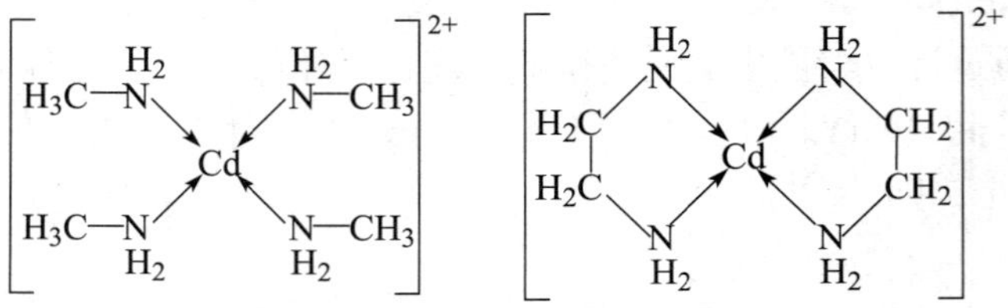

图 13-16 $[Cd(CH_3NH_2)_4]^{2+}$（左）和 $[Cd(en)_2]^{2+}$（右）的结构

可根据热力学原理来说明螯合效应。螯合效应主要是熵增的作用，螯合反应的熵增明显大于普通配位反应。

例如，25℃时的水溶液中，Cd^{2+} 分别与 CH_3NH_2 和 $H_2NCH_2CH_2NH_2$ 两种配体形成的配合物的热力学数据如下：

$$Cd^{2+}(aq) + 4CH_3NH_2(aq) \rightleftharpoons [Cd(CH_3NH_2)_4]^{2+}(aq)$$

$\Delta_r G_m^\ominus = -37.2 \text{ kJ} \cdot \text{mol}^{-1}$；　$\Delta_r H_m^\ominus = -57.3 \text{ kJ} \cdot \text{mol}^{-1}$；　$\Delta_r S_m^\ominus = -67.3 \text{ J} \cdot \text{mol}^{-1} \cdot \text{K}^{-1}$

$$Cd^{2+}(aq) + 2H_2NCH_2CH_2NH_2(aq) \rightleftharpoons [Cd(H_2NCH_2CH_2NH_2)_2]^{2+}(aq)$$

$\Delta_r G_m^\ominus = -60.7 \text{ kJ} \cdot \text{mol}^{-1}$；　$\Delta_r H_m^\ominus = -56.5 \text{ kJ mol}^{-1}$；　$\Delta_r S_m^\ominus = +14.1 \text{ J} \cdot \text{mol}^{-1} \cdot \text{K}^{-1}$

热力学中，化学反应的 $\Delta_r G_m^\ominus$ 越负，反应的平衡常数越大，反应进行的程度越大。显然上述第二个反应中，$H_2NCH_2CH_2NH_2$ 作配体时，反应的平衡常数比第一个反应大很多。两个反应同样形成的是 4 个 Cd ← N 键，因而反应的 $\Delta_r H_m^\ominus$ 并无太大差别。但是两个反应的熵变却有很大不同，第二个反应的熵变为正值，是熵增反应。

在水溶液中，金属离子通常与水分子结合形成水合离子，几乎不存在自由金属离子。在第一个反应中，4 个 CH_3NH_2 与 Cd^{2+} 配位时，与 Cd^{2+} 结合的 4 个水分子释放出来。反应前后分子数没有变化，但由于水分子之间形成氢键的能力较强，因此反应的总熵变为负值。第二个反应中，2 个 $H_2NCH_2CH_2NH_2$ 与 Cd^{2+} 配位时，4 个水分子释放出来，反应后比反应前的分子数增加 1 倍，体系的熵值增加。所以，多齿配体与金属离子配位后能产生更大的熵增，有利于螯合反应的进行，生成的螯合物非常稳定。

影响螯合物稳定性的主要因素有：

（1）螯合环的大小。以五元环和六元环的螯合物最稳定。这是因为五元环的夹角是 108°，与 C 的 sp^3 杂化轨道的夹角 109°28′ 很接近，环的张力很小；六元环的夹角是 120°，与 C 的 sp^2 杂化轨道的夹角相等，环的张力也很小。更小的环如四元环和三元环，与任何杂化轨道的夹角都不接近，这些环的张力较大，稳定性较差，一般难以形成；太大的环因成环的概率较小也不容易形成。

（2）螯合环的数目。螯合环越多，配体与中心原子形成的配位键就越多，配体脱离中心原子的机会就越小，螯合物就越稳定。如乙二胺四乙酸根（EDTA，Y^{4-}）含有 6 个配位原子（来自 2 个氨基的 N 和 4 个羧基的 O），能与许多金属离子形成含有 5 个五元环的 1∶1 的螯合物（图 13-17）。这类螯合剂在临床和环境化学分析中具有广泛的应用。

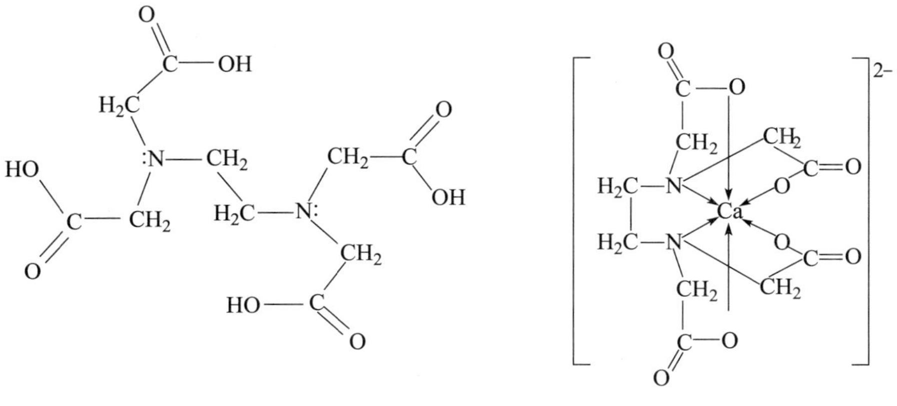

图 13-17 乙二胺四乙酸和 $[CaY]^{2-}$ 的结构

（二）软硬酸碱规则

大量研究发现，不同金属离子与配体形成配合物的能力存在着较大的差别。如 Zn^{2+}、Cd^{2+}、Hg^{2+} 等金属离子倾向于与以 S 原子作为配位原子的配体结合，Fe^{3+}、Al^{3+}、Ca^{2+} 等则倾向于与以 O 原子为配位原子的配体结合，Fe^{2+}、Ni^{2+}、Cu^{2+} 等则容易与以 N 原子为配位原子的配体形成配合物。

为解释上述事实，1963 年皮尔逊（R. G. Pearson）基于 Lewis 酸碱电子理论，提出了软硬酸碱规则（hard and soft acid and base，HSAB）。它是根据酸、碱对外层电子控制的程度，应用"软"和"硬"进行分类。"硬"是指那些具有较高电荷密度、较小半径的粒子，"软"是指那些具有较低电荷密度和较大半径的粒子。

电荷半径比（Z/r）较大的金属离子，对外层电子的吸引力强，因而接受孤对电子的能力强，这类金属离子称为硬酸（hard acid）；而 Z/r 比较小的金属离子，对外层电子的吸引力较小，因而接受电子对的能力弱，这类金属离子称为软酸（soft acid）；介于硬酸和软酸之间的金属离子称为交界酸（borderline acid）。

同理，配体也可分为软碱、硬碱和交界碱三类。配位原子的电负性大，原子核对外层电子的吸引力强，不易给出电子，电子云变形性小，这类碱称为硬碱（hard base）；原子的电负性小，原子核对外层电子的吸引力弱，易给出电子，电子云变形性大，这类碱称为软碱（soft base）；介于二者之间的碱就称为交界碱（borderline base）。一些常见的软硬酸碱列于表 13-9。

表 13-9　常见软硬酸碱的分类

硬酸类	H^+, Li^+, Na^+, K^+, Be^{2+}, Mg^{2+}, Ca^{2+}, Sr^{2+}, Ba^{2+}, Sc^{3+}, La^{3+}, Ce^{4+}, Th^{4+}, UO_2^{2+}, Ti^{4+}, Zr^{4+}, Hf^{4+}, U^{4+}, Cr^{3+}, MoO^{3+}, Mn^{2+}, Fe^{3+}, Co^{3+}, Al^{3+}, Si^{4+}, Sn^{4+}
交界酸类	Fe^{2+}, Co^{2+}, Ni^{2+}, Cu^{2+}, Zn^{2+}, Sn^{2+}, Pb^{2+}, Sb^{3+}, Bi^{3+}
软酸类	Pd^{2+}, Pt^{2+}, Pt^{4+}, Cu^+, Ag^+, Au^+, Cd^{2+}, Hg^+, Hg^{2+}
硬碱类	NH_3, RNH_2, H_2O, OH^-, Ac^-, CO_3^{2-}, NO_3^-, PO_4^{3-}, SO_4^{2-}, ClO_4^-, F^-, Cl^-
交界碱类	$NH_2C_2H_5$, NC_5H_5, N_3^-, NO_2^-, SO_3^{2-}, Br^-
软碱类	CN^-, RNC, CO, SCN^-, PR_3, $P(OR)_3$, AsR_3, SR_2, SHR, SR^-, $S_2O_3^{2-}$, I^-

可以看出，硬酸金属离子包括 IA、IIA、IIIA、IIIB 族和高氧化态的 d 区过渡金属离子，如 Cr^{3+}、Mn^{2+}、Fe^{3+}、Co^{3+} 等。镧系和锕系离子也属于硬酸，如 La^{3+}、Ce^{4+} 等。软酸金属离子包括较低氧化态的过渡金属离子和重金属离子，如 Cu^+、Ag^+、Au^+、Pb^{2+}、Cd^{2+}、Hg^{2+} 等。

硬碱是指含有 F、O、N 配位原子的配体，如 F^-、Cl^-、H_2O、NH_3、CO_3^{2-}、PO_4^{3-} 等；软碱是指 CN^-、CO、SCN^-、$S_2O_3^{2-}$、I^- 等。

HSAB 规则认为金属离子和配体的结合存在特殊的选择性，即硬酸倾向于与硬碱结合，而软酸倾向于与软碱结合。用通俗的话来说，是"硬亲硬，软亲软，交界酸喜欢交界碱"。HSAB 规则应用十分广泛，不但可以解释许多化学现象，还能预测反应发生的规律。例如：

(1) 判断配合物的稳定性。如 $[Ag(S_2O_3)_2]^{3-}$ 比 $[Ag(NH_3)_2]^+$ 稳定，即后者易转化为前者。这是因为 Ag^+ 是一个典型的软酸，因而与软碱 $S_2O_3^{2-}$ 形成的 $[Ag(S_2O_3)_2]^{3-}$ 配离子比与硬碱 NH_3 形成的 $[Ag(NH_3)_2]^+$ 配离子稳定。

(2) 判断两可配体的配位原子。两可配体 SCN^- 有两个配位原子——S 和 N，其中 N 属于硬碱，亲硬酸；而 S 属于软碱，亲软酸。因此，该配体与硬酸 Fe^{3+} 离子形成配合物时，是 N 原子与 Fe^{3+} 配位形成六（异硫氰酸根）合铁（Ⅲ）配离子（$[Fe(NCS)_6]^{3-}$），而与软酸 Ag^+ 离子形成配合物时，是 S 原子与 Ag^+ 配合形成二（硫氰酸根）合银（Ⅰ）配离子（$[Ag(SCN)_2]^-$）。

(3) 判断蛋白质分子和金属离子的结合。蛋白质分子含有很多可以与金属离子配位的基团，如羧基（—COO⁻）、羟基（—OH）、巯基（—SH）、咪唑基（—$C_3H_3N_2$）等。硬酸如 Mg^{2+}、Ca^{2+}、La^{3+}、Cr^{3+}、Mn^{2+}、Fe^{3+}、Co^{3+}、Al^{3+} 等金属离子倾向于结合羧基丰富的蛋白质分子或结构区域，交界酸和软酸如 Fe^{2+}、Co^{2+}、Ni^{2+}、Cu^{2+}、Zn^{2+}、Cu^+ 等倾向于和巯基或咪唑基含量丰富的蛋白质分子或结构区域结合。有毒重金属离子如 Pb^{2+}、Cd^{2+}、Hg^{2+} 属于软酸，也倾向于和巯基或咪唑基含量丰富的蛋白质分子或结构区域结合，因此，重金属很容易积累在肾、肝和神经系统等含巯基氨基酸丰富的人体器官和组织中。人发中含有大量含巯基的胱氨酸和半胱氨酸，因而也是重金属容易积累的地方，因此，分析头发中的微量元素含量是检测重金属慢性中毒的一个很有效的方法。

三、配位平衡的移动

配位平衡与其他化学平衡一样是相对的、有条件的，是一种动态平衡。当向含有配离子 ML_n 的水溶液中加入其他试剂（如酸、碱、沉淀剂、氧化剂、还原剂或其他配体）时，由于试剂与金属离子 M 或配体 L 可能发生各种化学反应，改变了配位平衡的条件，平衡就会移动，结果使得原溶液中各组分的浓度发生变化。这一过程所涉及的就是配位平衡与其他各种化学平衡相互作用的多重平衡。下面结合实例对各类化学平衡之间相互作用的问题分别进行讨论。

1. 配位平衡与酸碱平衡 从酸碱质子理论看，许多配体是可以接受质子的碱，如 F^-、CN^-、SCN^-、NH_3 等都能与 H^+ 结合生成其共轭酸，造成配位平衡和酸碱平衡的相互竞争。例如 $CuSO_4$ 溶液中加入氨水，生成深蓝色 $[Cu(NH_3)_4]^{2+}$，若向此溶液中滴加盐酸，NH_3 与 H^+ 反应生成 NH_4^+。随着溶液中 NH_3 的浓度降低，配位平衡向 $[Cu(NH_3)_4]^{2+}$ 解离方向移动。

$$Cu^{2+} + 4NH_3 \rightleftharpoons [Cu(NH_3)_4]^{2+}$$
$$+$$
$$4H^+$$
$$\updownarrow$$
$$4NH_4^+$$

这种因溶液酸度增大而导致配离子解离的作用称为酸效应。配合物越不稳定，配体的共轭酸越弱，则配离子越容易被加入的酸所解离。降低溶液的酸度可以减少配离子的解离，增强其稳定性。

另外，有些中心离子在水溶液中很容易发生水解，生成氢氧化物沉淀，导致配离子解离。这种因金属离子与溶液中 OH^- 结合而导致配离子解离的作用称为水解效应。例如，在 $[FeF_6]^{3-}$ 中滴加 NaOH，$[FeF_6]^{3-}$ 发生解离，有 $Fe(OH)_3$ 沉淀生成。

$$Fe^{3+} + 6F^- \rightleftharpoons [FeF_6]^{3-}$$
$$+$$
$$3OH^-$$
$$\updownarrow$$
$$Fe(OH)_3\downarrow$$

因此，酸碱平衡对配位平衡的影响有两种方式：① H^+ 与弱碱配体生成其共轭酸；② OH^- 与过渡金属离子生成氢氧化物沉淀。在一定酸度下，究竟是配位反应为主，还是酸效应或者水解效应为主，这取决于配体的碱性（K_b）和中心原子氢氧化物的溶度积（K_{sp}）等因素。一般做法是：在保证不生成氢氧化物沉淀的前提下，尽量提高溶液的 pH，从而保证配离子的稳定性。

不同金属离子和配体形成的配合物的稳定常数不同，通过调节溶液的酸度，可以只让稳定常数高的配合物生成。例如，Ca^{2+}、Zn^{2+} 可分别与 Y^{4-} 生成螯合物 CaY^{2-}（$\lg K_s = 10.69$）和 ZnY^{2-}（$\lg K_s = 16.50$），这两种配合物的稳定性不同。因此在配位滴定中，若控制溶液的 pH 在 5~6，则 Na_2H_2Y（乙二胺四乙酸二钠）只与 Zn^{2+} 反应，而不与 Ca^{2+} 反应，这样就可以通过控制酸度来提高配位反应的选择性。

2. 配位平衡与沉淀平衡 配离子在水溶液中有一定程度的解离，许多金属离子在溶液中会生成卤化物、硫化物或氢氧化物等沉淀。沉淀的生成可以促进配离子的解离。反之，利用配离子的生成也可使某些沉淀溶解。

例如，于 $AgNO_3$ 溶液中加入数滴 NaCl 溶液，立即有 AgCl 沉淀生成；再向其中滴加氨水，AgCl 沉淀便可溶解，生成无色的 $[Ag(NH_3)_2]^+$ 配离子；向此溶液中滴加 KBr 溶液，即有浅黄色的 AgBr 沉淀生成。以上过程可用下列沉淀平衡和配位平衡关系式表示：

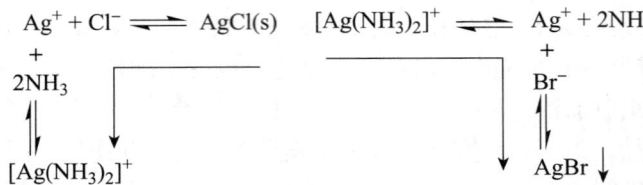

可见，一些难溶物可因形成配合物而溶解，而一些配离子也可因加入沉淀剂而解离。那么，在沉淀剂和配体同时存在的情况下，上述反应究竟是生成配离子，还是生成沉淀，主要与配离子的 K_s 和难溶物的 K_{sp} 以及配位剂和沉淀剂的浓度有关。配离子的 K_s 越大，难溶物的 K_{sp} 越大，反应向沉淀溶解、配离子生成的方向进行；反之，配合物的 K_s 越小，难溶物的 K_{sp} 越小，反应就向配离子解离、沉淀生成的方向进行。关于柠檬酸在肾结石治疗中的应用，请扫描章前二维码阅读详情。

【**例 13-6**】 298.15 K 时，将 0.010 mol $AgNO_3$ 溶于 1.0 L 1.00 mol/L 氨水溶液中，不考虑体积的变化，问：

（1）于上述溶液中再溶入 0.010 mol NaCl 时，有无 AgCl 沉淀生成？
（2）若用 KBr 代替 NaCl，有无 AgBr 沉淀生成？
（3）若用 KI 代替 NaCl，则最少需要加入多少克 KI 才有 AgI 沉淀析出？

解： 已知 25℃时，$K_s\{[Ag(NH_3)_2]^+\} = 1.1 \times 10^7$，$K_{sp}(AgCl) = 1.77 \times 10^{-10}$，$K_{sp}(AgBr) = 5.35 \times 10^{-13}$，$K_{sp}(AgI) = 8.52 \times 10^{-17}$。

由于 $[Ag(NH_3)_2]^+$ 的 K_s 较大，且氨水大大过量，所以 $AgNO_3$ 几乎全部转化为 $[Ag(NH_3)_2]^+$ 配离子，设溶液中 $[Ag^+] = x$ mol/L

$$Ag^+ + 2NH_3 \rightleftharpoons [Ag(NH_3)_2]^+$$

平衡浓度（mol/L）　　x　　$1.00 - 2(0.010 - x)$　　$0.010 - x$
　　　　　　　　　　　　　　≈ 0.98　　　　　　　≈ 0.010

$$K_s\{[Ag(NH_3)_2]^+\} = \frac{[Ag(NH_3)_2^+]}{[Ag^+][NH_3]^2}$$

解得 $x = [Ag^+] = 9.47 \times 10^{-10}$ mol/L

计算离子积 IP，并与溶度积 K_{sp} 进行比较：

(1) $IP(\text{AgCl}) = c(\text{Ag}^+) \times c(\text{Cl}^-) = 9.47 \times 10^{-10} \times 0.010/1.0 = 9.47 \times 10^{-12}$
   由于 $IP(\text{AgCl}) < K_{sp}(\text{AgCl})$，所以没有 AgCl 沉淀生成。

(2) $IP(\text{AgBr}) = c(\text{Ag}^+) \times c(\text{Br}^-) = 9.47 \times 10^{-10} \times 0.010/1.0 = 9.47 \times 10^{-12}$
   由于 $IP(\text{AgBr}) > K_{sp}(\text{AgBr})$，所以有 AgBr 沉淀生成。

(3) 因为 $K_{sp}(\text{AgI}) < K_{sp}(\text{AgBr})$，所以用 KI 代替 NaCl 时有 AgI 沉淀生成。

根据溶度积规则，生成 AgI 沉淀的条件是 $IP(\text{AgI}) > K_{sp}(\text{AgI})$，所以生成 AgI 沉淀所需 KI 的浓度为

$$c(\text{I}^-) \geq \frac{K_{sp}(\text{AgI})}{[\text{Ag}^+]} = \frac{8.52 \times 10^{-17}}{9.47 \times 10^{-10}} = 9.00 \times 10^{-8} \text{ (mol/L)}$$

故最少需要加入 KI 的质量为：

$m(\text{KI}) = c(\text{I}^-) \cdot V \cdot M(\text{KI}) = 9.00 \times 10^{-8} \text{ mol/L} \times 1.0 \text{ L} \times (39.1 + 126.9) \text{ g/mol}$
$\qquad\qquad = 1.5 \times 10^{-5}$ g

因此，要有 AgI 沉淀析出，最少需要加入 1.5×10^{-5} g KI 固体。

【例 13-7】 计算 298.15 K 时，AgCl 在 1 L 6.0 mol/L NH_3 溶液中的溶解度。

解： 已知 $K_{sp}(\text{AgCl}) = 1.77 \times 10^{-10}$，$K_s\{[\text{Ag}(\text{NH}_3)_2]^+\} = 1.1 \times 10^7$

将 AgCl 置于 NH_3 溶液中，存在下列反应：

(1) $\text{AgCl} \rightleftharpoons \text{Ag}^+ + \text{Cl}^- \qquad\qquad K_{sp}$
(2) $\text{Ag}^+ + 2\text{NH}_3 \rightleftharpoons [\text{Ag}(\text{NH}_3)_2]^+ \qquad K_s$

两反应相加，得总反应

$$\text{AgCl} + 2\text{NH}_3 \rightleftharpoons [\text{Ag}(\text{NH}_3)_2]^+ + \text{Cl}^- \qquad K = K_{sp}K_s$$

平衡时 $\qquad\qquad\qquad 6 - 2s \qquad\qquad s \qquad s$

s 为 AgCl 在 1L 6.0 mol/L NH_3 溶液中的溶解度，K 为总反应的平衡常数。

则 $K = K_{sp}K_s = [\text{Ag}(\text{NH}_3)^{2+}][\text{Cl}^-]/[\text{NH}_3]^2 = s^2/(6-2s)^2 = 1.77 \times 10^{-10} \times 1.1 \times 10^7 = 1.95 \times 10^{-3}$

由于 s 的数值较小，相对于氨水的浓度 6.0 可以忽略不计。

则 $K = s^2/36 = 1.95 \times 10^{-3}$

$s = 0.26$ mol/L

所以，AgCl 在 6.0 mol/L NH_3 溶液中的溶解度为 0.26 mol/L。

AgCl 在水中的溶解度为 $s = \sqrt{K_{sp}} = \sqrt{1.77 \times 10^{-10}} = 1.3 \times 10^{-5}$

可见，AgCl 在 NH_3 溶液中比其在纯水中的溶解度大 2.3×10^4 倍。因此，在配体存在下，由于金属离子和配体形成了更稳定的配合物，金属难溶盐的溶解度增加。

3. 配位平衡与氧化还原平衡 配位平衡与氧化还原平衡之间的相互影响表现在以下两个方面：

(1) 在配合物溶液中，加入合适的氧化剂或还原剂，因中心原子发生氧化还原反应而使其浓度降低，导致配位平衡的移动，配离子解离。

例如中学学到的银镜反应：在 $[\text{Ag}(\text{NH}_3)_2]^+$ 溶液中加入还原剂葡萄糖 $CH_2OH(CHOH)_4CHO$，由于 Ag^+ 被还原为 Ag 单质（试管壁上形成闪亮的金属银薄层），而使 $[\text{Ag}(\text{NH}_3)_2]^+$ 解离。

$$[Ag(NH_3)_2]^+ \rightleftharpoons Ag^+ + 2NH_3$$
$$+$$
$$CH_2OH(CHOH)_4CHO$$
$$\downarrow\rightleftharpoons$$
$$Ag（银镜）+ CH_2OH(CHOH)_4COOH$$

（2）配位平衡也可以影响氧化还原平衡，使氧化还原平衡移动，甚至使氧化还原反应改变方向，或者使原本不能发生的氧化还原反应在配体存在下能够发生。这主要是由于金属离子和配体形成配合物，改变了电对的氧化还原性能力，即电极电势的大小。

这里讨论由不同氧化数的金属离子构成的电对，氧化态为 $M^{(n+1)+}$，还原态为 M^{n+}，其电极电势为 φ，半反应为：

$$M^{(n+1)+} + e \rightleftharpoons M^{n+}$$

当向溶液中加入配体 L 时，存在下列几种情况：

1）配体 L 只与 $M^{(n+1)+}$ 反应生成配合物，不与 M^{n+} 反应，

$$M^{(n+1)+} + L \rightleftharpoons M^{(n+1)+}L$$

则加入 L 使游离 $M^{(n+1)+}$ 的浓度降低，根据 Nernst 方程，氧化态浓度降低，该电对的电极电势降低。生成的配合物越稳定，电势降低越大。

反之，若 L 只与 M^{n+} 反应生成配合物，不与 $M^{(n+1)+}$ 反应，

$$M^{n+} + L \rightleftharpoons M^{n+}L$$

则游离的 M^{n+} 的浓度降低，电极电势升高。生成的配合物越稳定，电势升高越多。

例如，在电对 Zn^{2+}/Zn 的电极液中分别加入 NH_3 和 CN^-，形成配离子/金属电对 $[Zn(NH_3)_4]^{2+}/Zn$ 和 $[Zn(CN)_4]^{2-}/Zn$。以下为三个电对的电极电势以及两个配离子的稳定常数。

$Zn^{2+} + 2e \rightleftharpoons Zn$ $\qquad \varphi^e = -0.7628$ V

$[Zn(NH_3)_4]^{2+} + 2e \rightleftharpoons Zn + 4NH_3 \quad K_s([Zn(NH_3)_4]^{2+}) = 2.9 \times 10^9 \qquad \varphi^e = -1.04$ V

$[Zn(CN)_4]^{2-} + 2e \rightleftharpoons Zn + 4CN^- \quad K_s([Zn(CN)_4]^{2-}) = 5.0 \times 10^{16} \qquad \varphi^e = -1.26$ V

比较上述 K_s 和 φ^e 值可知，Zn^{2+} 形成的配离子越稳定，相应的 φ^e 值就越小。金属配离子/金属电对的标准电极电势低于金属离子/金属电对的标准电极电势，也就是说，形成配合物后，金属离子的氧化能力降低，而金属的还原性增强。配离子越稳定，配离子/金属电对的标准电极电势降低得越多。

2）配体 L 与 $M^{(n+1)+}$ 和 M^{n+} 都能发生反应生成配合物。那么配体的加入会同时降低两个金属离子的浓度，电极电势如何变化，要对生成的配合物的稳定性进行比较才能确定。如果两种配合物的结构是同种类型，则可以比较它们的稳定常数：当 $M^{(n+1)+}L$ 稳定常数大于 $M^{n+}L$ 时，则溶液中氧化态 $M^{(n+1)+}$ 浓度低，还原态 M^{n+} 浓度高，电极电势降低；同理，反之亦然。

如果两个金属离子和配体形成的配合物不是同种类型，则要由配合物的稳定常数计算游离的金属离子的浓度，再根据 Nernst 方程，进一步计算电极电势的数值。

【例 13-8】 已知 $\varphi^e(Fe^{3+}/Fe^{2+}) = 0.77$ V，$K_s\{[Fe(CN)_6]^{3-}\} = 1 \times 10^{42}$，$K_s\{[Fe(CN)_6]^{4-}\} = 1 \times 10^{35}$。计算 $[Fe(CN)_6]^{3-} + e \rightleftharpoons [Fe(CN)_6]^{4-}$ 的标准电极电势 φ^e。

解： 按照 Nernst 方程：

$$\varphi^e(Fe^{3+}/Fe^{2+}) = \varphi^e(Fe^{3+}/Fe^{2+}) + 0.059 \lg([Fe^{3+}]/[Fe^{2+}])$$

由配合物的稳定常数

$$K_s\left\{\left[\mathrm{Fe(CN)}_6\right]^{3-}\right\} = \frac{\left[\mathrm{Fe(CN)}_6^{3-}\right]}{\left[\mathrm{Fe}^{3+}\right]\left[\mathrm{CN}^-\right]^6}$$

$$K_s\left\{\left[\mathrm{Fe(CN)}_6\right]^{4-}\right\} = \frac{\left[\mathrm{Fe(CN)}_6^{4-}\right]}{\left[\mathrm{Fe}^{2+}\right]\left[\mathrm{CN}^-\right]^6}$$

标准状态下，[Fe(CN)$_6$]$^{3-}$、[Fe(CN)$_6$]$^{4-}$ 和 [CN]$^-$ 都等于 1 mol/L。

所以，$\left[\mathrm{Fe}^{3+}\right] = \dfrac{\left[\mathrm{Fe(CN)}_6^{3-}\right]}{K_s\left\{\left[\mathrm{Fe(CN)}_6^{3-}\right]\right\}\left[\mathrm{CN}^-\right]^6} = \dfrac{1}{1 \times 10^{42}} = 1 \times 10^{-42}$

$$\left[\mathrm{Fe}^{2+}\right] = \frac{\left[\mathrm{Fe(CN)}_6^{4-}\right]}{K_s\left\{\left[\mathrm{Fe(CN)}_6^{4-}\right]\right\}\left[\mathrm{CN}^-\right]^6} = \frac{1}{1 \times 10^{35}} = 1 \times 10^{-35}$$

则 $\varphi^{\ominus}(\mathrm{Fe}^{3+}/\mathrm{Fe}^{2+}) = \varphi^{\ominus}(\mathrm{Fe}^{3+}/\mathrm{Fe}^{2+}) + 0.059 \lg ([\mathrm{Fe}^{3+}] / [\mathrm{Fe}^{2+}])$
$= 0.77 + 0.059 \lg (1 \times 10^{-42}/1 \times 10^{-35})$
$= 0.77 + 0.059 \times (-7)$
$= 0.36 \ (\mathrm{V})$

所以，$\varphi^{\ominus}\{[\mathrm{Fe(CN)}_6]^{3-}/[\mathrm{Fe(CN)}_6]^{4-}\} = 0.36$ V，小于 $\varphi^{\ominus}(\mathrm{Fe}^{3+}/\mathrm{Fe}^{2+}) = 0.77$ V。其原因是电对的氧化态形成的配合物比还原态形成的配合物更稳定。从上述计算可以看出，电对中的两个金属离子形成配合物后，电极电势是升高还是降低，取决于两个配合物稳定常数的相对大小。

实际上，利用形成配合物对电极电势进行调节是自然界设计不同氧化还原能力的氧化剂或还原剂的主要策略。我们知道，生物体一切活动的能量来源于糖、脂肪、蛋白质等有机物在体内的氧化。这些物质在线粒体内被氧分子氧化，最终生成二氧化碳和水，同时伴有 ATP 的生成。在氧化还原的过程中，来自营养物质的电子在线粒体的电子传递链上依次传递，最终传给氧分子，将其还原为水。电子传递链由若干个电子传递体组成，它们按各自的氧化还原电势由低到高在线粒体内膜上依次排列。电子总是从对电子亲和力小的低电势物质流向对电子亲和力大的高电势物质。细胞色素（cytochrome）类蛋白是电子传递体的重要组成部分，这类蛋白是以铁卟啉衍生物为辅基，又称为细胞色素（Cyt-Fe），它们是通过辅基中 Fe^{2+} 和 Fe^{3+} 之间的可逆变化而实现电子传递的。已经发现的细胞色素至少有 5 种类型：b、c1、c、a 和 a3（按电子传递顺序）。表 13-10 为线粒体电子传递链中细胞色素的氧化还原电势（标准氧化还原电势 $\varphi^{\ominus}$ 在 pH7.0 时用 $\varphi^{\ominus\prime}$ 表示）。

表 13-10　线粒体电子传递链中细胞色素的氧化还原电势（37 ℃）

半反应	$\varphi^{\ominus\prime}$ (V)
Cyt b (Fe^{3+}) + e → Cyt b (Fe^{2+})	0.07
Cyt c$_1$ (Fe^{3+}) + e → Cyt c$_1$ (Fe^{2+})	0.23
Cyt c (Fe^{3+}) + e → Cyt c (Fe^{2+})	0.25
Cyt a (Fe^{3+}) + e → Cyt a (Fe^{2+})	0.29
Cyt a$_3$ (Fe^{3+}) + e → Cyt a$_3$ (Fe^{2+})	0.55

Note

氧化还原电势 $\varphi^{\ominus\prime}$ 的数值越低，即失电子的倾向越大，处在电子传递链的前端。$\varphi^{\ominus\prime}$ 的数值越高，即得电子的倾向越大，处在传递链的后端。传递电子的顺序依次为细胞色素 b → c1 → c → a → a3 → O_2。尽管这些细胞色素的电势不同，但本质上它们都是 Fe^{3+}/Fe^{2+} 电对。当卟啉环与铁配位后，与 $\varphi^{\ominus}(Fe^{3+}/Fe^{2+}) = 0.77\ V$ 相比，这些电对的 $\varphi^{\ominus\prime}$ 都有较大的下降，且不同电对之间的 $\varphi^{\ominus\prime}$ 存在较大的差异，这是由于卟啉环的配位对 Fe^{3+}/Fe^{2+} 电势的调节作用。

细胞色素 a、b、c 的辅基分别为血红素 a、b 和 c，它们的结构见图 13-18。卟啉环以四个 N 原子与铁离子配位，卟啉环上取代基不同，形成不同种类的血红素，正是结构上的这些差异才使它们具有不同的氧化还原电势。此外，包裹细胞色素的蛋白链也会对电势造成一定的影响。

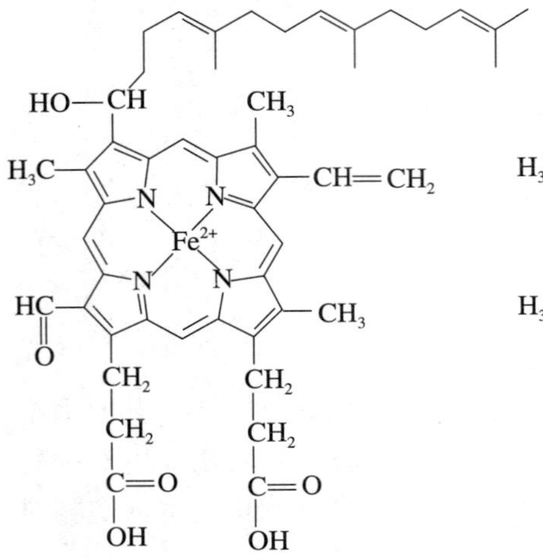

血红素a

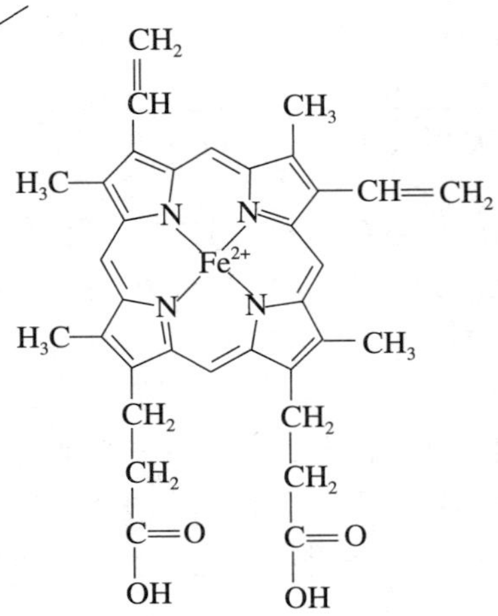

血红素b

铁原卟啉

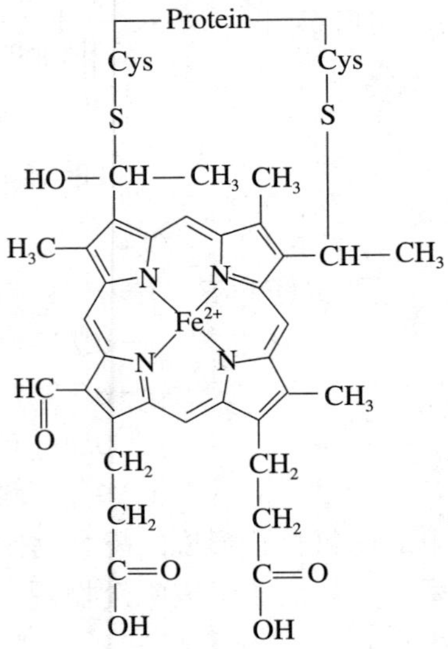

血红素c

图 13-18 血红素 a、b 和 c 的结构

4. 配合物之间的转化和平衡 在配合物（ML）溶液中加入另一种能与中心原子配位的配位剂（L′），或者加入能与同一配体配位的金属离子（M′）时，若新生成的配合物更为稳定，则可发生配合物的转化反应，即发生配体取代反应和金属离子置换反应。

$$ML + L' \rightleftharpoons ML' + L$$

$$ML + M' \rightleftharpoons M'L + M$$

（1）配体取代反应：例如，在 $[Ag(NH_3)_2]^+$ 溶液中，加入另一种能与该中心原子 Ag^+ 发生配位反应的配位剂 $Na_2S_2O_3$，则在这个体系中就涉及两个配位反应的平衡移动问题，即：

$$[Ag(NH_3)_2]^+ \rightleftharpoons Ag^+ + 2NH_3$$

$$+$$

$$2S_2O_3^{2-}$$

$$\rightleftharpoons$$

$$[Ag(S_2O_3)_2]^{3-}$$

上述反应实际上是 $S_2O_3^{2-}$ 与 NH_3 争夺 Ag^+ 的反应，或者说是两种配体争夺中心原子的反应。该争夺反应又可表示为：

$$[Ag(NH_3)_2]^+ + 2S_2O_3^{2-} \rightleftharpoons [Ag(S_2O_3)_2]^{3-} + 2NH_3$$

该反应的平衡常数为：

$$K = \frac{\left[Ag(S_2O_3)_2^{3-}\right]\left[NH_3\right]^2}{\left[S_2O_3^{2-}\right]^2\left[Ag(NH_3)_2^+\right]} = \frac{\left[Ag(S_2O_3)_2^{3-}\right]\left[NH_3\right]^2\left[Ag^+\right]}{\left[Ag^+\right]\left[S_2O_3^{2-}\right]^2\left[Ag(NH_3)_2^+\right]}$$

$$= \frac{K_s\left\{\left[Ag(S_2O_3)_2\right]^{3-}\right\}}{K_s\left\{\left[Ag(NH_3)_2\right]^+\right\}} = \frac{2.9 \times 10^{13}}{1.1 \times 10^7} = 2.6 \times 10^6$$

可见，配合物之间转化反应的平衡常数等于转化后和转化前配合物的稳定常数之比。因为 $K_s\{[Ag(S_2O_3)_2]^{3-}\} \gg K_s\{[Ag(NH_3)_2]^+\}$，所以转化反应的平衡常数很大，说明这个转化反应是可以实现的。

再比如，一氧化碳（CO）中毒也属于配体取代反应。与 O_2 相比，CO 给出孤对电子能力非常强，很容易与软酸和交界酸离子配位。血红蛋白的活性中心是 Fe（Ⅱ），其与 CO 分子的结合稳定性要远远高于与 O_2 的结合（CO 结合力比 O_2 的结合力强 200 倍以上），且结合以后不易与血红蛋白分离，从而严重影响血红蛋白结合 O_2 的功能，造成组织缺氧，甚至窒息死亡。O_2 和 CO 与血红蛋白的反应为：

$$Hb + O_2 \rightleftharpoons HbO_2 \qquad K_s = 86$$
$$Hb + CO \rightleftharpoons HbCO \qquad K_s = 1.8 \times 10^4$$

则 CO 取代血红蛋白中氧的反应为：

$$HbO_2 + CO \rightleftharpoons HbCO + O_2$$

其平衡常数 $K = 1.8 \times 10^4 / 86 = 210$。

与 CO 类似，NO_2^- 与 CN^- 也属于强配体，也有非常强的给孤对电子能力，它们都可以与血红蛋白中 Fe^{2+} 配位结合，影响其载氧功能。

实际上，配体取代反应非常普遍。过渡金属离子在水溶液中均处于水合状态，金属离子与水分子配位结合，所谓配合物的形成，是水合金属离子中的配位水分子被其他配体取代的反应。反过来，配合物在水中的水解是水分子作为配体取代配合物中原有配体的过程。例如抗癌药物顺铂与 DNA 的作用，真正起药效作用的不是顺铂本身，而是其在水溶液中转化生成的水合铂。

$$cis\text{-}[PtCl_2(NH_3)_2] + H_2O \rightleftharpoons cis\text{-}[PtCl(NH_3)_2(H_2O)]^+ + Cl^-$$
$$cis\text{-}[PtCl(NH_3)_2(H_2O)]^+ + H_2O \rightleftharpoons cis\text{-}[Pt(NH_3)_2(H_2O)_2]^{2+} + Cl^-$$

顺铂发生水解，Cl^- 解离下来，所以上述平衡受到溶液中 Cl^- 的影响。在细胞外液，Cl^- 浓度较高（约 100 mmol/L），顺铂的水解受到抑制，不容易发生水解，顺铂以电中性分子穿过细胞膜进入细胞。当顺铂进入到胞内，Cl^- 浓度降低（3～20 mmol/L），则解离失去 Cl^-，与水分子的结合，形成带正电荷的水合铂（$cis\text{-}[Pt(NH_3)_2(H_2O)_2]^{2+}$）。水合铂可以结合细胞内的亲核基团，如 DNA、RNA 和蛋白质。DNA 是顺铂发挥抗癌作用的最主要靶点，水合铂与 DNA 结合后，生成 Pt-DNA 加合物，抑制肿瘤细胞 DNA 的复制和翻译，导致细胞凋亡。图 13-19 为顺铂的水解及与 DNA 的作用。

近来的研究表明，顺铂在被细胞摄取的过程也存在配体取代反应。细胞膜上的铜转运蛋

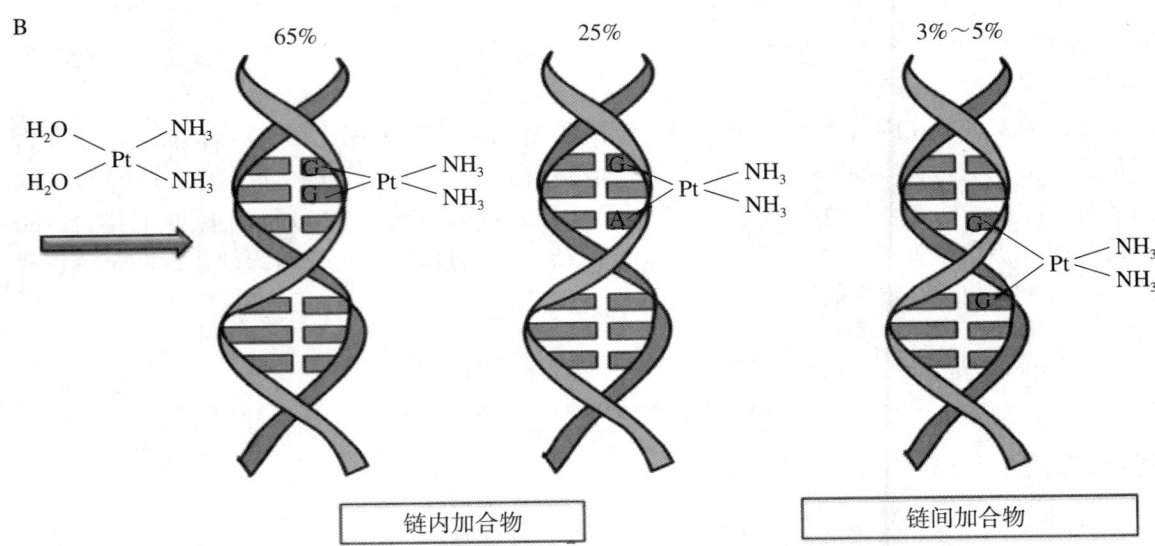

图 13-19 顺铂的水解及与 DNA 的作用

白 Ctr1 对顺铂的摄取有重要作用。Ctr1 的 N 端有两个富含甲硫氨酸的区域是结合金属离子的部位。香港大学孙宏哲教授认为，顺铂分子中的氯离子可以被 N 端的甲硫氨酸取代，形成 Pt—S 键。由于 N 端含有多个甲硫氨酸，Pt—S 键形成之后再次断开，Pt 再与下一个甲硫氨酸的 S 结合，通过 S—S 键的交换，将顺铂不断运送到细胞内部。

（2）金属离子置换反应：例如，临床上常用 $Na_2[CaY]$ 对铅中毒患者进行解毒治疗，其作用机制如下：

Pb^{2+} 可以与 $[CaY]^{2-}$ 中的 Y^{4-} 配位，生成 $[PbY]^{2-}$。该反应为：

$$Pb^{2+} + [CaY]^{2-} \rightleftharpoons [PbY]^{2-} + Ca^{2+}$$

反应的平衡常数为

$$K = \frac{[Ca^{2+}][PbY^{2-}]}{[Pb^{2+}][CaY^{2-}]} = \frac{[Ca^{2+}][PbY^{2-}][Y^{2-}]}{[Y^{2-}][Pb^{2+}][CaY^{2-}]}$$

$$= \frac{K_s\{[PbY^{2-}]\}}{K_s\{[CaY^{2-}]\}} = \frac{2 \times 10^{18}}{1 \times 10^{11}} = 2.0 \times 10^7$$

可见上述反应的平衡常数很大，反应进行得非常彻底，溶液中的 Pb^{2+} 几乎都可以被转

化生成 $[PbY]^{2-}$。实际上，当发生铅（或其他重金属如汞、镉、铜等）中毒时，临床上常用 $Na_2[CaY]$ 对铅中毒患者进行解毒治疗，生成的 $[PbY]^{2-}$ 经肾从尿中排出，从而达到解毒的疗效。不直接使用 Y^{4-}，而是使用 $[CaY]^{2-}$，是由于 Y^{4-} 也可以和体内的必需金属离子如 Ca^{2+}、Mg^{2+}、Fe^{2+}、Cu^{2+}、Zn^{2+} 等形成稳定的配合物，造成这些必需微量元素从身体大量流失，对身体健康不利。

上述配合物之间的转化是从热力学角度讨论的，实际上配合物之间能否转化还应看转化反应的反应速率。凡配体可以迅速地被其他配体取代的配合物称为易变配合物[①]（labile coordination compound），而配体取代缓慢的那些配合物则称为惰性配合物（insert coordination compound）。二者之间没有截然界限。虽然常常发现一种稳定的配合物是惰性的和一种不稳定配合物是易变的，但是热力学稳定性和动力学稳定性没有必然联系。因此，不要将"稳定的"与"惰性的"混为一谈。例如，$[Ni(CN)_4]^{2-}$ 配离子很稳定，不过，向含有 $[Ni(CN)_4]^{2-}$ 配离子的溶液中加入 ^{14}C 标记的氰根离子时，$^{14}CN^-$ 几乎立即被结合到配离子中：

$$[Ni(CN)_4]^{2-} + 4\,^{14}CN^- \rightleftharpoons [Ni(^{14}CN)_4]^{2-} + 4CN^-$$

这表明配合物是稳定的，但不是惰性的。

再如，$[Co(NH_3)_6]^{3+}$ 在酸性溶液中是热力学不稳定的，反应如下：

$$4[Co(NH_3)_6]^{3+} + 20H^+ + 26H_2O \longrightarrow 4[Co(H_2O)_6]^{2+} + 24NH_4^+ + O_2$$

但是在室温下，$[Co(NH_3)_6]^{3+}$ 能够在酸性溶液中保持几天而没有显著分解作用。因此这个配离子在酸性溶液中是不稳定的，但却是惰性的。

习　题

1．解释并区分下列各组名词：
(1) 配体与配位数
(2) 单齿配体与多齿配体
(3) 螯合剂与螯合物
(4) 外轨型配合物与内轨型配合物
(5) 分裂能与晶体场稳定化能
(6) 强场配体与弱场配体
(7) 低自旋配合物与高自旋配合物
(8) 稳定常数与解离常数

2．命名下列配合物，指出它们的中心原子、中心原子的氧化数、配体、配位原子和配位数。
(1) $[Ni(NH_3)_4(C_2O_4)]$
(2) $(NH_4)_3[Co(CN)_6]$
(3) $H_2[SiF_6]$
(4) $[Zn(OH)_3(H_2O)]^-$
(5) $[CoCl_2(en)_2]NO_3$
(6) $[Co(en)_3]Cl_3$
(7) $Na_3[Ag(S_2O_3)_2]$
(8) $Na_2[CaY]$

3．写出下列配合物的化学式。
(1) 四羟基合锌（Ⅱ）酸钠
(2) 六（亚硝酸根）合钴（Ⅲ）酸钠
(3) 二氯化氯·五氨合钴（Ⅱ）
(4) 硫酸氯·氨·二(乙二胺)合钴（Ⅲ）
(5) 四氯合铂（Ⅱ）酸四氨合铜（Ⅱ）
(6) 六氯合铂（Ⅳ）酸钾
(7) 四（异硫氰酸根）·二氨合铬（Ⅲ）酸铵
(8) 氢氧化氯·五水合铬（Ⅲ）

[①] 一般将温度 25℃ 和反应物浓度为 1 mol/L，配体取代反应在 1 min 内即可完成的那些配合物称为易变配合物。

4. 有两种钴的配合物，它们的组成均为 Co(NH₃)₅BrSO₄，但颜色不同。向紫色配合物的溶液中加 BaCl₂ 时，产生 BaSO₄ 沉淀，但加 AgNO₃ 时不产生沉淀；向红色配合物的溶液中加 AgNO₃ 时产生 AgBr 沉淀，但加 BaCl₂ 时并无沉淀产生。试写出这两种配合物的化学式和名称，并简述理由。

5. 指出下列化合物中哪些可以作为螯合剂。
   (1) CH_3COOH (2) $NH_2CH_2NH_2$
   (3) $NH_2CH_2CH_2CH_2NH_2$ (4) $HOOCCH_2COOH$
   (5) $CH_3CH_2CH_2SH$ (6) $HSCH_2CH(SH)CH_2OH$

6. 试回答下列问题：
   (1) $[Ni(CN)_4]^{2-}$ 是抗磁的，而 $[NiCl_4]^{2-}$ 是顺磁的，为什么？
   (2) 价层电子构型为 $d^1 \sim d^{10}$ 的过渡金属离子，在八面体型配合物中，哪些有高低自旋之分？哪些没有？为什么？
   (3) 第四周期某金属离子在八面体弱场中的磁矩为 4.9 B.M.，而在八面体强场中的磁矩为零，该金属离子是什么？
   (4) 对于 Co^{3+} 的两种弱场配合物 $[CoF_6]^{3-}$ 和 $[CoCl_6]^{3-}$，它们的晶体场稳定化能 CFSE 均为 $-0.4\Delta_o$，能否说明二者稳定性相同？为什么？
   (5) 用晶体场理论解释为什么在空气中高自旋的 $[Co(NH_3)_6]^{2+}$ 易氧化成低自旋的 $[Co(NH_3)_6]^{3+}$。
   (6) 下列四种配离子中，哪种离子吸收的电磁波的波长最短？为什么？
       (a) $[CuCl_4]^{2-}$ (b) $[CuF_4]^{2-}$ (c) $[CuBr_4]^{2-}$ (d) $[CuI_4]^{2-}$
   (7) 实验测得 $[NiCl_4]^{2-}$ 和 $[NiBr_4]^{2-}$ 溶液吸收的光的波长分别为 702 nm 和 756 nm，哪种配离子的 d 轨道分裂能较大？
   (8) 下列两种 Ni(Ⅱ) 配离子的水溶液，一种是蓝色的，另一种是紫色的。哪种溶液呈紫色？为什么？
       (a) $[Ni(NH_3)_6]^{2+}$ (b) $[Ni(en)_3]^{2+}$

7. 根据实测磁矩，推断下列配合物的空间构型，并指出是内轨型还是外轨型配合物。

配合物	$[Co(en)_3]^{2+}$	$[Fe(C_2O_4)_3]^{3-}$	$[CoCl_2(en)_2]Cl$
μ (B.M.)	3.82	5.75	0

8. 顺铂（cis-$PtCl_2(NH_3)_2$）是临床上的一线抗癌药，其他铂的配合物也有抗癌活性，如 cis-$PtCl_4(NH_3)_2$ 和 cis-$PtCl_2(en)$。已知这些铂配合物都是反磁性物质，试推测它们的杂化类型和空间构型。

9. 已知 $[Mn(H_2O)_6]^{2+}$ 比 $[Cr(H_2O)_6]^{2+}$ 吸收可见光的波长要短些，指出哪一个的分裂能大些，并写出中心原子 d 电子在晶体场中的排布情况。

10. 解释下列现象，并写出相应的反应方程式。
    (1) 用氨水处理 $Zn(OH)_2$ 和 $Mg(OH)_2$ 混合沉淀物，$Zn(OH)_2$ 溶解而 $Mg(OH)_2$ 不溶。
    (2) 于 $CuSO_4$ 溶液中滴加氨水，首先生成浅蓝色的沉淀，随着氨水的滴加，浅蓝色沉淀溶解成为深蓝色溶液，若用 H_2SO_4 处理此溶液则得到浅蓝色溶液。
    (3) 用 NH_4SCN 溶液检出 Co^{2+} 离子时，加入 NH_4F 可消除 Fe^{3+} 离子的干扰。
    (4) 医疗上向人体内注射 $Na_2[CaY]$ 治疗重金属铅中毒症。
    (5) 氨水溶液不能盛装在铜制容器中。
    (6) HgS 不溶于硝酸，但溶于王水。

11. 判断下列反应进行的方向，并指出哪个反应正向进行得最完全。
   (1) $[HgI_4]^{2-} + 4CN^- \rightleftharpoons [Hg(CN)_4]^{2-} + 4I^-$
   (2) $[Zn(NH_3)_4]^{2+} + Cu^{2+} \rightleftharpoons [Cu(NH_3)_4]^{2+} + Zn^{2+}$
   (3) $[Fe(C_2O_4)_3]^{3-} + Y^{4-} \rightleftharpoons [FeY]^- + 3C_2O_4^{2-}$
   (4) $[Fe(NCS)_6]^{3-} + Y^{4-} \rightleftharpoons [FeY]^- + 6NCS^-$

12. 溶液中，$[Zn(NH_3)_4]^{2+}$ 配离子存在下述平衡：

$$[Zn(NH_3)_4]^{2+} \rightleftharpoons Zn^{2+} + 4NH_3$$

分别向溶液中加入少量下列物质，上述平衡向哪个方向移动？
   (1) 氨水
   (2) 稀盐酸
   (3) NaOH 溶液
   (4) K_2SO_4 固体
   (5) NaCN 溶液
   (6) Na_2S 溶液

13. 在 $AgNO_3$ 溶液中依次加入 NaCl、NH_3、KBr、$Na_2S_2O_3$、KCN 和 Na_2S，会导致沉淀和溶解交替产生。请用软硬酸碱规则解释原因，并写出化学方程式。

14. 若将 0.10 mol $CuSO_4$ 溶解在 1.0 L 6.0 mol/L $NH_3·H_2O$ 溶液中，计算溶液中各组分的浓度（假设溶解 $CuSO_4$ 后溶液的体积不变）。

15. (1) 将 0.10 mol AgCl 完全溶解在 1.0 L 氨水中，所需氨水的最低浓度是多少？(2) 在上述溶液中加入 KBr 固体 0.10 mol，能否产生 AgBr 沉淀（假设加入各种试剂时溶液的体积不变）？

16. 在 $[Cu(NH_3)_4]^{2+}$ 与 NH_3 的浓度均为 0.10 mol/L 的溶液中加入 NH_4Cl 固体，使其浓度为 0.010 mol/L，是否有 $Cu(OH)_2$ 沉淀生成（假定 NH_4Cl 的加入不改变溶液的体积）？已知 $K_s\{[Cu(NH_3)_4]^{2+}\} = 2.1 \times 10^{13}$，$K_{sp}\{Cu(OH)_2\} = 2.2 \times 10^{-20}$，$K_b(NH_3·H_2O) = 1.8 \times 10^{-5}$。

17. 已知 25 ℃ 时，$\varphi^\ominus(Zn^{2+}/Zn) = -0.7628$ V，$\varphi^\ominus\{[Zn(CN)_4]^{2-}/Zn\} = -1.26$ V。计算 25 ℃ 时 $[Zn(CN)_4]^{2-}$ 配离子的稳定常数。

18. 已知 25 ℃ 时，$\varphi^\ominus(Cu^{2+}/Cu) = 0.3419$ V，$K_s\{[Cu(NH_3)_4]^{2+}\} = 2.1 \times 10^{13}$。计算电对 $[Cu(NH_3)_4]^{2+}/Cu$ 的标准电极电势。根据计算结果说明氨水能否储存在铜制容器中。

19. 已知 $K_s\{[Zn(OH)_4]^{2-}\} = 3.0 \times 10^{15}$，$K_s\{[Zn(NH_3)_4]^{2+}\} = 3.0 \times 10^9$，$K_b(NH_3·H_2O) = 1.8 \times 10^{-5}$。

   (1) 判断反应 $[Zn(NH_3)_4]^{2+} + 4OH^- \rightleftharpoons [Zn(OH)_4]^{2-} + 4NH_3$ 进行的趋势。
   (2) 对于上述反应，当溶液中 NH_3 的浓度为 1.0 mol/L 时，Zn^{2+} 主要以哪种配离子形式存在？

20. 某患者需要做螯合疗法的排铝治疗，可选择的注射液有：① Na_2H_2EDTA 溶液；② $Ca-EDTA^{2-}$（$\lg K = 10.6$）溶液；③ $Zn-EDTA^{2-}$ 溶液（$\lg K = 16.5$）。已知 $Al-EDTA^-$ 的 $\lg K = 16.1$，请问：
   (1) 应当选择哪种螯合剂进行治疗？并说明原因。
   (2) 计算说明注射与铝等量的螯合剂后，可置换排出体内多少的铝沉积。

（刘会雪）

第十四章

化学显色和仪器分析

第十四章数字资源

生命科学的发展和生物技术的进步，使化学在生物科学中的重要性越来越突出。在医学基础研究、临床诊断和药学研究中，往往需要对研究对象的组成、含量、结构和形态等方面进行系统的分析和表征，这需要使用分析化学的相关理论和技术来完成。在分析化学领域，按照分析的目的和任务不同，分析方法可分为以下4种。

1. 定性分析（qualititative analysis） 是对样品中的物质组成进行分析的方法。物质的组成决定物质的性质，通过测定物质的性质即可分析该物质是由哪些元素、原子团或化合物组成。如茶叶中含有的微量元素的物种测定；细胞内含有的磷脂、蛋白质、核酸等成分的测定；生物样品如血液中是否含有乙肝表面抗原HbsAg，即HbsAg阳性（+）或阴性（−），这些均为定性分析。

2. 定量分析（quantitative analysis） 指利用化学反应及其计量关系来确定被测物质的组成和含量的分析方法。例如对空气中PM2.5浓度的测定；食品添加剂、违禁化学品的含量测定；判断人体酸（碱）中毒的定量标准——血浆中CO_2结合力的测定。定性分析和定量分析是统一的，一般需要先进行定性分析，确定物质组分后，再选择合适的分析方法进行定量分析。

3. 结构分析（structural analysis） 是确定物质的结构的分析方法。物质的结构决定了其物理化学性质，通过测定其性质来分析其结构，即该化合物中含有哪些官能团等。结构分析多使用波谱分析法，如紫外-可见光谱法、红外光谱法、荧光光谱法、核磁共振波谱法、圆二色散光谱法、激光拉曼光谱法、X射线衍射法和小角中子衍射法等。

4. 形态分析（morphological analysis） 对样品中不同的物理形态与化学形态的测定与表征，即对样品中某些物种的结晶状态、形状、结合状态和价态等性质进行分析。如在尿液中二水草酸钙晶体较小，溶液随尿液排出，而一水草酸钙晶体容易聚集形成结石。通过分析尿中的草酸钙晶体类型，可以预测结石形成的危险性。

根据分析时所利用物质性质的不同，可分为化学分析法和仪器分析法。常规化学分析法主要有重量分析法和滴定分析法。各种显色/染色化学分析通常需要结合仪器分析进行。化学分析法所用的仪器简单，操作方便，结果准确，是分析化学中最基本、最重要的方法。仪器分析是以物质的物理和物理化学性质为基础的分析方法，这类方法通常是通过测量光、电、磁等物理量而得到分析结果，而测量这些物理量，需要较特殊的仪器，称为仪器分析法（instrumental analysis）。在生命化学领域的分析中，越来越多地使用一些特定的分析仪器来工作，如DNA碱基的排序、蛋白质分子的三维结构、酶的催化中心的结构等。仪器分析中常常需要应用化学方法处理试样或将试样转化成可以测试的形式。

常规化学分析法和仪器分析法的比较见表14-1。

表 14-1　常规化学分析法和仪器分析法比较

分析法分类	分析法实例	灵敏度	准确度	适合分析的浓度范围	分析费用
常规化学分析法	滴定分析法	0.02ml	0.1%~0.5%	>1%	较低
	重量分析法	0.1 mg			
仪器分析法	分光光度法	1 μg	1%~5%	<1%	较高
	荧光/发光分析法	1 ng			
	电化学分析法	μg~ng			
	色谱分析法	μg~pg			
	生物分析法	μg~pg			

理想的化学分析方法应该具有这样的一些特点：选择性最高，这样就可以减少或省略分离步骤；精密度和准确度高；灵敏度高，从而可检定和测定少量或痕量组分；测定范围广，大量和痕量均能测定；方法简便、经济实惠。对分析方法的选择通常应该考虑到上述问题，从而选择正确的分析方法进行测定。本教材第四章的滴定分析法是物质含量测定的最重要的化学分析方法之一，本章将对一些重要的仪器分析以及分析化学在生命科学、医学领域中的一些新技术进行简单介绍。

第一节　紫外-可见分光光度法

紫外-可见分光光度法（ultraviolet and visible spectrophotometry）是一种精确的比色法，通过测量某物质对紫外-可见光谱区（200~760 nm）特定单一波长的光吸收，从而对该物质进行定量分析。由于紫外-可见分光光度法具有灵敏度较高（一般可以测到 10^{-6} ~ 10^{-4} g/ml）、准确度较高（相对误差通常为 2%~5%）、选择性好、仪器设备简单、测定迅速、费用少、易于掌握和推广等特点，成为目前一种常规的实验室分析方法，广泛应用于医药、环境检测、化工、冶金、地质等各个领域。

一、物质的颜色和吸收光谱

物质的颜色是由于物质分子选择性地吸收某种颜色的光所引起的。如果物质分子选择性地吸收某波段的光，其他波长的光则不被吸收而透过，溶液就呈现出透过光的颜色，即溶液呈现的是与它吸收的光呈互补色的颜色。例如，高锰酸钾溶液因吸收了白光中的绿色光而呈现紫色，硫酸铜溶液因吸收了白光中的黄色光而呈蓝色。

将白光通过棱镜（或其他分光设备）分成一条条特定波长的单色光，测定某物质对不同波长单色光的吸收程度（透射率 T 或吸光度 A 等参数），然后以吸光程度为纵坐标，波长为横坐标作图，所得到的图形即吸收光谱（absorption spectrum），又称吸收曲线（图 14-1）。吸收曲线上吸光度最大的地方称为吸收峰，此处所对应的波长称为最大吸收波长（maximum absorption wavelength），用 λ_{max} 表示。由于紫外-可见吸收光谱所涉及的分子中的电子能级是分子轨道的能级和分子振转能级的耦合结果，因此分子的电子光谱属于带状光谱，即光吸收的谱线密集在一起合并而成的较宽的吸收谱带。

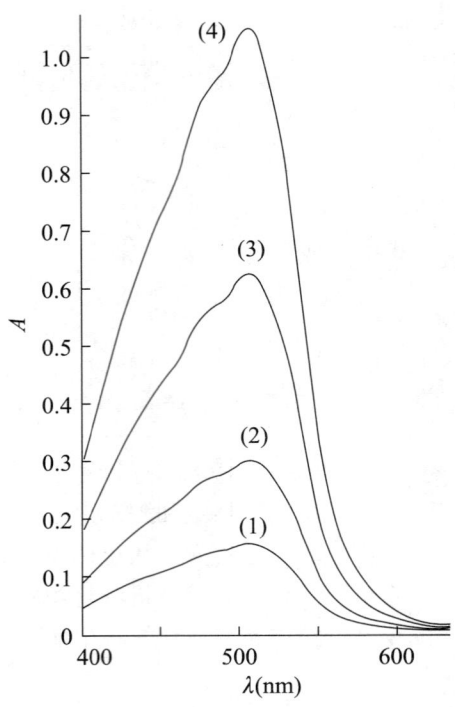

图 14-1 三(邻二氮菲)合铁(Ⅱ)离子的吸收光谱图
吸收曲线(1)~(4)浓度逐渐增加

二、光吸收的测量以及与物质量的关系

(一)透光率和吸光度

当一束单色光通过一定厚度 b 的均匀溶液时,一部分光被溶液吸收,一部分光透过溶液:

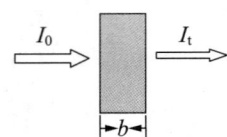

设入射光强度为 I_0,被溶液吸收光强度为 I,透过溶液光强度为 I_t,则

$$I = I_0 - I_t \tag{14-1}$$

透光率(transmittance,T)为透射光强度(I_t)与入射光强度(I_0)的比值,即

$$T = I_t / I_0 \tag{14-2}$$

吸光度(absorbance)则为透光率的负对数,其数学表达式为:

$$A = -\lg T = \lg(I_0 / I_t) \tag{14-3}$$

(二)朗伯 - 比尔定律

当用某适当波长的单色光照射一定浓度的溶液(均匀、非散射介质)时,其吸光度与光透过的溶液的液层厚度以及物质的浓度成正比,称为朗伯 - 比尔(Lambert-Beer)定律:

$$A = abc \tag{14-4}$$

式中，a 为吸光系数，与吸光物质的性质、入射光波长、溶剂及温度等因素有关；b 为溶液液层厚度，称为光程；c 为物质的浓度。

在实践中，吸光系数常用两种方法表述：

（1）摩尔吸光系数（molar absorptivity，ε），即浓度用摩尔浓度表述，光程用 cm 为单位时的吸光系数，其单位为 L/（mol·cm）。此时式（14-4）变为：

$$A = \varepsilon bc \tag{14-5}$$

摩尔吸光系数 ε 是目前大多数化学分析中最为常用的常数之一。

（2）百分吸光系数 E，其单位为 100 ml/（g·cm）。即光程 l 以 cm 为单位，溶液浓度 c 为 g/100 ml 时的吸光系数。E 目前只在特定的应用场景（如药品生产中的质控等）下使用。

吸光度 A 值越大，表明物质对光的吸收能力越大；吸光度 A 值越小，表明物质对光的吸收能力越小。吸光度具有加和性，当溶液中有多种吸光物质时，总吸光度等于溶液中各吸光物质吸光度之和，即 $A = A_1 + A_2 + A_3$。依据朗伯-比尔定律，可以对溶液中吸光物质的量进行定量测定。

三、紫外-可见分光光度法的应用

（一）有色物质的定量分析

根据朗伯-比尔定律，物质在一定条件下的吸光度与浓度成线性关系。故只要选择该物质特定的吸收波长，测定溶液的吸光度即可求出浓度。为了提高灵敏度和减小测定误差，通常应选择被测物质吸收光谱的吸收峰 λ_{max} 处进行测定。

【例 14-1】 已知维生素 C 在 245 nm 波长处的百分吸光系数 E 为 560 [100 ml/(g·cm)]。现称取维生素 C 0.0500 g 溶于 100 ml 的 0.005 mol/L 硫酸溶液中，再准确取液 2.00 ml 稀释到 100 ml，取此液于 1 cm 吸收池中在 245 nm 处测得吸光度 A 为 0.551，求其百分含量。

解：已知 $E = 560$ [100 ml/（g·cm）]，$A = 0.551$，$b = 1.0$ cm

根据朗伯-比尔定律 $A = Ebc$，得

$$c = A/(Eb) = 0.551/(560 \times 1) = 9.84 \times 10^{-4} \text{g/100 ml}$$

维生素 C 稀释前的浓度为

$$c' = 9.84 \times 10^{-4} \times (100/2.00) = 4.92 \times 10^{-2} \text{g/100 ml}$$

100 ml 试样中维生素 C 的质量为

$$M = c' \times 1 = 0.0492 \text{ g}$$

试样中维生素 C 的百分含量为：

$$(0.0492/0.0500) \times 100\% = 98.4\%$$

这里可以看到，用吸光系数 E 的原因是检测时总是配制 100 ml 溶液，因此使用更为方便。此外，这里提示：由于 A 是 T 的 log 值，其有效数字不考虑小数点前的数位，所以不论 A = 0.551 还是 1.551，其有效数位都是 3 位有效数字。

在【例14-1】中，事先知道了吸光系数 a 的值。但实际操作中，可能不知道物质的吸光系数或更为方便的浓度单位，又或者是有色物质是显色反应的结果，受显色试剂纯度等条件的影响，吸光系数 a 存在一定范围的变化等。此时，常采用标准曲线法和标准对照法进行定量分析。

1. 标准曲线法　标准曲线法（standard curve method）是分光光度法中最为常用的方法。其方法是：取标准品配成一系列已知浓度的标准溶液，在选定波长处（通常为 $\lambda_{\max}$），用同样厚度的吸收池分别测定其吸光度，以吸光度为纵坐标，标准溶液浓度为横坐标作图，得一通过坐标原点的直线——标准曲线，又称工作曲线。然后将被测溶液置于吸收池中，在相同条件下，测量其吸光度，根据吸光度即可在标准曲线上查得其对应的含量。该方法对于经常性批量测定十分方便，采用此法时，应注意使标准溶液与被测溶液在相同条件下进行测量，且被测溶液的浓度应在标准曲线的线性范围内。图 14-2 为维生素 B_{12} 溶液测定的标准曲线。

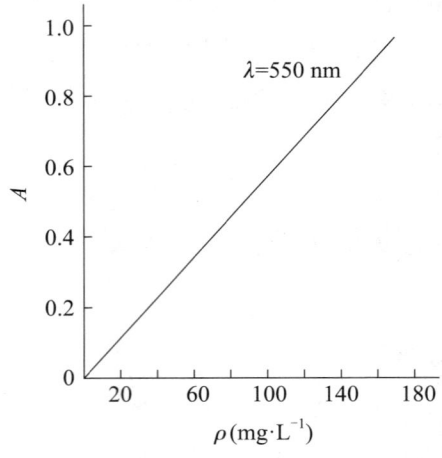

图 14-2　维生素 B_{12} 的标准曲线

2. 标准对照法　先配制一个与被测溶液浓度相近的标准溶液（其浓度用 c_s 表示），在 $\lambda_{\max}$ 处测出吸光度 A_s，在相同条件下测出试样溶液的吸光度 A_x，则试样溶液浓度 c_x 可按下式求得：

$$c_x = \frac{A_x}{A_s} \times c_s$$

此方法适用于非经常性的分析工作。标准对照法简单方便，但标准溶液与被测试样的浓度必须相近，否则误差较大。

由于紫外-可见分光光度法非常灵敏，常用来做药品中限量杂质的检测。如在合成肾上腺素过程中有一中间体肾上腺酮，肾上腺酮还原成肾上腺素时，因反应不完全被带入产品中，成为肾上腺素的杂质，影响肾上腺素的疗效，并增加其毒性。因此肾上腺酮的量必须规定在某一限度内。由于肾上腺酮与肾上腺素结构差异，因此吸收曲线也不同：肾上腺酮在 310 nm 处有吸收峰，而肾上腺素没有吸收，所以可在 310 nm 波长处测定杂质肾上腺酮的含量。

采用不同波长的吸光度比值也可分析杂质含量，如蛋白质的最大吸收峰在 280 nm，核酸的最大吸收峰在 260 nm。纯的 RNA 的 $A_{260}/A_{280} = 2.0$，纯的 DNA 的 $A_{260}/A_{280} = 1.8$，而纯的蛋白质的 $A_{260}/A_{280} = 0.57$。如果蛋白样品掺入 5% 的核酸之后，可使 A_{260}/A_{280} 上升到 $1.0 \sim 1.1$。因此可以方便地据此判断蛋白质样品的纯度。但是反过来，由于核酸的摩尔吸光系数远高于蛋白质，只有在纯的 RNA 样品中掺入了 20% 的蛋白质杂质，则这个比值才变成 1.96。也就是说，用 A_{260}/A_{280} 比值用来指示核酸被蛋白质污染的程度是不敏感的。

对于有色物质，可以直接进行分光光度分析，但是对于无色物质或颜色非常浅的物质如金属离子和蛋白质,这时需要使用化学试剂,先和待测分子反应,生成有色物质(称为显色反应),然后再进行分光光度的定量。

(二)金属离子的显色反应和分光光度分析

金属离子的测定可以使用分光光度法。由于金属水合离子本身颜色的吸光系数很小,通常不能直接进行分光光度分析。一般都是选择适当的显色剂,与待测金属离子反应生成有色化合物,再利用分光光度法对金属离子进行定性、定量和结构分析。金属离子通常通过氧化还原反应和配位反应进行显色,而配位反应是测定金属离子最常用的方法。常用的显色剂包括无机显色剂和有机显色剂。

在分析时,应选择适当的显色反应,通常应考虑以下因素:①灵敏度高:即选择能使生成的有色物质的 ε 较大的反应,一般 ε 值应达到 $10^4 \sim 10^5$。②选择性好:指显色剂仅与一个组分或少数几个组分发生显色反应。在实际分析应用中,常选择仅与被测组分显色而不与其他离子显色的反应。显色剂的颜色反应与显色反应产物的颜色有较大的差异,以避免显色剂本身对测定产生干扰。③显色剂在测定波长处无明显吸收。④反应生成的有色化合物组成恒定。

1. 无机显色剂 用于检测金属离子的无机显色剂数量较少,如硫氰酸盐、钼酸铵、氨水等。Cu^{2+} 与 $NH_3 \cdot H_2O$ 形成深蓝色配合物 $Cu(NH_3)_4^{2+}$;SCN^- 与 Fe^{3+} 形成红色的络合物 $Fe(SCN)^{2+}$ 或 $Fe(SCN)_6^{3-}$。但无机配合物不稳定,比色分析的灵敏度不高,选择性较差。

2. 有机显色剂 用于无机离子显色的多为有机显色剂。由于有机显色剂与金属离子生成稳定的含环状结构的螯合物,且具有特征性的颜色,其选择性和灵敏度都比无机显色剂高。有机显色剂分子中通常含有共轭双键的基团,如 —N=N—、—N=O、—NO₂、对醌基、=C=O(羰基)、=C=S(硫羰基)等,这些基团中的 π 电子只需吸收较小的能量如吸收波长大于 200 nm 的光就能发生能级跃迁,所以一般都具有颜色。有机显色剂的种类很多,应用较广泛的有邻二氮菲、双硫腙、二甲酚橙、偶氮胂Ⅲ、铬天青 S 等。

有机显色剂与金属离子形成的螯合物应用于光度分析中的优点是:①金属螯合物一般都很稳定,解离常数很小;②大部分金属螯合物都呈现鲜明的颜色,摩尔吸光系数大于 10^4,因而测定的灵敏度很高;③绝大多数有机显色剂选择性好。在一定条件下,一种有机显色剂只与少数或某一种金属离子络合,而且同一种有机螯合剂与不同的金属离子络合时,生成具有特征颜色的螯合物。邻二氮菲用于溶液中 Fe^{2+} 的检测,Fe^{2+} 与邻二氮菲生成稳定的橙红色配合物,虽然 Cu^{2+}、Co^{2+}、Zn^{2+}、Ni^{2+}、Cd^{2+}、Sb^{3+} 等离子也能与该试剂反应,但生成的络合物不是红色,不妨碍 Fe^{2+} 的鉴定,此外,Fe^{3+} 大量存在时亦无干扰;二苯硫腙是含 S 的显色剂,与一些重金属离子(Cu^{2+}、Pb^{2+}、Zn^{2+}、Cd^{2+}、Hg^{2+} 等)生成有色配合物,显色反应非常灵敏。

3. 显色反应条件 显色反应要想满足光度法的要求,除了选择恰当的显色剂外,控制好显色反应的条件也是十分重要的,否则,将会影响分析结果的准确度。

(1)显色剂的用量:显色剂与被测金属离子反应生成有色化合物,加入过量的显色剂是保证反应完全的必要条件,但也不能过量太多,否则可能会引起一些副反应。

(2)溶液的酸度:溶液的酸度直接影响着金属离子和显色剂的存在形式以及螯合物的组成和稳定性。多数高价金属离子都容易发生水解,当溶液的酸度降低时,会产生一系列的金属氢氧化物,影响金属离子和显色剂的反应。大部分显色剂都是有机弱酸,其解离出的酸根离子与金属离子发生显色反应。溶液的酸度影响着显色剂的解离,并影响着显色反应的完全程度。许多显色剂本身就是酸碱指示剂,当溶液酸度改变时,显色剂本身发生颜色变化。如果显色剂在某一酸度,与金属离子形成的螯合物的颜色和指示剂本身的颜色一样或接近时,就会引入很大误差而无法进行光度分析。例如二甲酚橙在溶液的 pH > 6.3 时呈红色,在 pH < 6.3 时呈柠檬黄色,二甲酚橙与金属离子的螯合物也呈红色,在用二甲酚橙作为金属离子的显色剂时,溶液

的酸度只能控制在 pH < 6。因此，控制溶液适宜的酸度，是保证光度分析获得良好结果的重要条件之一。

（3）显色反应的时间和温度：显色反应的速度有快有慢，显色反应所需的温度有高有低。适宜的显色时间和温度需要通过实验来确定：配制一份显色溶液，记录溶液的吸光度随时间或温度的变化情况，绘制曲线，来确定适宜的时间或温度。

（4）有机溶剂和表面活性剂：许多有色化合物在水中的解离度大，而在有机溶剂中的解离度小，如在 Fe(SCN)$_3$ 溶液中加入可与水混溶的有机试剂（如丙酮），由于降低了 Fe(SCN)$_3$ 的解离度而使颜色加深，提高了测定的灵敏度。加入表面活性剂可以提高显色反应的灵敏度，增加有色化合物的稳定性。其原因可能是胶束增溶，也可能是可形成含有表面活性剂的多元络合物。

（5）共存离子的干扰及消除：共存离子存在时对光度法测定会产生影响。许多显色剂是有机弱酸，控制溶液的酸度，就可以控制显色剂与某种金属离子显色，使另外一些金属离子不能生成有色络合物。在显色溶液里加一种能与干扰离子反应生成无色络合物的试剂，例如用硫氰酸盐作显色剂测定 Co^{2+}，为了防止 Fe^{3+} 的干扰，可加入氟化物，使 Fe^{3+} 与 F^- 反应生成无色而稳定的 FeF_6^{3-}，就可以消除 Fe^{3+} 的干扰。

【例 14-2】 深二氮杂菲磺酸盐比色法是 ICSH[①] 推荐的测定血清铁的方法，深二氮杂菲磺酸盐和 Fe^{2+} 形成的配合物的吸光系数 $\varepsilon = 22100$ L/(mol·cm)。现有一血清样品，取 2.0 ml 加入测定管内，加入蛋白沉淀剂 2.0 ml，将测定管离心，除去沉淀。取上清液 2.0 ml 与 2.0 ml 深二氮杂菲磺酸盐溶液在比色管中混匀，放置 15 min 完成显色反应后，倒入光程长度为 1 cm 的比色杯中，用分光光度计测定 535 nm 的吸光度 $A = 0.2984$。计算此血清样品的铁含量。

解：根据 Lambert-Beer 公式：$A = \varepsilon bc$

测定液中 Fe^{2+}- 深二氮杂菲磺酸配合物的浓度：

$$c = A/(\varepsilon b) = 0.2984/(22100 \times 1) = 1.35 \times 10^{-5} \text{ mol·L}^{-1} = 13.5 \text{ mol·L}^{-1}$$

在分析过程中，样品被稀释 2 次，每次均为 (2.0 + 2.0)/2.0 = 2 倍，总稀释倍数为 4，因此，血清样品中 Fe 的浓度：

$$c_{Fe} = 13.5 \times 4 = 54.0 \text{ mol/L}$$

这个数值比正常男性血清铁水平（13.5 ~ 34.0 mol/L）高出很多，提示可能有肝炎发生。

（三）蛋白质的染色和分光光度法测定

蛋白质的定量分析是生物化学和其他生命学科最常涉及的分析内容，是临床上诊断疾病及检查康复情况的重要指标。许多蛋白质分子可以用显色方法来进行定量分析。这里主要介绍考马斯亮蓝法。

1976 年 Bradford 建立了考马斯亮蓝法（又称 Bradford 法）测定蛋白质的含量。考马斯亮蓝有 R-250 和 G-250 两种，R250 为三苯基甲烷，每个分子含有两个磺酸基团（SO_3H），G-250 是 R-250 的二甲基化衍生物（结构见图 14-3）。考马斯亮蓝 G-250 在酸性条件下为红色，G-250 分子上的芳香苯环可以与蛋白质的疏水区，主要是碱性氨基酸（特别是精氨酸）和芳香族氨基酸残基相结合，同时磺酸基与蛋白质的带正电荷的碱性基团结合，形成蓝色的蛋白质 - 染料复合物，使染料的最大吸收峰的位置由 465 nm 变为 595 nm，溶液的颜色也由红色变为蓝色。采用分光光度法测定吸光度值 $A_{595\,nm}$，蛋白质含量与 $A_{595\,nm}$ 成正比。

[①] International Committee for Standardisation in Hematology，国际血液学标准化委员会。

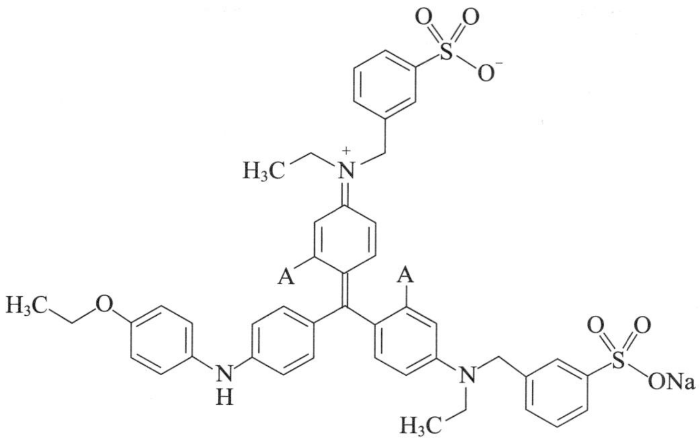

图 14-3　G-250 和 R-250 分子结构式
A = –H 的是 R-250，A = –CH$_3$ 的是 G-250

考马斯亮蓝法灵敏度高，反应速度快，蛋白质检测范围在 0.01 ～ 1.0 mg 之间，是目前应用最为广泛的测定蛋白质含量的方法。由于实验条件的变动会影响染料分子和蛋白质分子的结合，使复合物的吸光系数 ε 发生变动，因此，用考马斯亮蓝 G-250 测定蛋白质浓度时，每次都需要制作标准曲线。此外，考马斯亮蓝法还是聚丙烯酰胺凝胶电泳分离蛋白质的常规检测方法。

【例 14-3】 尿蛋白测定是确定肾病的一种重要指标，正常范围是（40 ～ 150）mg/24 h。现收集某人 24 h 尿液共 1.2 L，取尿液样品 3 份到 96 孔酶标板[①]，每份 100 μl，加入 150 μl 考马斯亮蓝显色液，混合后在室温下放置 5 min 反应。然后用酶标仪测定 596 nm 吸光度 A 分别为：3.200，3.300，3.500。将尿液样品稀释 10 倍后，测定的 A 为：0.470，0.472，0.475。在样品分析的同时，制作标准工作曲线（即配制一组浓度确定的蛋白质标准溶液，同样取 100 μl 到酶标板然后加入 150 μl 显色液，显色后测定 596 nm 吸光度），得到工作曲线的回归方程为：$A = 5.0 \times 10^{-3} c + 0.005$（$c$ 为标准溶液的蛋白质浓度，mg/L）。计算此人 24 h 尿蛋白总量，此人是否有肾病可能性？

解：未稀释样品测定的吸光度数值（3.200，3.300，3.500）已经超过了 2.0，测量误差可能过大，因此应当采用稀释后测定的结果：0.470，0.472，0.475

三次测量的平均值：$A = (0.470 + 0.472 + 0.475) / 3 = 0.472$

将平均值带入工作曲线的回归方程，计算稀释后样品中的蛋白浓度：

$$c\,(1/10) = (0.472 - 0.005) / 5.0 \times 10^{-3} = 93.4 \text{ mg/L}$$

样品中的蛋白浓度：$c = c\,(1/10) \times 10 = 934$ mg/L

24 h 尿蛋白总量：$m_{24\,h} = 934 \times 1.2 = 1120$ mg/24 h

此尿蛋白水平远远高于正常值，故有肾病可能性。

测定蛋白质含量的方法还有很多种，表 14-2 列出了根据蛋白质不同性质建立的一些蛋白质测定方法。

---

① 酶标板上一般有 96 个大小和形状一样的小孔，每个孔可以最多装入 300 μl 的溶液，小孔中溶液的吸光度可以在酶标仪上直接读出，其特点是快速，读取 96 孔的吸光度数据只需要几秒到十几秒的时间。

表 14-2 常用的测定蛋白质含量方法的比较

方法	基本原理	测定范围（μg/ml）	不同种类蛋白的差异	最大吸收波长（nm）	特点
凯氏定氮法	滴定分析		小		标准方法，准确，操作麻烦，费时，灵敏度低，适用于标准的测定
直接紫外分光光度法	蛋白质分子中酪氨酸、色氨酸残基在 280 nm 附近有强吸收	100～1000	大	280	灵敏，快速，不消耗样品，对核酸类物质有影响
双缩脲法	在碱性溶液中蛋白质与铜离子发生双缩脲反应，形成紫色络合物	1000～10000	小	540	重复性、线性关系好，灵敏度低，测定范围窄，样品需要量大
Folin-酚试剂法（又称 Lorry 法）	蛋白质中的酪氨酸，可与酚试剂中的磷钼钨酸作用产生蓝色化合物	20～500	大	750	灵敏，费时较长，干扰物质多
考马斯亮蓝法（又称 Bradford 法）	考马斯亮蓝 G-250 在酸性溶液中为红色，与蛋白质结合后变成蓝色化合物	50～500	大	595	灵敏度高，稳定，误差较大，颜色会转移
BCA (bicinchoninic acid) 法	在碱性环境下蛋白质与 Cu^{2+} 络合并将 Cu^{2+} 还原成 Cu^+，BCA 与 Cu^+ 结合形成稳定的紫蓝色化合物	50～～500	大	562	灵敏度高，稳定，干扰因素少，费时较长

蛋白质测定的方法很多，但每种方法都有其特点和局限性，如凯氏定氮法结果虽然最精确，但操作复杂，用于大批量样品的测试则不太合适；双缩脲法操作简单，线性关系好，但灵敏度差，样品需要量大，测量范围窄，因此在科研上的应用受到限制；而酚试剂法弥补了它的缺点，因而在科研中被广泛采用，但是它的干扰因素多；BCA 法试剂稳定，抗干扰能力较强，结果稳定，灵敏度高。

（四）复杂样品的化学染色

生物复杂样品（细胞或组织）的化学染色在生物医学研究和病理检验等应用中是一种常规的手段。组织化学染色（histochemistry stain）是在保持完整的细胞形态和结构的前提下，运用化学反应如使用染色剂等方法使不同组织或细胞内物质呈现不同颜色，进而对细胞内的各种化学物质（酶类、脂类、糖类、铁、蛋白质、核酸等）做定性、定位、半定量分析的方法。

对于细胞和组织等复杂生物样品，通常选用几种不同性质和颜色的染色剂进行染色。例如苏木紫-伊红（haematoxylin and eosin，HE）染色法是病理技术中最常用的一种方法。HE 染色法首先将组织切片样品用苏木紫染色，然后将样品酸化处理后用伊红染色。细胞核内 DNA 双螺旋结构的外侧带负电荷，很容易与带正电荷的苏木紫碱性染料以离子键或氢键结合而被染色。苏木紫在碱性溶液中呈蓝色，所以细胞核被染成蓝色。伊红是一种酸性染料。细胞质中的蛋白质为两性化合物，当染液的 pH 在胞质蛋白质等电点（4.7～5.0）以下时，胞质蛋白以碱式电离，带正电荷；伊红解离成带负电荷的阴离子，与带正电荷的胞质蛋白结合，使细胞质呈红色。HE 染色之后，在光学显微镜下，能够对细胞结构进行观察，判断组织细胞是否发生恶性病变。

免疫组织化学染色（immunohistochemistry stain）目前广泛用于各种研究领域和临床诊断。它是根据抗原-抗体专一性结合的原理，先将已知的抗原（或抗体）标记上荧光素，再用这种荧光抗原（或抗体）作为探针检查细胞或组织内的相应抗体（或抗原），利用荧光显微镜可以看见荧光所在的细胞或组织，从而确定抗原或抗体的性质和定位，以及利用定量技术测定含量。免疫组织化学的优势在于专一性好、灵敏度高、简便快速以及成本低廉，所以广为医院采用，对探讨各类疾病发病原理和观察治疗反应及预后起了极其重要的作用。

第二节　其他重要的光谱分析方法

一、红外光谱法

红外光谱（波长范围为 0.76～1000 μm）也是一种分子吸收光谱。分子的振动能量比转动能量大，当发生振动能级跃迁时，不可避免地伴随有转动能级的跃迁，这种分子的振动-转动光谱称为红外吸收光谱。红外光谱法（infrared spectroscopy，IR）是利用分子的红外吸收光谱而建立的分析方法。除了单原子和同核分子如 Ne、He、O_2、H_2 等之外，几乎所有的有机化合物在红外光谱区均有特征吸收，而且结构不同的化合物其红外光谱也不相同。红外光谱能提供有机化合物丰富的结构信息，如分子的键长、键角，推断分子的立体构型，研究配体的结合和氢键间的相互作用，并在特定的环境中探测分子的构象。因此，红外光谱法是目前鉴定化合物和测定分子结构的最有用方法之一。红外光谱中吸收峰的强度与物质分子的含量有关，可用以进行定量分析和纯度鉴定。由于红外光谱特征性强，气体、液体、固体样品都可测定。红外光谱分析具有用样量少、分析速度快、不破坏样品等特点，在分析中应用非常广泛。

二、荧光／发光分析法

分子中的电子吸收特定波长的光由基态跃迁至激发态，大多数分子将通过与其他分子的碰撞以热的方式散发掉这部分能量，而部分分子则以光的形式放射出这部分能量，这种物质吸收光而发出较入射波长更长的光，即为荧光（fluorescence）。利用荧光谱线位置及其强度进行物质定性和定量分析的方法，称为荧光分析法（fluorescence spectrophotometry）。荧光分析法灵敏度高，选择性好，检测限可达 10^{-12}g，可监测超痕量的生物活性物质。

具有荧光的物质其分子结构中通常含有共轭体系，很多具有刚性平面结构的有机分子具有强烈的荧光，如蛋白质、DNA 以及许多生物活性物质具有天然荧光（或内源性荧光），这些物质都可以采用荧光分析法进行检测。一些荧光染料分子也可以结合到生物大分子上，当大分子的结构发生变化时，引起染料分子周围微环境的变化，根据染料分子的荧光可以研究大分子的结构，这些染料分子称为荧光探针。许多荧光探针可以对细胞内的组分进行标记，用来检测细胞的生长状态。例如溴化乙锭（ethidium bromide，EB）和碘丙锭（propidium iodide，PI），这些荧光染料分子对 DNA 有特异的结合能力，可以插入 DNA 分子的碱基对中，与 DNA 分子形成能发射橙红色荧光的分子复合物，检测灵敏度很高，细胞中的蛋白质分子等不会对染色有干扰。EB 和 PI 还可以对电泳分离的 DNA 分子进行染色定位。

三、原子吸收分光光度法

当辐射投射到原子蒸气上时，如果辐射波长相应的能量等于原子由基态跃迁到激发态所需要的能量，则会引起原子对辐射的吸收，产生吸收光谱，通过测量气态原子对特征波长（或频率）的吸收，便可获得有关组成和含量的信息。这种方法称为原子吸收分光光度法（atomic absorption spectrophotometry，AAS）。通过原子化器将待测试样原子化，待测原子吸收待测元素空心阴极灯的光，从而产生光吸收，吸光度与待测元素的浓度成正比。此法的优点是准确度和精密度高，选择性好且抗扰能力强。原子吸收分光光度法一般是测定生物样品中的金属元素含量的首选定量方法。

四、核磁共振波谱法

核磁共振波谱法（nuclear magnetic resonance spectroscopy，NMR）是利用在外磁场中，具有核磁矩的原子核吸收射频能量，发生核自旋能级的跃迁，同时产生核磁共振信号，得到核磁共振波谱。具有核磁矩的原子核包括 ^1H、^{13}C、^{19}F、^{31}P 等。NMR 谱图提供化合物原子核的数目、原子所处化学环境和分子几何构型的信息，结构中每个官能团和结构单元都有确切对应的吸收峰，而每一个吸收峰都能找到确切的归属。目前核磁共振波谱是鉴定有机化合物以及生物大分子结构和构象的重要工具之一。

核磁共振技术最大的特点是适合于液态样品的测定，而且是非破坏性的。核磁共振技术可以分析蛋白质在溶液中构象的变化，与蛋白质晶体相比，溶液中的蛋白质的构象更接近其生命状态。核磁共振成像（nuclear magnetic resonance imaging，NMRI）是核磁共振在医学领域的应用，这是一种革命性的医学诊断工具。这种技术用于人体内部结构的成像，分辨力高，对病灶能更好地进行定位、定性的诊断。

五、电子自旋共振波谱分析法

电子自旋共振是指具有顺磁性的物质的未成对电子的自旋共振。在磁场中未成对电子以一定的频率转动，当外界加入射频磁场的频率与电子的转动频率相同时，电子吸收射频能量，产生电子自旋能级跃迁，形成电子自旋共振吸收波谱。根据谱线位置、强度、分裂数目和超精细分裂常数，对分子中的单电子及其周围环境进行定性和定量的分析。电子自旋共振波谱分析法（electron spin resonance spectroscopy，ESR）可用于直接检测和研究含有未成对电子的顺磁性物质，如自由基（$\cdot O_2^-$、$\cdot OH$ 等）、分子（NO、O_2 等）、原子、过渡金属离子和稀土离子，也用于研究固体晶格的缺陷、多重态分子及半导体的杂质等。ESR 的灵敏度高，检出所需自由基的绝对浓度约在 10^{-8} mol/L。

第三节 重要物理化学分析法

一、电化学分析法

在第七章中，已经了解了氧化还原反应及其应用，即电化学的基本原理和规律。利用电化学原理进行分析的方法称为电化学分析法（electrochemistry analysis），是分析方法中最强有力且应用最广泛的技术之一。电化学分析法包括电位分析法、极谱分析法、电导分析法和库仑分析法等多种方法。其中电位分析法采用离子选择性电极和酶电极等进行分析定量，在生物科学研究中应用最为广泛。pH 计就是最常见的电化学分析仪器。电位分析法可以测定其他方法难以测定的许多种离子，如碱金属离子和碱土金属离子、无机阴离子和有机离子等的定量分析，还是测定平衡常数的重要手段，也可用于如有色溶液、浑浊溶液或缺乏合适指示剂的沉淀反应的滴定体系。

二、质谱分析法

质谱是带电原子、分子或分子碎片按质荷比（或质量）的大小顺序排列的图谱。质谱分析法（mass spectrometry，MS）是被分析的分子在真空中被电子轰击形成离子，通过电磁场按不同质荷比（m/Z）大小分离，根据分子离子及碎片离子的质量数及其相对峰度，可对待测物质进行分子量的测定、化学式及结构式的鉴定。质谱分析法灵敏度很高，检测限可达 10^{-11} g。

质谱是纯物质鉴定的最有力工具之一，其中包括分子量测定、化学式确定及结构鉴定等。在质谱图中，根据分子离子的 m/Z 可获得分子的分子量；此外，从碎片离子的类型和分子量分布，可以推测这些分子的化学结构信息。最初的质谱仪主要用来测定元素或同位素的原子量，随着质谱技术的不断改进和完善，质谱的应用范围已扩展到生命科学研究的许多领域，特别是质谱在蛋白质、医学检测、药物成分分析及核酸等领域得到了广泛应用。近年来为了解决生命科学研究中有关生物活性物质的分析，发展了生物质谱，它是质谱分析中最活跃、最富生命力的前沿研究领域之一，已成为测定生物大分子如蛋白质、核酸和多糖等结构的最重要的分析方法。

三、X 射线晶体衍射法

X 射线是原子内层电子在高速运动电子的轰击下发生能级跃迁而产生的光辐射。晶体可被用作 X 光的光栅，X 射线穿过晶体会产生散射和衍射作用，通过对衍射图样的分析，可以计算出晶体的晶胞参数和内部原子的排列。因此，X 射线衍射（X-ray diffraction）分析主要用于测定晶体的结构。X 射线衍射表征晶体结构，是测定蛋白质、核酸和其他生物大分子三维结构的重要手段，一多半的蛋白质三维结构都是由单晶 X 射线衍射法获得的。实际上，X 射线晶体衍射法所直接得到的不是物体的图像，而是一张衍射图样，再利用计算机重组，绘制出电子密度图，进而构建出三维分子图像，确定蛋白质分子结构中各原子的位置、键长、键角和分子构象等情况（图 14-4）。目前，研究蛋白质空间结构的最高分辨率为 0.14 nm，即从衍射图上几乎可以辨认出除氢原子外的所有原子。X 射线衍射分析方法的局限性表现为只能测定单晶样品。

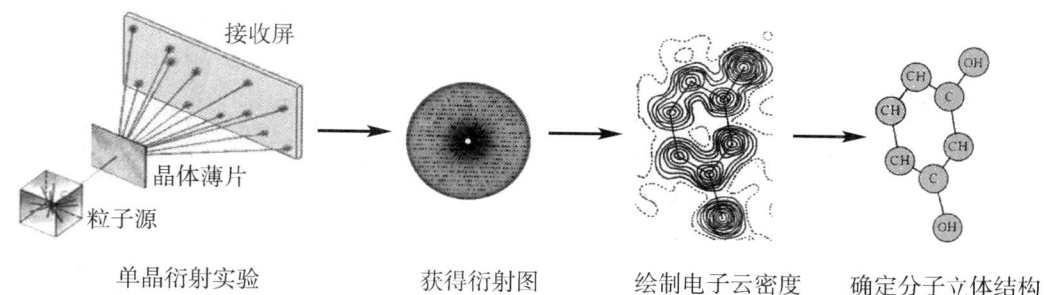

图 14-4 单晶 X 射线衍射法得到分子三维结构的基本过程

第四节 重要的分离、分析方法

一、色谱分析法

在面对复杂的样品时，要想准确、灵敏地进行组分检测，样品中各组分的有效分离就显得尤其重要，而色谱法则是一种集高效分离与灵敏检测于一体的分析技术。色谱分析法（chromatography analysis）是一种物理或化学的分离方法，待分离样品流经色谱柱（packed column）时，由于不同组分的性质（如溶解性、极性、离子交换能力、分子大小等）不同，它们在流动相和固定相间不断进行分配，最终达到分离。色谱分析法的最大特点是其高超的分离能力（能同时分离几十种甚至上百种化合物），它的分离效率远远高于蒸馏、萃取等分离技术。此外，还有高灵敏度、高选择性、高效能、分析速度快及应用范围广等优点。根据色谱的分离机制，色谱分析法又可以分以下几种方法。

1. 反相色谱 是一种以疏水作用为基础的色谱分离模式。在色谱柱中固定了一层油膜，当水溶液样品通过色谱柱时，其中亲油的分子（非极性分子）可以吸附到固定相的油膜中，这样样品中的极性的亲水分子和固定相间的相互作用较弱，因此较快流出；而疏水性相对较强的分子和固定相间存在较强的相互作用，在柱内保留相对较长的时间。反相色谱可分离各种有机小分子以及生物大分子如蛋白质、多肽、核酸。

2. 凝胶过滤色谱 在色谱柱中填充了一种凝胶颗粒，在这些颗粒内部具有细微的多孔网状结构。待分离组分进入色谱柱后，较大的分子不能进入凝胶孔隙，会很快随流动相流出；而较小的分子能够进入凝胶孔隙，需要较长时间才能被洗脱出来；样品分子按其分子大小先后从色谱柱中流出，实现各组分的分离。凝胶层析可用于蛋白质、多肽、脂类、甾体类、脂肪酸、维生素等的分离。

3. 离子交换色谱 在色谱柱中填充了一些表面带有电荷的物质——离子交换剂（即离子交换树脂）。离子交换树脂分子结构中存在许多可以电离的活性中心，待分离组分中的离子会与这些活性中心发生离子交换。离子交换色谱即是利用被分离组分与固定相之间发生离子交换的能力差异来实现分离。该方法主要是用来分离离子或可解离的化合物，不仅应用于无机离子的分离，而且广泛地应用于有机和生化物质如氨基酸、核酸、蛋白质等的分离。离子交换剂分为阳离子交换剂（表面带负电荷）和阴离子交换剂（表面带正电荷）。蛋白质和核酸分子在中性溶液中多数带有负电荷，因此可用阴离子交换剂进行分离。在阴离子交换柱中，蛋白质按照带有负电荷的多少顺序流出色谱柱，带负电荷少的先出柱，带负电荷多的后出柱。

4. 亲和色谱 亲和色谱法是利用蛋白质可以与某些小分子（称为配基）特异性地可逆、非共价结合这一特点而设计的，如酶与抑制剂、抗原与抗体、激素与受体及核酸的碱基对等之间的相互作用。将配基共价结合在不溶性的载体上，然后装入色谱柱。可与配基结合的蛋白质分子被保留于柱上，其他不与配基结合的分子则很快通过色谱柱流出。亲和色谱技术通常用于分离活性大分子物质、病毒及细胞，或用于研究大分子间的特异的相互作用。

样品经过色谱柱分离成一个个单一的组分，这些分子按顺序离开色谱柱。根据样品的化学性质，选择合适的分析方法（如光谱分析法、电化学分析法和质谱分析法等）作为检测手段，对分离后的组分进行定性和定量测定。紫外-可见分光光度法是最为常见的检测手段。将质谱仪与色谱仪联用的仪器分析方法称为色谱-质谱联用，它综合了色谱仪具有高度分离能力和质谱仪具有准确结构鉴定能力的优点，能够对复杂混合物同时进行组分分离和物质结构鉴定。色谱-质谱联用技术已成为大分子及生命物质分离分析和表征的最重要技术，是复杂混合物分析的主要定性和定量手段之一。

根据在分离时流动介质的不同，色谱分析法可分为气相色谱、液相色谱和超临界流体色谱。在化学和生化分析中应用最为广泛的是高效液相色谱（high performance liquid chromatography，HPLC）。HPLC 是采用高压输液泵、高效固定相和高灵敏在线检测器等装置而发展起来的现代分离分析方法，例如乳制品中三聚氰胺的检测、中药有效成分的分离、鉴定与含量测定、体内药物分析及临床检验等都可以用 HPLC 进行测定。20 世纪 90 年代后期出现了超临界流体色谱法，既可以分析挥发性成分，又可以分析高沸点和难挥发样品，主要用于超临界流体萃取分离和制备。

毛细管电泳分析法（capillary electrophoresis，CE）是一类以毛细管为分离通道、以高压电场来驱动组分分子流动的分离技术。它包含电泳和色谱两种技术，是化学分析中继 HPLC 之后的又一重大进展。与 HPLC 相比，毛细管电泳分析法分析速度快，一般分析时间小于 30 min，分析灵敏度提高，能检测一个碱基的变化。毛细管电泳分析法是分离分析和表征生物大分子（蛋白质、核酸）的重要技术之一。

二、电泳分析法

在第七章中，我们已经了解到，在外电场的作用下，带电颗粒向着与其电性相反的电极移动，这种现象称为电泳（electrophoresis）。带电荷的分子由于不同的分子大小以及电荷的多少，在电泳过程中移动的速率不同，因此可以有效分离如蛋白质、核酸等生物大分子。根据电泳的支持介质不同，分为琼脂糖凝胶电泳和聚丙烯酰胺凝胶电泳。

（一）琼脂糖凝胶电泳

琼脂糖（agarose）凝胶可用于蛋白质和核酸的电泳支持介质，尤其适合核酸的提纯和分析。琼脂糖通过分子内和分子间氢键形成较为稳定的交联结构。通过调整琼脂糖的浓度来控制凝胶的孔径大小，低浓度的琼脂糖形成较大的孔径，而高浓度的琼脂糖形成较小的孔径。常用 1% 的琼脂糖作为电泳支持物。普通琼脂糖凝胶分离 DNA 的范围为 0.2～20 kb，可区分相差 100 bp 的 DNA 片段。

分离后的核酸使用荧光染料进行染色定位，最常用的是溴化乙锭（EB），可以特异地对分离的 DNA 分子染色，蛋白质分子不会对染色有干扰。染色后通常需要用一些有机溶剂洗涤，除去多余的染料分子，这个过程称为脱色。

（二）聚丙烯酰胺凝胶电泳

聚丙烯酰胺凝胶电泳（polyacrylamide gel electrophoresis，PAGE）是以聚丙烯酰胺凝胶作为支持介质，是蛋白质分离、纯度鉴定及分子量测定中最为常用的方法。聚丙烯酰胺凝胶是由单体的丙烯酰胺和甲叉双丙烯酰胺聚合而成。蛋白质在聚丙烯酰胺凝胶中电泳时，它的迁移率取决于它所带净电荷、分子的大小以及形状等因素。十二烷基磺酸钠（SDS）是一种阴离子去污剂，与蛋白质结合后使蛋白质变性并带上大量负电荷，消除了不同种蛋白质间原有的电荷差别；SDS 与蛋白质结合后，还可引起蛋白构象的改变，形成近似"雪茄烟"形的长椭圆棒；因而蛋白质在凝胶中的迁移率就只取决于分子的大小，不再受蛋白质原有的电荷和形状的影响，就可以用电泳技术测定蛋白质的分子量（图 14-5）。

蛋白质条带染色是蛋白质凝胶电泳中一个重要的步骤。常用的凝胶上蛋白质染色方法主要

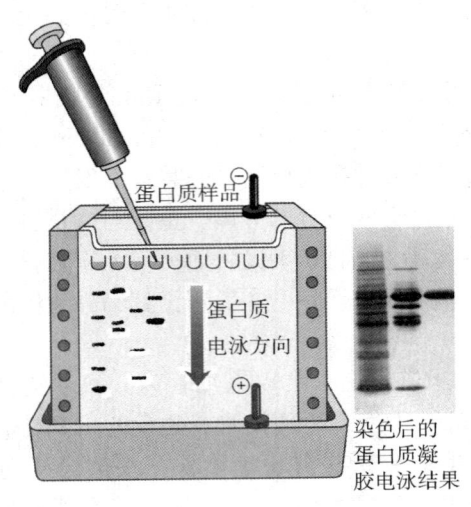
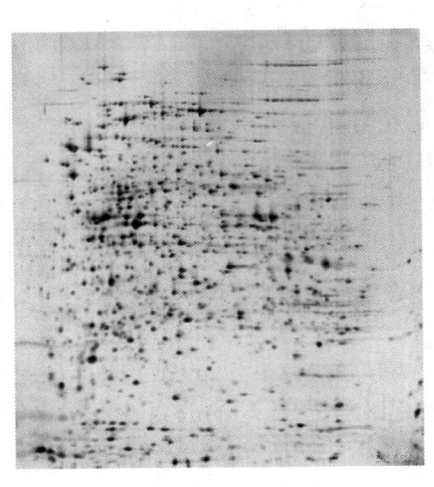

图 14-5 聚丙烯酰胺凝胶电泳装置和电泳图
左图为一次电泳，右图为双向电泳

有染料染色法、银染法、负染法和荧光染色法。最常用的蛋白质染料是考马斯亮蓝。通过电泳技术对蛋白样品分离后，在酸性溶液中考马斯亮蓝可对蛋白质斑点进行染色定位。考马斯亮蓝染色法操作简便、实用，但灵敏度稍低。另一种常用的蛋白质染色法是银染法。银离子能与蛋白质上的羧基（—COO⁻）通过静电力相结合；同时银离子还可与氨基酸上的巯基、甲硫基和氨基结合。在甲醛等还原剂的还原作用下，与蛋白质结合的银离子可变为黑褐色的金属银而使蛋白质显色。银染法是目前最灵敏的染色方法，可检测样品中 ng 水平的蛋白。

（三）二维凝胶电泳

二维凝胶电泳（two-dimensional gel electrophoresis，2-DE）也称双向凝胶电泳，是根据样品中蛋白质的等电点（isoelectric points，PI）和分子量（molecular weight，MW）分离样品中的蛋白质。其原理是第一维基于蛋白质 PI 不同用等电聚焦（isoelectric focusing，IEF）进行分离，第二维则按分子量的不同用 SDS-PAGE 分离，把复杂蛋白混合物中的蛋白质在二维平面上分开。二维凝胶电泳技术广泛应用于蛋白质组学（proteomics）研究。

（四）免疫印迹法

免疫印迹法（Western blotting）是一种将凝胶电泳和免疫化学相结合的分析技术。将PAGE 分离的蛋白质转移到固相载体（如硝酸纤维素薄膜）上，固相载体以非共价键形式吸附蛋白质，能使蛋白的生物活性保持不变。以蛋白质为抗原，与相应的抗体发生免疫反应，再与酶或同位素标记的第二抗体作用，经过底物显色或发光自显影以检测电泳分离的特异性蛋白成分。该技术广泛应用于细胞和组织内蛋白质分布和表达水平的测定。

三、流式细胞术

流式细胞术（flow cytometry，FCM）是对悬液中的单细胞或其他生物粒子，通过检测标记的荧光信号，实现高速、逐一的细胞定量分析和分选的技术。其特点是：①测量速度快，最快可在 1 秒钟内计测数万个细胞；②可进行多参数测量，可以对同一个细胞做有关物理、化学特性的多参数测量，并具有明显的统计学意义；③是一门综合性的高科技方法，它综合了激光技术、计算机技术、流体力学、细胞化学、图像技术等多领域的知识和成果；④既是细胞分析技术，又是精确的分选技术。流式细胞术在很多领域包括分子生物学、免疫学、器官移植、血液学、肿瘤免疫学和化疗等具有很广泛的应用。

第五节 显微分析技术

显微分析技术可以观察物质的微观形貌、粒度及粒度分布情况、内部结构、表面及微区结构等重要信息。常用的方法包括以下几种。

一、光学显微镜

光学显微镜是利用光学原理把人眼所不能分辨的微小物体放大成像，以供人们提取微细结构信息的光学仪器。光学显微镜发明于17世纪，通过它可观察到称为生命单元的细胞；为了更清晰地观察，倒置显微镜、相差显微镜和荧光显微镜等相继问世。光学显微镜的分辨力约为 0.2 μm，相当于将物体放大到1000倍左右。

二、电子显微镜

20世纪20年代，人们发现电子也具有波的性质，利用电子束在外部磁场或电场的作用下可以发生弯曲，形成类似于可见光通过玻璃时的折射这一物理效应，1932年第一台电子显微镜问世。电子显微镜是根据电子光学原理，用电子束和电子透镜代替光束和光学透镜，使物质的细微结构在非常高的放大倍数下成像的仪器。光学显微镜的最大放大倍率约为2000倍，而现代电子显微镜最大放大倍率超过300万倍，所以通过电子显微镜就能直接观察到某些重金属的原子和晶体中排列整齐的原子点阵。电子显微镜因需在真空条件下工作，所以很难观察活的生物，而且电子束的照射也会使生物样品受到辐照损伤。

电子显微镜可以分成扫描电子显微镜和透射电子显微镜两种。

（一）扫描电子显微镜

扫描电子显微镜（scanning electron microscope，SEM）是用聚焦电子束轰击样品，采用其成像电子信号来获取物质表面形态的信息，用来观察标本的表面结构（图14-6）。扫描电镜中的电子束不穿过样品，仅在样品表面扫描。扫描电镜的主要特点是：①不需要很薄的样品；②图像有很强的立体感；③扫描电镜的分辨力为 6～10 nm。

（二）透射电子显微镜

透射电子显微镜（transmission electron microscope，TEM）是一种以波长极短的电子束作为光源，用电磁透镜聚焦透射电子成像的电子光学仪器。样品较薄或密度较低的部分电子束散射较少，这样就有较多的电子通过物镜参与成像，在图像中显得较亮；反之，样品中较厚或较密的部分在图像中则显得较暗。透射电子显微镜具有100万倍以上的放大能力，分辨力可达 0.2 nm。透射电镜具有多种分析能力，可以观察物质的表面形貌和颗粒的大小，对表面的原子排列进行微区分析，也可以利用电子衍射等技术对样品的固态物相或化学组成进行分析，并可

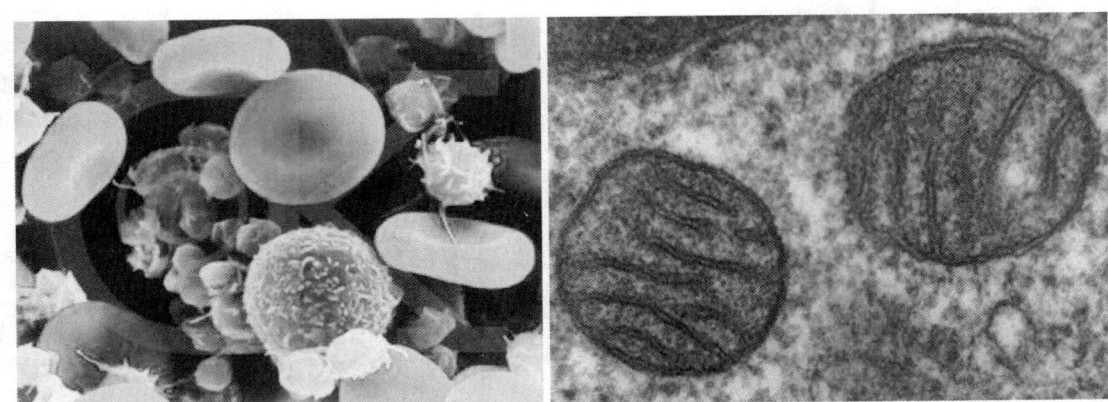

图 14-6　扫描电子显微镜观察到的血细胞图像（左）和透射电子显微镜下的线粒体（右）（彩图见书后）

获得样品的某些晶体结构参数，是生物样品、半导体以及纳米材料等研究的最有力工具之一。

三、原子力显微镜

原子力显微镜（atomic force microscopy，AFM）和扫描隧道显微镜（scanning tunnelling microscope，STM）均属于 20 世纪 80 年代世界重要的科技成就。AFM 是一种纳米级高分辨力的扫描探针显微镜，利用微悬臂感受和放大悬臂上探针与样品原子之间的作用力，检测样品的表面特性，具有原子级的分辨力。AFM 不需要对样品做任何特殊处理，便可得到样品的表面三维图像，在常压下甚至在液体环境下可以工作，用于研究生物宏观分子甚至活的生物组织。STM 是一种利用量子理论中的隧道效应探测物质表面结构的仪器。作为一种扫描探针显微术工具，STM 可以观察单个原子在物质表面的排列状态和表面电子行为，还可在低温下（4 K）利用探针尖端精确操纵原子。AFM 和 STM 在表面科学、材料科学、生命科学等领域的研究中有着重大的意义和广阔的应用前景。

四、激光扫描共聚焦显微镜

激光扫描共聚焦显微镜（laser scanning confocal microscopy，LSCM）是在荧光显微镜成像的基础上加装激光扫描装置，利用计算机进行图像处理，从而得到细胞或组织内部微细结构的荧光图像。激光扫描共聚显微镜可以处理活的标本，不会对标本造成物理化学特性的破坏，更接近细胞生活状态参数，已广泛应用于细胞生物学等领域，可对生物样品进行定性、定量、定时、定位和动态研究，具有很大的优越性（图 14-7）。

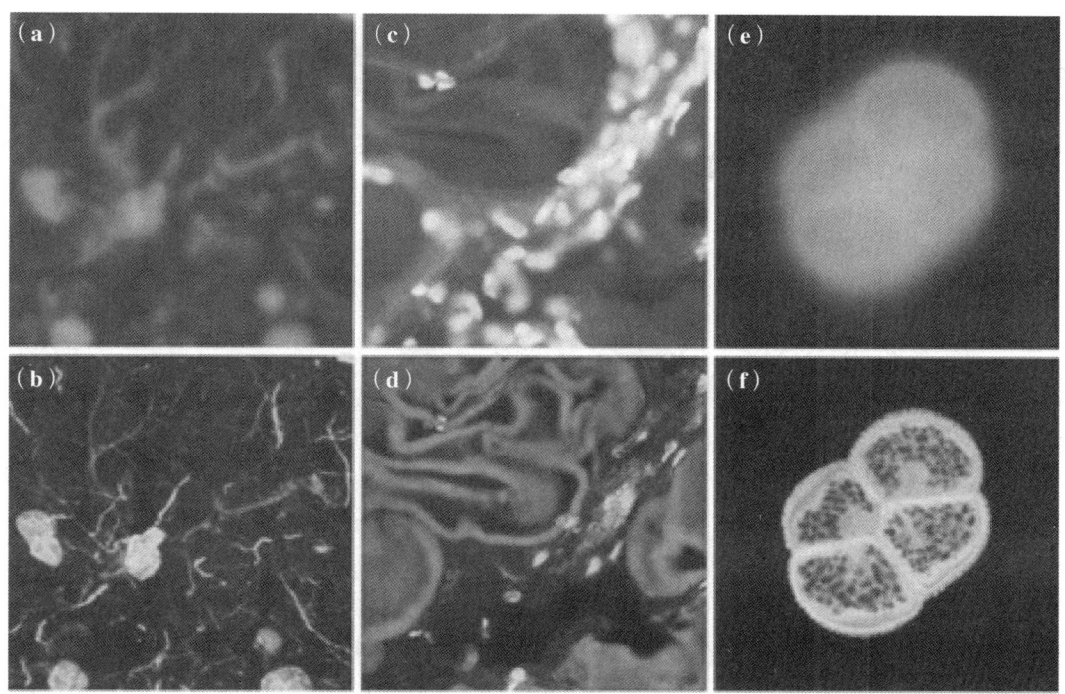

图 14-7 传统宽场荧光显微镜（上）和激光扫描共聚焦显微镜（下）对相同样品观察的比较（彩图见书后）
a、b：小鼠海马区；c、d：大鼠平滑肌；e、f：向日葵花粉

思考题

1. 朗伯 - 比尔定律的物理意义是什么？
2. 什么是标准曲线？如何绘制标准曲线？
3. 用分光光度法进行定量分析，为什么常将波长选择在 λ_{max} 处？
4. 用分光光度法测定金属离子含量时为什么需要使用显色剂？显色剂反应的条件如何控制？
5. 紫外 - 可见分光光度计由哪几部分组成？它们的作用分别是什么？
6. 为什么仪器分析法的定量测定通常要使用标准溶液？

习 题

1. 某溶液用 2 cm 的吸收池测量时，$T = 60\%$，若改用 1 cm 和 3 cm 吸收池测定，吸光度各是多少？

2. 浓度为 0.51 mg/L 的 Cu^{2+} 溶液，用环己酮草酰二腙显色后，于波长 600 nm 处用 2 cm 吸收池测量，测得透光率 $T = 50.5\%$，求摩尔吸光系数 ε 和百分吸光系数 E。（已知 Cu 的分子量为 63.55。）

3. 维生素 C 的硫酸溶液在波长 245 nm 处的吸收系数 $\varepsilon = 9.856 \times 10^4$ L/(mol·cm)。称取含维生素 C 的某试样 0.05 g 溶于 100 ml 的 0.005 mol/L 硫酸溶液中，再准确量取此溶液 2.00 ml 稀释至 100 ml，取此溶液于 1 cm 吸收池中，在 λ_{max} 245 nm 处测得吸收度为 0.551，求试样中维生素 C 的百分含量。（已知维生素 C 的分子量为 176。）

4. 有一标准 Fe^{3+} 溶液，浓度为 6 μg/ml，其吸光度为 0.304，而试样溶液在同一条件下测得吸光度为 0.510，求试样溶液中 Fe^{3+} 的含量（mg/L）。

5. 含有 Fe^{3+} 的某药物溶解后，加入显色剂 KSCN 溶液，生成红色配合物，用 1.00 cm 吸收池在分光光度计 420 nm 波长处测定，已知该配合物在上述条件下 ε 值为 1.8×10^4 L/(mol·cm)，如该药物含 Fe^{3+} 约为 0.5%，现欲配制 50 ml 试液，为使测定相对误差最小，应称取该药多少克？

6. 精密称取维生素 B_{12} 对照品 20 mg，加水准确稀释至 1000 ml，将此溶液置于厚度为 1 cm 的吸收池中，在 $\lambda=361$ nm 处测得其吸收值为 0.414。另有两个试样，一为维生素 B_{12} 的原料药，精密称取 20 mg，加水准确稀释至 1000 ml，同样在 $l=1$ cm、$\lambda=361$ nm 处测得其吸光度为 0.400；一为维生素 B_{12} 注射液，精密吸取 1.00 ml，稀释至 10.00 ml，同样测得其吸光度为 0.518。分别计算维生素 B_{12} 原料药及注射液的含量。

7. 测定血清中的磷酸盐含量时，用标准加入法进行测定。取血清试样 5.00 ml 于 100 ml 量瓶中，加显色剂显色后，稀释至刻度。吸取该试液 25.00 ml，测得吸光度为 0.582；另取该试液 25.00 ml，加 1.00 ml 0.0500 mg/ml 磷酸盐，测得吸光度为 0.693。计算每毫升血清中含磷酸盐的质量。

8. 测定废水中酚的含量，加入过量的有色显色剂与酚形成有色络合物，并在 575 nm 处测量吸光度。若溶液中有色络合物的浓度为 1.0×10^{-5} mol/L，游离试剂的浓度为 1.0×10^{-4} mol/L，测得吸光度为 0.657；在同一波长下，仅含 1.0×10^{-4} mol/L 游离试剂的溶液吸光度为 0.018，所有测量都在 2.0 cm 吸收池和以水作空白下进行，计算在 575nm 时：（1）游离试剂的摩尔吸光系数；（2）有色络合物的摩尔吸光系数。

9. 某一元弱酸的酸式在 475 nm 处有吸收，$\varepsilon=3.4\times10^4$ L/(mol·cm)，而它的共轭碱在此波长下无吸收，在 pH=3.90 的缓冲溶液中，浓度为 2.72×10^{-5} mol/L 的该弱酸溶液在 475 nm 处的吸光度为 0.261（用 1 cm 比色杯）。计算此弱酸的 K_a。

10. 某酸碱指示剂，其酸式（HA）吸收 420 nm 的光，摩尔吸光系数为 325 L/(mol·cm)。其碱式（A^-）吸收 600 nm 的光，摩尔吸光系数为 120 L/(mol·cm)。HA 在 600 nm 处无吸收，A^- 在 420 nm 处无吸收。现有该指示剂的水溶液，用 1 cm 比色皿，在 420 nm 处测得吸光度为 0.108，在 600 nm 处吸光度为 0.280。若指示剂的 pK_a 为 3.90，计算该水溶液的 pH。

（余邦良）

附　录

附录一　有关计量单位

表 1　国际单位制（SI）的基本单位

量的名称	单位名称	单位符号	量的名称	单位名称	单位符号
长度	米	m	热力学温度	开［尔文］	K
质量	千克	kg	物质的量	摩［尔］	mol
时间	秒	s	发光强度	坎［德拉］	Cd
电流	安［培］	A			

注释：[ ] 内的字，是在不致混淆的情况下可以省略的字。

表 2　包括 SI 辅助单位在内的具有专门名称的 SI 导出单位

量的名称	单位名称	单位符号	用 SI 单位表示
［平面］角	弧度	rad	$1\ \text{rad} = 1\text{m/m} = 1$
立体角	球面度	sr	$1\ \text{sr} = 1\ \text{m}^2/\text{m}^2 = 1$
频率	赫［兹］	Hz	$1\ \text{Hz} = 1\ \text{s}^{-1}$
力，重力	牛［顿］	N	$1\ \text{N} = 1\ \text{kg} \cdot \text{m/s}^2$
压力，压强，应力	帕［斯卡］	Pa	$1\ \text{Pa} = 1\ \text{N/m}^2$
能［量］，功，热	焦［耳］	J	$1\ \text{J} = 1\ \text{N} \cdot \text{m}$
功率，辐［射能］通量	瓦［特］	W	$1\ \text{W} = 1\ \text{J/s}$
电荷［量］	库［仑］	C	$1\ \text{C} = 1\ \text{A} \cdot \text{s}$
电压，电动势，电位	伏［特］	V	$1\ \text{V} = 1\ \text{W/A}$
电容	法［拉］	F	$1\ \text{F} = 1\ \text{C/V}$
电阻	欧［姆］	Ω	$1\ \Omega = 1\ \text{V/A}$
电导	西［门子］	S	$1\ \text{S} = 1\ \Omega^{-1}$
磁通［量］	韦［伯］	Wb	$1\ \text{Wb} = 1\ \text{V} \cdot \text{S}$
磁通［量］密度，磁感应强度	特［斯拉］	T	$1\ \text{T} = 1\ \text{Wb/m}^2$
电感	亨［利］	H	$1\ \text{H} = 1\ \text{Wb/A}$
摄氏温度	摄氏度	℃	$1℃ = 1\ \text{K}$

续表

量的名称	单位名称	单位符号	用 SI 单位表示
光通量	流[明]	lm	1 lm = 1 cd · sr
[光]照度	勒[克斯]	lx	1 lx = 1 lm/m^2
[放射性]活度	贝可[勒尔]	Bq	1 Bq = 1 s^{-1}
吸收剂量	戈[瑞]	Gy	1 Gy = 1 J/kg
剂量当量	希[沃特]	Sv	1 Sv = 1 J/kg

表 3　可与国际单位制并用的我国法定计量单位

量的名称	单位名称	单位符号	换算关系和说明
时间	分	min	1 min = 60 s
	[小]时	h	1 h = 60 min = 3 600 s
	日,(天)	d	1 d = 24 h = 86 400 s
[平面]角	[角]秒	″	1″ = (1/60)′ = (π/648 000) rad
	[角]分	′	1′ = (1/60)o = (π/10 800) rad
	度	o	1 o = (π/180) rad
质量	吨	t	1 t = 10^3 kg
	原子质量单位	u	1 u ≈ 1.660 540 × 10^{-27} kg
体积	升	L,(l)	1 L = 1 dm^3 = 10^{-3} m^3
旋转速度	转每分	r/min	1 r/min = (1/60) s^{-1}
能	电子伏	eV	1 eV ≈ 1.602 177 × 10^{-19} J
级差	分贝	dB	
线密度	特[克斯]	tex	1 tex = 10^{-6} kg/m = 1 g/km
面积	公顷	hm^2	1 hm^2 = 10^4 m^2
长度	海里	n mile	1 n mile = 1 852 m（只用于航程）
速度	节	kn	1 kn = 1 n mile/h = (1 852/3 600) m/s （只用于航行）

参考文献：液晶与显示. Chinese Journal of Liquid Crystals and Displays. 2012，1：55.

表 4　常用 SI 词头

因数	词头名称 英文	词头名称 中文	符号	因数	词头名称 英文	词头名称 中文	符号
10^9	giga	吉[咖]	G	10^{-2}	centi	厘	c
10^6	mega	兆	M	10^{-3}	milli	毫	m
10^3	kilo	千	k	10^{-6}	micro	微	μ
10^2	hecto	百	h	10^{-9}	nano	纳[诺]	n
10^1	deca	十	da	10^{-12}	pico	皮[可]	p
10^{-1}	deci	分	d	10^{-15}	femto	飞[姆托]	f

附录二 一些基本物理常数

量的名称	符号	数值	单位	备注
光速	c, c_0	$2.99\,792\,458 \times 10^8$	$m \cdot s^{-1}$	
真空导磁率	μ_0	$1.256\,637 \times 10^{-6}$	$H \cdot m^{-1}$	$4\pi \times 10^{-7}$
真空介电常数	ε_0	$8.854\,188 \times 10^{-12}$	$F \cdot m^{-1}$	$\varepsilon_0 = 1/(\mu_0 c_0^2)$
引力常量	G	$(6.672\,59 \pm 0.000\,85) \times 10^{-11}$	$N \cdot m^2 \cdot kg^{-2}$	$F = Gm_1m_2/r^2$
普朗克常量 $\eta = h/2\pi$	h η	$(6.626\,075\,5 \pm 0.000\,004\,0) \times 10^{-34}$ $(1.054\,572\,66 \pm 0.000\,000\,63) \times 10^{-34}$	$J \cdot s$	
元电荷	e	$(1.602\,177\,33 \pm 0.000\,000\,49) \times 10^{-19}$	C	
电子[静]质量	m_e	$(9.109\,389\,7 \pm 0.000\,005\,4) \times 10^{-31}$ $(5.485\,799\,03 \pm 0.000\,000\,13) \times 10^{-4}$	kg u	
质子[静]质量	m_p	$(1.672\,623\,1 \pm 0.000\,001\,0) \times 10^{-27}$ $(1.007\,276\,470 \pm 0.000\,000\,012)$	kg u	
精细结构常数	α	$(7.297\,353\,08 \pm 0.000\,000\,33) \times 10^{-3}$	1	$\alpha = \dfrac{e^2}{4\pi\varepsilon_0 hc}$
里德伯常量	R_∞	$(1.097\,373\,153\,4 \pm 0.000\,000\,001\,3) \times 10^7$	m^{-1}	$R_\infty = \dfrac{e^2}{8\varepsilon_0 a_0 hc}$
阿伏伽德罗常数	L, N_A	$(6.022\,136\,7 \pm 0.000\,003\,6) \times 10^{23}$	mol^{-1}	$L = N/n$
法拉第常数	F	$(6.648\,530\,9 \pm 0.000\,002\,9) \times 10^4$	$C \cdot mol^{-1}$	$F = Le$
摩尔气体常数	R	$8.314\,510 \pm 0.000\,070$	$J \cdot mol^{-1} \cdot K^{-1}$	$PV_m = nRT$
玻耳兹曼常数	k	$(1.380\,658 \pm 0.000\,012) \times 10^{-23}$	$J \cdot K^{-1}$	$k = R/T$
斯忒藩-玻耳兹曼常量	σ	$(5.670\,51 \pm 0.000\,19) \times 10^{-8}$	$W \cdot m^{-2} \cdot K^{-4}$	$\sigma = \dfrac{2\pi^5 k^4}{15 h^3 c^2}$
质子质量常量	m_u	$(1.660\,540\,2 \pm 0.000\,001\,0) \times 10^{-27}$	kg	原子质量单位 $1u = m_u$

附录三 一些物质的基本热力学数据（298.15 K）

表1 标准摩尔生成焓、标准摩尔生成自由能和标准摩尔熵的数据

物质	$\Delta_f H_m^\ominus$ (kJ·mol^{-1})	$\Delta_f G_m^\ominus$ (kJ·mol^{-1})	$S_m^\ominus$ (J·K^{-1}·mol^{-1})
Ag (s)	0.0	0.0	42.6
Ag$^+$ (aq)	105.6	77.1	72.7
AgNO$_3$ (s)	−124.4	−33.4	140.9
AgCl (s)	−127.0	−109.8	96.3
AgBr (s)	−100.4	−96.9	107.1
AgI (s)	−61.8	−66.2	115.5

续表

物质	$\Delta_f H_m^\ominus$ (kJ·mol^{-1})	$\Delta_f G_m^\ominus$ (kJ·mol^{-1})	$S_m^\ominus$ (J·K^{-1}·mol^{-1})
Ba (s)	0.0	0.0	62.5
Ba^{2+} (aq)	−537.6	−560.8	9.6
BaCl$_2$ (s)	−855.0	−806.7	123.7
BaSO$_4$ (s)	−1473.2	−1362.2	132.2
Br$_2$ (g)	30.9	3.1	245.5
Br$_2$ (l)	0.0	0.0	152.2
C (dia)	1.9	2.9	2.4
C (gra)	0.0	0.0	5.7
CO (g)	−110.5	−137.2	197.7
CO$_2$ (g)	−393.5	−394.4	213.8
Ca (s)	0.0	0.0	41.6
Ca^{2+} (aq)	−542.8	−553.6	−53.1
CaCl$_2$ (s)	−795.4	−748.8	108.4
CaCO$_3$ (s)	−1206.9	−1128.8	92.9
CaO (s)	−634.9	−603.3	38.1
Ca(OH)$_2$ (s)	−985.2	−897.5	83.4
Cl$_2$ (g)	0.0	0.0	223.1
Cl$^-$ (aq)	−167.2	−131.2	56.5
Cu (s)	0.0	0.0	33.2
Cu^{2+} (aq)	64.8	65.5	−99.6
F$_2$ (g)	0.0	0.0	202.8
F$^-$ (aq)	−332.6	−278.8	−13.8
Fe (s)	0	0	27.3
Fe^{2+} (aq)	−89.1	−78.9	−137.7
Fe^{3+} (aq)	−48.5	−4.7	−315.9
FeO (s)	−272.0	−251	61
Fe$_3$O$_4$ (s)	−1118.4	−1015.4	146.4
Fe$_2$O$_3$ (s)	−824.2	−742.2	87.4
H$_2$ (g)	0.0	0.0	130.7
H$^+$ (aq)	0.0	0.0	0.0
HCl (g)	−92.3	−95.3	186.9
HF (g)	−273.3	−275.4	173.8
HBr (g)	−36.3	−53.4	198.7
HI (g)	265.5	1.7	206.6
H$_2$O (g)	−241.8	−228.6	188.8
H$_2$O (l)	−285.8	−237.1	70.0
H$_2$S (g)	−20.6	−33.4	205.8

续表

物质	$\Delta_f H_m^\ominus$ (kJ·mol^{-1})	$\Delta_f G_m^\ominus$ (kJ·mol^{-1})	$S_m^\ominus$ (J·K^{-1}·mol^{-1})
I$_2$ (g)	62.4	19.3	260.7
I$_2$ (s)	0.0	0.0	116.1
I$^-$ (aq)	−55.2	−51.6	111.3
K (s)	0.0	0.0	64.7
K$^+$ (aq)	−252.4	−283.3	102.5
KI (s)	−327.9	−324.9	106.3
KCl (s)	−436.5	−408.5	82.6
Mg (s)	0.0	0.0	32.7
Mg^{2+} (aq)	−466.9	−454.8	−138.1
MgO (s)	−601.6	−569.3	27.0
MnO$_2$ (s)	−520.0	−465.1	53.1
Mn^{2+} (aq)	−220.8	−228.1	−73.6
N$_2$ (g)	0.0	0.0	191.6
NH$_3$ (g)	−45.9	−16.4	192.8
NH$_4$Cl (s)	−314.4	−202.9	94.6
NO (g)	91.3	87.6	210.8
NO$_2$ (g)	33.2	51.3	240.1
Na (s)	0.0	0.0	51.3
Na$^+$ (aq)	−240.1	−261.9	59.0
NaCl (s)	−411.2	−384.1	72.1
O$_2$ (g)	0.0	0.0	205.2
OH$^-$ (aq)	−230.0	−157.2	−10.8
SO$_2$ (g)	−296.8	−300.1	248.2
SO$_3$ (g)	−395.7	−371.1	256.8
Zn (s)	0.0	0.0	41.6
Zn^{2+} (aq)	−153.9	−147.1	−112.1
ZnO (s)	−350.5	−320.5	43.7
CH$_4$ (g)	−74.6	−50.5	186.3
C$_2$H$_2$ (g)	227.4	209.9	200.9
C$_2$H$_4$ (g)	52.4	68.4	219.3
C$_2$H$_6$ (g)	−84.0	−32.0	229.2
C$_6$H$_6$ (g)	82.9	129.7	269.2
C$_6$H$_6$ (l)	49.1	124.5	173.4
CH$_3$OH (g)	−201.0	−162.3	239.9
CH$_3$OH (l)	−239.2	−166.6	126.8
HCHO (g)	−108.6	−102.5	218.8
HCOOH (l)	−425.0	−361.4	129.0

续表

物质	$\Delta_f H_m^\ominus$ (kJ·mol^{-1})	$\Delta_f G_m^\ominus$ (kJ·mol^{-1})	$S_m^\ominus$ (J·K^{-1}·mol^{-1})
C$_2$H$_5$OH (g)	−234.8	−167.9	281.6
C$_2$H$_5$OH (l)	−277.6	−174.8	160.7
CH$_3$CHO (l)	−192.2	−127.6	160.2
CH$_3$COOH (l)	−484.3	−389.9	159.8
尿素 H$_2$NCONH$_2$ (s)	−333.1	−197.33	104.60
葡萄糖 C$_6$H$_{12}$O$_6$ (s)	−1273.3	−910.6	212.1
蔗糖 C$_{12}$H$_{22}$O$_{11}$ (s)	−2226.1	−1544.6	360.2

本表数据主要摘自 W. M. Haynes, Handbook of Chemistry and Physics, 93rd ed, New York: CRC Press, 2012 ~ 2013: 5-4 ~ 5-42, 5-66 ~ 5-67。

表 2　一些有机化合物的标准摩尔燃烧热

化合物	$\Delta_c H_m^\ominus$ (kJ·mol^{-1})	化合物	$\Delta_c H_m^\ominus$ (kJ·mol^{-1})
CH$_4$ (g)	−890.8	HCHO (g)	−570.7
C$_2$H$_2$ (g)	−1301.1	CH$_3$CHO (l)	−1166.9
C$_2$H$_4$ (g)	−1411.2	CH$_3$COCH$_3$ (l)	−1789.9
C$_2$H$_6$ (g)	−1560.7	HCOOH (l)	−254.6
C$_3$H$_8$ (g)	−2219.2	CH$_3$COOH (l)	−874.2
C$_5$H$_{12}$ (l)	−3509.0	硬脂酸 C$_{17}$H$_{35}$COOH (s)	−11281
C$_6$H$_6$ (l)	−3267.6	葡萄糖 C$_6$H$_{12}$O$_6$ (s)	−2803.0
CH$_3$OH	−726.1	蔗糖 C$_{12}$H$_{22}$O$_{11}$ (s)	−5640.9
C$_2$H$_5$OH	−1366.8	尿素 CO(NH$_2$)$_2$ (s)	−632.7

本表数据主要摘自 W. M. Haynes, Handbook of Chemistry and Physics, 93rd ed, New York: CRC Press, 2012 ~ 2013: 5-68。

附录四　酸碱解离常数和缓冲溶液

表 1　弱酸在水中的解离常数（298.15 K）

酸化合物	化学式		K_a	pK_a
铵离子	NH$_4^+$		5.6×10^{-10}	9.25
砷酸	H$_3$AsO$_4$	K_{a1}	5.5×10^{-3}	2.26
		K_{a2}	1.7×10^{-7}	6.76
		K_{a3}	5.1×10^{-12}	11.29
亚砷酸	H$_2$AsO$_3$		5.1×10^{-10}	9.29
硼酸	H$_3$BO$_3$		5.4×10^{-10}	9.27
碳酸	H$_2$CO$_3$	K_{a1}	4.5×10^{-7}	6.35
		K_{a2}	4.7×10^{-11}	10.33
铬酸	H$_2$CrO$_4$	K_{a1}	1.8×10^{-1}	0.74
		K_{a2}	3.2×10^{-7}	6.49

续表

酸化合物	化学式		K_a	pK_a
氢氟酸	HF		6.3×10^{-4}	3.20
氢氰酸	HCN		6.2×10^{-10}	9.21
过氧化氢	H_2O_2		2.4×10^{-12}	11.62
亚硝酸	HNO_2		5.6×10^{-4}	3.25
磷酸	H_3PO_4	K_{a1}	6.9×10^{-3}	2.16
		K_{a2}	6.2×10^{-8}	7.21
		K_{a3}	4.8×10^{-13}	12.32
亚磷酸	H_3PO_3	K_{a1}	5×10^{-2}	1.3
		K_{a2}	2.0×10^{-7}	6.70
氢硫酸	H_2S	K_{a1}	8.9×10^{-8}	7.05
		K_{a2}	1×10^{-19}	19
硫酸	HSO_4		1.3×10^{-2}	1.99
亚硫酸	H_2SO_3	K_{a1}	1.4×10^{-2}	1.85
		K_{a2}	6×10^{-8}	7.2
硅酸	H_4SiO_4	K_{a1}	1×10^{-10}	9.9 (30℃)
		K_{a2}	1.6×10^{-12}	11.80 (30℃)
		K_{a3}	1×10^{-12}	12 (30℃)
		K_{a4}	1×10^{-12}	12 (30℃)
次氯酸	HClO		4.0×10^{-8}	7.40
甲酸	HCOOH		1.8×10^{-4}	3.75
乙酸	CH_3COOH		1.75×10^{-5}	4.756
一氯乙酸	$CH_2ClCOOH$		1.3×10^{-3}	2.87
二氯乙酸	$CHCl_2COOH$		4.5×10^{-2}	1.35
三氯乙酸	CCl_3COOH		0.22	0.66 (20℃)
抗坏血酸	$C_6H_8O_6$		9.1×10^{-5}	4.04
乳酸	$CH_3CHOHCOOH$		1.4×10^{-4}	3.86
草酸	$H_2C_2O_4$	K_{a1}	5.6×10^{-2}	1.25
		K_{a2}	1.5×10^{-4}	3.81
柠檬酸	$CH_2COOHC(OH)$ $COOHCH_2COOH$	K_{a1}	7.4×10^{-4}	3.13
		K_{a2}	1.7×10^{-5}	4.76
		K_{a3}	4.0×10^{-7}	6.40
苯酚	C_6H_5OH		1.0×10^{-10}	9.99
乙二胺四乙酸 (EDTA)	CH_2—$N(CH_2COOH)_2$ $\|$ CH_2—$N(CH_2COOH)_2$	K_{a1}	1.0×10^{-2}	2.0
		K_{a2}	2.1×10^{-3}	2.67
		K_{a3}	6.9×10^{-7}	6.16
		K_{a4}	5.5×10^{-11}	10.26
苯甲酸	C_6H_5COOH		6.25×10^{-5}	4.204

续表

酸化合物	化学式	K_a		pK_a
邻苯二甲酸	o-$C_6H_4(COOH)_2$	K_{a1}	1.14×10^{-3}	2.943
		K_{a2}	3.70×10^{-6}	5.432
Tris-HCl	$NH_2C(CH_2OH)_3$—HCl		5×10^{-9}	8.3（20℃）
			1.4×10^{-8}	7.85（37℃）
乳酸（丙醇酸）	$CH_3CHOHCOOH$		1.4×10^{-4}	3.86
谷氨酸	$HOOCCH_2CH_2CH(NH_2)COOH$	K_{a1}	7.4×10^{-3}	2.13
		K_{a2}	4.9×10^{-5}	4.31
		K_{a3}	4.39×10^{-10}	9.358
水杨酸	$C_6H_4(OH)COOH$	K_{a1}	1.0×10^{-3}	2.98（20℃）
		K_{a2}	3×10^{-14}	13.6（20℃）
马来酸（顺丁烯二酸）	$HOOCCH=CHCOOH$	K_{a1}	1.2×10^{-2}	1.92
		K_{a2}	5.9×10^{-7}	6.23
琥珀酸	$HOOCCH_2CH_2COOH$	K_{a1}	6.2×10^{-5}	4.21
		K_{a2}	2.3×10^{-6}	5.64

表2　弱碱在水中的解离常数（298.15 K）

碱化合物	化学式		K_b	pK_b	共轭酸 pK_a
氨水	NH_3		1.8×10^{-5}	4.75	9.25
联氨	H_2NNH_2	K_{b1}	1.3×10^{-6}	5.9	8.1
		K_{b2}	7.6×10^{-15}	14.12	—
甲胺	CH_3NH_2		4.6×10^{-4}	3.34	10.66
二甲胺	$(CH_3)_2NH$		5.4×10^{-4}	3.27	10.73
三甲胺	$(CH_3)_3N$		6.3×10^{-5}	4.20	9.80
乙胺	$C_2H_5NH_2$		4.5×10^{-4}	3.35	10.65
二乙胺	$(C_2H_5)_2NH$		6.9×10^{-4}	3.16	10.84
乙二胺	$H_2NCH_2CH_2NH_2$	K_{b1}	8.3×10^{-5}	4.08	9.92
		K_{b2}	7.2×10^{-8}	7.14	6.86
苯胺	$C_6H_5NH_2$		4.0×10^{-10}	9.40	4.60
六次甲基四胺	$(CH_2)_6N_4$		1.3×10^{-9}	8.87	5.13
吡啶	C_5H_5N		1.7×10^{-9}	8.77	5.23
乙醇胺	$NH_2CH_2CH_2OH$		3.2×10^{-5}	4.50	9.50
三乙醇胺	$N(C_2H_4OH)_3$		5.8×10^{-7}	6.24	7.76
Tris	$NH_2C(CH_2OH)_3$		2×10^{-6}	5.7	8.3（20℃）
咪唑	$C_3H_4N_2$		8.9×10^{-8}	7.05	6.95
甲基咪唑	$C_4H_6N_2$		8.9×10^{-8}	7.05	6.95

表1和表2数据主要摘自 Haynes WM. Handbook of Chemistry and Physics. 93rd ed. New York：CRC Press，2012—2013：5-92～5-93，5-94～5-103.

表3 常用缓冲溶液

缓冲溶液	酸	共轭碱	pK_a
氨基乙酸-HCl	$^+NH_3CH_2COOH$	$^+NH_3CH_2COO^-$	2.351 (pK_{a1})
甲酸-NaOH	HCOOH	$HCOO^-$	3.75
HAc-NaAc	HAc	Ac^-	4.756
六亚甲基四胺-HCl	$(CH_2)_6N_4H^+$	$(CH_2)_6N_4$	5.13
马来酸-NaOH	$^-OOCCH=CHCOOH$	$^-OOCCH=CHCOO^-$	6.23 (pK_{a2})
NaH_2PO_4-Na_2HPO_4	$H_2PO_4^-$	HPO_4^{2-}	7.198 (pK_{a2})
HEPES①-NaOH	$HEPES$-SO_3H	$HEPES$-SO_3^-	7.564
三乙醇胺-HCl	$^+HN(CH_2CH_2OH)_3$	$N(CH_2CH_2OH)_3$	7.762
Tris-HCl	$^+NH_3C(CH_2OH)_3$	$NH_2C(CH_2OH)_3$	8.072
$Na_2B_4O_7$-HCl	H_3BO_3	$H_2BO_3^-$	9.237 (pK_{a1})
NH_3-NH_4Cl	NH_4^+	NH_3	9.245
乙醇胺-HCl	$^+NH_3CH_2CH_2OH$	$NH_2CH_2CH_2OH$	9.498
氨基乙酸-NaOH	$^+NH_3CH_2COO^-$	$NH_2CH_2COO^-$	9.780 (pK_{a2})
$NaHCO_3$-Na_2CO_3	HCO_3^-	O_3^{2-}	10.329 (pK_{a2})
H_2CO_3-HCO_3^-	H_2CO_3	HCO_3^-	6.351 (pK_{a1})
邻苯二甲酸-邻苯二甲酸根	$H_2C_8H_4O_4$	$HC_8H_4O_4^-$	2.950 (pK_{a1})
$HC_8H_4O_4^-$-$C_8H_4O_4^{2-}$	$HC_8H_4O_4^-$	$C_8H_4O_4^{2-}$	5.408 (pK_{a2})
酒石酸-酒石酸根	$C_4H_6O_6$	$C_4H_5O_6^-$	3.036 (pK_{a1})
$C_4H_5O_6^-$-$C_4H_4O_6^{2-}$	$C_4H_5O_6^-$	$C_4H_4O_6^{2-}$	4.366 (pK_{a2})
柠檬酸-柠檬酸根	$C_6H_8O_7$	$C_6H_7O_7^-$	3.128 (pK_{a1})
$C_6H_7O_7^-$-$C_6H_6O_7^{2-}$	$C_6H_7O_7^-$	$C_6H_6O_7^{2-}$	4.761 (pK_{a2})
$C_6H_6O_7^{2-}$-$C_6H_5O_7^{3-}$	$C_6H_6O_7^{2-}$	$C_6H_5O_7^{3-}$	6.396 (pK_{a3})

① HEPES 为 4-(2-羟乙基)哌嗪-1-乙磺酸

附录五 一些难溶化合物的溶度积常数（298.15 K）

化合物	K_{sp}	化合物	K_{sp}
AgBr	5.35×10^{-13}	FeS	6.3×10^{-18}
AgCN	5.97×10^{-17}	$FePO_4 \cdot 2H_2O$	9.91×10^{-16}
AgCl	1.77×10^{-10}	HgI_2	2.9×10^{-29}
AgI	8.52×10^{-17}	HgS（红）	4.0×10^{-53}
$AgIO_3$	3.17×10^{-8}	HgS（黑）	1.6×10^{-52}
AgSCN	1.03×10^{-12}	Hg_2Br_2	6.40×10^{-23}
Ag_2CO_3	8.46×10^{-12}	Hg_2CO_3	3.6×10^{-17}

续表

化合物	K_{sp}	化合物	K_{sp}
$Ag_2C_2O_4$	5.40×10^{-12}	$Hg_2C_2O_4$	1.75×10^{-13}
Ag_2CrO_4	1.12×10^{-12}	Hg_2Cl_2	1.43×10^{-18}
Ag_2S	6.69×10^{-50}	Hg_2F_2	3.10×10^{-6}
Ag_2SO_3	1.50×10^{-14}	Hg_2I_2	5.2×10^{-29}
Ag_2SO_4	1.20×10^{-5}	Hg_2SO_4	6.5×10^{-7}
Ag_3AsO_4	1.03×10^{-22}	$KClO_4$	1.05×10^{-2}
Ag_3PO_4	8.89×10^{-17}	$K_2[PtCl_6]$	7.48×10^{-6}
$Al(OH)_3\ [Al^{3+},\ 3OH^-]$	1.3×10^{-33}	Li_2CO_3	8.15×10^{-4}
$Al(OH)_3\ [H^+,\ AlO_2^-]$	1.6×10^{-13}	$MgCO_3$	6.82×10^{-6}
$AlPO_4$	9.84×10^{-21}	$MgC_2O_4 \cdot 2H_2O$	4.83×10^{-6}
$BaCO_3$	2.58×10^{-9}	MgF_2	5.16×10^{-11}
$BaCrO_4$	1.17×10^{-10}	$Mg(OH)_2$	5.61×10^{-12}
BaF_2	1.84×10^{-7}	$Mg_3(PO_4)_2$	1.04×10^{-24}
$Ba(IO_3)_2$	4.01×10^{-9}	$MnCO_3$	2.24×10^{-11}
$BaSO_4$	1.08×10^{-10}	$MnC_2O_4 \cdot 2H_2O$	1.70×10^{-7}
$BaSO_3$	5.0×10^{-10}	$Mn(IO_3)_2$	4.37×10^{-7}
$Be(OH)_2$	6.92×10^{-22}	$Mn(OH)_2$	2.06×10^{-13}
$BiAsO_4$	4.43×10^{-10}	MnS	4.65×10^{-14}
$CaC_2O_4 \cdot H_2O$	2.32×10^{-9}	$NiCO_3$	1.42×10^{-7}
$CaCO_3$	3.36×10^{-9}	$Ni(IO_3)_2$	4.71×10^{-5}
CaF_2	3.45×10^{-11}	$Ni(OH)_2$	5.48×10^{-16}
$Ca(IO_3)_2$	6.47×10^{-6}	$\alpha\text{-}NiS$	3.2×10^{-19}
$Ca(OH)_2$	5.02×10^{-6}	$\beta\text{-}NiS$	1.0×10^{-24}
$CaSO_4$	4.93×10^{-5}	$\gamma\text{-}NiS$	2.0×10^{-26}
$Ca_3(PO_4)_2$	2.07×10^{-33}	$Ni_3(PO_4)_2$	4.74×10^{-32}
$CdCO_3$	1.0×10^{-12}	$PbCO_3$	7.40×10^{-14}
CdF_2	6.44×10^{-3}	$PbCl_2$	1.70×10^{-5}
$Cd(IO_3)_2$	2.5×10^{-8}	PbF_2	3.3×10^{-8}
$Cd(OH)_2$	7.2×10^{-15}	PbI_2	9.8×10^{-9}
CdS	1.40×10^{-29}	$PbSO_4$	2.53×10^{-8}
$Cd_3(PO_4)_2$	2.53×10^{-33}	PbS	1.0×10^{-28}
$Co_3(PO_4)_2$	2.05×10^{-35}	$Pb(OH)_2$	1.43×10^{-20}
$CuBr$	6.27×10^{-9}	$Sn(OH)_2$	5.45×10^{-27}
CuC_2O_4	4.43×10^{-10}	SnS	1.0×10^{-25}
$CuCl$	1.72×10^{-7}	$SrCO_3$	5.60×10^{-10}
CuI	1.27×10^{-12}	SrF_2	4.33×10^{-9}

化合物	K_{sp}	化合物	K_{sp}
CuS	1.27×10^{-36}	$Sr(IO_3)_2$	1.14×10^{-7}
CuSCN	1.77×10^{-13}	$SrSO_4$	3.44×10^{-7}
Cu_2S	2.26×10^{-48}	$ZnCO_3$	1.46×10^{-10}
$Cu_3(PO_4)_2$	1.40×10^{-37}	$ZnC_2O_4 \cdot 2H_2O$	1.38×10^{-9}
$Eu(OH)_3$	9.38×10^{-27}	ZnF_2	3.04×10^{-2}
$FeCO_3$	3.13×10^{-11}	$Zn(OH)_2$	3×10^{-17}
FeF_2	2.36×10^{-6}	ZnS	2.93×10^{-25}
$Fe(OH)_2$	4.87×10^{-17}	α-ZnS	1.6×10^{-24}
$Fe(OH)_3$	2.79×10^{-39}	β-ZnS	2.5×10^{-22}

本表数据主要摘自 Haynes WM. Handbook of Chemistry and Physics. 93rd ed. New York：CRC Press，2012—2013：5-196 ~ 5-197.

附录六　标准电极电势表（298.15 K、101.325 kPa）

电极反应	$\varphi^\ominus$ (V)	电极反应	$\varphi^\ominus$ (V)
$Li^+ + e \rightleftharpoons Li$	-3.0401	$2H^+ + 2e \rightleftharpoons H_2$	0.00000
$Cs^+ + e \rightleftharpoons Cs$	-3.026	$AgBr + e \rightleftharpoons Ag + Br^-$	0.07133
$Rb^+ + e \rightleftharpoons Rb$	-2.98	$S_4O_6^{2-} + 2e \rightleftharpoons 2S_2O_3^{2-}$	0.08
$K^+ + e \rightleftharpoons K$	-2.931	$AgSCN + e \rightleftharpoons Ag + SCN^-$	0.08951
$Ba^{2+} + 2e \rightleftharpoons Ba$	-2.912	$N_2 + 2H_2O + 2H^+ + 2e \rightleftharpoons 2NH_2OH$	0.092
$Sr^{2+} + 2e \rightleftharpoons Sr$	-2.899	$[Co(NH_3)_6]^{3+} + e \rightleftharpoons [Co(NH_3)_6]^{2+}$	0.108
$Ca^{2+} + 2e \rightleftharpoons Ca$	-2.868	$Sn^{4+} + 2e \rightleftharpoons Sn^{2+}$	0.151
$Ra^{2+} + 2e \rightleftharpoons Ra$	-2.8	$Cu^{2+} + e \rightleftharpoons Cu^+$	0.153
$Na^+ + e \rightleftharpoons Na$	-2.71	$Co(OH)_3 + e \rightleftharpoons Co(OH)_2 + OH^-$	0.17
$La^{3+} + 3e \rightleftharpoons La$	-2.379	$SO_4^{2-} + 4H^+ + 2e \rightleftharpoons H_2SO_3 + H_2O$	0.172
$Mg^{2+} + 2e \rightleftharpoons Mg$	-2.372	$AgCl + e \rightleftharpoons Ag + Cl^-$	0.22233
$[Al(OH)_4]^- + 3e \rightleftharpoons Al + 4OH^-$	-2.328	$Hg_2Cl_2 + 2e \rightleftharpoons 2Hg + 2Cl^-$	0.26808
$Sc^{3+} + 3e \rightleftharpoons Sc$	-2.077	$Cu^{2+} + 2e \rightleftharpoons Cu$	0.3419
$[AlF_6]^{3-} + 3e \rightleftharpoons Al + 6F^-$	-2.069	$[Ag(NH_3)_2]^+ + e \rightleftharpoons Ag + 2NH_3$	0.373
$Be^{2+} + 2e \rightleftharpoons Be$	-1.847	$[Fe(CN)_6]^{3-} + e \rightleftharpoons [Fe(CN)_6]^{4-}$	0.358
$Al^{3+} + 3e \rightleftharpoons Al$	-1.662	$O_2 + 2H_2O + 4e \rightleftharpoons 4OH^-$	0.401
$[Zn(CN)_4]^{2-} + 2e \rightleftharpoons Zn + 4CN^-$	-1.26	$Cu^+ + e \rightleftharpoons Cu$	0.521
$Zn(OH)_2 + 2e \rightleftharpoons Zn + 2OH^-$	-1.249	$I_2 + 2e \rightleftharpoons 2I^-$	0.5355
$ZnO_2^{2-} + 2H_2O + 2e \rightleftharpoons Zn + 4OH^-$	-1.215	$MnO_4^- + e \rightleftharpoons MnO_4^{2-}$	0.558

电极反应	$\varphi^\ominus$ (V)	电极反应	$\varphi^\ominus$ (V)
$CrO_2^- + 2H_2O + 3e \rightleftharpoons Cr + 4OH^-$	−1.2	$AsO_4^{3-} + 2H^+ + 2e \rightleftharpoons AsO_3^{2-} + H_2O$	0.560
$Mn^{2+} + 2e \rightleftharpoons Mn$	−1.185	$H_3AsO_4 + 2H^+ + 2e \rightleftharpoons HAsO_2 + 2H_2O$	0.560
$[Zn(NH_3)_4]^{2+} + 2e \rightleftharpoons Zn + 4NH_3$	−1.04	$MnO_4^- + 2H_2O + 3e \rightleftharpoons MnO_2 + 4OH^-$	0.595
$H_3BO_3 + 3H^+ + 3e \rightleftharpoons B + 3H_2O$	−0.8698	$O_2 + 2H^+ + 2e \rightleftharpoons H_2O_2$	0.695
$2SiO_2(石英) + 4H^+ + 4e \rightleftharpoons Si + 2H_2O$	−0.857	$Fe^{3+} + e \rightleftharpoons Fe^{2+}$	0.771
$2H_2O + 2e \rightleftharpoons H_2 + 2OH^-$	−0.8277	$Ag^+ + e \rightleftharpoons Ag$	0.7996
$Zn^{2+} + 2e \rightleftharpoons Zn$	−0.7628	$2NO_3^- + 4H^+ + 2e \rightleftharpoons N_2O_4 + 2H_2O$	0.803
$Cr^{3+} + 3e \rightleftharpoons Cr$	−0.744	$Hg^{2+} + 2e \rightleftharpoons Hg$	0.851
$Co(OH)_2 + 2e \rightleftharpoons Co + 2OH^-$	−0.73	$Cu^{2+} + I^- + e \rightleftharpoons CuI$	0.86
$Ni(OH)_2 + 2e \rightleftharpoons Ni + 2OH^-$	−0.72	$2Hg^{2+} + 2e \rightleftharpoons Hg_2^{2+}$	0.920
$AsO_4^{3-} + 2H_2O + 2e \rightleftharpoons AsO_2^- + 4OH^-$	−0.71	$[AuCl_4]^- + 3e \rightleftharpoons Au + 4Cl^-$	1.002
$Ag_2S + 2e \rightleftharpoons 2Ag + S^{2-}$	−0.691	$Br_2(l) + 2e \rightleftharpoons 2Br^-$	1.066
$Ga^{3+} + 3e \rightleftharpoons Ga$	−0.549	$2IO_3^- + 12H^+ + 10e \rightleftharpoons I_2 + 6H_2O$	1.195
$Sb^{3+} + 3H^+ + 3e \rightleftharpoons SbH_3$	−0.510	$MnO_2 + 4H^+ + 2e \rightleftharpoons Mn^{2+} + 2H_2O$	1.224
$S + 2e \rightleftharpoons S^{2-}$	−0.4763	$O_2 + 4H^+ + 4e \rightleftharpoons 2H_2O$	1.229
$Fe^{2+} + 2e \rightleftharpoons Fe$	−0.447	$Tl^{3+} + 2e \rightleftharpoons Tl^+$	1.252
$In^{3+} + 2e \rightleftharpoons In^+$	−0.443	$Cl_2(g) + 2e \rightleftharpoons 2Cl^-$	1.35827
$Cr^{3+} + e \rightleftharpoons Cr^{2+}$	−0.407	$Cr_2O_7^{2-} + 14H^+ + 6e \rightleftharpoons 2Cr^{3+} + 7H_2O$	1.36
$Cd^{2+} + 2e \rightleftharpoons Cd$	−0.4030	$ClO_4^- + 8H^+ + 7e \rightleftharpoons \frac{1}{2}Cl_2 + 4H_2O$	1.39
$PbI_2 + 2e \rightleftharpoons Pb + 2I^-$	−0.365	$2HIO + 2H^+ + 2e \rightleftharpoons I_2 + 2H_2O$	1.439
$PbSO_4 + 2e \rightleftharpoons Pb + SO_4^{2-}$	−0.3588	$PbO_2 + 4H^+ + 2e \rightleftharpoons Pb^{2+} + 2H_2O$	1.455
$In^{3+} + 3e \rightleftharpoons In$	−0.3382	$ClO_3^- + 6H^+ + 5e \rightleftharpoons \frac{1}{2}Cl_2 + 3H_2O$	1.47
$Tl^+ + e \rightleftharpoons Tl$	−0.336	$HClO + H^+ + 2e \rightleftharpoons Cl^- + H_2O$	1.482
$[Ag(CN)_2]^- + e \rightleftharpoons Ag + 2CN^-$	−0.31	$2HBrO_3 + 10H^+ + 10e \rightleftharpoons Br_2 + 6H_2O$	1.482
$PbBr_2 + 2e \rightleftharpoons Pb + 2Br^-$	−0.284	$Au^{3+} + 3e \rightleftharpoons Au$	1.498
$Co^{2+} + 2e \rightleftharpoons Co$	−0.28	$MnO_4^- + 8H^+ + 5e \rightleftharpoons Mn^{2+} + 4H_2O$	1.507
$PbCl_2 + 2e \rightleftharpoons Pb + 2Cl^-$	−0.2675	$Mn^{3+} + e \rightleftharpoons Mn^{2+}$	1.541
$Ni^{2+} + 2e \rightleftharpoons Ni$	−0.257	$2HBrO + 2H^+ + 2e \rightleftharpoons Br_2 + 2H_2O$	1.596
$V^{3+} + e \rightleftharpoons V^{2+}$	−0.255	$H_5IO_6 + H^+ + 2e \rightleftharpoons IO_3^- + 3H_2O$	1.601
$CO_2 + 2H^+ + 2e \rightleftharpoons HCOOH$	−0.199	$2HClO + 2H^+ + 2e \rightleftharpoons Cl_2 + 2H_2O$	1.611
$CuI + e \rightleftharpoons Cu + I^-$	−0.1858	$HClO_2 + 2H^+ + 2e \rightleftharpoons HClO + H_2O$	1.645
$AgI + e \rightleftharpoons Ag + I^-$	−0.1522	$Au^+ + e \rightleftharpoons Au$	1.692
$O_2 + 2H_2O + 2e \rightleftharpoons H_2O_2 + 2OH^-$	−0.146	$Ce^{4+} + e \rightleftharpoons Ce^{3+}$	1.72
$In^+ + e \rightleftharpoons In$	−0.14	$H_2O_2 + 2H^+ + 2e \rightleftharpoons 2H_2O$	1.776

电极反应	$\varphi^\ominus$ (V)	电极反应	$\varphi^\ominus$ (V)
$Sn^{2+} + 2e \rightleftharpoons Sn$	−0.1375	$Co^{3+} + e \rightleftharpoons Co^{2+}$	1.92
$Pb^{2+} + 2e \rightleftharpoons Pb$	−0.1262	$Ag^{2+} + e \rightleftharpoons Ag^+$	1.980
$[Cu(NH_3)_2]^+ + e \rightleftharpoons Cu + 2NH_3$	−0.12	$S_2O_8^{2-} + 2e \rightleftharpoons 2SO_4^{2-}$	2.010
$Fe^{3+} + 3e \rightleftharpoons Fe$	−0.037	$O_3 + 2H^+ + 2e \rightleftharpoons O_2 + H_2O$	2.076
$Ag_2S + 2H^+ + 2e \rightleftharpoons 2Ag + H_2S$	−0.0366	$F_2 + 2e \rightleftharpoons 2F^-$	2.866
$AgCN + e \rightleftharpoons Ag + CN^-$	−0.017	$F_2 + 2H^+ + 2e \rightleftharpoons 2HF$	3.053

本表数据主要摘自 Haynes WM. Handbook of Chemistry and Physics. 93rd ed. New York：CRC Press，2012—2013：5-80 ~ 5-84.

附录七　金属配合物的累积稳定常数

配体	金属离子	$\lg\beta_1$	$\lg\beta_2$	$\lg\beta_3$	$\lg\beta_4$	$\lg\beta_5$	$\lg\beta_6$
NH_3	Ag^+	3.24	7.05				
	Cd^{2+}	2.65	4.75	6.19	7.12	6.80	5.14
	Co^{2+}	2.11	3.74	4.79	5.55	5.73	5.11
	Co^{3+}	6.7	14.0	20.1	25.7	30.8	35.2
	Cu^{2+}	4.31	7.98	11.02	13.32	12.86	
	Hg^{2+}	8.8	17.5	18.5	19.28		
	Ni^{2+}	2.80	5.04	6.77	7.96	8.71	8.74
	Zn^{2+}	2.37	4.81	7.31	9.46		
Cl^-	Ag^+	3.04	5.04	5.04	5.30		
	Bi^{3+}	2.44	4.70	5.0	5.6		
	Cu^+	3.16	5.37	4.7	2.8		
	Hg^{2+}	6.74	13.22	14.07	15.07		
	Pb^{2+}	1.62	2.44	1.70	1.60		
	Sb^{3+}	2.26	3.49	4.18	4.72		
	Sn^{2+}	1.51	2.24	2.03	1.48		
	Pt^{2+}		11.5	14.5	16.0		
CN^-	Ag^+		21.1	21.7	20.6		
	Au^+		38.3				
	Cd^{2+}	5.48	10.60	15.23	18.78		
	Cu^+		24.0	28.59	30.30		
	Fe^{2+}						35
	Fe^{3+}						42
	Hg^{2+}				41.4		
	Ni^{2+}				31.3		
	Zn^{2+}				16.7		

配体	金属离子	$\lg\beta_1$	$\lg\beta_2$	$\lg\beta_3$	$\lg\beta_4$	$\lg\beta_5$	$\lg\beta_6$
F^-	Al^{3+}	6.11	11.15	15.00	17.75	19.37	19.84
	Fe^{3+}	5.28	9.30	12.06		15.77	
I^-	Ag^+	6.58	11.74	13.68			
	Bi^{3+}	3.63			14.95	16.80	18.80
	Cd^{2+}	2.10	3.43	4.49	5.41		
	Pb^{2+}	2.00	3.15	3.92	4.47		
	Hg^{2+}	12.87	23.82	27.60	29.83		
硫氰酸根 SCN^-	Au^+		23		42		
	Ag^+		7.57	9.08	10.08		
	Cu^+		11.00	10.90	10.48		
	Fe^{3+}	2.95	3.36				
	Hg^{2+}		17.47		21.23		
硫代硫酸根 $S_2O_3^{2-}$	Ag^+	8.82	13.46	14.15			
	Cu^+	10.35	12.27	13.71			
	Hg^{2+}		29.86	32.26	33.61		
醋酸根 CH_3COO^-	Fe^{2+}	3.2	6.1	8.3			
	Fe^{3+}	3.2					
	Hg^{2+}		8.43				
	Pb^{2+}	2.52	4.0	6.4	8.5		
草酸根 $C_2O_4^{2-}$	Al^{3+}	7.26	13.0	16.3			
	Co^{2+}	4.79	6.7	9.7			
	Co^{3+}			~20			
	Cu^{2+}	6.16	8.5				
	Fe^{2+}	2.9	4.52	5.22			
	Fe^{3+}	9.4	16.2	20.2			
	Mn^{2+}	9.98	16.57	19.42			
	Ni^{2+}	5.3	7.64	~8.5			
	Zn^{2+}	4.89	7.60	8.15			
柠檬酸根 L^{3-}	Al^{3+}	20.0					
	Cd^{2+}	11.3					
	Co^{2+}	12.5					
	Cu^{2+}	14.2					
	Fe^{2+}	15.5					
	Fe^{3+}	25.0					
	Ni^{2+}	14.3					
	Zn^{2+}	11.4					

续表

配体	金属离子	$\lg\beta_1$	$\lg\beta_2$	$\lg\beta_3$	$\lg\beta_4$	$\lg\beta_5$	$\lg\beta_6$
甘氨酸根 $NH_2CH_2COO^-$	Ag^+	3.41	6.89				
	Ca^{2+}	1.38					
	Cd^{2+}	4.74	8.60				
	Co^{2+}	5.23	9.25	10.76			
	Cu^{2+}	8.60	15.54	16.27			
	Fe^{2+} (20℃)	4.3	7.8				
	Hg^{2+}	10.3	19.2				
	Mg^{2+}	3.44	6.46				
	Mn^{2+}	3.6	6.6				
	Ni^{2+}	6.18	11.14	15.0			
	Pb^{2+}	5.47	8.92				
	Zn^{2+}	5.52	9.96				
水杨酸根 $C_6H_4(OH)COO^-$	Al^{3+}	14.11					
	Cd^{2+}	5.55					
	Co^{2+}	6.72	11.42				
	Cr^{3+}	8.4	15.3				
	Cu^{2+}	10.60	18.45				
	Fe^{2+}	6.55	11.25				
	Mn^{2+}	5.90	9.80				
	Ni^{2+}	6.95	11.75				
	V^{2+}	6.3					
	Zn^{2+}	6.85					
磺基水杨酸根 $^-O_3SC_6H_3(OH)COO^-$	Al^{3+}	13.20	22.83	28.89			
	Cd^{2+}	16.68	29.08				
	Co^{2+}	6.13	9.82				
	Cr^{3+}	9.56					
	Cu^{2+}	9.52	16.45				
	Fe^{2+}	5.90	9.90				
	Fe^{3+}	14.64	25.18	32.12			
	Mn^{2+}	5.24	8.24				
	Ni^{2+}	6.42	10.24				
	Zn^{2+}	6.05	10.65				
铬黑T L^{3-}	Ca^{2+}	5.4					
	Mg^{2+}	7.0					
	Zn^{2+}	13.5	20.6				

续表

配体	金属离子	$\lg\beta_1$	$\lg\beta_2$	$\lg\beta_3$	$\lg\beta_4$	$\lg\beta_5$	$\lg\beta_6$
乙二胺 $H_2NCH_2CH_2NH_2$	Ag^+	7.40	7.70				
	Cd^{2+}	5.47	10.09	12.09			
	Co^{2+}	5.91	10.64	13.94			
	Co^{3+}	18.7	34.9	48.69			
	Cu^{2+}	10.64	20.00	21.0			
	Fe^{2+}	4.34	7.65	9.70			
	Hg^{2+}	14.3	23.3				
	Mn^{2+}	2.73	4.79	5.67			
	Ni^{2+}	7.52	13.80	18.06			
	Zn^{2+}	5.77	10.83	14.11			
乙二胺四乙酸根 Y^{4-}	Ag^+	7.32					
	Al^{3+}	16.3					
	Bi^{3+}	27.94					
	Ca^{2+}	10.69					
	Cd^{2+}	16.45					
	Co^{2+}	16.31					
	Co^{3+}	36					
	Cr^{3+}	23.4					
	Cu^{2+}	18.80					
	Fe^{2+}	14.32					
	Fe^{3+}	25.1					
	Hg^{2+}	21.7					
	Mg^{2+}	8.7					
	Mn^{2+}	13.87					
	Ni^{2+}	18.62					
	Pb^{2+}	18.04					
	Sn^{2+}	22.11					
	VO^{2+}	18.0					
	Zn^{2+}	16.50					

（胡密霞）

中英文专业词汇索引

A

阿尔茨海默病（Alzheimer disease，AD） 247
螯合剂（chelating agent） 266
螯合物（chelate compound） 266
螯合效应（chelate effect） 266

B

八隅体规则（octet rule） 182
半衰期（half life） 103
变色范围（color change interval） 59
标准偏差（standard deviation，S） 70
标准曲线法（standard curve method） 284
标准溶液（standard solution） 54
玻色子（boson） 135
卟吩（porphine） 245
卟啉（porphyrin） 245
不等性杂化（nonequivalent hybridization） 191
不确定性原理（uncertainty principle） 138

C

超氧化物歧化酶（superoxide dismutase，SOD） 198
沉淀-溶解平衡（precipitation-dissolution equilibrium） 225
沉淀的转化（inversion of precipitate） 231
沉淀滴定法（precipitation titration） 55
成键电子对（bonding pair electrons） 182
成键分子轨道（bonding molecular orbital） 194
初始速率（initial rate，v_0） 99
磁量子数（magnetic quantum number） 144
催化剂（catalyst） 110

D

d-d 跃迁（d-d transition） 262
单齿配体（monodentate ligand） 243
单重态氧（singlet oxygen） 197
单键（single bond） 182
单晶（single crystal） 180

蛋白质组学（proteomics） 294
等电点（isoelectric points，PI） 294
等电聚焦（isoelectric focusing，IEF） 294
等价轨道（equivalent orbital） 144
等容过程（isochoric process） 75
等温过程（isothermal process） 75
等性杂化（equivalent hybridization） 191
等压过程（isobaric process） 75
低自旋配合物（low-spin coordination compound） 260
滴定（titration） 54
滴定分析（titrimetric analysis） 54
滴定突跃（titration jump） 61
滴定误差（titration error） 55
滴定终点（titration end point） 54
碘丙锭（propidium iodide，PI） 289
电负性（electronegativity） 156
电化学分析法（electrochemistry analysis） 291
电偶极（electric dipole） 187
电泳（electrophoresis） 293
电子层结构（electronic configuration） 151
电子成对能（electron pairing energy） 260
电子亚层（subshell，sublevel） 144
电子云（electron cloud） 141
电子自旋共振波谱分析法（electron spin resonance spectroscopy，ESR） 290
电子组态（electronic configuration） 151
定量分析（quantitative analysis） 280
定性分析（qualitative analysis） 280
多齿配体（multidentate ligand） 243
惰性配合物（insert coordination compound） 277

E

二级反应（second order reaction） 104
二维凝胶电泳（two-dimensional gel electrophoresis，2-DE） 294

F

反铂（transplatin） 249
反键分子轨道（anti-bonding molecular orbital） 194
反应机制（reaction mechanism） 99
反应级数（reaction order） 102
反应商（quotient of reaction，Q） 86
返滴定法（back titration） 56
范德华力（van der Waals force） 177
放射性核素（radionuclide） 134
放射性衰变（radioactive decay） 134
非极性分子（non-polar molecule） 198
非极性共价键（non-polar covalent bond） 187
非键分子轨道（non-bonding molecular orbital） 194
非晶体（non-crystal） 178
非自发过程（non-spontaneous process） 82
费米子（fermion） 135
分步沉淀（fractional precipitation） 228
分裂能（splitting energy） 257
分子轨道理论（molecular orbital theory） 193
分子间氢键（intermolecular hydrogen bond） 202
分子间作用力（intermolecular force） 177
分子量（molecular weight，MW） 294
分子内氢键（intramolecular hydrogen bond） 202
封闭系统（closed system） 74
复杂反应（complex reaction） 99
复杂化合物（complex compound） 242

G

概率密度（probability density） 141
高效液相色谱法（high performance liquid chromatography，HPLC） 293
高自旋配合物（high-spin coordination compound） 260
给体（donor） 251
功（work） 76
共价半径（covalent radius） 155
共价键（covalent bond） 181
构造原理（building-up principle，Aufbau principle） 152
孤对电子（lone pair electrons） 182
孤立系统（isolated system） 75
光谱化学序列（spectrochemical series） 259
广度性质（extensive property） 75
轨道角动量量子数（orbital angular momentum quantum number） 144
过程（process） 75
过失误差（gross error，mistake） 69
过氧化氢酶（catalase） 198

H

焓（enthalpy） 78
核磁共振波谱法（nuclear magnetic resonance spectroscopy，NMR） 290
核磁共振成像（nuclear magnetic resonance imaging，NMRI） 290
核素（nuclide） 134
核子（nucleon） 134
红外光谱法（infrared spectroscopy，IR） 289
化学动力学（chemical kinetics） 97
化学反应速率（rate of chemical reaction） 98
化学分析（chemical analysis） 6
化学计量点（stoichiometric point） 54
化学检验（chemical test） 6
化学键（chemical bond） 177
化学实验（chemical experiment） 6
环境（surroundings） 74
活化能（activation energy） 108
活性氧物种（reactive oxygen species，ROS） 198

J

激光扫描共聚焦显微镜（laser scanning confocal microscopy，LSCM） 296
吉布斯自由能（Gibbs free energy） 84
极化（polarization） 199
极性（polarity） 186
极性分子（polar molecule） 198
极性共价键（polar covalent bond） 187
几何异构体（geometrical isomer） 249
价层（valence shell） 152
价层电子对互斥理论（valence shell electron pair repulsion theory，VSEPR） 192
价电子（valence electron） 152
价电子层（valence shell） 152
价键理论（valence bond theory，VBT） 182, 250
间接滴定法（indirect titration） 56
简单化合物（simple compound） 242
键参数（bond parameter） 185
键长（bond length） 186
键角（bond angle） 186
键能（bond energy） 186
交界碱（borderline base） 268
交界酸（borderline acid） 268
角度波函数（angular wave function） 145
节面（nodal plane） 146
结构分析（structural analysis） 280
结构异构（structural isomerism） 249
解离常数（dissociation constant，K_d） 264
金属半径（metallic radius） 155

中英文专业词汇索引

晶格能（lattice energy） 177
晶体（crystal） 178
晶体场（crystal field） 256
晶体场理论（crystal field theory，CFT） 250
晶体场稳定化能（crystal field stabilization energy，CFSE） 261
精密度（precision） 69
径向波函数（radial wave function） 145
径向分布函数（radial distribution function） 148
聚丙烯酰胺凝胶电泳（polyacrylamide gel electrophoresis，PAGE） 293
绝对偏差（absolute deviation，D） 70
绝对误差（absolute error，E） 69
绝热过程（adiabatic process） 75

K

开放系统（open system） 74
科学计数法（scientific notation） 7
可逆反应（reversible reaction） 76

L

离子半径（ionic radius） 155
离子积（ion product，IP） 227
离子键（ionic bond） 177，204
立体异构（stereoisomerism） 249
量子数（quantum number） 143
零级反应（zero order reaction） 106
流式细胞术（flow cytometry，FCM） 294

M

毛细管电泳分析法（capillary electrophoresis，CE） 293
米氏方程（Michaelis-Menten equation） 112
免疫印迹法（Western blotting） 294
免疫组织化学染色（immunohistochemistry stain） 289
摩尔吸光系数（molar absorptivity，ε） 283

N

内轨型配合物（inner-orbital coordination compound） 253
内界（inner sphere） 243
内能（internal energy） 77
内在需要（intrinsic need） 3
能量最低原理（lowest energy principle） 152

O

偶极矩（dipole moment） 199

P

Pauli 不相容原理（Pauli exclusion principle） 151
配体（ligand） 243
配位场理论（ligand field theory，LFT） 250
配位滴定法（coordinate titrition） 55
配位共价键（coordination covalent bond） 185
配位化合物（coordination compound） 241
配位键（coordination bond） 185，243
配位平衡（coordination equilibrium） 263
配位数（coordination number） 245
偏差（deviation） 70
平均速率（average rate） 98
屏蔽常数（screening constant，σ） 149
屏蔽作用（screening effect） 149

Q

强场配体（strong-field ligand） 259
强度性质（intensive property） 75
氢键（hydrogen bond） 177
琼脂糖（agarose） 293
区（block） 153
取向力（orientation force） 200

R

热（heat） 76
热化学（thermochemistry） 78
热化学方程式（thermochemical equation） 79
热力学（thermodynamics） 74
热力学第一定律（first law of thermodynamics） 77
容量分析（volumetric analysis） 54
溶度积常数（solubility product constant） 225
溶度积规则（rule of solubility product） 228
溶解度（solubility） 226
软碱（soft base） 268
软酸（soft acid） 268
软硬酸碱规则（hard and soft acid and base，HSAB） 268
弱场配体（weak-field ligand） 259

S

三键（triple bond） 182
三重态氧（triplet oxygen） 197
扫描电子显微镜（scanning electron microscope，SEM） 295
扫描隧道显微镜（scanning tunnelling microscope，STM） 296
色谱分析法（chromatography analysis） 292
色谱柱（packed column） 292
色散力（dispersion force） 200

熵（entropy） 82
生物矿化（biomineralization） 235
生物矿物（biomineral） 235
生物配体（biological ligand） 245
试样（sample） 54
受体（acceptor） 251
疏水性（hydrophobicity） 204
疏水作用（hydrophobic interaction） 204
双键（double bond） 182
顺铂（cisplatin） 249
瞬时速率（instantaneous rate，υ） 98
苏木紫-伊红（haematoxylin and eosin，HE） 288
速率常数（rate constant） 100
速率方程（rate equation） 100
速率控制步骤（rate-determining step） 99
酸碱滴定法（acid-base titration） 55
酸碱指示剂（acid-base indicator） 58
随机误差（random error） 68

T

铁-硫中心（iron-sulfur center） 247
铁硫蛋白（iron-sulfur protein） 246
同分异构体（isomer） 249
同位素（isotope） 134
透光率（transmittance，T） 282
透射电子显微镜（transmission electron microscope，TEM） 295
途径（path） 75

V

van der Waals 半径（van der Waals radius） 155

W

外轨型配合物（outer-orbital coordination compound） 253
外在要求（external demand） 3
稳定常数（stability constant） 264
稳定核素（stable nuclide） 134
问题为中心的学习（problem-based learning，PBL） 1
误差（error） 6, 68

X

X 射线衍射（X-ray diffraction） 291
吸光度（absorbance） 282
吸收光谱（absorption spectrum） 281
系统（system） 74
系统误差（systematic error） 68
细胞色素（cytochrome） 273
相对标准偏差（relative standard deviation，RSD） 70
相对偏差（relative deviation，RD） 70
相对误差（relative error，RE） 69
形态分析（morphological analysis） 280
溴化乙锭（ethidium bromide，EB） 289
旋光异构体（enantiomer） 250
血红素（heme） 245
循环过程（cyclic process） 75

Y

氧化（oxidation） 116
氧化还原滴定法（oxidation-reduction titration） 55
氧化应激（oxidative stress） 198
液晶（liquid crystal） 179
一级标准物质（primary standard substance） 56
一级反应（first order reaction） 102
仪器分析法（instrumental analysis） 280
异构现象（isomerism） 249
易变配合物（labile coordination compound） 277
荧光（fluorescence） 289
荧光分析法（fluorescence spectrophotometry） 289
硬碱（hard base） 268
硬酸（hard acid） 268
有效核电荷（effective nuclear charge） 149
有效数字（significant figure） 6
诱导力（inductive force） 200
诱导偶极（induced dipole） 199
原子半径（atomic radius） 155
原子轨道线性组合（linear combination of atomic orbitals，LCAO） 194
原子力显微镜（atomic force microscopy，AFM） 296
原子实（atomic core） 152
原子吸收分光光度法（atomic absorption spectrophotometry，AAS） 290
原子芯（atomic core） 152

Z

杂化（hybridization） 187
杂化轨道（hybrid orbital） 187
杂化轨道理论（hybrid orbital theory） 187
正常共价键（normal covalent bond） 185
直接滴定法（direct titration） 55
指示剂（indicator） 55
指示剂常数（indicator constant） 59
质量数（mass number） 134
质谱分析法（mass spectrometry，MS） 291
置换滴定法（replacement titration） 56
中心原子（central atom） 243
周期（period） 153
主量子数（principal quantum number） 143

状态（state） 75
状态函数（state function） 75
准确度（accuracy） 69
准一级反应（pseudo first-order reaction） 105
紫外 - 可见分光光度法（ultraviolet and visible spectrophotometry） 281
自发过程（spontaneous process） 82
自旋（spin） 135

自旋量子数（spin angular momentum quantum number, s） 135
自由基（free radical） 198
族（group） 153
组织化学染色（histochemistry stain） 288
钻穿效应（penetration effect） 150
最大吸收波长（maximum absorption wavelength） 281

主要参考文献

1. Weekley CM, Harris HH. Which form is that? The importance of selenium speciation and metabolism in the prevention and treatment of disease. *Chem Soc Rev*. 2013, 42, 8870-8894.
2. Turrubiates-Hernández FJ, Márquez-Sandoval YF, González-Estevez G, et al. The Relevance of Selenium Status in Rheumatoid Arthritis. *Nutrients*, 2020, 12, e3007.
3. 向思佳, 刘扬中. 微量元素铜与人体生理功能和疾病. 大学化学, 2022, 37 (3): 7-13.
4. Huang X, Tang S, Mu X, et al. Freestanding palladium nanosheets with plasmonic and catalytic properties. *Nature Nanotechnology*, 2011, 6, 28-32.
5. 杨晓达. 大学基础化学. 北京: 北京大学出版社, 2008.
6. 杨晓达, 王美玲. 基础化学. 北京: 北京大学医学出版社, 2013.
7. 滕文锋, 甄攀. 基础化学. 北京: 科学出版社, 2022.
8. 张乐华. 基础化学. 北京: 高等教育出版社, 2022.
9. 杨杰. 基于微流控的自动化核酸检测系统设计. 哈尔滨: 哈尔滨工业大学, 2020.
10. 傅献彩. 物理化学. 6版. 北京: 高等教育出版社, 2022.
11. 阿特金斯. 阿特金斯物理化学. 10版. 北京: 高等教育出版社, 2020.
12. 高静, 马丽英. 物理化学. 北京: 中国医药科技出版社, 2021.
13. 李三鸣. 物理化学. 北京: 人民卫生出版社, 2016.
14. 张小华, 张师愚. 物理化学. 北京: 人民卫生出版社, 2018.
15. 李雪华, 陈朝军. 基础化学. 9版. 北京: 人民卫生出版社, 2018.
16. 张爱萍, 程向晖. 无机化学. 2版. 北京: 科学出版社, 2017.
17. 计亮年, 毛宗万, 黄锦汪. 生物无机化学导论. 3版. 北京: 科学出版社, 2010.
18. 徐文军, 夏其英, 徐淼. 微量元素与人体健康. 北京: 化学工业出版社, 2022.
19. 石巨恩, 廖展如. 生物无机化学. 武汉: 华中师范大学出版社, 1999.
20. 王夔. 生命科学中的微量元素. 2版. 北京: 中国计量出版社, 1996.
21. 杨晓达. 无机化学. 8版. 北京: 人民卫生出版社, 2022.
22. 华彤文. 普通化学原理. 4版. 北京: 北京大学出版社, 2013.
23. 李淑妮. 化学键与分子结构. 北京: 科学出版社, 2021.
24. 李祥子. 基础化学. 北京: 人民卫生出版社, 2020.
25. 徐红, 杜曦. 医用化学. 2版. 北京: 北京大学医学出版社, 2018.
26. 王荣耕. 无机化学. 上海: 同济大学出版社, 2016.
27. 王夔. 化学原理和无机化学. 北京: 北京大学医学出版社, 2005.
28. Brown T L, LeMay Jr H E, Bursten B E. 化学——中心科学. 北京: 机械工业出版社, 2003.

29. 魏祖期，李雪华，籍雪平. 基础化学. 9版. 北京：人民卫生出版社，2018.
30. 徐春祥. 基础化学. 3版. 北京：高等教育出版社，2013.
31. 魏祖期，刘德育. 基础化学. 8版. 北京：人民卫生出版社，2013.
32. 慕慧等. 基础化学. 3版. 北京：科学出版社，2013.
33. 武汉大学. 分析化学. 6版. 北京：高等教育出版社，2016.
34. 魏祖期，傅迎. 医学基础化学（英）. 北京：人民卫生出版社，2013.
35. 武汉大学. 无机化学. 3版. 北京：高等教育出版社，2010.
36. 张乐华. 无机化学. 3版. 北京：高等教育出版社，2017.
37. 张欣荣. 基础化学. 4版. 北京：高等教育出版社，2021.

彩 图

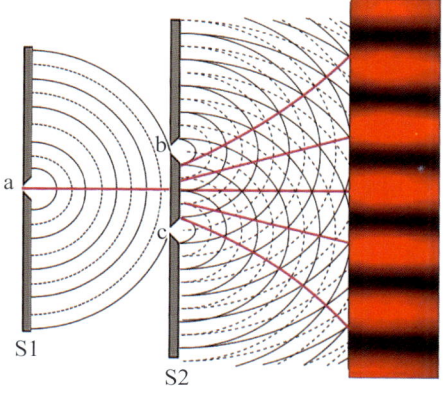

彩图 8-2　杨氏双缝干涉实验

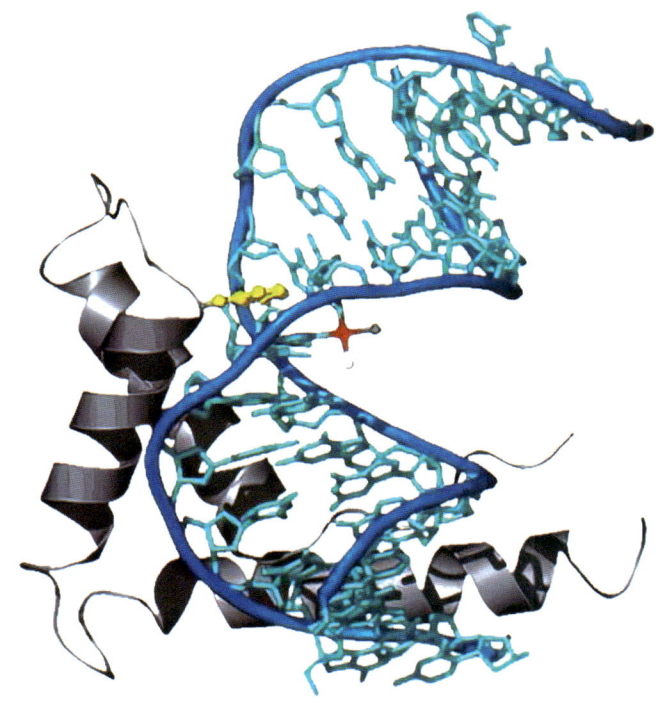

彩图 9-7　结构蛋白 HMG（灰色部分）插入顺铂（红色部分）和 DNA 结合部，导致 DNA 结构变化

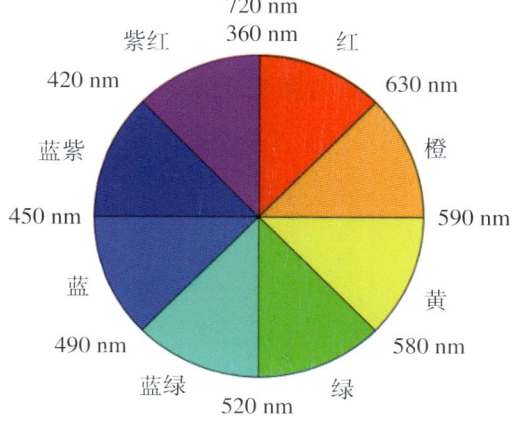

彩图 13-15　可见光的颜色及其互补色

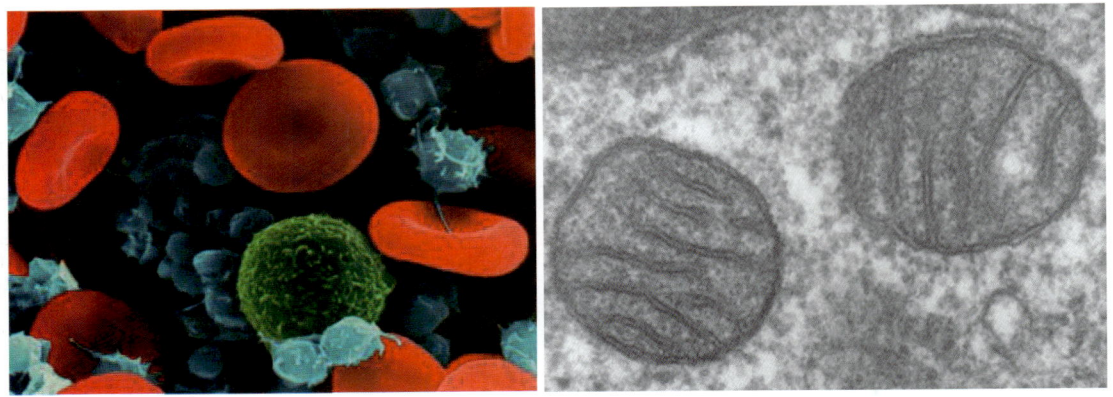

彩图 14-6　扫描电镜观察到的血细胞图像（左）和透射电镜下的线粒体（右）

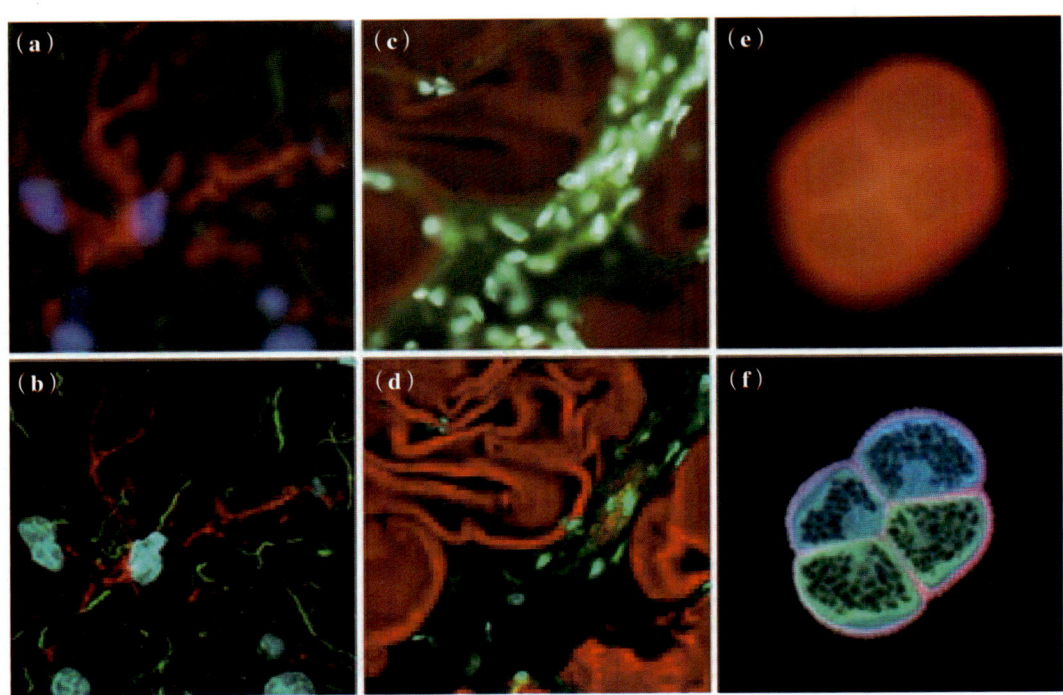

彩图 14-7　传统宽场荧光显微镜（上）和激光共聚焦显微镜（下）对相同样品观察的比较
　　　　　a、b：小鼠海马区；c、d：大鼠平滑肌；e、f：向日葵花粉

元 素 周 期 表

IUPAC 2003